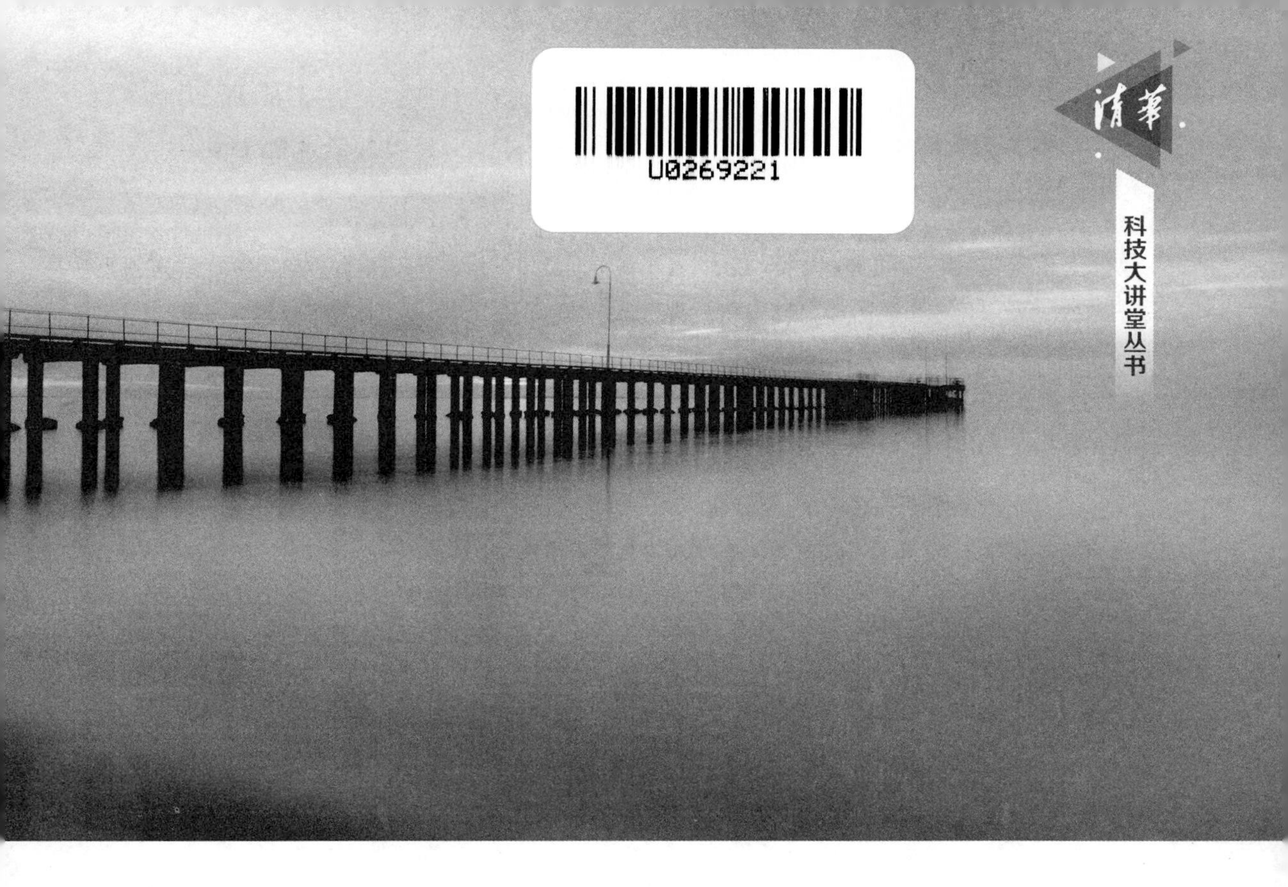

Software Requirements Analysis in Action

软件需求分析实战

杨长春◎编著

Yang Changchun

清華大學出版社

北京

内 容 简 介

本书是一本系统讲解软件需求分析及设计的书籍，面向管理软件，以实战为主。书中包括大量案例以及来自作者工作实践中的经验心得，主要讲述了需求分析的工作步骤、需求分析的工作内容、如何进行需求获取、如何进行系统规划、如何设计软件、如何设计出好软件、快速原型开发模型、需求文档的撰写、如何应对需求变更、如何成为需求分析高手。

本书适合从事需求分析工作的专业人士、希望从事需求分析工作的 IT 人、希望了解需求分析工作的 IT 人、计算机相关专业的大学生、管理相关专业的大学生、企事业单位从事管理工作的各级管理者，以及企业信息化管理体系中的关键用户等阅读。

图书在版编目(CIP)数据

软件需求分析实战/杨长春编著. —北京：清华大学出版社，2020.7(2024.7重印)
清华科技大讲堂丛书
ISBN 978-7-302-55385-4

Ⅰ. ①软… Ⅱ. ①杨… Ⅲ. ①软件需求分析 Ⅳ. ①TP311.521

中国版本图书馆 CIP 数据核字(2020)第 068529 号

责任编辑：黄 芝
封面设计：刘 键
责任校对：胡伟民
责任印制：丛怀宇

出版发行：清华大学出版社
网 址：https://www.tup.com.cn, https://www.wqxuetang.com
地 址：北京清华大学学研大厦 A 座 **邮 编**：100084
社 总 机：010-83470000 **邮 购**：010-62786544
投稿与读者服务：010-62776969，c-service@tup.tsinghua.edu.cn
质量反馈：010-62772015，zhiliang@tup.tsinghua.edu.cn
课件下载：https://www.tup.com.cn，010-83470236
印 装 者：三河市君旺印务有限公司
经 销：全国新华书店
开 本：185mm×260mm **印 张**：18.5 **字 数**：465 千字
版 次：2020 年 8 月第 1 版 **印 次**：2024 年 7 月第11次印刷
印 数：22001～25000
定 价：59.80 元

产品编号：086130-01

序

PREFACE

当出版社的编辑老师跟我谈起出版的事情时，才想起来，距上一本书出版已经三年了，时间过得真快啊。在这三年中，有很多读者通过各种方式与我沟通，咨询在学习、工作过程中遇到的各种问题（感谢读者朋友的信任），虽然囿于作者的能力与水平，不能让每个人都能得到满意的答案，但还是尽我所能予以解答。这次将一些有代表性的、不是过于具体的问题总结回复一下，希望能对新老读者有所帮助。

【问题 1】 我是在业余时间自学的，没有老师指点，您有什么好的学习方法教教我？

答：估计离开学校不太久吧，以后你就会慢慢习惯没有老师的学习了。建议在学习之前先仔细阅读全书的目录，了解全书的知识框架后再学习各章节，学习每个章节前也应先了解该章节的知识框架，再学习具体知识点。框架是枝干，知识点是树叶，从枝干到树叶，这样更容易融会贯通。

【问题 2】 我刚到一家新公司做需求分析师，公司管理软件需求的方法跟你书中介绍的根本不一样，看来这公司管理水平太低，我不想在这里浪费时间了，我想跳槽。

答：方法没有一定之规，适合自己的才是对的。建议你在充分理解公司的管理思想后再做决定，或许在一段时间后，你可以通过本书知识推动公司进步呢！

【问题 3】 我正在设计一个用于金融理财的电子商务平台，请问我怎么做才能把这个系统设计好？有什么注意点？

答：我只能说，我能说的在书中都谈到了。各行各业都有它的规则、特点、规范、窍门、陷坑等，隔行如隔山，在下没有这方面的实践经验，真的不敢乱讲。（说实话，问类似问题的读者很多，实在是爱莫能助啊。）

【问题 4】 我在单位的岗位是"需求分析师"，我们领导让我学写 SQL Server 的存储过程，说要帮客户写查询报表。读过您的书后才知道，这明显不是需求分析师的职责啊！

答：书中其实已经谈过这个问题了，不同团队有不同的管理方式，职责划分跟团队的业务模式、人才特点、绩效方式、领导的组织思想等都有很大的关系。这虽然不是需求分析的工作内容，但完全可以是你的工作内容。

【问题 5】 我是在校大学生，学的是软件工程专业，学校用这本书做教材，我们学到第 5 章了，老师出了个思考题，能否帮我解答下啊？

答：对不起，真的不能，不过我可以告诉你为了做这道题目需要学习书中的哪些知识点。

【问题 6】 我想转岗做需求分析师，您说有没有前途啊？

答：我不是职业生涯规划的专家，可不敢乱讲，我只知道，只要是搞软件的，不管在什么岗位，学习需求分析知识都是必不可少的。

【问题7】 我习惯于先设计功能，然后画原型，最后再进行数据建模。跟您书中的顺序不同，这样做行不行？

答：一般在工作实践中，这些步骤都是穿插进行的，没有先后之分，只不过写书时如果不分开写确实有些难以着笔。

【问题8】 领导总是说我的项目需求变更太多，我读了很多如何控制需求变更的资料（包括您的书），但为什么总是没有起色呢？客户说变就变，有什么办法呢？我怀疑我真不是干这一行的料。

答：建议你在每次需求变更发生后，多反思，多问自己"当初如果怎么做就可以避免这次变更。"反思多了，自然就可以提高预判能力，从而减少变更。理论知识只能起指导作用，关键需要自己在工作实践中去"悟"，自己悟出的窍门才是你最宝贵的工作经验。

【问题9】 我是公司产品部经理，正在部门中推行您书中介绍的一整套关于需求管理的体系。想邀请您到我们公司做次培训，不知道行不行？

答：请先列出你遇到的问题，希望我解决的问题，我可不想去浪费大家的时间啊！

【问题10】 老师，我们领导到处给我穿小鞋，我受够了，有什么办法让我可以反制他？

答：咳咳，咱们还是聊点跟需求分析有关的事情吧。

本书特别设计了本章重点、本章内容思维导图、思考题、案例分析等内容，用于帮助读者加深对相关知识点的理解。

编　者

2020年1月

前言

FOREWORD

也许您是个对信息化很感兴趣的管理者，也许您是从事软件开发的专业人士，也许您刚刚入行还不知道需求分析为何物，也许您从事需求分析工作已经有年头了，总之，不管您从事什么工作，只要跟信息化相关，就不能回避需求分析的问题。想到需求分析，您是不是曾经有过或正在经历以下这些困惑呢？

- 我在企业从事管理工作，很想做信息化管理，听说信息化工作中需求分析很重要，需求分析究竟是做什么的呢？
- 我是个程序员，最近刚改行做需求分析，以前做程序员时总觉得需求分析很容易，无非就是画画界面原型，现在才发现不是这么回事，需求分析究竟包括哪些具体工作？有什么工作步骤？有什么注意点？怎么才能做好？
- 我在软件开发团队工作，企业找我们开发软件，究竟想达到什么目的呢？
- 用户的需求真的很难搞清楚啊，怎么调研呢？调研时，用户要不什么也不说，要不天马行空不着边际，怎么办呢？
- 软件好写，可让软件融入企业管理体系真难啊！
- 我要成为优秀的软件设计者，我的目标就是设计出好软件，可究竟什么样的软件才算是好软件？
- 是不是能让管理软件像 QQ 那样，用户自学后就会使用？我尝试过，但做不到啊。
- 知道软件需要易学、易用、健壮、灵活、高效，但怎么才能做到呢？
- 那一次，我把软件设计得相当满意，可领导说成本有限，说我过度设计，这样开发大家只能喝西北风，这个度该怎么把握呢？
- 为什么研发开发出来的软件并不是我想要的？我该怎么表达清楚我的设计思想？
- 烦人的需求变更快把我们团队逼疯了，怎么控制需求变更？怎么处理需求变更？
- 我是团队主管，领导说我们的需求分析工作缺少规范，可需求分析变数很多，好像很难规范啊，怎么才能让需求分析工作规范起来呢？
- 我从事需求分析工作很久了，能力平平，觉得遇到了技能天花板，怎么才能成为需求分析的高手呢？

只要您有这些困惑，那么恭喜您，幸运地找到了这本完全来自实战的、深入浅出的关于需求分析的书，它会彻底帮助您消除困惑、廓清迷雾，使您对需求分析工作有一个全新的认识。

本书具有如下鲜明的特点。

- 深入浅出：用浅显的文字说明专业道理，多用短语，深入浅出，阅读时不需要选择时间、地点，在火车上、飞机上、马桶上、枕头上，都可以读几行，收获可大可小，进步会在每一次阅读中发生。

- 大量案例：上百个来自工作实践的短小案例，易懂而深刻，每个都能帮助读者对需求分析工作的理解深入一步，让读者理解原理，消除困扰，少犯错误。
- “干货”派送：提供了几十个来自工作实践的文档模板、工作规范，详细讲解编写要求及使用场景，帮助读者在短时间内成为高手，写出规范、有用的需求文档。
- 经验心得：每一个字都是来自工作实践的领悟、心得，让读者在工作中可以避开一个又一个“雷区”，少受挫折，少碰壁，少走弯路，站在巨人肩上起步，走得更快、更远。
- 拓宽视野：帮助读者拥有开阔的视野，再也不会认为需求分析就是画画原型界面那么简单了，帮助读者理解设计软件的终极目标——建立信息化管理体系，深刻理解软件在信息化管理体系中应该承担的角色。
- 改善思维：重塑思维方式，帮助读者建立一个优秀的需求分析师应该具有的思维方式，彻底改变对需求分析工作的看法。

本书强调在需求分析过程中应建立正确的思维方式，这是将这件事做好的基础。掌握了正确的思维方式才知道什么是对的什么是错的。没有正确的思维方式，永远都不会成为需求分析高手；没有正确的思维方式，用什么工具都不会设计出好软件。本书几乎没有讲解任何一款专业工具，因为这不是作者的初衷。

感谢您选择本书与您共度几十个小时的时光，这段时光可能快乐，可能难受，可能困惑，可能顿悟……不管怎样，我相信，读完本书后，您对需求分析工作一定会有一个全新的认识。买一本书容易，几十元钱也不算什么，关键是将大把的时间与精力花费在这本书上值得吗？相信我，这是一本值得您花费时间的书，它会让您对需求分析的认识跟没有读过本书的人有根本的区别。

本书每章均包含“本章重点”“本章内容思维导图”“思考题”“案例分析”等模块，帮助读者进一步理解与掌握相关内容。读者先扫一扫封底刮刮卡二维码，再扫一扫书中思维导图二维码，即可查看或下载“本章内容思维导图”。本节配有教学视频，可扫一扫节中二维码观看视频。本书提供授课 PPT 及教学大纲等配套资源，可从出版社官网下载，或扫一扫下方二维码下载。

最后，感谢我的妻子孟维，因为你的勤快与爱心，让我从来不需要操心家庭的琐事，才得以有足够的闲暇时间从事这本书的写作；感谢女儿杨舒，因为你惊人的自爱与自律，让我从来不需要操心你的学习与生活，才有了足够的精力从事这本书的写作。没有你们的支持，不可能有这本书的诞生，致谢！

资源下载

编　者

2020 年 1 月

目录

CONTENTS

需求分析入门

本章重点

(1) 认识什么是好软件,为设计“好”软件打下坚实的基础。(★★★★★)

(2) 管理软件常用的实施方式,不同方式的优缺点。(★)

(3) 企业管理工作包括哪些内容。(★)

(4) 成为一个好的需求分析师的条件。(★)

(5)“快速原型”开发模型。(★★)

需求分析是指在开发软件之前对用户的信息化需求进行引导、收集与分析,保证设计出来的软件既能够充分满足用户的要求,解决用户的问题,给用户带来收益,又能够控制开发成本,降低开发风险,为自己的开发团队带来收益,保证客户与开发团队可以双赢。所有的软件在开发之前都需要进行需求分析,只不过有些团队设有专职的需求分析师,而有些团队由其他岗位的人员兼任,如项目经理、程序员等人员,都有可能从事需求分析方面的工作。

本书讲述的是针对管理软件的需求分析,因此需要先了解下什么是管理软件。管理软件,顾名思义,就是用来帮助企业进行管理的软件。当然,需要管理的并不仅仅是企业,学校、政府机关等都需要管理。在这里使用“组织”两个字比较准确,但为了行文方便,后面统一称之为“企业”,这并不意味着这些知识只能用于企业中。

要成为一名合格的面向管理软件的需求分析师,需要把自己打造成一个通才。需要既懂软件,又懂管理;既善于与人沟通,又能够静下心来进行系统性的思考;既要有工程师式的逻辑性思维能力,又要有管理者的那种开放的艺术性思维方式。要成为一个优秀的需求分析师,需要经过很多项目的积累,只掌握书本上可以提供的显性知识是远远不够的,还需要在工作过程中慢慢领悟很多说不出来的隐性知识，需要从一个项目又一个项目中不断学习——优秀的需求分析师是项目“砸”出来的。

1.1 认识管理软件

1.1.1 什么是管理软件

本书所说的需求分析都是针对管理软件的，下面就从什么是管理软件开始介绍。

管理软件往往被用来管理一个企业的人财物信息，以及供产销过程，人们耳熟能详的OA、ERP、CRM、SCM、EHR、KM、进销存等都属于管理软件的范畴，这些软件的重点在于管理信息的收集、流转，资源的共享、集成，任务的下发、驱动，工作流程的控制、审批，管理决策的支持、验证等。管理是一个很宽泛的概念，管理过程中用到的软件很多，但并不是在管理工作中用到的软件都可以称为管理软件，例如一些办公工具类软件、图像处理类软件等，这些软件主要是用来提高某一特定工作的效率，不能划入管理软件的范畴。

下面从一个简单案例开始认识什么是管理软件。

案例：一款典型的管理软件

李经理是某制造企业的物料部经理，主管采购与原料仓库。随着企业业务的发展，他越来越不满意自己部门的工作了，总觉得要改变些什么，因为以下这些问题总是困扰着他。

- 经常有人反映某某把仓库的东西偷偷带回家，但仓管员并不承认，坚称自己的仓库中没有丢东西。由于仓库账目不清，除非抓个现行，李经理确实找不到仓库丢东西的直接证据。
- 供应商送货时经常多送，因为他们跟财务结账时是根据仓库的收货单结算的，这样导致仓库经常积压一些特殊原料用不掉。
- 计划部门投诉，有些常备材料经常缺货，采购不知道提前补货，导致生产中断。
- 仓库中的原料存放好像有问题，车间刚上班时，需要领用大量的原料，仓库保管员需要四处寻找，发料太慢，影响车间的开工时间。
- 仓管员请了一天病假，仓库就乱套了，代班的实在不知道东西放在什么地方，只能不断给躺在病床上的仓管员打电话。

经过咨询，李经理决定找软件公司开发一套软件来管理库存，希望通过这套软件规范原料入库、出库流程，改变仓库内物料的存放方式，通过安全库存、警戒库存的设置及时提醒采购员补货，规范物料编码做到账实相符等。

软件如期开发完成，提供了采购单管理、入库、出库、盘点、库位管理、警戒库存设置、消息提醒等一系列功能。上线后，物料部的工作流程发生了很大的变化。

- 每次采购，采购员必须在系统里下采购单，这些采购单需要得到领导的审批，审批完的采购单会直接推送到仓库，仓库据以做好收货准备。
- 采购员会把这些采购单以邮件的形式发送给供应商，或者打印出来传真给供应商，供应商必须根据采购单送货。
- 供应商送货到仓库时需要出具采购单，仓库根据采购单收货。

- 仓管员可以在系统中核查本采购单的应收、实收、待收数量，多出的货物仓库拒绝接收。
- 所有的货物都有规范的物料编码，仓库根据物料编码入库、出库。
- 在系统中入库时需要指明某原材料存放在哪个位置，出库时也需要确定某原材料是从哪个位置出库的，任何时候都可以查看到每种原料在哪个库位有存放，数量是多少。
- 计划人员在系统中设置每种原料的安全库存、警戒库存，达到警戒库存时，系统自动发消息提醒相关采购人员。
- 采购人员根据系统的提醒编制采购计划，计划人员核定采购计划，部门经理审批采购计划。
- 采购人员根据部门经理审批过后的采购计划给供应商下采购订单。

本案例中，物料部通过软件管理原材料信息，可以收集原材料在采购、入库、出库等一系列业务活动中产生的管理信息，可以让采购、仓库、计划人员共享原材料信息，可以管理采购计划的发起与审批过程，可以跟踪采购计划的执行情况，可以给采购决策提供支持等。这是一款典型的管理软件。

注意，本书即将频繁用到两个名词，“软件”与“系统”，这两个名词的含义是有区别的，相信读者在本案例中已经有所体会。软件仅指开发出来的代码，软件在企业中正式使用起来后，才构成系统，也就是说系统不仅包括软件，还包括数据，包括围绕软件、数据的相关流程、规范。软件可以复制无数份，而每个系统都是独一无二的。虽然有时候说开发“某某系统”，但这只是软件的名字，并不能说开发出来的就是系统。有时候，谈到某个系统，为了强调其中的软件，也用“软件系统”这个词。

1.1.2 什么是好的管理软件

需求分析的工作目标是设计出好软件，从事管理软件的需求分析工作，当然就是设计出好的管理软件。好软件在人们的工作、学习、生活中俯拾皆是，百度、淘宝、QQ、微博、微信、Office 等，使用好软件的感觉就是一个字——爽，看起来舒服，使用起来流畅，不拖泥带水，不磕磕绊绊，功能总是出现在需要的地方，总是能解决问题等。但究竟什么是好软件呢？作为软件行业的专业人士，对软件是好是坏的认识自然不能仅仅满足于此。

在正式讨论需求分析相关工作之前，先来看看究竟什么样的软件是好软件，以此作为未来工作的努力目标。

1. 好软件是有用的

所谓的有用，就是指软件真正能够解决问题，不能解决问题的软件绝不是好软件。从企业管理的角度来看，或者可以增加收入，或者可以节约成本，最终反映在它能够促进利润的提升，这个利润可以是短期的，也可以是长期的。如果软件提升的利润大于软件的成本，那么这个软件是有用的，否则就不能说是有用的。

不过，利润是由多方面的因素决定的，大部分情况下很难说得清楚一个小软件对企业的利润有什么影响，也就很难说得清楚它是有用还是没用，因此可以尝试从一些更具体的方面来界定一个软件是不是有用。

有用的软件解决问题而不是制造问题。可以用软件解决的问题很多，小到简单地保存某种信息，大到为企业建设管理平台。但要知道，在用软件解决问题的同时一定会带来全新的问题——软件本身的问题，对于一个不是搞软件的企业来说，这种问题处理起来并不容易。有很多单位，好像是为信息化而信息化，目的不是解决现实问题，而是为了面子好看，结果导致使用软件不但没有解决问题，反而带来了许多额外问题。还有的时候，软件确实解决了某些小问题，但相对这些被解决的问题来说，软件本身带来的问题要严重得多，得不偿失。例如，为了获得某种报表开发了一款软件，却需要专人录入数据，专人维护系统，如果让这些人进行手工统计，报表不但可以按时出来，工作量还会小得多，这种软件实在不能说是有用的软件。

有用的软件可以提高工作效率。计算机的长处在于运算更快、更准，存储更多、更久，分享更全、更易，无论用户的要求多么无理它也不会闹情绪。利用好计算机的这些特点，没有理由不能提高工作效率。如果软件不能提高工作效率，绝对不能说是有用的软件。提高工作效率一般体现在这些方面：同样一件事情，完成的速度大大提高了，例如一个审批流程，以前可能需要三天，现在三个小时就可以完成了；或者经过软件优化后，有些工作根本就不需要了，例如使用财务软件后，登记明细账簿的工作就可以取消了；或者有些工作需要的人力资源大大减少了，例如编排生产计划，以前需要计划助理到车间收集生产状态，用了软件后可能这种岗位就不需要了；或者相同的人员，可以完成更多的工作，例如采用作业成本法计算生产成本，通过软件可以完成非常复杂的计算过程，并且快速、准确，在以前，同样一个成本会计不可能做到这一点；或者可以降低工作难度，例如生产数据统计员，使用软件后很多生产数据可以直接从生产过程中获得(如生产任务完成时间、机器号等)，而不需要统计员再去进行手工统计。

有用的软件可以降低资源消耗。利用软件来降低资源消耗体现在许多方面，例如，可以通过库存管理减少仓库物料的无故丢失；可以通过计划管理软件提高库存的周转率降低资金的积压；可以通过办公管理软件降低办公物品的消耗；可以通过生产管理软件降低生产材料的消耗；可以通过调度软件让任务安排得更科学，降低生产能耗；等等。

软件的有用性还表现在很多方面，如规范流程，提升客户感知，增加企业核心竞争力，帮助决策等，这里不再赘述。

有用，是好软件的最基本条件，其他方面做得再好，如果缺少有用性，这个软件也不能说是一个好软件。软件开发之前为什么要进行需求调研呢？最重要的目的就是为了保证软件的有用性。

2. 好软件是易学的

好软件充分考虑易学性。所谓易学，就是指软件功能方便学习，容易上手。对于易学性，需求分析者的终极目标是，所设计的软件功能不需要任何培训，用户看着界面就可以学会操作，用户通过自学有什么问题都能自己解决。当然，管理软件与面向公众的社交软件还是有很大区别的，要想达到这个境界不大可能，但在做设计的时候，设计人员应该时刻提醒自己，这里如果再努力一把，是不是用户就可以不用学习了？或者，是不是可以减少用户的学习难度？容易学习的功能，对于用户来说，使用中会觉得是一种享受，也就更加容易接受软件，对于后面的实施来说，可以大大减少培训成本。

比起十多年前，如今的用户对软件的易学性要求越来越高。由于一批又一批软件人的努力，现在的用户对软件体验的要求越来越高，对软件的期望也越来越高，对于学习软件的耐性却越来越少了。这些因素决定了,在易学性方面下多少工夫都是值得的。

3. 好软件是易用的

好软件充分考虑易用性。所谓易用,就是指软件用起来舒服、趁手,处理问题全面、容易、方便、快捷,犯了错误容易纠正。请注意易用性与易学性之间的区别,易学性指软件容易学会,而易用性指学会之后,使用软件处理问题的感受,这是两个完全不同的概念。有些软件容易学会,但确实不易用,也许它容易学习的原因只是因为功能简单罢了,而功能简单往往预示着处理问题不全面,有一些问题甚至处理不了。软件的易用性一般体现在以下这些方面。

(1) 在操作层面,界面美观大方,录入或操作快速、方便,功能出现在需要的地方,处理同一件事鼠标点击、键盘击键次数最少。

(2) 在业务层面,处理问题容易、快捷,不需要切换一大堆界面,处理问题全面,一些异常业务也可以方便处理。

(3) 在性能层面,软件反应速度快,占用资源少。

易学性是针对没有学会软件的新用户,易用性是针对已经学会软件并可以熟练操作的老用户。

4. 好软件是灵活的

好软件充分考虑灵活性。所谓灵活,就是指软件不仅满足于能够实现用户当前的需求,还会充分考虑其他的特殊需求,充分考虑软件的发展,让软件易于扩展,易于应对可能的需求追加与变更。无论开始的需求工作做得多完善,用户的需求终究会有变化,或者需要修改某些需求,或者需要增加某些需求,或者需要取消某些需求,而灵活的软件具有柔性,即使用户的需求发生了变化,软件不修改也可以解决很多问题。当然,任何软件都不可能解决所有问题,作为设计者,能做的是尽量设计出可以应对更多需求变化的软件,也就是尽量增加软件的灵活性。

使用字典代替写死的数据,使用参数开关控制程序的代码分支等,这些都是提高软件灵活性的常用手段,人们所看到的几乎每一款好软件都有大量的参数开关(一般都在“设置”的功能中),这就是软件开发者为了软件的灵活性所做的努力。

5. 好软件是健壮的

好软件充分考虑健壮性。所谓健壮性,是指软件在用户使用过程中有很强的容错性,可以帮助用户少犯错误,犯了错误可以纠正,可以反悔,用户在使用软件的过程中没有心理负担。在这里,“健壮”的反义词是“脆弱”,脆弱的软件,用户使用时需要小心翼翼,神经绷得紧紧的,数据不能录错,不能删错,操作顺序不能颠倒,不该点的按钮不能乱点,不该打开的界面不能随便打开等,一不小心犯了错误,就会付出很大的精力处理,有时候甚至只能由软件维护者在后台才能修好,总之,软件中仿佛布满了地雷,一不小心就会“引爆”,轻者“皮破肉烂”,重者“残废丧命”。

6. 好软件是高效的

好软件考虑性能要求,追求高效性。所谓高效性,指程序执行速度快,占用的 IT 资源少。IT 资源一般包括数据存储能力、服务器运算能力、网络传输能力、客户端运算能力等方面,不同的业务系统,不同的架构方式,甚至针对不同的用户,关于这几个方面的考虑重点并不相同。

软件功能再强大，能解决的问题再多，执行起来如蜗牛般缓慢，让人等得几乎要崩溃，也不算好软件。高效的软件会努力提高功能的运行效率，降低 IT 资源的消耗，让软件系统运行得更快速、更经济。

7. 好软件是方便交互的

好软件方便用户与系统之间交互，具有交互性。交互性，指程序在执行过程中可以与用户进行友好沟通，让用户顺利获得应该知道的系统信息，让系统顺利获得用户提供的信息。例如，执行某一项操作需要用户等待很长时间，用户就会觉得烦躁，不知道是不是系统出了问题，不知道还要等待多久，但是，如果有进度条显示执行进度，那么就会大大减少用户的烦躁情绪，也就是通过进度条让用户知道系统内部的信息（执行进度），从而提高交互性。

当用户在界面上操作时，一个友好的系统会将执行信息根据需要反馈给用户，有些信息只是告诉用户一段程序执行的状态，如常见的告诉用户保存成功的提示消息，而有些是用于接受用户额外指令的，如让用户确认是否删除某记录的提示消息。系统反馈给用户的信息，可以通过各种方式表达出来，如弹出消息框、显示在某固定区域、写入日志文件等，有的时候也会通过组件形状变化、位置变化、颜色变化、文字字体变化之类的方式向用户传达。

8. 好软件是可重用的

好软件具有可重用性。可重用性，指软件对不同环境的适应性。重用，可能是整个软件的重用，也可能是软件中某些功能的重用。有些产品型的软件，可以原封不动地用到多个企业中，不需任何修改，或者只需要进行少量修改，这就是整个软件的重用；有些软件的某些功能，可以复制到别的软件中继续使用，如很多团队的“用户管理”“权限管理”之类的功能。对于功能的重用，有些功能自成体系，跟本功能之外的功能、数据没有任何关系，具有最强的可重用性；有些功能隶属于某个环境，离开这个环境就没有任何意义，那么这种功能就没有任何可重用性。注意，这里所说的重用，是指功能级别的重用，跟代码级别的重用（封装函数、过程、类等）是两码事，不可混为一谈。

增加可重用性，可以大大降低团队的开发成本，提高开发速度，增加软件系统的稳定性等。

1.1.3 管理软件的发展

随着 IT 技术的普及，越来越多的企业管理者倾向于使用计算机辅助自己的管理工作。谁都知道，没有好的软件，计算机、网络这些硬件设备是没有任何价值的，正如有铁轨却没有火车，有公路却没有汽车一样。管理者刚开始使用的软件偏向于一些工具类的软件，如 Word、Excel、邮件系统等，这些系统有一个共同的特点，就是可以明显提高某些具体工作的效率，同时由于有很强的同质性（大家使用的都是相同的软件），可以大量复制，采购成本很低，因此使用起来非常容易，普及起来也很快。

后来管理者发现，软件可以帮助自己做更多的事情，有些事情，软件做起来比人要快得多、正确得多。企业规模越大，管理起来越复杂。几十个人的小公司，巡查一圈，吆喝一嗓子，基本上把该了解的东西都了解了；如果是几千人、几万人的大公司，员工分布在各个地方工作，管理者要想了解自己所管理的这些人的情况委实不易。管理者做决策，最重要的也是最麻烦的事情就是获得信息——快速地获得正确的信息。为什么你的领导总是比你看得远些，总是显得比你高明些？大部分情况下不是因为他比你聪明，而是因为他掌握的信息比你多。

于是，越来越多的管理者重视起长于处理各种信息的管理软件了。开始时管理软件的重点在信息的录入与收集，因为这是管理过程中最需要的东西，也是管理软件比较容易处理的部分。很多公司的管理信息化都是从 Excel 开始的，管理者最关心的信息，如客户、订单、回款、工资、物料之类的信息，都可以通过 Excel 进行录入与管理，而 Excel 购买成本低，学习、使用非常方便，使用它作为管理信息的录入、收集系统最好不过了。Excel 本身是一个工具软件，不能称为管理软件，但是却可以使用 Excel 建立一个管理软件系统，不管这个系统多么简单。不过，使用 Excel 进行管理，却有很大的局限性：Excel 录入太随意，录入数据容易出错；Excel 往往只能充当数据的收集软件，不能直接使用到工作中，势必需要专人进行数据的整理与录入，导致信息滞后还浪费人力；Excel 不太适合集体作业、流程作业；Excel 的信息比较零散，如果要进行综合性的分析需要在数据处理上耗费大量的时间与精力等。

认识到 Excel 的局限性后，管理者开始将眼光放到真正的管理软件上来。通过采购或开发，财务部使用财务软件管理财务数据，人力资源部使用人力资源软件管理工资、考勤数据，仓库使用仓库管理系统管理仓库物料信息等。这些管理软件可以彻底解决 Excel 面临的那些困难，它们可以真正使用到工作中，在工作过程中自然地获得信息；还可以对工作起到规范作用(有些事情，不按照系统的规范要求就没法处理)；也支持不同岗位的协同作业，例如，上了财务软件后，支持现金会计在系统中录入现金、银行存款收支记录，支持成本会计在系统中录入成本核算记录，支持总账会计根据这些记录生成会计凭证结账等；还可大大提高某些岗位的工作效率，例如，在手工记账时，会计人员根据记账凭证登记账簿的工作量很大，有了财务软件后这项工作就完全由软件替代了。

随着这些软件的使用，越来越多的各级管理者发现了软件带来的好处，于是纷纷决定使用管理软件来协助管理，软件越用越多，管理者也越来越离不开软件，然而，管理信息化到了一定阶段后，管理者就会遇到一个无法逾越的鸿沟——信息孤岛。在这个阶段，企业里存在着许多管理软件，不同的软件管理不同的业务，车间有个软件管生产任务，仓库有个软件管库存物料，计划部有个软件管生产计划，销售部有个软件管销售订单等，它们各自为政，“老死不相往来”，这就形成了所谓的“信息孤岛”。这个岛上存放着库存信息，那个岛上存放着订单信息，那个岛上存放着回款信息，无法沟通。注意这里的信息孤岛与数据存放的物理位置没有关系，存放在同一服务器甚至同一数据库中也可能是信息孤岛，存放在世界各地服务器上的数据也可能不是信息孤岛，关键不在于数据存放的位置，而在于这些数据是不是一个有机体的一部分。由于有信息孤岛的存在，给管理者获得信息带来了巨大的困难，越是高层的领导，受信息孤岛的影响越大。或者信息格式不一致，在不同的系统中无法统一处理；或者相同的信息，在不同的系统中的结果矛盾，不知道哪一个是正确的；或者有些信息，明明另外一个系统中存在，却不得不在这个系统中重新录入才能运行下去；或者为了统计某些数据，不得不从不同的系统中手工摘抄，浪费人力且影响士气等。

为了解决信息孤岛的问题，管理者需要一揽子集成解决方案，通过软件将公司的信息统一管理，统一设计格式，统一编码，统一管理数据流向，统一数据入口，避免数据的重复录入等。在这个阶段，企业的统一数据建模显得异常重要。对于一个企业来说，在管理过程中存在大量的数据实体(可以理解成对应于数据库中的表)，少则数百多则成千上万，它们有着千丝万缕的关联关系，也有着复杂的业务背景。随着软件规模的扩大，数据的关联复杂程度呈指数级上升。这种集成解决方案的实施难度绝不是简单的一个个小系统的累加，它要复杂得多。从 MIS 到 ERP，都属于这种解决方案。一般企业总是在存在了若干信息孤岛后才会着手实施这种解决方案，于是就会有一个非常麻烦的事情等着管理者——如何处理已经存在的信息孤岛？很多麻烦事需要处理：以前的操作已经成了习惯，员工改变习惯很难；以前的历史数据与新软件的数据格式不兼容，很难导入新系统，历史数据又不能放弃；以前的特定软件虽然不能集成，但有些功能确实相当强大，真不情愿放弃等。许多集成方案最终归于失败的原因都是因为没有解决好信息孤岛问题。

成功实施集成解决方案后，企业信息获得了最大限度的集成，各种信息可以非常顺畅地流动，所有岗位的信息可以相互共享，各种资源可以充分整合，软件系统植根于工作中，成为工作中不可或缺的工具，工作流程被软件所规范，由于信息得到了及时、充分、系统的收集与整合，使得大量的智能运算成为可能，可以给各级管理者提供决策分析工具，大大提高了管理效率。但是，管理者认识到，企业并不是独立在市场中生存的，一般都是某条价值链(所谓的价值链，就是从原料到消费者的路径，例如纺织价值链，是由种棉花、纺纱、织布、染色、制衣等各个环节构成的)中的一环或几环，自己管理得再好，如果这条价值链其他的环节出了问题，自己的企业一样可能出问题，这样就诞生了供应链管理的思想。通过供应链软件系统，企业可以跟自己的供应商、客户分享信息，抱团取暖，从而提高这些企业群体的共同竞争力。

最后要注意的是，以上所说的管理软件的发展过程只是一种行业性的示意过程，并不是说每个企业都一定会经过这些过程，对于具体的企业，使用管理软件的发展过程是由其行业特性、管理方式、管理者思想、地区习惯、竞争对手等各方面因素决定的。正如马克思为人类社会发展划分的阶段，并不是每个民族都经过那些发展阶段的，例如，非洲很多民族就是从原始社会直接发展到资本主义社会的。

1.1.4 常用的管理软件

管理是非常宽泛的概念，它深入到企业业务活动的方方面面，因此用于辅助管理的管理软件包罗万象，从一个简单的工作日志记录系统到企业的信息化集成解决方案都可以算作管理软件的范畴。这里介绍一些常用的管理软件，希望能帮助读者更深入地理解什么是管理软件。

1. 财务软件

财务软件的主要用户是财务人员，核心功能包括记账凭证录入、生成会计明细账、结账、生成会计报表等，功能扩展后还可能包括应收账款、应付账款等往来账项的管理，成本核算管理，固定资产管理等。企业管理中，财务软件是普及率最高的管理软件，很早以前就非常普及了。这么普及的原因，笔者觉得，一是软件开发者确实下了不少功夫；二者，对于高层管理来说，财务任何时候都是非常重要的事情；再者财务会计的业务规则比较明确，全中国都是采用财政部规定的统一标准，信息化比较容易，也更容易做成可以复制的软件产品，大大降低了开发成本，一套财务软件可以使用到全国各地各行各业，对于别的管理软件来说，这几乎是不可能的。中国知名的财务软件包括用友、金蝶等,大概是由于国情的原因,在中国貌似很少有公司用国外的财务软件。

2. 进销存

进销存软件主要以仓库管理为核心,同时管理采购与销售,强调对物料资产进行管理。"进"的方面,主要包括对供应商、采购计划、采购合同、采购订单、采购入库、供应商应付账款等方面的管理;"销"的方面,主要包括对客户、销售合同、销售订单、销售出库、销售退回、客户信用、货物装运、客户应收账款等方面的管理;"存"的方面,主要包括对仓库物料的入库、出库、盘点、退回、结存、库位、批次、包装等方面的管理。财务软件是以管理资金为核心,而进销存是以管理物料为核心,由于这两种资产都是管理者异常关心的,因此在企业中的使用率都相当高。国内几乎各大管理软件供应商都推出了自己的进销存软件。

3. ERP

ERP 全称 Enterprise Resource Planning,即"企业资源计划"。ERP 作为企业信息化的集成解决方案,在企业中的使用率越来越高。由 ERP 的理念又衍生出各行各业的资源计划式的解决方案,如面向高校的 CRP(College Resource Planning),面向医院的 HRP(Hospital Resource Planning)等。ERP 类的软件一般提供财务管理、采购管理、物料管理、库存管理、销售管理、生产管理、计划管理、成本管理等一系列功能。既然叫"资源计划",ERP 的核心在于资源的集成及计划的运算与管理,一般包括两个方面:一是通过物料资源的集成,运算生成物料采购与生产计划;二是通过生产能力资源的集成,运算生成生产资源的安排计划。ERP 起源于制造型企业,后来 ERP 的概念扩展到其他行业,但往往偏重于信息集成。有些 ERP 软件是从生产管理发展起来的,最后扩展到财务,这种软件往往偏重于生产、计划管理;有些 ERP 软件是从财务软件发展起来的,从财务扩展进销存,扩展到生产计划管理,这种软件往往偏重于资产信息的管理。

4. MES

MES 全称 Manufacturing Execution System,即"制造执行系统"。MES 应用于制造业,核心是面向车间内部生产活动的管理,可以理解成 ERP 系统中的生产管理、计划管理等功能的进一步延伸,主要包括生产计划管理、生产单管理、调度管理、生产数据采集、产品质量管理、生产工艺管理、机器设备管理、生产成本管理等功能。由于 MES 实施相当复杂,不同企业的生产管理方式千差万别,导致软件很难复制使用,并且不像财务、进销存系统那样容易看到成果——一般企业自然不愿意投入过多预算,因此真正成功的案例并不多。但随着制造企业对于全面质量管理、精益化生产的要求越来越高,愿意在这方面投入预算的企业也越来越多。随着 AI 技术的日新月异,MES 越来越被制造行业的企业管理者所关注。

5. CRM

CRM 全称 Customer Relationship Management,即"客户关系管理"。软件的核心在于市场、销售、客户的管理,主要包括客户管理、业务员管理、市场营销管理、销售管理、客服管理、客户价值分析、业务员分析、订单分析等功能。绝大部分企业都会把自己的营销工作作为重中之重,从市场活动,到潜在客户挖掘,到客户拜访,到下销售订单,到产品交付,到回款,到客户关系维护,到提供持续服务以不断提高客户的满意度等,都可以归于市场营销的范畴,而这些都是 CRM 软件管理的重点。

6. OA

OA 全称 Office Automation，即“办公自动化”。软件的核心在于公司内部的办公管理，主要包括通知公告、公司新闻、工作安排、知识共享、通讯录、沟通交流、公文管理、会议室管理、工作车辆管理、工作流程管理、移动办公等功能。由于移动互联网的高速发展，现在通过手机办公的需求越来越强烈，因此手机办公平台成为 OA 系统不可或缺的重要组成部分，当然，由于屏幕尺寸、输入方便程度的限制，手机上的办公功能主要在于通知新闻的阅读、简单的工作汇报、审核审批工作流程等，不过由于手机在拍照、录音、定位等方面的强大优势，它一定会从根本上改变人们的办公习惯。由于各企业的办公方式非常类似，OA 系统比较容易产品化，容易复制，现在 OA 系统的普及率越来越高，价钱也越来越便宜。

7. 各种业务系统

管理软件远不止上面的这些，更多的是在各行各业广泛存在的各种业务管理系统。每个单位都有可能根据自己的要求引进或者开发管理软件，如学校使用一款软件系统管理学生的操行记录，汽运公司使用一款软件系统出售汽车票，公安部门使用一款软件系统管理暂住证的发放，医院使用一款软件系统管理处方等。这所有的业务系统都属于管理软件的范畴，从事这方面工作的软件团队太多太多了。

1.1.5 管理软件的实施方式

当一家企业需要使用管理软件来辅助管理时，有多种实施方式可以考虑，可以委托开发，可以自主开发，可以采购软件，可以引进方案，可以租用软件等，这些实施方式各有优缺点，企业可以根据自己的管理特点灵活选择。

1. 委托软件公司开发

企业可以委托软件公司根据自己的管理方式开发合乎自己要求的软件。这种方式最大的优点是，软件是根据自己的业务活动、管理流程、管理特点开发的，量身定做。所谓无论多名贵的衣服，不合身的都不是好衣服。这种方式可以保证开发出来的软件最大限度地满足自己的要求，不需要强迫自己改变管理方式去适应某一款软件，推行的难度也小，如果软件公司的实力够强大还可以一边开发一边充当信息化管理咨询的角色，努力给企业的管理工作带来质的飞跃。

不过，由于这种方式纯粹是根据管理者自己的想法开发出来的，也导致了不可避免的缺点，那就是管理者的想法未必就是好想法，根据他的想法开发出来的软件自然也未必就是好软件。管理者长期从事这个企业的管理工作，非常容易形成思维定式，觉得自己针对很多问题的解决方法是天经地义的，但要知道，他山之石可以攻玉，也许就有更好的解决方法存在于思维盲点中呢？成熟的管理软件，会从很多企业提炼管理思想，对于管理者来说，这种思想很可能会意味着某种完全不同的管理思路，这种思路未必就适合这个公司，但是由于有这种管理思想的冲击，相信会给管理者带来许多关于信息化管理的灵感，因为灵感往往会从思想的碰撞中产生。

2. 企业自主开发

有很多企业（特别是大中型企业）雇用了一些软件开发人员从事企业的信息化工作。

相对于委托软件公司开发，这种方式的优点是：软件开发者长年累月在公司内部工作，对公司的业务相当熟悉，对公司的业务活动、管理方式了解得很清楚，开发软件时只需要经过简单的需求调研就可以开始工作，效率很高；一旦软件出现问题，由于开发者就在公司工作，进行调整、变更都比较方便，应对也迅速。另外，由于每个公司的管理方式都会不断变化，管理软件需要跟随企业管理方式的变化而变化，开发者可以根据企业的要求随时进行软件变更，对企业管理者来说当然非常方便。

但是，对这种方式的缺点也需要有非常清醒的认识。企业内部的开发者，由于在这个企业内部工作（有些甚至一毕业就在这里工作，从来没有到过第二家企业），对外面的企业管理了解不多，做软件开发时，往往长于将公司的管理流程电子化，不太容易站在一个较高的角度研究如何通过信息化的手段对公司的管理进行一些必要的改善，不像软件公司的开发者，接触的企业多，在设计、开发过程中可以给公司的管理者提出一些关于信息化管理的建议，从而促进管理进步；另外，除非是一些比较牛的公司，一般不是搞 IT 的公司也不会有太多的软件人才，一者成本太高，二者也不容易留得住，这样就导致软件的健壮性、可维护性、可扩展性、可持续发展性都可能有严重不足，软件很快就发展到了自己的极限，软件团队为了应对管理变化不得不一次又一次舍弃原来的软件，重新开发新软件，这种浪费是巨大的；最后，有的时候会遇到关键开发人员离职的情况，这对企业的信息化工作会有严重的打击，不像软件公司分工较细，人才也相对多些，一般都有一套管理方案应对人员离职，保证自己对客户的持续服务。

3. 采购套装软件

所谓的套装软件，就是由软件公司开发的软件成品。有一段时间，这种软件是这样销售的：一个包装盒，一片光碟，一本说明书。付款后，服务人员上门安装，做简单的培训，然后企业就可以使用了，使用过程中如果有什么问题，软件公司可以提供上门服务支持。这种方式觉得有点儿像现在卖空调、电视机的感觉。

不是所有的信息化需求都可以采用这种方式的，一般主要限于涉及的业务面较窄、管理变数较小的地方，如财务、库存、人力资源管理等。这种方式最大的优点在于成本低，价格便宜。由于是套装软件，软件公司开发完成后可以大量复制，研发成本投入后只要投入升级、维护的成本，可以将价格定得很低。另外，这种软件往往都比较稳定——成千上万的企业使用这套软件，经过千锤百炼，该出的问题都出现过了，能解决的问题都解决过了，用的人越多，自然稳定性就越高，这不是新开发软件可以比拟的（无论开发、测试能力多么强大）。这种方式最大的缺点是不够灵活，几乎无法扩展，由于软件功能是固定的，企业只能根据它的功能使用，如果要定制则开发成本会很高，一旦企业的业务发展需要扩展软件功能时，也很难做到。

4. 引进解决方案

越来越多的大型软件公司提供企业信息化的整套解决方案，一般会面向不同的行业提供不同的解决方案，市面上大量的行业 ERP 基本上都是这种解决方案，如医药行业信息化解决方案、汽车行业信息化解决方案、服装行业信息化解决方案等。

引进这种解决方案的最大特点在于，并非仅仅购买了一套软件，而是同时购买了一种信息化服务，需要有咨询顾问到公司来，根据公司的情况进行信息化管理的综合策划，形成信息化解决方案，然后通过软件将这种方案加以实现。这种方式对咨询顾问的要求很高，他需要精通从管理到软件的各方面的知识，并且需要有大量的实施经验。由于这种方式牵涉企业管理的方方面面，需要长年累月的工作，需要对企业的管理方式进行巨大的变革，而变革往往就意味着会有大部分人的反对，因此企业一把手的支持程度往往会成为决定这种方式失败成功的最关键因素。

5. 租用软件

软件的云服务是管理软件行业越来越热门的一个实施方案，因为 Salesforce 的努力，管理软件界越来越接受这种模式了。所谓的云服务可以理解成以前所说的 SaaS(Software as a Service)模式——软件即服务。这种方式下，企业不是采购软件而是租用软件服务，软件部署在企业之外的云服务器上，软件公司提供软件服务，企业不需要投入硬件资源，需要使用软件时可以租用云服务器上的软件，软件、数据都在云端，企业根据租用的空间、时间、功能等付费，什么时候不需要了就可以停止租用，软件公司停止服务。

这种方式最大的优点在于企业的初始信息化投入很少，不需要自己搭建硬件系统，不需要管理机房，不需要专人维护系统，只要接入互联网就可以使用软件，入门门槛很低，使用方便。缺点主要是实时性的问题，由于软件、数据不在公司内部，有些对实时性要求很高的操作很难达到要求（例如车间中的物流管理）；另外，数据不在自己公司内部，直接通过互联网传输，总觉得不安全，有被泄漏出去的风险（这可能是个理解误区，数据放在家里也未必就安全）；当然，网络的稳定性也是不能不考虑的风险，哪一天公司网络断了，业务就没法处理了，这还是比较令人头痛的。

1.2 认识需求分析

认识了管理软件后，再来看看什么是需求分析——本书特指面向管理软件的需求分析。本节是对全书内容的概括，可以让读者在准备阅读全书前对本书有个概要了解，内容有些抽象，读者在阅读过程中如果觉得有任何困难，都可以直接跳到下一节，在读完全书后再阅读本节的内容，或者，即使不再阅读也不会有什么影响。

1.2.1 什么是需求分析

软件开发一般包括可行性分析、需求分析、软件设计、软件开发、软件测试、软件实施、软件服务等步骤。需求分析是软件开发的一个步骤，主要作用是充当软件研发人员与客户之间的桥梁，主要包括对客户的信息化需求进行分析，将客户不规范的、随意的需求，转换成规范的、严谨的、结构化的需求，将客户不正确的需求转换成正确的需求，将客户不切实际的需求转换成可以实现的需求，将客户不必要的需求砍掉，将客户漏掉的需求补上，等等。

本书所说的需求分析包括需求获取、系统规划、软件开发设计、软件变更设计等工作，以下案例说明了需求分析工作的主要内容。

案例：需求分析工作的主要内容

小王是某软件公司的需求分析师（小王运气不错，接下来，他会成为本书所有案例中的首席需求分析师）。最近公司刚签了一份软件开发合同，需要给一家企业开发一套库存管理系统用以管理该企业原材料、半成品、成品三个仓库的储存物料，小王负责这个项目的需求分析工作。

在到企业现场之前，他先准备了一份需求调查问卷发给各个仓库保管员与仓库会计，获得答卷后他做了仔细研究，觉得自己对这几个仓库的管理已经有了初步理解。然后他来到企业工作现场，收集了仓库用到的所有单据，如入库单、出库单、验收单等，分析这些单据后他搞清了仓库目前的信息处理情况，然后跟分管仓库的企业副总、物流经理、保管员、仓库会计做了单独的访谈，获得了他们对信息化管理的想法。

需求调研完成后，小王进行了系统规划。有些需求明显超出了项目范围，需要做控制，如副总提出能否在系统中管理生产任务，明显超出了这个库存系统的范围；有些需求，没有人提出来，但为了仓库的信息化管理是必需的，小王建议加进去，如仓库每个月给财务的结存报表，有了系统后明显不应该再由人工做这件事了。经过整理、讨论、沟通、说服等过程后，小王最终跟客户确定了需求。根据确定的需求，小王跟客户讨论确定了未来在信息化管理系统下的管理方式，包括相关人员应该如何工作，各岗位与信息化系统相关的工作职责，使用者的计算机终端如何布置，在什么情况下需要使用软件，等等。

然后小王开始进行软件设计。先根据软件需要处理的信息，以及信息流动的过程，设计了数据模型，确定本系统需要哪些业务实体，每个实体包括哪些属性，各个实体之间的关系等；然后，进行功能建模，确定需要提供哪些功能点，每个功能点包括哪些子功能，每个功能的业务规则等；接下来，使用一款原型设计工具进行软件功能界面的设计，在设计的过程中，安排时间给相关用户讲解自己的设计思想，告诉用户在工作过程中需要如何使用本软件，一边听取用户的意见，一边修改；另外，遇到一些技术上不容易实现的地方，还会征求开发人员的意见，经过几次外部、内部评审会后定稿了；最后，根据设计成果撰写了原型说明书。

小王将数据模型、界面原型、原型说明书交给研发部门据以开发。

软件开发完成上线后，用户提出有些功能不符合管理要求，需要修改，提出了需求变更要求，小王根据用户要求设计了需求变更解决方案，撰写了需求变更说明书，交给研发部门修改软件。

1.2.2 需求获取

需求获取就是通过需求调研获取用户对信息化的需求。常用的需求调研方式包括观察法、体验法、问卷调查法、访谈法、单据分析法、报表分析法、需求调研会法。这些方法在实际工作过程中需要灵活运用，不同的企业、部门、岗位、业务都有可能导致调研方法的变化，不可生搬硬套。

1. 观察法

通过观察用户的工作过程，理解用户业务，从而获取用户关于信息化的需求。例如，可以通过观察仓库保管员的入库、出库过程理解仓库物料的出入流程。

2. 体验法

调研者亲自参与工作，通过体验用户的工作，理解用户业务，从而获取用户关于信息化的需求。所谓体验，就是去学习用户的工作，然后独立或者在指导下真正参与用户所从事的工作。例如，可以通过参与收银工作理解商店收银员的收银流程。体验法可以非常深刻地理解用户业务,但代价较大。

3. 问卷调查法

通过发布调查问卷,由用户填写问卷的方法获取需求。这种方法由于需要较高的问卷编写水平,而回答的人也很少会在认真仔细思考后作答,效果并不好,用得不多。当需要快速、概略性地了解某业务时,可以考虑使用这种方法。

4. 访谈法

通过与用户面对面的交谈理解用户业务,获得用户需求。访谈可以非常正式,有访谈稿,有预约,有精心准备好的会议室等;也可以非常随便,在餐桌边,在电梯上,在电话中,都可以进行一次访谈。这是使用得最普遍的需求调研方式。

5. 单据分析法

通过分析用户现有纸质单据获得需求。由于我们开发的软件主要是用来管理企业信息的,而在没有信息化系统时,单据体系本身就是企业的信息系统,只是没有电子化而已,所以分析单据相当重要,如果设计的软件承载不了这些单据所承载的信息,往往就意味着在软件使用过程中会有大量的麻烦在等着你。

6. 报表分析法

通过分析用户当前使用的报表获取需求。报表往往是信息的集大成者,在电子化的信息系统中如此,在非电子化的信息系统中也是如此。报表一般都是管理层用的,理解报表就是理解管理者的管理思想,通过刨根问底地研究当前报表中的每一个数据项的来源,可以深刻理解管理层对信息的要求。

7. 需求调研会法

通过召开需求会议获取需求。当需要讨论的需求问题牵涉的相关人员较多时可以组织需求调研会,可以在会议上厘清流程,确定分工,调和利益等。由于牵涉的人员较多,并且可能有企业高层领导参加,在召开需求调研会时需要认真组织,认真准备,否则不但可能搞砸,还有可能让自己威信扫地,给后面的工作带来不便。

1.2.3 系统规划

获得需求之后,需要根据需求进行系统规划,系统规划的过程就是根据用户的需求规划企业的信息化管理体系的过程。

1. 需求确定

系统规划的第一步是对用户的需求进行校正。要知道用户的需求并不总是正确的,我们做软件追求的是"实现用户正确的需求",对于不正确的需求要坚决剔除。不正确的需求包括很多方面,例如,用户的需求技术上实现不了,用户的需求没有必要,用户的需求重复,用户的需求超出项目范围,等等。另外,在很多时候,由于用户对信息化工作并不了解,根本不知道如何提需求,或者好多工作中必不可少的需求都想不到,这时候还要引导用户提出他想不到的需求。

2. 整理需求

需求确定后需要将需求用文档整理清楚,本书主要介绍需求调研报告的编制方法以及业务流程图的绘制方法。

3. 系统蓝图

在进行软件开发或选型之前，需要对未来的信息化管理工作有个总策划，我们称之为系统蓝图，这个“系统”并不仅仅指软件系统，而是指相关业务的整个信息化管理体系。需要策划企业在未来有了软件系统后相关人员如何工作，业务如何运转，流程如何推动，管理如何进行，等等。不可能所有的工作都经过软件系统，需要确定哪些人使用软件系统，哪些工作经过软件系统。需要决定企业人员在工作过程中如何在软件内外切换，每个岗位跟软件相关的工作场景是什么，确定每个人在什么情况下使用软件处理业务，怎么处理，对每种异常情况是不是有处理预案，等等。

系统蓝图策划后要决定使用什么方式实施，如果是在甲方工作，那么有两种方式可供选择：一是内部开发，二是采购。如果在软件公司工作，一般实施方式在售前阶段已经确定，是使用现成的软件产品，还是根据客户要求开发，等等。本书主要讲述如何根据要求开发。

1.2.4 数据建模

我们使用的是关系型数据库，数据建模就是设计数据库的表结构，这项工作可以在功能设计之前，也可以在功能设计之后，也可以同时进行，不同的团队有不同的工作方式。一般来说，越是复杂、大型的系统，数据建模工作越重要，也越应该尽早进行。良好的数据库结构可以让数据流清晰，可以降低功能设计与开发的难度，特别是一旦发生了需求变更，可以灵活应对。对软件开发有点儿经验的人都知道，一旦软件投入使用，修改数据库结构是非常致命的。

1. 实体关系

所谓实体，可以理解为可以看得见摸得着的事物的种类，如员工、供应商、原料等。注意，数据库设计所说的实体是事物的种类，不是个体，“员工”是一种实体，而“张三”只是这种实体下的一个实例。每一种实体都有若干属性信息，如“员工”实体，包含工号、身份证号码、生日等各种属性。

在进行数据库设计之前，首先要分析好本系统需要管理哪些实体，这些实体的关系如何。相信大部分读者都知道实体关系图(E-R 图)，这个工具就是用来分析实体关系的，本书以实战为宗旨，不会在这方面说得太多，但并不表示这方面的知识不重要，相反，在进行数据库设计时，它应该始终在脑中盘旋。

现实世界中实体之间的关系一般有三种：一对一、一对多、多对多。

一对一的关系：如果实体 A 与实体 B 是一对一的关系，那么表示实体 A 中的一个实例，在实体 B 中或者没有实例，或者只有唯一一个实例可以与之对应，并且，实体 B 中的一个实例，在实体 A 中也是或者没有实例，或者只有唯一一个实例可以与之对应。

一对多的关系：如果实体 A 与实体 B 是一对多的关系，那么表示实体 A 中的一个实例，在实体 B 中可以对应多个实例，而实体 B 中的一个实例，在实体 A 中只能对应一个实例。

多对多的关系：如果实体 A 与实体 B 是多对多的关系，那么表示实体 A 中的一个实例，在实体 B 中可以对应多个实例，而实体 B 中的一个实例，在实体 A 中也可以对应多个实例。

在现实业务中，一对一的关系其实非常少，一对多的关系也不多见，大部分情况下都是多对多的关系。

2. 范式

所谓范式，是指数据库中的表满足的准则。

第一范式，所有表的属性(在数据库中，属性就是字段，这两者是同义词)不可分。这个大概是历史遗留问题，对于关系型数据库管理系统来说，表的属性都是不可分的。

第二范式，所有表的非主属性依赖于主属性。这个可以理解成所有表都需要有个关键字，只要有关键字自然就满足了第二范式。

第三范式，所有表的非主属性只依赖于主属性。这个可以理解成，所有非主属性不会依赖于其他非主属性。假设有个订单表管理销售订单，在这个表里面存储客户信息时(订单号为主属性，客户依赖于订单号)，只要存储客户代号就可以了，不要把客户名称也存储在这里。

BC 范式，这是第三范式的补充，针对那种主属性有多个字段的表，所有非主属性依赖于主属性，但不能只依赖于主属性的一部分字段。

在设计数据库时，一个重要的思想是，不能违反范式，如果违反范式，那么要有这么做的充足理由，并且对后果有清醒的认识。

3. 数据库设计

数据库设计就是设计本软件在数据库中需要哪些表，这些表有什么关系，每个表包括哪些字段等。

表：表是根据实体设计的，但要知道，数据库中的表跟实体之间是有本质区别的，现实世界中的同一实体，在数据库设计时可能会根据业务要求设计多个表来表达它，因为在不同的业务场景中，需要处理、保存的属性信息区别很大；也有可能在现实世界中的多个实体，在数据库设计时只设计一个表来表达它，因为虽然这些实体牵涉到不同的业务场景，但需要处理、保存的属性信息相同。

表的关系：数据库中表的关系有两种，一对一与一对多。数据库中的表是没有多对多的直接关系的，一般情况下，现实业务中一个多对多的关系会被转换成数据库中的两个一对多的关系。数据库中表跟表之间的关系绝大部分都是一对多的关系，在数据库中通过在“多”表中建立外键(Foreign Key)来建立这种关系。一对一关系在数据库设计中出现得不多。

字段：对字段的处理比对表、关系的处理要简单得多，无非就是根据业务上需要处理的信息决定在表中设计哪些字段，根据信息的内容决定使用什么数据类型、需要的字段长度等。另外，即使字段设计出了问题，对未来工作的影响也小得多，一般不会像表与表关系出问题那样伤筋动骨。

数据字典：数据建模完成后，需要有文档对这个数据模型进行详细说明，这就是数据字典应该充当的角色。数据字典需要描述的内容主要包括：这个数据模型中有哪些表，每个表包括哪些字段，每个字段的类型、长度、取值范围是什么，哪些字段是外键关联字段，对字段值有没有什么特殊要求，等等。

1.2.5 功能设计

软件的功能，从本质上说就是对数据进行输入、加工、输出的过程。对于面向数据库的软件，由于是以数据库为核心的，可以理解为两个方面，一是数据的收集与处理；二是围绕数据库对其中的数据进行的 4 大操作，即增加、删除、修改、查询，简称增删改查。

1. 需求用例

需求用例是指用户通过软件解决特定问题、完成指定任务的方式与步骤，以及用到的各种约束、规则等。一个用例，往往对应着用户需要完成的某个明确而具体的任务。一个完整的用例，一般包括用户、前置条件、后置条件、主场景、扩展场景、规则等方面。在实际工作中，不同的团队有不同的要求，有些团队，对需求用例的编写要求非常高，需要仔细描写每一个应用场景；而有些团队或项目的要求就非常简单，甚至根本不需要进行需求用例的分析、编写，就直接进入了功能点设计工作。

2. 功能建模

所谓功能建模，指根据系统规划的要求设计功能构成模型，确定系统由哪些功能构成，每个功能应该输入什么，经过功能处理后应该输出什么，每个功能又包括哪些子功能，不断分解下去，直到最底层。

功能点：本书所谓的“功能点”，指可以提供给用户完成某一特定任务的功能组合，例如“客户档案维护”“物料基本信息管理”等，跟研发人员所说的某某类可以提供某某功能是完全不同的两个概念。可以将其看成是传统的功能菜单，大部分情况下可以简单粗暴地认为一个菜单算是一个功能点。当然，并不是所有的功能点都是有功能菜单对应的，例如某些固定时间触发的调度功能，某些给第三方调用的接口等。

原子功能：一个典型的原子功能包括从数据库或界面获得数据，经过加工处理后提交到数据库，再将处理结果反馈到界面这样一个过程。一般来说，原子功能在执行过程中包括获得数据、处理数据、提交结果三个方面。当然，并不是每个原子功能都包括这三个方面，有些功能只要从界面获得数据，不需要经过数据库，有些功能将处理结果直接保存到数据库，不需要反馈到界面，有些简单功能几乎没有任何运算处理的过程。

划分功能：进行功能设计首先要做的事情是进行功能划分，即设计者试图通过哪些功能组合，来解决用户的问题，从而达成企业信息化管理的目标。在这个阶段主要考虑这个软件系统会包括哪些功模块，功能模块由哪些功能点组成，每个功能点包括哪些子功能，每个子功能包括哪些原子功能，每个功能需要输入什么数据、如何处理、输出什么数据，哪些用户使用这些功能，使用这些功能是为了解决什么问题，怎么使用这些功能等。

3. 功能优化

可以从灵活性、可重用性、高效性三个方面考虑如何对功能进行优化。

灵活性的优化，可以从这几个方面着手：能不写死的地方不要写死；能不用的规则就不用；尽量兼容一些不明确的需求；慎重对待变化可能性大的需求；抓住业务核心；不偏离业务现实。

可重用性的优化，可以从这几个方面着手：尽量减少功能之间的关联性；注意数据的流动方向；建立团队的通用规范与通用功能。

高效性的优化，可以从这几个方面着手：使用率不同的数据采用不同的保存方式；利用中转数据；外键必填；优先使用客户端资源。

1.2.6 界面设计

软件界面就是用户可以在电子设备的终端（如显示器、PAD、手机等）上看到、听到，甚至摸到的内容。用户可以通过界面录入信息，也可以通过界面获得信息，还可以通过界面把自己的要求提供给软件系统，界面是人与软件系统交互的通道。最常见的软件界面包括软件的窗口或网页。另外需要注意的是，有些不常看到的信息也是界面不可或缺的组成部分，如对话确认框、提醒消息、出错提示、日志信息等。所谓界面设计，就是设计系统通过什么方式接收用户输入的信息、发送的指令，通过什么方式将处理过程与处理结果反馈到输出设备上。好的软件界面以人为本，不会让用户难以学习，不会让用户感到厌烦、恐惧和难以捉摸。

设计界面一般需要先进行原型设计。所谓原型设计，就是设计软件运行的模拟界面，设计系统如何接受用户录入信息以及发布的指令，指令在执行过程中如何与用户沟通，处理结果如何在界面上反馈。原型设计一般包括手画法、Office 工具设计法、原型工具设计法以及开发工具设计法。

1. 界面设计过程

界面设计一般包括入口、功能主界面、表单布局、操作、消息 5 个方面的设计。

入口：用户登录进入系统后，如何才能打开自己需要的功能界面，这是入口设计需要考虑的问题。入口一般包括功能菜单、工作台、九宫格、弹出菜单、快捷方式等。

功能主界面：指用户通过菜单或其他入口方式打开某功能点后，系统加载的让用户可以使用该功能点的主界面，功能主界面提供了各种子功能的入口。功能主界面一般会被分成各种区域，如菜单区域、功能按钮区域、查询条件区域、记录显示区域、详情展现区域等，各种组件就放置在这些区域中。这些区域的布局方式，本书称之为界面结构。常用的界面结构有：上边查询条件，下边查询结果；左边大项，右边查询结果；左边树状结构，右边查询结果；上边主表，下边子表；左边主表，右边子表；树状列表；分级列表；日历等。

表单布局：表单上的组件可以分成三大类：一类是用以接收或显示数据的，如文本框、标签、单选框、复选框等；一类是用以响应用户的要求而执行某种操作，如按钮、链接、图标等；还有一类跟数据、操作都没有关系，只是用于界面布局、标注或美观等，如分隔线、矩形框等。表单布局设计，就是思考如何排放这些组件，使界面达到易学、易用、美观的效果。常用的表单布局结构包括平铺、分组、动态加载、表格、Tab 页、混合等。

操作：表单上的操作大体可以分成两大类：一类是面向数据库的写操作（包括 Insert、Update、Delete）；另一类是不改变数据库中数据的操作，可能仅仅是从数据库读取数据（Select），甚至跟数据库中的数据毫无关系，这种操作不会导致数据库中保存的数据发生任何变化。

消息：当用户在界面上操作时，一个友好的系统会将执行情况根据需要反馈给用户，这就是所谓的"消息"——是系统给用户带来的关于计算机的消息。有些消息只是告诉用户一段程序执行的状态，而有些消息是用于接受用户额外指令的。常见的反馈消息的方式包括消息弹出框、消息区、日志等。

2. 界面优化

可以从易学性、易用性、健壮性、交互性4个方面考虑如何对界面进行优化。

易学性的优化，可以从这几个方面着手：提炼核心功能，追随主流软件，贴近业务流程，统一操作习惯，减少用户干预，倡导边干边学。

易用性的优化，可以从这几个方面着手：让功能方便调用，让工作容易处理，减少用户录入，减少击键次数，减少在键盘与鼠标之间的切换。

健壮性的优化，可以从这几个方面着手：不让用户犯错误，让用户少犯错误，让用户容易发现错误，允许用户纠正错误，降低用户错误的影响。

交互性的优化，可以从这几个方面着手：重要操作需要确认，不要让用户有石沉大海的感觉，消息措辞需要容易理解，消息需要精准，交互要适可而止，不要滥用弹出框。

1.2.7 原型说明书

采用快速原型开发模型，由于在开发之前已经设计出了完备的软件原型界面，通过原型界面可以将界面层的需求表达得非常清楚，开发者也好，用户也好，看着原型都容易理解软件将会被开发成什么样子，但对于软件来说，所包含的需求当然远不止这些，在原型界面背后还有大量用户看不到的东西。有些功能点逻辑简单，看着原型就能够把需求理解得差不多；而有些功能点逻辑复杂，没有文档辅助说明，根本不可能理解需求。不同的团队会用不同的方式来表达这种逻辑，或者在某种规范的文档体系下描述，或者用各种凌乱的文字片段描述，本书推荐一种围绕原型描写逻辑规则的文档——原型说明书。

原型说明书是针对设计好的软件原型撰写的一种偏向于说明功能与操作逻辑的文档，主要描述每个功能点的主要用户，用户使用该原型的操作场景，有什么权限控制要求，每个操作背后是怎么运算的(从用户确认执行某操作，到系统反馈执行结果之间，系统会做什么处理，有哪些业务逻辑)，对数据有什么要求，等等。

1.2.8 需求变更

在软件的各个阶段都有可能产生需求变更。例如，在调研阶段，用户刚确定了某个问题的处理方式，过了几天可能又觉得换一种方式好；在设计阶段，设计者可能在设计过程中会发现需求问题，从而向用户提出变更建议，或者，用户参与设计评审后，可能会提出需要增加、修改功能；在开发阶段，开发者可能会发现设计问题，用户也可能提出追加功能、改变功能，设计者也可能觉得有些设计不尽如人意，从而提出需求变更；在试用阶段，用户可能会发现开发出来的软件很多地方并不能真正满足信息化管理的要求，提出需求变更；在正式使用阶段，用户的业务可能会发生变化，用户的管理思想也可能会发生变化，从而提出需求变更，等等。

产生需求变更的原因很多，常见的包括调研不充分、沟通有歧义、异常没考虑、规划不到位、设计有瑕疵、实现欠灵活、实施不熟练、业务会变化、管理在改善、想法在改变、软件要发展。

软件团队常用的控制需求变更的手段包括技术手段、沟通说服、成本约束等。有些控制方式并不是仅靠需求人员就能做到的，需要发挥团队的力量。

不同的需求变更差别巨大，有些需求变更处理起来很容易，有些需求变更处理起来相当麻烦。本书将需求变更分成4种：改变界面的需求变更，改变功能逻辑的需求变更，改变数据库结构的需求变更，改变历史数据的需求变更。这4种需求变更的处理难易程度是递增的。

处理需求变更，要尽量从根本上解决问题。从根本上解决问题，核心思想是从整个系统的角度出发考虑问题，而不是仅仅从一次需求变更的角度考虑。假如现在还处在调研阶段，如何处理这个需求呢？自然会将其跟别的需求一起进行系统性规划，会考虑软件的灵活性、健壮性、易学性、易用性等，绝对不能容忍那种看上去简直是胡搞的开发方式。

虽然大部分情况下，软件团队谈到需求变更都是惊慌失措、咬牙切齿的，但不能不承认，"塞翁失马，焉知非福"的古谚在处理需求变更的过程中同样有效。有些需求变更，可以提高客户的黏性；有些需求变更，可以直接给团队带来商务收益，带来利润；还有些需求变更，虽然看上去是"坏事"，但只要处理好了就能推动软件的发展，虽然不敢说"多多益善"，但至少没有看上去那么糟糕。

1.3 成为一名需求分析师

1.3.1 什么是需求分析师

所谓的需求分析师，是指专职从事需求分析工作，并达到一定境界的软件人。不同的团队，对需求分析工作的安排可能并不一样，本书所说的需求分析师包括以下工作职责。

(1) 进行需求调研，获取用户需求；

(2) 进行系统规划，设计客户信息化管理的蓝图；

(3) 设计数据模型；

(4) 设计软件功能；

(5) 设计软件界面，绘制软件原型；

(6) 召开需求评审会，收集各方面的意见，根据意见修改设计；

(7) 指导开发，协助测试；

(8) 进行软件变更需求分析，设计变更解决方案。

有些软件团队并没有设置需求分析师这种岗位，这些工作有的是项目经理做了(例如调研、系统规划)，有的是程序员自己做了(例如数据库设计)，等等。有没有这个专职的岗位不重要，重要的是，这些工作都必须有人来做，本书就是讲解怎么做这些工作的。

1.3.2 性格要求

要成为一个合格的需求分析师，或者说，一个人要想将上述工作做得出色，对性格有一定的要求。性格跟能力不一样，一旦形成很难改变，要改变自己的性格需要付出加倍的努力，有时候还不如考虑别的更适合自己性格的工作。

由于需求分析者的工作主要就是充当客户与研发团队的桥梁，在客户那边代表研发团队，在研发团队这边又代表客户，所以必须善于沟通。一般情况下，研发团队与客户之间互不了解，双方的领域不一样，所谓隔行如隔山，要通过需求分析者的工作，使双方越来越了解对方，观点也越走越近，最终打通这座山，这都要靠卓越的沟通能力才能实现。所谓的沟通，包括两方面：一是让对方了解你的思想，通过各种手段、工具、表达方式引导对方理解你的想法，接受你的想法；二是你要了解对方的思想，根据对方的语言、肢体动作理解对方的想法，多站在对方的立场思考问题，有时候还需要引导对方说出自己的想法。不要一提到沟通，就想到那种口若悬河的发言，金光四射的气场，这是完全不同的两个概念。

另外，需求分析者需要善于听取不同的意见。前面说了，需求分析者发挥的是桥梁作用，通过这座桥梁客户与研发团队越走越近，在这个过程中会有大量的沟通、思想碰撞、谈判、妥协，如果不善于听取不同意见，可能会把客户弄崩溃，或会把研发人员弄崩溃，或会把自己弄崩溃。古人所谓的"闻过则喜"，需求分析者对待不同意见也要有这种心态。有人提出不同意见，就要认真分析其中的优缺点，冷静地将这种意见跟现有的方案相比较，做出取舍，不要管提出这种意见的人是什么立场、什么态度、什么职位。要做到这一点其实很不容易，太多的人喜欢为自己的观点辩护，一旦自己有了什么方案，总是不愿意放弃，不被逼到墙角不愿意转身，但大部分情况下，到墙角的时候都已经晚了，所以要善于听取不同的意见，主动接受好意见，而不是被逼接受，要知道，这是在为了信息化管理寻找最优方案，而不是辩论会。

最后，需求分析者需要有团队精神。需求分析工作看上去有点儿独行侠的感觉，自己在客户那边孤身奋斗，设计出来的成果扔给研发，但这只是表面现象。需求分析者任何时候都是需要团队作战的，团队精神不可或缺。在调研及进行系统规划时，必须跟项目经理配合，必须跟用户配合，没有很强的合作精神这很难进行；进入开发阶段，需要随时跟研发团队保持协作。要牢记，是团队使自己更强大。

1.3.3 掌握 IT 专业知识

既然搞软件设计，当然需要掌握大量的 IT 知识。一个合格的需求分析师需要掌握的 IT 知识一般包括软件工程、项目管理、编程、数据库、网络、硬件等。相信本书的读者对这些专业知识了解得都不少，这里只做简要概括。

1. 软件工程理论

了解软件开发的步骤、各种软件开发模型、软件的生命周期等。

2. 项目管理理论

了解项目管理的基本原则，了解项目的范围管理、时间管理、质量管理、风险管理等内容。

3. 关系数据库

了解关系数据库基本原理，了解表与表之间的关系，了解 SQL 语句的编写，了解至少一种 DBMS 实现的大概原理，如数据页面、索引等。

4. 软件文档

了解各种软件文档的编写方法，善于使用文字表达自己的思想，写出的文档具有规范性、系统性和可维护性。

5. 办公工具

了解常用的办公工具软件，如 Microsoft Office Word、Excel、PPT、Visio 等。

6. 编程语言

了解至少一种编程语言,不一定是或曾经是编程高手,但如果有这方面的经验对从事需求分析工作是很有帮助的。

7. 网络与硬件

了解基本的机房建设、网络建设、移动互联网、服务器部署的知识。不需要太精通,但一些常用的知识还是要掌握的。

8. 软件架构

了解软件的三层或多层架构,了解软件C/S架构与B/S架构的优缺点。

9. 云计算

云计算已经成为时代潮流,需要了解IaaS、PaaS、SaaS的基本原理与使用范围。

10. 软件界面

了解软件界面的特点、常用组件的用法,了解手机软件界面与PC软件界面的主要区别。

1.3.4 掌握企业管理知识

作为从事管理软件开发的需求分析者,由于经常跟管理者打交道,还需要掌握企业管理知识。要想成为优秀的需求分析师就要把自己打造成一个通才,既要懂软件又要懂管理,既要会沟通,又要有进行系统分析的逻辑思维能力,根据自己的业务方向,可能还要掌握某些领域的行业知识,如汽车、医药、服装、化工等。当然,业务知识是无穷无尽的,吾生有涯,不可能学完,关键是要有一颗喜欢学习的心和一个善于学习的大脑,一个优秀的需求分析师一定是一个快速学习的高手。下面列出一些关于企业管理的知识框架供读者参考,当然要知道这只是个框架,连入门知识都算不上,要想全面了解,可以根据这个框架寻找相关资料或书籍学习。

本书在介绍需求分析知识时,会列举大量案例用以辅助说明、加深理解,这些案例一般都来自于企业管理的信息化实践,掌握下面介绍的管理基础知识对理解案例自然会有很大的帮助。

1. 企业运作流程

抛开社会责任不讲,企业是为了追逐利润而存在的。以制造企业为例,为了获得利润,企业的运作一般会经历采购原材料,加工成产品,然后出售产品这三大过程,出售产品后获得收入,收入减去原材料采购费用、加工成本与人力成本,就得到企业的利润。

企业的运作流程一般从生产计划开始,生产计划的来源一般有两个方面:一是面向订单,二是面向库存。面向订单就是根据客户的订单要求安排生产,面向库存就是根据市场情况预测未来需要多少产品,然后预先生产存储在仓库中等待销售。有了成品生产计划后,再分解出半成品的生产计划,再分解出原材料的采购计划;然后进行原材料采购,准备足够的生产能力,生产能力包括机器加工能力与人力资源;有了原材料与生产能力后就可以进行生产,由原材料加工成半成品,再由半成品加工成成品,包装;然后根据销售合同或订单发货,有时直接发货给最终消费者,有时发货给代理商、经销处等;最后,客户汇款,财务入账。

2. 财务会计

由于财务总是出现在企业管理活动中的方方面面，因此，从事管理软件的需求分析，关于财务会计的知识是一定要学的。常用的财务会计知识一般包括处理原始凭证、使用会计科目、编写会计分录、制作会计凭证、登记明细账、登记总账、制作三大会计报表、预提费用、计算固定资产折旧、核对应收账款和应付账款等。

3. 采购

采购管理工作一般包括制订采购计划、采购询价、采购招标、供应商确定、签订采购合同、下采购订单、供应商送货管理、仓库验收、采购结账、应付账款对账、采购员评价等。

在进行采购管理信息化时，一般会从采购计划管理、采购单管理、原材料收货入库、应付账款结账等方面着手。采购计划一般会根据生产计划、安全库存、警戒库存、采购周期等制订；不同的企业下采购单的方式区别很大，可以发传真、打电话、发邮件等，有了软件系统后一般会在软件系统中下采购单，收货时也需要根据采购单收货；供应商送货一般会根据采购单的要求送货，原材料仓库收货后开出验收单，供应商会将验收单作为结账依据；财务上一般会针对供应商建立往来明细账，一段时期会跟供应商进行往来核对，稍微规范的管理方式会定期出具对账单。

4. 销售

销售管理工作一般包括市场管理、促销、经销商管理、报价管理、客户挖掘、客户拜访、客户关系维持、签订销售合同、接收销售订单、制订市场计划、进行销售预测、制订销售激励政策、产品发货与装运、客户评价、业务员评价、销售结账、应收账款对账等。

进行销售管理信息化时，一般会从销售预测、销售激励政策管理、销售订单管理、销售发货、客户关系管理、应收账款管理等方面入手。销售预测就是根据销售历史或者一些别的因素制订未来的销售指标，从而为制订生产计划提供指导；销售激励政策一般包括针对客户的政策，如返利、信用额度等，与针对业务员的政策，如销售指标、提成等；销售订单管理客户对产品的要求，如数量要求、技术要求、质量要求、交期要求等；销售发货一般指根据销售订单发货，可能整批发货，可能分批发货，或者也可能因为种种原因退货；客户关系管理，一般包括销售漏斗、客户拜访、客户价值分析、客户服务等内容；应收账款管理，包括管理收款、销售发票、结账对账等。

5. 库存

库存管理工作一般包括物料验收、物料入库、物料出库、物料移库、物料挪位、盘点、库位设置、容器设置、库存价值计算、物料成本计算等。

对于库存管理的信息化，一般从两方面入手：一是需要存放的物料，二是用以存放物料的空间（或场地）。对于物料的管理一般分为几种级别：物料级别、批次级别、个体级别。所谓的物料级别，就是只要物料编号相同，就认为是相同的东西，一切属性都相同，在使用过程中可以通用；批次级别，就是虽然物料编号相同，但如果批次不同，也认为是不同的东西；个体级别是最细的物料管理级别，管理力度小到每个个体，个体都有编号，考虑到管理成本，一般只有比较重要的、价值较高的物料才会管理到个体，如仓库中的每台手机都可以有个编号，但不可能对每个螺丝编号。对于存放物料的空间，从大到小一般包括仓库、库位、容器、包装，仓库可以分割成库位，一个库位中可以存放多个容器（常见的容器如托盘），一个容器中又可以存放多个包装物，软件系统中的物料如何存放在空间中，是由用户需求决定的。

6. 生产

生产管理工作一般包括生产任务调度、生产领料、车间材料管理、机器管理、车间班次管理、班组人员管理、加工过程管理、加工质量管理、生产任务汇报、生产数据采集、生产进度跟踪、车间现场管理等，现在很热的MES重点就在生产管理信息化。

对于生产管理的信息化，一般从生产任务调度、生产领料、生产任务汇报、生产数据采集、生产进度跟踪等方面入手。生产任务调度，一般会根据生产计划，考虑交期以及当前机器、人员的状态，安排生产任务到生产班组，功能强的软件系统会有智能调度计算，生成调度建议，然后由调度人员确认后安排生产任务。生产领料是根据生产任务到仓库领用原料或半成品，一般有两种处理方式：一是根据产品的结构(BOM)领料，可以有效控制浪费；二是临时领用部分物料存放在车间中转仓库，用不完的可以退回去。生产任务汇报，是指操作工或者车间录入人员在某时点或者某生产任务完成后录入生产情况，如加工数量、加工时间、加工人员等。生产数据采集，一般指通过IT手段(如跟机器集成，使用RFID技术等)自动获取生产数据，通过这种方式获取的生产数据更准确、更及时。生产进度跟踪，指根据生产任务、任务汇报情况、生产数据采集情况，跟踪、分析生产进度，预测半成品的生产情况对产品生产的影响等。

7. 计划

计划管理深入企业管理的各方面，如销售计划、生产计划、采购计划、招聘计划、培训计划、技术研发计划、质量改善计划、项目计划等。

计划管理的信息化一般从销售计划、生产计划与采购计划入手，最关键也最困难的是生产计划信息化。一般情况下，市场人员会根据市场销售预测，或者根据客户的意向、合同、订单等制订销售计划。生产计划人员根据销售计划及产品工艺制定生产计划，生产计划管理一般包括物料分析、生产能力分析、生产进度跟踪、生产交期预测、生产计划发布、生产计划跟踪等。要保证生产计划的可行性，需要综合考虑库存物料、产品结构、生产加工工艺、机器加工能力、人员等，一份优秀的生产计划要综合考虑半成品生产与采购的平衡，机器负荷的平衡，交期要求与生产能力的平衡等。采购计划是根据生产计划的物料需求、采购周期、库存物料综合制订的，对采购计划的基本要求是，既要有充足的原材料库存以保证生产，又不能造成仓库积压占用太多的资金。

8. 成本

成本管理一般包括成本核算、成本预算、成本控制等。注意，这里的成本与前面所提到的成本虽然看上去都是算账，都属于会计的范畴，但两者是截然不同的，用到的知识也完全不一样。从会计学的角度，会计一般包括成本会计与财务会计，成本会计主要是服务于内部控制的，用于内部管理；财务会计主要是服务于外部相关方的，如股东、政府等。成本核算是指计算成本对象的成本，核算的方式多种多样，如品种法、批次法等。成本核算的主要原则是，能够直接计算到成本对象的成本就直接计入，不能够直接计入的就按一定的方式分摊。成本是永远算不准的，总是一个估值，但是可以通过一定的方式算得更准，如作业成本法。作业成本法最核心的理念是，分摊成本时不再根据单一的分摊方式，而是为不同的成本确定不同的分摊方式，例如，人力资源管理成本可以按人头分摊，而机器折旧费可以按加工工时分摊，装运费可以根据重量分摊等。由于运算量巨大，在生产管理信息化系统使用前这种方式几乎难以执行，有了信息系统提供的海量数据后，使用这种方式的企业越来越多了。

9. 质量

质量管理一般包括两个方面，QC 与 QA。QC 强调的是事后控制，当产品或某一道工序加工完成后，进行质量检测，确保产品是符合技术设计要求的。而 QA 强调的是事前或事中的控制，认为要想产出高质量的产品，就必须根据一定的标准流程进行。质量管理的信息化一般从 QC 开始，简单的可以只支持质量检测结果（如一些技术参数、质量缺陷等）的录入，形成海量数据后用以进行质量分析，为改善生产流程、加强质量管理提供帮助，复杂点儿的可以开发质检人员的工作软件，成为质检人员工作工具的一部分。

10. 人力资源

人力资源管理一般包括针对人才的档案、规划、招聘、培训、薪酬、激励、考评、绩效、职位等的管理。

人力资源管理的信息化工作一般从员工档案管理、职位管理、薪酬管理、考评绩效管理等入手。员工档案管理一般包括对员工的基本信息的管理，如联系方式、教育经历、工作经历、劳动合同等的管理；职位管理一般包括对企业中的职位基本信息、岗位说明书、岗位操作手册、员工职位异动等的管理；薪酬管理一般包括对员工的基本工资、社保福利、奖金等的管理；考评绩效管理一般包括对员工的考评方式、考评历史、激励政策、绩效计算方式等的管理，考评绩效管理是人力资源管理中最难标准化的内容，不同公司的要求差别很大。

11. 组织

在管理上，组织主要包括两方面的意思：一是作动词用，表示将任务分配给不同的人员处理，由多人协作处理一件事情；二是作名词用，表示一个协同工作的集体，大到一家企业、一家事业单位、一个政府部门，小到一个班组，都可以称为一个组织。组织管理，往往是指针对组织结构的管理，如何安排部门、科室、班组等层级结构，这些结构如何协同工作，如何分工，如何沟通等。最常见的组织结构方式是一种典型的金字塔型的组织结构，一种从上而下的层级结构，总经理管副总经理，副总经理管部门经理，部门经理管班组长，班组长管理员工等。有一种新型的组织结构方式也越来越常见，即矩阵型的组织方式，同一个员工可以同时属于几个任务集体，每个集体可能有不同的组织方式。近年来，越来越多的企业倾向于使用某种有机型的组织方式，如事业部方式，以任务为要求组织员工，而不是根据职能组织员工。

1.3.5 精通一种开发模型

要成为一个合格的需求分析师，至少要精通一种开发模型，注意，这里说的是“至少”，精通多种开发模型只有好处没有坏处。

所谓软件开发模型，就是用什么方式把软件开发出来，是设计完成再开发，还是一边设计一边开发；是明确区分每个开发步骤，还是模糊每个步骤的边界，采用螺旋迭代的方式开发；等等。

常见的开发模型包括瀑布模型、螺旋模型、迭代模型、快速原型开发模型等，本书介绍“快速原型”开发模型，笔者认为，这是开发中小型管理软件的最佳模型。使用这种方式开发，首先要设计原型，也就是根据客户的要求先设计出可以进行简单操作的界面。为什么叫

“快速原型”？因为一般的原型使用原型设计工具是可以非常“快速”地设计出来的。有了原型之后，给客户演示、确认，由于这是个可以看到的实实在在的东西，用户甚至还可以进行一些简单的操作，因此，用户就可以有非常直观的感受，让用户提前了解软件开发完成后是个什么样子，这样用户就可以提前提出自己的意见，厘清被误解的需求，发现被丢失的需求，指出设计不足的地方，提出改善建议。有时候，用户看到这个原型说的几句话，可以让整个设计思路发生摧枯拉朽式的变化，这要是在软件开发完成了发生，那简直要崩溃了。使用“快速原型”的方式开发，最大的好处就是方便与客户沟通，可以尽早沟通，深度沟通，确保开发出来的软件是用户需要的。

设计原型的方式也有多种：有的团队使用开发工具直接设计，客户确认原型后继续开发，优势是原型不需要丢弃，可以继续利用，劣势是速度较慢；有的使用专业的原型设计工具来设计，可以大大提高效率，优势是速度快，劣势是一旦客户确认后，还得用开发工具重新制作一遍；有的使用某种长于界面设计的开发工具设计（如 Delphi、VB 等这种以设计界面见长的开发工具），客户确认后，再用别的工具开发，这个原型也就被丢弃掉，虽然设计速度可能比不上设计工具，但可以用代码实现一些交互过程，让客户更易于理解。

本书介绍的“快速原型”开发模型大概步骤如下。

(1) 通过各种方式理解客户业务，获得客户需求。

(2) 根据客户的业务流程、管理方式，以及客户对信息化的需求进行系统规划。

(3) 根据规划结果设计数据库。

(4) 根据规划结果设计软件功能。

(5) 根据规划结果设计原型界面。

(6) 撰写原型说明书。

(7) 需求评审。需求评审分为两种：一种是有用户参与的需求评审，重点在把握需求；另一种是开发团队的评审，重点在理解需求，讨论技术实现方式。

(8) 根据评审结果修改设计。

(9) 开发、测试。这个不在本书的讨论范围。

(10) 内部试用软件，发现问题，改善软件。

(11) 用户试用软件，发现问题，改善软件。

(12) 软件上线，进入维护期，应对需求追加与变更，促使软件不断成长。

思考题

1. 回忆一下曾经就读过的某所学校，你觉得他们的管理工作主要包括哪些内容？

【提示】 要分析一个组织的管理，可以从这个组织的核心任务入手。一所学校的核心任务就是招募新生、教学、送走毕业生。在这个过程中主要涉及两种人员角色，一是教职工，一是学生。教职工相对稳定，学生每年换一届。管理工作自然包括两大部分，一是对教职工的管理，一是对学生的管理。根据你在学校体验到的，仔细想想学校管理方做了什么管理工作。

2. 如果让你策划一款软件系统管理那所学校，你觉得可以包括哪些功能？

【提示】 管理软件的核心是对业务进行过程中所产生的信息的管理，以你的认知，那所学校在管理过程中会产生哪些信息（如学生档案、考试成绩、教工档案等，你在学校中看到的每一个表格单据都包括管理过程中需要的信息),管理这些信息需要哪些软件功能?

3. 找一款你手机中的常用软件,分析该软件在哪些方面让你觉得够出色。

【提示】 一款能被大量用户安装的软件,一定有它出色的地方。打开你的手机,看看大量的手机应用软件,每款软件都凝聚着设计者的设计思想。结合好软件的特点,仔细分析软件设计者是怎么想的,是怎么做到让你觉得出色的。

4. 评价一下你曾经体验过的某管理软件。

【提示】 在你的人生旅途中一定会不停地跟管理软件打交道,如大学选课可能会接触学生选课系统,到图书馆借书可能会接触到图书管理系统,到医院看病可能会接触到医院HIS系统,等等。回忆一下,有哪一款软件曾经给你留下比较深刻的印象?

案例分析

1. 相信绝大部分读者都用过微软著名的文字处理工具Word(本书就是用它写成的)。作为一款全世界最出名的文字处理工具软件,拥有海量用户,自然是款好软件。结合好软件的特点,分析一下Word的这些功能:

(1) 所见即所得。在Word中排出来的格式几乎与打印机打印出来的一模一样。

(2) 格式刷。用户选择某一块文字,单击格式刷,然后用格式刷去刷另外一块文字,这块文字的格式就会变得与前面那块一样。

(3) 撤销操作。用户如果发现录入错误,随时可以按Ctrl+Z组合键撤销刚才录入的内容。

(4) 帮助。用户任何时候按F1功能键,都可以调出帮助文档。

(5) 选项。Word的选项中,有大量的设置参数,如是否显示段落标记、是否显示制表符、是否显示书签等。

(6) 导航窗格。Word的导航窗格,根据文档大纲显示文档树状结构。检索时,如果在某个大纲下找到关键字,该大纲标题会高亮显示。

(7) 关闭提醒。关闭文件时,如果有编辑内容没有保存,则提醒保存,否则直接关闭。

(8) 设置密码。设置文件密码时,需要确认密码。

(9) 修订颜色。在修订状态,被删除的文字会以不同的颜色显示。

2. 阅读下面这篇关于职场沟通的短文,谈谈一个需求分析师在工作中应该如何与用户、研发团队沟通,做好双方的桥梁。

程序员小李写了一段很复杂的程序代码,因为工作关系他给小王讲解他的程序设计思路,小王看他的程序没有一行注释便建议他最好写点注释。

小李:"没必要,看看程序不就什么都明白了?"

小王:"我怕两个月后你自己都会忘了是怎么回事!"

小李:"写注释一样会忘!"

笨嘴拙舌的小王一时语塞。后来小李离开了,小王坐在办公桌前发了半天愣,忽然说道:"忘了后读注释可以更容易想起来啊! 他这说法也太离奇了吧? 简直一点道理也没有啊!"

工作沟通中经常遇到这种情况。甲觉得乙提出的某方案有问题,不失时机地提出来,事情的发展一般会有这三种可能：

【讨论】 乙与甲心平气和地分析该方案的优缺点，摆事实讲道理，就事论事，最后得到正确结论，两个人取长补短选择了最优方案。这当然是最理想的沟通效果了，如果能把与人的每一次沟通都引入此路，那就恭喜了，你绝对是个善于沟通的人才。

【辩论】 乙自尊心很强，或一向以权威人士自居，当甲说他的方案有某方面的缺陷时，他总是千方百计地为自己的方案辩护，如果口才好可以口若悬河地演讲半天，别人几乎没有插话的余地。而甲自然而然地充当了反方，想方设法找出该方案的缺点，进行不遗余力的攻击。

这种情况让人想到了大专辩论会，虽然沟通效果不如第一种理想，但也算有些价值，理越辩越明嘛，但如果没有第三方仲裁最后怕也难以得到什么有效结论。看了大专辩论会的都知道，只要你想反对或拥护一个观点总能找到理由的，输的未必是错误的一方，而是口才弱的一方。

【抬杠】 乙一向视甲为自己的对手，是专门给自己找茬的人。因此，只要是甲说的话，他就毫不犹豫地反对，甚至懒得找个像样的理由。试看以下场景。

甲："你那个方案成本太高了，是不是可以考虑去除某某功能？"

乙："客户钱多不在乎！"

甲："你画的那个图对客户很难有什么实质性的帮助，是不是可以考虑在某些方面再具体点？"

乙："怎么没帮助，他们可以收藏起来，等我成名后就值钱了！"

这就是抬杠，抬杠只能发泄情绪，于事无补。可以想象，在这种情况下，这场沟通除了浪费时间还能有别的作用吗？

第2章

需求获取

本章重点

(1) 需求调研的7种方法,理解调研过程中如何将这些方法结合运用。(★)
(2) 如何制作调查问卷。(★★★★)
(3) 如何准备调研访谈。(★★)
(4) 访谈过程如何进行。(★★)
(5) 如何收集单据。(★★★)
(6) 如何分析单据。(★★★★★)
(7) 生成报表的触发条件。(★)
(8) 如何分析报表。(★★★★★)
(9) 报表对功能设计的影响。(★★★★★)

本章内容思维导图

要想给客户做管理软件,首要的事情自然是把客户现在的业务内容、管理方式弄清楚。即使你是这个领域的业务专家,也要明白一点,无论业务内容是否相同,管理方式一定是不同的,业务可以复制,技术可以复制,管理不能复制。例如,要给仓库做管理系统,需要先了解这个仓库是怎么管理的,怎么出库,怎么入库,怎么盘点,怎么核算;需要给采购部做管理系统,需要先了解采购部是怎么运作的,怎么制订采购计划,怎么下采购单,怎么签订采购合同,等等。

开发信息管理系统,首要的需求来源就是如何将现在的手工业务电子化,没有这一步,说什么资源整合,说什么提高效率,说什么降低成本,说什么智能决策,都是浮云。本章阐述的需求获取方法,重点在如何理解客户业务,这是需求获取阶段最重要,也是最困难的事情。当然，对于需求分析者来说，理解业务与需求获取往往是交错进行的，很难割裂开来。

需求获取一般包括这几种方式：观察法、体验法、问卷调查法、访谈法、单据分析法、报表分析法、需求调研会法。这是需求调研的“7 种武器”，它们各有优缺点，无论想要了解的是什么需求，都需要将这些方式组合应用，针对想要了解的内容，以及需要了解的对象的工作特点，采用不同的方式。

2.1 观察法

2.1.1 什么是观察法

所谓观察法，说起来非常简单，就是自己跑到工作现场，看看人家是怎么工作的，拿了什么，干了什么，用了什么工具，送出去什么，什么时候填写了什么单据，制作了什么报表，等等。

观察法最大的优点就是直观。在现场看着客户工作，比较容易理解，看一眼胜过千言万语。

2.1.2 观察法的缺点

观察法最大的缺点就是大量的工作不是那么容易看出所以然，你看他在那儿忙忙碌碌，走东奔西，不告诉你，可能三个月也弄不明白他们究竟在干什么。对于体力劳动占比大的工作，通过观察可以了解许多东西；对于脑力劳动占比大的工作，通过观察就不容易有大的收获。这个容易理解，在脑子里做的工作，谁能观察到呢？

另外，使用观察法也比较费时费力，有些工作的周期较短，在较短的时间内就能观察得差不多，例如仓库保管员的收货、发货；有些工作的周期很长，例如施工队的项目经理，做一个项目可能需要几个月甚至几年的时间。

所以，观察法一般都是跟其他方式联合使用的。例如，可以在工作现场一边观察一边访谈，如果有人针对某业务，一边让你观察，一边给你讲解其中的具体含义，告诉你每项工作的意义所在，那么一定会极大地提高工作效率。

2.2 体验法

2.2.1 什么是体验法

所谓体验法，就是自己亲自到相关部门去顶岗，做一段时间的业务工作，有了亲身体验自然更容易理解这个岗位的工作。

这种方法最大的优点就是理解业务比较深刻。一旦你几乎成了某岗位的一员后，还有什么比自己帮自己做软件更能够把握需求呢？要给超市收银员写个软件，先到超市卖几天东西，要给仓库做软件，先到仓库发两天货，所开发的软件偏离用户需求的可能性会大幅度降低。

2.2.2 体验法的使用

事实上这种方法使用得比较少，主要原因是成本太大。从学会这项工作，到自己操作，到深刻理解其中的方方面面，时间短了没效果，时间长了实在是成本太大。如果与这个项目有关的一些岗位的工作实在不容易理解，而对这个岗位的信息化又关系到这个项目的生死存亡，可以考虑一下这种方式。

作者曾经遇到过一些喜欢编程但并不是做软件工作的工作人员，他们在从事本职工作的同时，经常琢磨怎么使用软件来提高自己的工作效率，然后自己使用一些简单的开发工具就能开发出符合自己或相关联岗位需求的软件——从另一个角度来看，他们也算是软件开发者。他们或许才是用体验法进行需求分析工作的典范，虽然他们体验的目的绝不是开发软件。

这种案例并不多，恐怕没有什么说服力。不过有这么一种情况：有些公司自己雇用了或多或少的一些做软件开发的IT员工，从事公司内部管理软件的开发，他们往往会根据公司内各部门的要求定制软件，用于改善管理、提高工作效率。在这种情况下，使用体验法进行需求分析确实是可以考虑的。如果某部门需要做信息化软件，可以让相关软件人员到该部门一边学一边干，直到学会业务工作，这时候自然也就理解了业务，后面的需求分析工作自然也就容易了。

这种处理方式可以成立的主要原因，一是因为这种公司一般不大可能雇用经验丰富的需求分析专家，限于个人能力，采用这种方式写出的软件比较靠谱；二，让团队这样深刻理解业务，会给未来进行持续的信息化管理提升与优化带来潜在的机会，毕竟这种软件团队只服务于一个公司，需要对公司的业务理解得非常深刻；再者，这种公司的软件团队属于服务部门，没有收入、利润之类的指标压力，不像软件公司，不需要过分计较成本。

对于软件公司而言，使用这种方法的较少。

2.3 问卷调查法

通过调查问卷进行需求收集是一个效率非常高的方法。对于调研者，不必跑到工作现场，不必跟一个又一个的用户一遍又一遍地沟通，只要编写调查问卷、分析回答的内容就可以获得大量的有用信息；对于被调研者，不需要打断自己的工作，可以合理安排回答的时间，还可以进行更仔细的思考。

2.3.1 如何制作调查问卷

编写调查问卷的题目是一门学问。在编写前，最好对这个组织有一定的了解，了解得越清楚，调查问卷就会编写得越具体，获得的信息也就越有价值。在这个信息爆炸的年代，哪怕找不到人询问，也可以通过互联网了解到许多关于被调研公司的知识。当然，即使对这个调研对象知道得很少，也可以通过调查问卷来获得一些大概的信息，从而为以后的调研工作打好基础。

要了解一个组织（“组织”可大可小，有时候指一个公司，有时候指一个部门，也有可能指一个班组），可以从这几个方面入手：组织内部是怎么管理的；跟组织外有什么业务往来与信息沟通；组织从外部获得什么；组织向外部提供什么，等等。对于公司中的某一个部门，如果撇开其业务性质与技术特点(仅从了解管理方式的角度来看),那么在设计调查问卷时可以考虑使用以下这些问题。

- 这个部门的组织架构是什么?最好能画出组织架构图,写明每个岗位的主管。
- 有哪些业务?业务流程是什么?
- 有哪些岗位?每个岗位的职责是什么?
- 每个岗位的人数有多少?是如何构成的(学历、性别等)?
- 每个岗位获得了什么?产出了什么?
- 每个岗位的工作需要什么信息?输出了什么信息?
- 每个岗位的工作任务从哪里来?发布任务者通过什么方式发布任务?
- 每个岗位完成工作任务时,会有明确的技术要求吗?如果有,包括哪些?这些技术要求是谁给的?怎么给的?
- 每个岗位需要对自己的工作完成情况进行汇报吗?如果需要,怎么汇报?什么时候汇报?向谁汇报?
- 每个岗位的工作结果会有正式的检测或检查吗?如果有,简述检测或检查过程。
- 有哪些部门跟这个部门有正常业务往来?(如跟原料仓库有业务往来的部门一般包括采购部、财务部、车间等。)
- 这些业务分别是由哪些岗位负责的?请分别列举有哪些业务。
- 这个部门会跟公司外部的组织发生业务往来吗?如果有,请分别列举有哪些业务。(如原料仓库,会跟外部供应商有业务往来。)
- 部门内是否有物料流动?如果有,请说明一般会有什么流动路径,并简述在物料流动的过程中做了什么处理。(如装配车间,可能有类似于"半成品与包装物的领用→分发到装配线→装配→入成品仓库"这样一种物料流动路径。)
- 在物料流动过程中产生了哪些信息?这些信息是如何记录的?
- 除了基本工资外,员工会有额外的薪酬(如计件工资、绩效工资、奖金、津贴等)吗?这些薪酬发放的根据是什么?如果有计算公式,请列出详细的计算过程。
- 部门会有员工考评机制吗?如果有,是怎么处理的?如果有计算公式,请列出详细的计算过程。

从这些题目可以看出,为了进行部门的管理信息化,先要从管理的角度理解清楚一个部门。管理的角度一般不外乎这些方面:组织方式、考核方式、激励方式、物流、信息流、资金流、工作任务与计划、技术管理、质量管理、沟通机制等。如果把这些方面了解清楚了,基本上对一个部门或组织在管理方面的理解就可以入门了,达到了入门的要求,再去进行更仔细的调研,会容易得多。

案例:调查问卷

需要为某制造业公司开发一个大型信息化系统,小王接手了这个项目的需求分析工作。这个公司所从事的行业小王并不熟悉,只知道这个公司的市场在国内,在全国各地有分公司,另外还有大量的代理商,货物会经过代理商销售出去。马上就要到客户那边进行需求调研了,小王想在调研之前先对该公司有个大概的了解,好让自己调研工作的目的性更强一些,安排的调研计划也可以更具体一些,于是他决定先做一份调查问卷给客户那边的项目经理(甲方项目经理),让他自己或者安排其他人回答这些问题。接下来会根据从这份调查问卷获得的信息制订后面的调研计划。问卷如下。

(1) 贵公司的组织架构图。

(2) 贵公司的职员数、性别构成、文化程度构成。

(3) 贵公司每年的大概营业额(集团、各分公司)。

(4) 贵公司所有的分支机构(国内及国外)。

(5) 贵公司的业务结构。

(6) 贵公司采购的原材料及服务的类别有哪些?采购方式有哪些?如何结算?请分别提供一些比较有代表性的供应商。

(7) 贵公司销售的成品及服务的类别有哪些?销售方式有哪些?如何结算?请分别提供一些比较有代表性的客户。

(8) 分公司与分公司之间有什么关联关系?分公司与分公司之间如何提供产品或服务?如何核算?

(9) 各分公司与市场的关系如何?每个分公司是直接面向市场,还是部分面向市场,还是只对别的分公司提供产品或服务?

(10) 一般跟代理商的业务往来过程是什么?

(11) 跟代理商如何结算?有信用额度的考虑吗?如何运作?

(12) 货物是如何装运到代理商手上的?货物一般会在代理商手上停留多久?停留的原因是什么?

(13) 当前时间点,在代理商手上没有销售到最终客户的货物大概有多少?

(14) 各分公司目前有哪些仓库?请介绍这些仓库的货物构成,资金占用估算,物流情况(如何进,如何出)。

(15) 每个仓库的库存周转率大概是多少?

(16) 公司的货物运输给客户一般会采用哪些方式(公路、铁路、航空)?比例大概是多少?请针对不同分公司的不同种类的货物分别说明。

(17) 有哪些与公司合作的物流运输公司?这些公司一般运输什么货物?运输时间如何?

(18) 货物从生产现场完成,到最终客户手上,一般要经过哪些中转点?分别停留的时间大概多久?为什么会停留?

(19) 货物一般采用什么包装方式?包装方式与运输方式有什么关系吗?

(20) 客户对公司的货物或服务不满意,有哪些反馈渠道?请介绍这些渠道的处理过程。

(21) 客户一般对货物或服务的不满有哪些方面?分别占多大比例?

(22) 业务员的业绩与销售结果有什么关联?一般是如何计算业务员的业绩的?

(23) 公司有哪些与采购、库存、生产、运输、分销相关的岗位?这些岗位的职责是什么?

(24) 每个岗位与其他哪些岗位有业务关系?分别传输什么信息?

(25) 每个岗位的上级是什么?如何汇报工作?请详细提供汇报的工作内容、规范报表等。

(26) 岗位牵涉物料吗?从哪里获得物料(材料、半成品、产成品、商品等)?对物料做了什么加工？物料流向了何处？

(27) 列出每个岗位最苦恼的三个问题。这些问题不能解决的原因是什么？

(28) 希望信息系统解决每个岗位的哪些问题？觉得信息系统可以解决这些问题的原因是什么？

(29) 列出管理者在管理过程中急于解决的问题。这些问题不能解决的原因是什么？

(30) 尽可能列出所有跟这个信息系统相关的需求。

调查问卷并不限于刚开始调研的时候对业务做入门级的了解，随着对业务了解的深入，任何时候只要觉得合适都可以进行一次问卷调查。当然，随着自己对客户业务了解得越来越透彻，制作的调查问卷也应该越来越具体，离客户的业务性质、管理特点也应该越来越近，越来越“接地气”。

案例：问题更具体的调查问卷

小王在原材料仓库进行了两次访谈，对原材料仓库的管理方式基本了解清楚了，但是还有些疑问，因为这些问题需要仓库管理者仔细思考后才能回答得好，在他们工作时间去做访谈未必是一个好的方式。于是，他就制作了一份简单的调查问卷给仓库负责人，让他在有时间的时候仔细思考后回答这些问题。调查问卷中的问题基本上都是紧扣仓库管理的特点的，没有前期的调研，小王是不可能提出这些问题的。

(1) 仓库中的辅助物料时常会发生缺料的情况，你觉得应该做什么改善才能防止这种情况发生？

(2) 辅助物料价格并不贵，占用资金有限，是不是可以考虑多备些货？考虑过安全库存、警戒库存吗？你觉得怎么设置安全库存、警戒库存合适？

(3) 仓库中的货物是存放在货架上的，但是并没有关于货架的账目，如果在出库、入库时需要指定货架编号，会有什么困难呢？有没有通过信息系统解决这些困难的想法？

(4) 现在每个交接班时，车间会有大量的领料要求，仓库保管员疲于应对，如果车间计划人员能提前几个小时通知仓库需要领什么材料，对仓库的发货会有帮助吗？如果有，你觉得需要提供哪些信息？

(5) 仓库中有些材料，拆件后由于受到空气温度、湿度的影响，计量容易出现偏差，这样容易导致这些材料的库存账实不符，是不是可以考虑设置临时中转区管理这些零星材料？如果可以，能初步设想下管理流程吗？

(6) 仓库中有些材料需要发出去进行一次简单的再加工(如印字)，加工完成后在仓库中并没有进行正规的管理，我们所了解的原因是因为被加工的原材料很多，如果要管理会非常烦琐。如果有了信息系统，你觉得可以通过什么办法管理好这些材料，从而避免出库时的混乱？

调查问卷制作完成后需要分发给被调研者，可以以纸质的方式发放，也可以直接给电子版。在发放的调查问卷中，一般建议将所有题目列在一起，题目之间不要留下空白，因为空白面积会约束答题者的回答内容，哪怕有千言万语，看你的空白小，谁都会想办法少说两句的。需求调研的题目是非常开放的，有些题目真的是需要进行长篇大论式的回答(如“请列出所有岗位的工作职责”)，留多少空白都不合适。所以，还不如列出所有的题目在一两张纸上，让答题者自己另外准备纸张答题。当然，如果使用电子版的问卷，这种麻烦就会小些。

2.3.2 选择答题者

最好的答题者当然是文化程度高点儿的，文字表达能力强点儿的，对业务理解精通点儿的，总结概括能力好点儿的，对信息化工作积极性高点儿的人。对于全公司级别的调查问卷，最好是充当总经理管理智囊团之类的部门来回答，如企业管理办公室、总裁办公室等；对于部门级别的调查问卷，需要部门管理者或者亲自作答或者安排其他对部门管理工作非常熟悉的人员作答；对于员工级别的调查问卷，当然不需要相应岗位的所有员工都来答卷，可以由员工主管来回答，最好另外再安排几个精通业务的普通员工回答，这样有些事情可以相互验证。在实际工作中，遇到的情况比这复杂得多，只能见招拆招、具体情况具体分析了。

2.3.3 问卷调查的局限性

使用问卷调查还是有很强的局限性的，这一点在开始调查时就应该有心理准备。一是限于答卷者的态度、相关的业务特点与文字能力，二是限于调查问卷的编写质量。有些业务内容使用文字比较容易表达，有些业务内容使用文字很难表述得清楚，以软件行业为例，项目经理的工作用文字描述就比较困难，而测试人员的工作相对就更容易描述一些；有些员工文化程度高，文字能力强，用文字写出自己的工作毫无障碍，有些员工文化程度低，文字能力弱，让他通过文笔把自己处理的事情说清楚并不容易；有些人口才甚佳，口头表达一件事情层次分明，清清楚楚，但要让他用文字表达就觉得特别勉强，支离破碎，不知所云。例如，某调查问卷中有个题目，要求被调查者就自己的某项工作场景画出流程图。但是，画流程图这件事并不是每个人都会的，做 IT 工作的人觉得画个流程图很正常，可现实是，许多人根本不知道流程图是什么。

调查问卷的编写质量也制约着这种方法的效果。对于专业的需求分析者来说，会从事各种不同项目的需求分析工作，可能会接触数十种行业，不可能对每种行业的业务都了解得那么清楚，很多情况下调研者对要了解的这个领域知之甚少，再怎么努力，都不可能编写出优秀的调查问卷来，只能泛泛而问，回答者自然也就泛泛而谈；另外，对于调查问卷来说，要想获得理想的结果最好是提供封闭式的题目，让被调查者打钩做选择，这样既保证了回答的准确性，又可以降低被调查者的回答难度。不过遗憾的是，对于需求调研来说，提供封闭式的调查问卷是不现实的，一是限于能力，在需求调研阶段设计封闭式的调查问卷几乎不可能；二是这个阶段需要了解大量的信息，使用封闭式答卷获得的信息太少，几乎没有意义。

总的来说，收到的答卷十之八九都比理想中的答案简单得多。以笔者的微薄经验来看，通过问卷调查获得的信息一般都不会太深刻，往往是浮于表面的，通过它对一件事了解个大概是可以的，要想深入理解，必须使用其他方式。

2.4 访谈法

需求调研最常见的入手方式是访谈，用得最多的也是访谈。电视里经常有谈话节目，两个人或一群人在一起聊，这里所说的访谈跟这种节目有些类似，当然形式、内容比电视中的访谈要丰富得多。访谈可以非常正式，提前约好访谈对象、访谈时间、访谈地点，准备好访谈话题、访谈提纲等；也可以非常随意，电梯上、餐桌上、车上，都可以进行一次偶遇访谈。访谈也未必都需要面对面，通过电话、QQ、邮件、视频聊天等方式进行的沟通咨询，都可以归入访谈的范畴。

正式的访谈一般包括访谈对象确定、访谈准备、访谈预约、访谈进行、访谈结果整理、访谈结果确认等过程。

2.4.1 访谈对象确定

确定访谈对象前先要判断这个项目跟这个组织的哪些岗位相关，如果这个领域是自己熟悉的，则比较好处理；如果是不熟悉的，需要跟甲方项目经理沟通讨论后确定需要访谈的岗位，确定访谈岗位后再确定访谈对象。一般情况下，访谈对象为每个岗位的主管人员，另外可以再包括一两名业务熟练的职员。当然，特殊情况很多，关键看岗位的工作性质、人员分工、人数的多少等。

有的岗位工作人员很少，访谈对象确定比较简单，如要做一次关于生产计划管理的访谈，全公司可能只有一个计划员，要做一次关于成本核算方式的访谈，全公司可能只有一个成本会计，确定访谈对象只能说"舍他其谁"了。有的岗位员工很多，但是工作流程简单，对信息的要求不高，人员文化程度也不高，这种情况下一般员工很难把自己的岗位情况说清楚，因为他们不仅需要描述工作，还需要抽象总结一些规则、流程、要求等，如果员工的文化程度不高，则很难达到这个境界，这时候找他们的共同领导就可以了，而无须跟员工直接访谈。例如，某装配车间的装配工，分为许多班组，每个班组都有组长，这些组有一个共同的领导——车间主任，这时只要找车间主任访谈就可以了，车间主任如果没有时间，他可能会指定某个班组长配合你。有些岗位，有个名义上的主管，但其实主管对他们的工作并没有想象得那么熟悉，这时候找主管就没有什么意义了。例如，前面说的计划员，他的主管可能是某某副总，他对计划员是怎么工作的了解得并不深刻。有些公司为了提高员工的创新精神或者团队精神，采用了某种新型的组织方式，强调团队作业，几个岗位的人员组合成一个团队共同完成某项工作，从而使岗位的职责划分并不那么清楚，这时候建议就某个团队，针对每个成员逐个访谈一遍，经过整理后生成对这个团队工作的综合理解。例如，某软件公司，将研发、需求、测试、客服组合成一个团队，工作中时有交叉，研发可以做需求的工作，需求也可以做客服的工作等。

2.4.2 访谈准备

在进行访谈之前，需要先对访谈对象的工作有个基本的了解，了解的方式包括学习已有材料、现场观察、问卷调查等。对访谈者的工作越熟悉，访谈就越容易，问的问题也更能切入要害，也更能赢得访谈对象的尊重。切忌不做准备就随便跑过去做访谈，特别是那种技术含量比较高的岗位，人家谈一大堆技术术语，你一无所知，这还怎么进行下去呢？浪费时间不说，更重要的是，这样容易降低你的威信，从而增加以后的工作难度。所以，在去访谈之前，最好通过各种方式搜集到跟该岗位有关的信息，如技术术语的含义、各种相关的管理规定、岗位职责等，通过对这些资料的研习，至少要做到一点，你能听得懂别人的话，或者即使听不懂，问出的问题也不会显得太低级。要到财务做调研，至少先要了解下什么是会计凭证，什么是会计分录，什么是会计报表，以及出纳会计与总账会计的大概分工之类的知识；要到仓库做调研，至少先要了解下什么是库位，什么是存货批次，什么是警戒库存，什么是安全库存，以及仓库的一般入库、出库流程之类的知识。

对访谈岗位有了一定的了解后，最好能准备一个访谈提纲，列出自己想了解的问题，在去访谈之前发给访谈对象，好让他们有所准备，访谈未必会完全根据这个提纲进行，但至少它可以引领访谈方向。当然，也有可能因为对某项工作实在不了解，很难列出访谈提纲，这时候至少需要先准备一些访谈突破点，通过这些突破点开启访谈之门（所谓"让他打开话匣子"），突破点可以是要求对方介绍工作职责，介绍工作中需要获得哪些信息，跟哪些岗位有业务往来等，这个跟问卷调研的方法类似，不再赘述。

2.4.3 访谈预约

访谈预约主要是跟访谈对象协商好访谈的时间、地点及访谈主题等。如果某用户好沟通并且这次访谈的主题简单得三言两语就可以完成，可以直接去找他，让他放下手头的工作来谈话；如果不是这样，那么还是建议先预约再访谈，一者显得专业，二者可以让对方提前做好准备从而让访谈获得更好的成果。

访谈时间的确定比较简单，一般都是征求访谈对象的意见。如果上班不是太忙，可以安排在上班时间；如果上班比较忙，那么就安排在业余时间。

访谈地点的选择就要复杂一些，值得多谈两句。访谈地点的选择主要有两种方式：一是到访谈对象的工作现场，二是另外专门找个可以谈话的地方。

安排在访谈对象的工作场所，一者，可以让访谈对象心态比较放松；二者，在自己熟悉的场合，看着自己的工作，不容易说漏说丢；三者，对于访谈者来说，由于在对方的工作场所，身临其境，对方描述的内容就更容易理解，有些工作岗位的工作是非常复杂的，没有那种专业领域的知识或者没有经过专门训练很难听得懂对方在说什么，在现场身临其境，更容易跟上对方的思路；另外，在现场访谈，可以让访谈对象更容易安排时间，有些人员的工作特殊，要他从工作现场跑开来谈话，那是相当不容易的；最后，在对方的工作现场，也比较容易发现对方在描述过程中漏掉的一些异常业务。

案例：在工作现场做业务访谈

一个生产计划管理系统开发项目，需求分析师小王在生产计划员办公室中做业务访谈。计划员跟小王详细描述了他的工作内容以及工作流程，在小王准备离开时，无意中发现了一份工程部的《机器保养计划书》打印件，上面有计划员的签字。

小王看到这个计划书后就问计划员：刚才您的介绍中好像没有提及这个计划书，这个计划跟您的工作有什么关系呢？我看上面还有您的签名。

计划员：哦，对不住，刚才说丢了，因为这个机器保养计划关系到机器能否正常运行，是生产能力的一个重要决定因素，领导让我把把关。

小王：我看你刚才对你的工作介绍得非常详细，可并没有提及这份计划书，是不是意味着这个工作对你来说不是很重要呢？

计划员：可以说是吧，毕竟绝大部分的机器保养工作都是在节假日进行的，不会影响到车间生产。

当然，在访谈对象工作现场做访谈的缺点也是非常明显的，那就是对方陪你谈话时不太容易做到专心致志。由于在工作现场，有可能打扰他的因素太多了，随时可能有人因为工作的事情来找他。一般来说，大部分人都认为他现在的工作比陪你谈话要重要得多，自然会优先处理工作中的事情。在现场做访谈非常容易遇到这种麻烦，会让你的工作效率大幅度降低。为了解决这个问题，可以考虑针对不同的岗位，不同的访谈内容，采用不同的方法。对那种需要现场观摩的工作，或者因对方工作实在太忙不容易抽开身的，或者访谈的内容比较简短不需要大量的时间也不需要专心思考的，考虑放到现场访谈；对于那种需要耗费大量时间，需要访谈对象思考总结的访谈，还是建议约好时间找个专门的会议室，如果项目够大，领导够重视，甚至可以考虑找个酒店，让各式相关人等脱产陪你做需求，不过这种项目百年难遇，领导对信息化的重视也很难达到这个程度，就不在这里介绍了。

例如，假设要访谈某生产计划员，想了解企业生产及采购计划制订的详细过程，显然，这种工作是需要耗费大量脑力的，因为它需要各种信息支撑，需要全面考虑产能、物料、人员对生产计划的影响，在这种情况下，将访谈放到计划员的工作现场是不合适的，作为一个在工作过程中总会被人打扰的岗位，访谈的又是如此复杂的内容，在现场访谈会事倍功半。再假设要访谈某仓库的核算人员，需要了解仓库核算材料成本的过程，这时候是可以考虑到现场访谈的，因为核算人员在工作过程中需要沟通的人相对较少，被打断的可能性要小，核算过程也比较容易理解，面对仓库的货物、单据、账本什么的也更容易说清楚核算过程。

2.4.4 访谈进行

开始访谈，先准备好纸、笔用于记录，哪怕是一次极简单的访谈，也需要带上纸笔，一者用以记录，二者也是出于对对方的一种尊重，这不仅是一种方法，更是一种态度。

对于一两个人的访谈，一般不支持使用录音设备，因为这可能会把访谈对象吓住，不容易畅所欲言，好多需求来源于访谈过程中的吐槽、抱怨，对某流程觉得不合理，对某绩效方式觉得不公平，对某管理规定觉得没意义等，一旦知道在录音，没有几个人会冒着让领导不快的危险在访谈中胡言乱语。另外，录音设备会让人产生依赖心理，仗着有录音可以回顾，会导致访谈时不能专心致志，等到访谈过后再去听录音，浪费时间。如果觉得有些话题实在太过复杂，不通过录音回顾一下只怕难以理解，那么一定要明确告知对方你在录音，不可偷偷摸摸，这是一种职业道德，不可小觑。

访谈时的问话一定要有条线索，如果一条线索不能涵盖所有调研的内容就多准备几条线索，不要东问一句西问一句，显得毫无章法，这样会大大加大对方回答问题的难度，也许你的思维特点是跳跃式的，但对方未必是这样的思维方式。例如，去仓库做一次需求访谈，可以分成入库、出库、盘点、报表等几条线，具体到入库这条线可以按照“采购计划的生成→下采购单→供应商送货→验收→入库→上货架→入账”这个顺序访谈下去。几条线问下来，基本上就涵盖了绝大部分的内容了，最后再查漏补缺询问没有涉及的内容。通过这种方式，不但可以让对方容易思考，而且可以防止弄丢重要内容。

在访谈的过程中，一定要放低自己的姿态。要明白你不是去指导工作的，而是去学习的，无论对方的工作多么简单，他都拥有你所不知道的知识，值得你尊重。要从心里尊重对方说出的每一句话，对对方的每一句话都要表现出很强的兴趣，哪怕你觉得他有些话很无理、很无聊、很滑稽。

有些人说话不容易收得住，谈论一个话题时可能会偏离主题很远，这时候请尽量保持自己的耐心，在合适的时候把他的话题拉回来，不可随便打断对方。

如果对方跟你说了什么你已知甚至非常精通的内容，尽量不要使用“这个我知道”之类的可能会打击对方自信心的语言，你没有必要通过这种方式树立形象，更没有必要让对方觉得他在浪费你的时间。要知道在访谈沟通的过程中，最难处理的事情不是对方扯得太远，而是对方的话太少，遇到极端案例，只回答是或否，真要急死人啊。要想办法引导、鼓励对方多开口说话，他并不那么清楚你知道什么，不知道什么，被你打击多了只能跟着你的话题摇头或点头了。当对方打开话匣子后，可以得到许多有用的信息，很有可能有些信息是在拟访谈话题时绝对想象不到的。

在访谈过程中可以给对方灌输一些信息化管理的知识，提前让访谈对象对你的工作有个基本了解。绝大部分的访谈对象都是有些忐忑的，不知道你的软件会对他们未来的工作有什么冲击，要适时化解某些人的敌对或消极情绪。还有些人可能对这个访谈莫名其妙，只知道是领导安排过来的，根本不知道你在这里问东问西的目的是什么，你可以通过介绍未来要做的事情让他的回答更有目的性，也更容易提出自己的需求——这个阶段，不怕对方需求多，就怕什么需求都没有，这也随便那也随便。当然你的介绍也要适可而止，说不清楚，或者发现对方很难理解，还不如少说为妙，不要把一次精心准备的访谈搞成软件入门培训班（这种培训完全可以采用另外的大课堂的方式，效率比这高多了），这种访谈是你提出问题，对方回答问题，是你要从他那边获得信息，最后弄得你比访谈对象说的话还多，这就有些搞笑了。

访谈过程中，尽量避免谈论跟利益相关的话题，除非你有把握在软件使用后对访谈对象真的很有好处，而且你有把握在当前阶段能将这种好处说清楚，说得对方能理解，否则就不要过多解释为什么要使用你的软件，而是把话题限制在如何使用这个软件上，“为什么”的问题已经有销售跟他们领导沟通清楚了，现在你要解决的是“如何做”的问题。在对这个组织还不太了解的时候，你搞不清软件使用后对这个访谈对象的利益有什么影响，还是少说为妙，不要给自己的软件惹下潜在的敌人。例如，你在仓库跟仓库保管员说用了你的库存管理软件后，可以做到账实相符，可能让你意想不到的是，这偏偏就触犯了这个保管员的利益，因为这意味着他以后不能够偷偷带东西回家了。

最后，不要妄图一次把所有的问题问完，有些工作信息量巨大，可以分多次访谈，在一次访谈获得需要的信息后，回来消化一下，再去访谈其他的有关岗位，对若干相关岗位综合了解后，对这些工作的理解会有所升华，然后再进行下一次访谈，谈更深入的问题。

2.4.5 访谈结果整理

访谈回来后需要整理访谈的结果，不是整理成流水账，而是整理出自己进行综合分析后的结果。整理的形式多种多样，可以根据不同的团队要求、不同的访谈主题使用不同的文档格式，毕竟在这里并不追求规范文档，整理的主要作用在于备忘与消除理解歧义。对于业务流程方面的访谈，可以画出业务流程图；对于处理信息方面的访谈，可以使用 Excel 整理；对于需求点、业务规则方面的访谈可以使用 Word 整理。大部分情况下，在整理的过程中会发现许多并没有真正弄清楚的地方，可以一边整理再一边跟对方沟通确认，所以说，整理的过程并不仅仅是个记录的过程，而且是个不断加深了解、消除歧义的过程，这个过程相当重要。例如，以前有个同事，去做一次关于业务流程的调研，访谈过后回去画流程图，画着画着就没法画下去了；然后再去跟对方沟通确认，然后再回来画；然后又画不下去了，然后去沟通后再回来画；来来回回往复 N 次，一个小时的访谈，花在整理上的时间超过一个星期——类似的例子相当常见。

2.4.6 访谈结果确认

访谈结果整理好后需要对方确认，当然，这不是真正的需求说明，只是对访谈结果的一个规整总结，并不需要签字画押，但一定要有一个确认的过程，哪怕是邮件确认，甚至是口头确认。由于整理出来的文档是根据需求分析者的思维方式处理的，对方并不一定那么容易理解，有些人甚至感觉如读天书，这时候需要耐心地跟对方讲解，直到他真正理解了你的文档。

如果你让对方确认，对方回答你说没问题，却没有一点儿补充意见，这往往预示着他根本没有读过或至少没有认真读过你整理出来的文档，不要觉得郁闷，在大部分情况下事情就是这样进行的。你可以权衡下风险所在，将那些你觉得有疑问的，或者对后面的工作关系重大的部分抽出来要求对方确认，这时候由于重点突出，得到的反馈可能就完全不一样了。

2.5 单据分析法

所谓单据分析法，就是分析用户当前使用的纸质或电子单据，通过研究这些单据所承载的信息，分析其产生、流动的方式，从而熟悉业务，挖掘需求。

对于管理软件开发来说，要考虑的最核心的事情莫过于如何处理信息，如果能把各种信息的产生、加工、保存、流动都处理好，那么这款软件基本就成功一大半了。对于企业来说，如果没有使用信息化系统，那么信息除了存储在人脑中还会在哪儿呢？无非就是在这些单据上。单据可以是纸质的，也可以是电子的（如 Excel 文件）。这些单据记录了企业的重要信息，而这些信息往往也是信息化系统需要管理的内容。通过对企业现有单据的分析，既可以理解清楚当前的业务流程，又可以从中获得某些对信息化系统设计有指导意义的思想。

一个组织，在没有信息化管理系统时，它的单据体系其实就是它的信息体系，填写单据的过程就是信息录入的过程，单据传递的过程就是信息流转的过程，最终单据进入的档案室就是数据库。因此，通过分析单据来获得关于信息管理的需求可以收到事半功倍的效果。单据分析法是获取需求过程中使用得相当普遍的方法，值得仔细研究下。

2.5.1 单据收集

使用单据分析法，首先要做的是收集单据，也就是说要收集客户在业务运营过程中使用的各种纸质或电子表单。这并不仅仅是把单据从客户手头上拿过来这么简单，还有很多方面需要引起注意。下面列出了在收集单据的过程中需要注意的一些内容。

1. 收集的单据务必要全面

如果你做的是某个组织全局性的管理信息化工作，如一个大型 ERP 系统，那么在收集单据时，一般不要给配合收集单据的协作者设限，说你要什么什么类别的单据，不要什么什么类别的单据，因为现在对客户业务理解得并不那么精通，你所说的什么类别跟他们理解的可能并不一致，这样很可能会弄丢部分单据。例如，你说你要他帮助收集跟生产计划相关的单据，可是他可能并不认为采购计划单属于想要的单据，而这个单据恰恰是你非常关心的。

收集单据的原则是：宁可错收一把，不可放过一个。当然，也不能太走极端，过犹不及，如果要做个 OA 系统，犯不着把公司里的所有生产单据都收集一遍，这没有意义。

2. 收集单据的过程也是个调研的过程

收集单据，应该尽量亲自跑到工作现场，拿到单据后要立即跟工作场景结合起来，先了解这个单据在这个地方是怎么产生的，跟现在的工作是什么关系，填写者在上面填写了什么，怎么填的。如果能亲眼看到某职员正在填写某单据，一定要仔细观察，在不会过于影响对方工作的前提下可以询问现在填写的内容是怎么来的。一边收集单据，一边观察，一边访谈，这样对以后的工作大有裨益，有助于对业务的深刻理解，而不要只是给客户的某人留句话，让他帮你收集好什么单据，即使客户真的安排了这种人员，他也愿意配合你，也尽量不要这样做。

3. 收集的单据务必是被使用过的

这一点非常重要，也容易被许多初学者忽略。经常看到没有经验的需求人员跑到客户存放单据的仓库中，从印刷好的空白单据堆上，一张一张撕下来，乍一看，别人要两天才能做完的工作，他 20 分钟就干完了，效率很高，但这样收集的单据对需求分析来说作用实在有限。收集的单据应该是被使用过的单据，因为填写在单据中的内容对需求分析的帮助更大，仅仅看空白单据上的字段标题，有的时候真的很难理解，而有了填写的信息后，效果就完全不一样了。

单据中填写的内容，有时会有某种程度的逻辑关系，例如，“金额＝单价×数量”，这种关系，只有在有内容时才能体现出来，很少有公司会把逻辑关系的描述印刷在空白单据上。

有些单据，你可能发现，填写者在角落上写了许多内容，并没有填写到格子里，另一些单据，你又可能发现，有许多空白格子并没有填写内容。这往往意味着，这份单据并没有完全按照当初单据设计者的意图在使用，有些字段已经没有用了，而有些需要填写的内容，当初设计时并没有考虑到，在这种情况下，仅仅看空白单据自然想不到这个层面。

只要认真研究填写者填写的内容，就能得到意想不到的收获，哪怕一个貌似很小的收获，都会给软件设计带来极大的收益。

案例：收集到的单据应该是被使用过的

小王到仓库收集单据，其中有一张货物验收单，包括品名、规格、单位、数量、单价、金额这些字段。他仔细研究了这张验收单后，发现一个非常奇怪的问题，仓库管理员在验收单的单价中写了一些很长的数字，精确到小数点后七八位，如“2.06239846”。看到这个后，他觉得非常奇怪，就去问仓库管理员为什么会有精度这么高的数值？这是在什么情况下产生的？仓库管理员解释说，这是他们根据移动加权平均的方式核算的单价，财务要求他们每一次供应商送货都要计算。于是，小王继续询问这个核算方式究竟是如何进行的，仓库管理员仔细介绍了仓库使用移动加权平均法计算单价的整个过程。

4. 每种单据仅收集一张并不足够

在收集单据时，同一种单据应该多收集几张，不同填写者的填写内容、填写方式都可能不一样。如果同一单据会被不同的岗位使用，那么在每个岗位都要收集几张不同的单据。曾经见过有人推荐，同一单据至少收集 20 张以上，如果不想做得那么极端，五六张总是要保证的。这个没有一定之规，如果使用的人多，流动的岗位多，承载的信息量大，逻辑复杂，那么就要多收集些，20 张以上可以考虑，如果单据简单，使用的人也少，信息量也少，可能一两张就足够了。

2.5.2 单据分析

对单据中的信息进行分析当然是必不可少的，其实这项工作与单据收集工作是并行的，当然，单据收集完成后，对单据的分析还要持续一段时间。单据分析，要求对单据上面的所有字段进行分析，由于这些单据都来自于客户的业务运作过程，这个过程往往比较复杂，并且非常倒霉的是，有些工作的专业性非常强(例如技术部门的一些单据，如果不了解这门技术，一定会让你抓耳挠腮)，要把这些单据都分析清楚是个相当有挑战性的工作。一旦把此事搞定，那么对这个公司的运作过程不敢说了如指掌，至少也能做到胸有成竹。如果项目够大，涉及的业务够多，那么这件事甚至需要一个团队来协作完成。单据分析可以从以下几个方面入手。

1. 厘清每个单据的源头

首先从每个单据的源头开始，了解这个单据是由哪个部门的哪个岗位发出的。需要注意的是，大量的单据并不仅仅由唯一一个岗位发出，相同的单据由多个岗位发起的例子屡见不鲜，如原材料领用单，车间、技术部等部门的多个岗位都有可能填写原材料领用单到仓库领东西。甚至有些单据，每个员工都有发起的可能——很多办公层面的单据，如请假单，就是这样的。这也是我们强调相同的单据需要收集多份的原因之一，如果只收集一份，往往容易失去对这种多源头分析的敏感性。

案例：厘清每个单据的源头

小王到仓库收集单据，其中有一份《原材料领用单》，是甲车间物料管理员填写的。仓库的材料就是给车间准备的，小王觉得这个非常合理，于是在分析了这个单据中的信息后便宣布这个《原材料领用单》的分析工作结束了。后来在技术部，发现了一份《原材料领用单》的存根，一问之下，才知道原来技术部也是需要去仓库领用原材料的，主要用来做技术参数的测试。小王发现这个问题后，觉得不能掉以轻心：还有别的部门需要到仓库领用原材料吗？于是又重新到仓库针对这个单据做了详细调研，原来不但技术部会领用原材料，工程部也会领用，用于进行机器调试，采购部也会领用，用于做采购样品，等等。

单据发起的岗位，往往预示着在未来的软件系统中，会有相关业务的录入工作，这个跟单据流经的岗位不一样，单据流经的岗位，往往只是查看一些信息，或者只是填写小部分信息，大部分情况下，单据的发起者需要填写较多的信息，在未来的软件设计中，就需要仔细考虑如何保证快速录入，不重复录入，安全录入，以及可以切合业务流程符合时机地录入等。

2. 厘清单据的流动路径

一般来说，大部分单据都会流经多个岗位，有些单据在部门内部流动，如有些车间的生产调度单；有些单据会在不同的部门之间流动，如仓库的领料单，一般会由领料部门流向仓库；还有些单据从企业外部流入，如供应商的送货单，由供应商流入本单位；还有些单据流向企业外部，如销售发货单，由本单位流向客户。

单据的流动方式主要有这么几种：第一种方式，由一条线单向流下去，固定由某一个岗位发起，到某一个岗位结束，如生产过程中的某种加工卡，由调度人员发起，加工卡随着加工件的流动而流动，最后进入某仓库结束；第二种方式，由多个源头发起，但最终都归于同一个岗位，如仓库领料单，各车间、技术部、工程部、采购部都可能发起，最终流向仓库结束；第三种方式，单据在流动的过程中会有往复的现象，即从某个岗位出去，然后又回到这个岗位，例如，某车间生产时有一种生产卡片，甲岗位完成某道工序后，在卡片上填写部分内容，再将卡片随着货物移交乙岗位，乙岗位完成某道工序后，在卡片上填写部分内容，又将卡片随货物移交甲岗位做另外一道工序，这就出现了单据流动的往复；第四种方式，单据的流动会出现分叉，即同一单据在某环节流到不同的岗位去了，这种现象其实很常见，如一式数联的单据，基本都是这种流动方式，例如，某仓库的货物验收单，供应商送货后，仓库验收货物，填写验收单，验收单一式三联，一联给供应商送货人带回，一联给仓库管理员记账，一联给财务结账，这就出现了单据流动的分叉。

当然，现实中单据流动的方式更为多样，不同的单据，流动方式可能是这几种不同方式的组合。在分析单据时，要把这些流动方式都搞清楚，单据的流动往往意味着某种工作流程，而这些工作流程又往往决定了信息系统中数据流动的方式，决定了不同的岗位需要获得哪些信息，处理哪些信息，也决定了大概需要哪些功能，并决定了哪些工作流程属于前后强制型的，可能需要采用工作流的方式处理（如一些审核审批的要求），哪些工作流程属于提供信息使用信息型的，不需要采用工作流的方式处理。

3. 厘清每个字段的前因后果

仅分析每个单据流经哪些岗位远远不够，还要分析每个岗位针对每个单据做了些什么，他们从单据中获得了哪些信息，这些信息对他们的工作有何帮助，往其中填写了哪些信息，这些信息是在什么情况下填写的，根据是什么——这才是一件真正艰巨而耗时的工作。

研究单据中的具体信息时，先要端正态度。要知道，研究一张单据，就是研究一种管理流程，要怀着一颗对单据设计者的敬仰之心来研究，这样更容易进入他的内心世界，从而有助于理解整个管理系统。要知道，一个公司的单据设计者都是这方面的业务流程专家，为什么这么设计，这么设计是为了执行什么管理流程，为了贯彻什么管理思想，他都是考虑过的，没哪个人敢对这么多人填写、使用的单据不慎重对待。

当然，也不可抱着盲目崇拜的思想。要知道，大部分公司的情况是，单据当初设计时是符合当时的管理要求与业务流程的，后来，随着管理方式的不断变化，单据离实际管理要求越来越远。与管理方式的变化比起来，单据的变化总有一定的滞后性，一者，管理上的变化随时都可能发生，可仓库里总会堆积许多没有用完的空白单据，不能浪费；二者，不到万不得已，人总是有点儿惰性的，只要能凑合用就凑合用吧，直到将旧单据用完，或者某个管理者忍无可忍。

一句话，分析单据，要找到其中的真谛，既要理解其中的管理思想，又不能被表象所迷惑。

要分析清楚每个字段的前因后果，首先得弄清楚每张单据的结构。单据最常见的结构有两种，一种是单一形式，另一种是主从形式。例如，一般请假单、生产卡之类的单据，往往都属于单一形式，从软件的角度看，核心信息往往对应着数据库中一个表的一条记录；而像送货单、销售单、验收单之类的单据，往往都属于主从形式，一般单据的上边部分是这次业务活动的总体描述，可称之为“头”，如送货单位、送货日期、送货人等，下边是具体的业务对象，可称之为“行”，如送货的品名、规格、数量、单价。从软件的角度看，核心信息往往对应着数据库中的主从两个表，这两个表的关系是一对多的关系，“头”部分对应数据库中主表的一条记录，“行”部分对应数据库中从表的多条记录。

现实中，单据的结构不会总是这么简单，可能多种多样，五花八门，需要仔细调研、分析。有些单据很复杂，这里一块那里一块，块与块之间的关系也不太清楚，这往往需要投入更多的精力。

分析清楚结构后，要仔细研究单据上的每一个格子，虽然手中的每个单据都被填写了内容，但要知道，这些内容不是一开始就在那里的，每个格子中的内容都是某个员工在某个场景下填写的，它是在工作中生成的，是某个流程的一部分。填写这个格子，对填写者来说可能非常简单，例如填写工号、当前日期等，但也可能非常复杂，例如登记某些需要经过大量测量、分析、计算才能获得的技术参数。

4. 注意在单据边角上书写的不正规内容

在分析单据时，有一点要引起注意，在使用过程中，有些单据使用者可能会在单据的边角上，甚至背面填写内容，这些没有填写在格子中的内容不可放过。或许，这些内容只是某个使用者兴之所至记录些东西备忘，但有时候这恰恰是大家针对某种信息约定俗成的填写方式。

考虑一下一种单据的生命周期。单据刚被设计出来时，往往是最适合业务流程的，因为设计者是根据当前的业务要求设计的，但是随着业务流程的变化，管理方式的变化，单据格式离业务流程、管理要求会越来越远。一个组织的单据体系其实就是个信息系统，只不过它不是电子化的而已。它缺少电子化信息系统的弹性，当使用者通过这种纸质的信息系统无法处理业务时，第一反应往往就是在原来使用的单据上补充信息。在单据的边角上或背面看到的信息就是这种补充信息。补充信息多了，往往预示着现在的管理方式跟当初设计单据时有了很大的变化，也就预示着这个单据就要走到生命尽头了，接下来管理方会根据业务要求重新设计单据以替代原来的单据，这其实是个信息系统（纸质）重构的过程。

填写这些补充信息都是工作人员在万不得已的情况下使用的变通方法，这些对他们很重要，有时候比格子里填写的信息还重要。分析清楚这些补充信息才可以更好地把握当前管理方对数据流动的要求，这些要求是如此热切地反映在现存单据的边边角角上，忽略它们是相当不明智的。

2.5.3 单据管理

如果需要设计的系统规模够大，牵涉的单据很多，那么建议使用一些规范方式对收集的单据进行管理，毕竟可能会有很长一段时间会用到这些信息。例如，可以建立这样一种表格来管理收集到的所有单据，见表 2-1。

表 2-1 单据流转

单据名称	流动路径	单据源头	流经岗位	单据终点

另外,还需要根据每个单据的字段建立管理表格,由于当单据的流动路径不同时字段的填写方式可能相差很大,所以建议根据每个单据的每条流动路径建立这样一种表格来管理,见表 2-2。

表 2-2 单据字段填写路径

单据名称:						
流动路径:						
字段名称	数据类型	示例数据	填写岗位	填写触发事件	填写根据	计算公式

最后,可以将收集到的所有单据扫描成图片,做成电子文档,编号保存,给以后的查找、使用带来方便。如果要开发的系统够复杂,有条件的话,甚至可以开发个小型系统专门管理这些单据,通过链接加载相关单据,检索起来就方便多了。

2.6 报表分析法

虽然当我们说"需要到某某客户那边收集单据"时也包括收集报表,但要知道报表跟单据是有本质区别的。单据是在业务处理过程中用户填写的纸质文件,往往是一个信息采集、传递的过程,而报表则是根据一定的规则对批量数据进行检索、统计、汇总,是一个信息加工、分析的过程。随着计算机的普及,虽然在业务处理过程中纸质单据还大量存在,但在纸张上直接制作报表的情况越来越少见了,即使没有使用信息管理系统,也会使用一些常用的办公工具制作,如 Word、Excel、Access 等。

2.6.1 不要轻视报表分析

轻视报表分析是初学者比较容易犯的错误,轻视的理由是,只要我们的信息全了,没有什么报表做不出来。乍一看,这种想法有一定的道理,一个熟练的程序员,用一个称手的报表工具,一天可能做出好几个报表(当然不是太复杂的),为什么要那么重视呢?因为有了这种想法,就容易把系统开发的过程人为分成两部分,一是功能开发部分,二是报表开发部分,并且认为报表开发是个相当不重要的工作。一个需求分析者,是不能有这种想法的。

问题的关键是如何才能保证信息是全的呢?必须承认,要做到这一点是非常难的。笔者曾经见过大量的案例,在需求分析时对客户的报表不重视,浮光掠影般地浏览一下就算过去了,等到功能开发完成后才进行深刻的报表分析,却发现报表中需要的许多信息无法获得,于是不得不对已经开发的功能进行大面积的变更,不但增加了开发成本,还带来了大量的质量隐患。只有先分析报表,仔细分析报表,才能保证信息足够,当然,这是必要条件,不是充分条件。

一个组织为什么要开发管理软件?无非就是为了管理方便。信息系统对领导来说,最有作用的地方就是这些报表了。领导发起这个项目,领导决定验收是否通过,领导决定付款,重视报表自然就是重视领导。领导们需要通过以前无法获得的,或者可以获得却需要投入大量人力物力的报表，进行决策分析。

如果分析好现在使用的这些报表，那么就可以深入管理者的管理神经，弄清楚当前公司管理者感兴趣的信息，最终给各级管理者带来真正的价值。报表是一个信息系统的集大成者，提前做好报表分析，可以加深理解管理脉络，理解信息系统的最终需求，理解这个系统的奋斗目标——报表当然不是仅有的目标，但绝对是最重要的目标之一。

如何分析报表呢？可以从这几个方面入手：生成报表的触发条件，报表中每个字段的信息来源，生成报表需要的各种运算公式及统计方式。

2.6.2 生成报表的触发条件

从业务层面看，报表生成的触发条件一般有如下几种方式。

一是领导有临时要求时，相关责任人根据收集的信息制作，例如领导临时要求统计一下今年的职工离职情况；二是到了某个周期性的时间点时，例如随处可见的日报、周报、月报、季报、年报等；三是发生了某件事时，例如订单完成后，需要给客户出具一个与这个订单相关的分析报表。

对于信息系统而言，报表生成的触发条件一般有如下几种方式。

一是根据用户录入的查询条件（例如日期范围、部门等）生成报表。这种方式是最常用的一种方式，绝大部分报表都是这么制作的。不过需要注意的是，在实际工作中，这个条件有可能隐含在业务过程中，在做报表分析时，一不小心就会忽略。

案例：隐含的报表生成条件

小王在分析收集到的报表时发现，有几种关于材料用途的统计表很类似，一车间有个“一车间材料用途统计表”，二车间有个“二车间材料用途统计表”，辅助车间有个“辅助车间材料用途统计表”，根据对报表信息与统计逻辑的分析，小王认为这其实是同一种报表，它们的信息来源、计算方式都相同，什么一车间、二车间、辅助车间，其实只是这个报表的生成条件之一：部门。

二是到了某时间点时，系统自动生成报表储存在数据库中，这种情况往往是因为需要统计、记录某些业务某时间点的实时状态，因为数据在不断变化，过了这个时间点就很难得到。

三是在空闲时间段运算生成报表储存在数据库中，这往往是因为运算量太大，可以利用系统空闲时间计算生成报表，提高运算效率。

当然，还有一些报表是混合型的，如根据用户录入的查询条件生成报表，但其中有部分（可多可少）数据是系统在某时间段自动计算生成的。

分析当前使用的报表时，需要考虑如何将当前的触发条件转换成信息系统的触发条件。对于信息系统而言，生成报表的触发方式与业务层面的触发方式是完全不一样的。例如，“领导有临时要求”这种触发方式，在业务层面相当普遍，但在信息系统中，根据报表需求，有可能是根据查询条件生成报表，有可能是时间点触发，有可能是空闲时间段生成；对于那种日报、周报、月报之类的报表，首先想到需要在某时间点定时计算，但如果统计的信息不需要实时性，运算量也不大，宁可采用根据查询条件生成的方式，毕竟这种方式做起来最容易，开发成本最低。

报表生成的触发方式，在需求分析时需要仔细考虑，不同的触发方式有不同的优缺点，需要根据需求合理处理。根据查询条件生成报表的方式最普遍，实现最容易，没有特殊情况一般优先考虑这种方式，但缺点是实时生成，对于需要消耗大量资源的大型报表，或需要反应时点状态的报表，就难以处理。

2.6.3 生成报表的数据来源

正如分析单据一样，也需要分析报表中各元素的数据来源，使用的方法也类似于单据分析法中的处理方式，但也有很大的不同：报表一般不需要过多考虑报表本身的流转过程，分析的重点应该在于出现在报表中的数据从什么地方获得；报表中出现的数据，看上去是死的，但其实每个数据元素都是有一系列产生过程的——作为需求分析者，应该有这种职业敏感性。

报表中的数据来源是有背后的业务场景的，不能仅满足于这些数据在哪里，重点是要根据这些数据的要求考虑如何在系统中安排功能，使之切合业务要求，在相应的业务场景下录入数据。说得简单点儿，除了一些简单的数据，如打印时间等，大部分数据都不是无缘无故产生的，需要由工作人员在工作过程中录入。这个数据由谁、在什么时候、在处理什么业务时、通过什么方式录入系统——这几个问题是需求分析者在分析报表的数据来源时需要随时提醒自己的。

在需求获取阶段，研究报表的主要目的不是怎么制作报表，而是根据报表的需求考虑如何采集数据。一个企业对信息的综合性需求主要体现在报表中，对报表中的每个字段都需要进行深入的分析，直到确信可以为它提供数据来源。如果能把所有报表的数据来源问题都处理好，这个信息系统就成功一大半了。

案例：不认真分析报表字段会带来大麻烦

甲车间里需要一个报表——员工产量统计表，见表2-3。

表2-3 员工产量统计

员工	加工物料	产量	质量等级	单价	金额

刚开始调研的时候，需求人员小王粗略看了下这个报表，然后做出如下判断。

（1）员工、加工物料、产量、质量等级：可以从生产汇报数据中获得。

（2）单价：可以从成本数据中获得，因为这个系统的成本模块设计得相当完善，每个工序的加工成本都有数据，这个自然不是问题。

（3）金额：产量乘以单价可以算出。

等到后来实际开发这个报表时才发现，这个"单价"非常难以获得。这里的物料单价是跟质量等级相关的，车间需要根据不同的质量等级给员工计算计件工资，由于这个问题在开始设计时没有仔细考虑，导致需要对前面开发完成的成本核算功能进行大幅调整。以前总以为不管产品的质量等级如何，加工过程是一模一样的，成本当然也是一样的，现在才知道，质量等级低的，支付的员工计件工资也低，预示着不同质量等级加工成本其实是不一样的。这是个令人非常痛苦的调整。

通过对报表数据来源刨根问底的分析，可以顺藤摸瓜分析出大量的功能需求。任何一个看上去非常简单的报表，都有可能隐藏着一大堆的需求，分析报表的数据来源就是挖掘需求之井，只要肯花工夫，总是可以挖出甘泉的。有时候看报表中一个字段非常不起眼，可一旦仔细分析下去，可能会发现，为了这个字段，需要从若干个地方采集数据，而在这些地方采集数据，又不能安排专门人员录入，它需要切合业务运行过程。为了在业务运行过程中获得这个数据，需要有这个那个的功能支持，需要进行这样那样的工作流程重组。

案例：从报表挖掘功能需求

某单位刚刚安装了指纹考勤机，考勤机可以提供原始打卡数据：某人在某时间、某地点打卡了。管理方需要一个报表——员工异常考勤统计表，统计每个班次有多少员工迟到、早退、旷工。假设我们的需求获取就从这张报表开始，那么如何思考呢？

怎么定义员工的迟到、早退？是不是需要一个定义的规则呢？

不同班次的员工，迟到、早退的规则是不是一样？是不是需要一个班次管理功能？

怎么知道员工属于哪个班次？怎么安排班次？由谁来安排班次？是不是需要一个排班的功能？

如何根据员工的打卡记录分析他是不是迟到、早退？他重复打卡了怎么办？是不是需要一个员工考勤分析功能？

外勤员工怎么办？卡坏了怎么办？忘打卡了怎么办？是不是需要一个异常考勤处理功能？

2.6.4 分析报表逻辑

仅分析报表的数据来源是远远不够的，还有大量的运算逻辑需要分析清楚。有些报表没有什么运算逻辑，只是对一些数据的汇总显示罢了，有些报表逻辑却是相当复杂的，如果这个报表的专业性非常强，而你又对这个领域一窍不通，那么光弄明白这些逻辑就很麻烦。要理解报表逻辑，可以考虑以下这些方法。

1. 使用常识判断

有的报表比较简单，通过一些基本常识就可以判断它的运算逻辑。例如，报表中有字段“数量”“单价”“金额”，根据常识自然可以想到“金额＝数量×单价”这个公式。随着经验越来越丰富，所掌握的知识越来越多，理解客户报表也会变得越来越容易。不过，无论自认为自己的知识多么丰富，对这个领域多么精通，都需要跟客户人员确认自己的判断是否正确，有很多貌似是常识的东西，实际上远不是想象的那样。

2. 研习客户文档

有些特别复杂的报表，客户可能也会有特定的文档阐述，如技术文档、管理文档、操作手册等，此类文档需要认真收集，仔细学习。

案例：研习关于如何制作报表的管理要求

某生产企业要求每个车间每个季度给公司管理层报送一份生产季报，公司有一份管理文档详细阐述如何填写这个报表，在细则中详细写明了每个字段的数据来源是什么，计算公式是什么。小王通过研习这个文档，非常高效地理解了这个报表的运算逻辑。

当然，研习客户的文档也需要小心，大部分企业的这种管理要求都没有得到严格执行，有名无实的例子比比皆是，这种管理文档中载明的算法，可以将它当成入门工具，具体是不是真正如此执行的，还需要更多的调研。

3. 听客户讲解

报表逻辑复杂了，就需要客户人员给你讲解，具体可以参见访谈法。虽然客户人员有义务讲解清楚所有的运算逻辑，但要注意，一者客户人员的讲解水平未必那么高，二者你的理解能力也未必那么强，所以还是建议在要求客户人员讲解前最好先使用自己的常识做一下分析，认真研习可以找到的相关管理文档，如果需要相关的专业知识，还需要先准备一些业务知识。这个过程其实就跟上学时听老师讲课类似，如果能够提前预习，就可以提高学习效率。先预习，抓住重点，再根据自己难以理解的地方准备好问题，然后再去听讲解，这样可以大大提高效率。在这里要特别提醒，听讲解这个过程相当重要，客户人员可以理解你不是这个领域的行家，不了解这些逻辑当然是应该的，但是，如果他讲解后或者多次讲解后，你还是迟迟理解不了或理解错误，他就会对你的能力产生怀疑，导致你在他心目中的地位逐渐下降，这会导致后面的工作越来越难做，因为你丧失了某种权威性。

4. 研习电子表格公式

一般情况下，客户会有两种介质的报表，一种是纸质报表，另一种是用电子表格做出来的电子报表。在收集报表时，如果拿到的纸质报表是从电子表格中打印出来的，那么要让客户提供原始电子表格，原因很简单，很有可能在其中嵌入了诸多公式，直接看公式了解报表的生成方式比让某个人给你解释要方便得多，也准确得多。要分析好 Excel 之类的电子表格中的运算逻辑，首先得熟练掌握这个工具，因此，精通 Excel 之类的办公工具是一个需求分析者的必备素质。有些电子表格中的公式是相当复杂的，有些 Excel 高手设计出来的工作簿会让你看得云山雾罩，一个公式可能有几千字符，这里引用那里嵌套的，要分析清楚并不容易，这时候还需要相关人员对着这个工作簿详细讲解设计思路与运算过程。

不管怎么样，有了电子表格，确实可以大大降低需求调研的难度。

2.6.5 报表对功能设计的重要影响

报表的开发工作一般都是在功能开发完成后进行的，所以在功能开发之前分析报表运算逻辑的主要目的，还是在于通过分析做好功能设计的准备。分析报表的运算逻辑，一般可能在以下这几个方面对功能设计产生重要影响。

1. 为了提高报表的效率，可能采用引入中转数据的方式

有些报表的运算逻辑非常复杂，会有大量的计算过程，牵涉数据库里各种各样的数据，这些数据来自于数据库的各个地方，要把这些数据组织起来在这个报表中展现，需要消耗大量的资源。一般情况下，可以通过合理设计表结构、建立索引之类的方法来处理，但不能不说这类方式并不总是管用，使用中转数据来处理有时候也是一个不错的方案。

所谓引入中转数据，就是通过计算或者筛选，将一部分数据进行预加工后生成新数据存放到另外一个地方，或者打上一些数据标志，从而降低需要使用这些数据的功能的运算难度，或者减少资源开销。例如，一个银行账户月报，其中有一个字段是上月账户余额，为了避免每次生成报表时都计算一遍这个账户余额，可以在每个月初进行一次计算，将每个账号的上月余额计算好保存起来，当报表中需要某个月的结存金额时，直接从这个保存下来的数据中获得，而不需要根据用户的账号交易记录从头计算。这种保存下来的新数据就是中转数据，中转数据不是原始数据，如果这个数据丢了，一般情况下经过重新计算还是可以生成的。

如何生成中转数据，这是需求分析者在进行功能设计时仔细考虑的。有时候，这个中转数据纯粹就是为了报表的性能，这可以考虑使用调度任务来完成，由于不需要用户干预，设计过程相对简单，例如上面提到的银行账户余额，就可以考虑设计一个计算程序在系统空闲时计算并保存月账户余额；有时候，中转数据的生成需要人工干预，这时候就需要设计使用场景了，由谁、在什么时候、通过什么功能进行。

案例：引入中转数据提高报表效率

计划部每个月需要一个报表——机器闲置分析表，用来分析上个月车间机器的运转情况，检查计划人员计划安排中可能出现的问题。报表的格式见表 2-4。

表 2-4 机器闲置分析

车间	机器	总能力/h	实际运转时间/h	闲置率/%

总能力：指每台机器理论上可以运转的时间。用工作日历的小时数减去保养、修理时间可以获得。

实际运转时间：来自生产单的汇报数据。每个生产单完成后，都有人汇报在哪台机器上生产的，什么时候开始的，什么时候结束的。

闲置率：(总能力－实际运转时间)÷总能力×100%

需求人员仔细分析这个报表背后的运算逻辑后，发现这个实际运转时间的计算是个相当麻烦的事情。情况大概是这样的：一个生产单在一台或多台机器上生产，一般情况下，一台机器同时只针对一个生产单生产，但有时候也会有一台机器同时加工多个生产单的情况，这时候就要注意不能重复计算机器的运转时间；另外，这个报表是按月统计的，可每到月底会有大量的跨月生产单，这些跨月生产单如何占用前一个月的机器能力是个问题，需要进行计算分解；还要考虑一些异常情况，如这段时间明明工程部登记了这台机器在修理中，可偏偏在工作汇报的记录中显示它还在运转。

由于数据量庞大，运算逻辑复杂，使用直接生成报表的方式明显不可行，需求人员决定引入中转数据，策划在每个月月初的时候，计算出每台机器上个月的实际运转时间，存储在某个表中。当需要生成这个报表时，直接从该表中获得数据，避免每次打开报表都进行一番“搜山检海”般的运算。但由于生产汇报数据是可以修改的，如果运算完成后，生产汇报数据被修改了，就会造成结果失真，于是决定引入生产汇报数据冻结机制。统计人员每月打印工作统计表，核对无误后执行生产汇报数据锁定功能，锁定后该月的生产汇报数据就不能修改了。然后，才可以计算机器实际运转时间。为了防止误操作导致的错误锁定，还需要提供有条件的解锁功能，解锁过程中需要同时清除机器实际运转时间的计算结果。

2. 有些用电子表格制作的所谓报表,其实就是个功能模块

有些用 Excel 之类的电子表格制作的工作簿,客户可能称之为某报表,可仔细分析后,也许会发现,这个所谓的报表包括大量的数据录入、存储、计算、展现的过程,几乎具备了一个小型信息系统的所有特点,虽然它的最终目标只是生成某个报表,但这个过程是相当复杂的——这个工作簿就是一个软件系统。有的时候,甚至也会支持多人操作,有些人负责这部分数据的录入,有些人负责那部分数据的录入,有些人负责维护一些基础数据,最终通过公式的计算生成管理需要的报表。Excel 还提供 VBA 编程、服务器之类的方案,这已经是专业软件开发的思路了。

笔者曾经遇到过一个比较厉害的成本会计,自己设计了 Excel 工作簿用以计算产品标准成本。Excel 中存储了各种产品的标准结构树(BOM),各种标准工艺路径,各种机器的小时成本,各种原材料、半成品的标准价格,等等。每当技术部设计了一个新产品,他会从技术部获得产品 BOM 及工艺路线,复制到这个工作簿中,然后立即就生成了这个产品的详细标准成本报表,包括原材料成本、加工成本、所需各级半成品的标准成本等。这其实是个标准成本系统,做个软件系统也不是那么容易的。如果他告诉你,他需要一个标准成本报表,如果不能了解清楚这个报表背后的一切,那么后面的工作恐怕只能自求多福了。

如果客户提供了这种 Excel 工作簿,要明白一点,这对你的工作既是帮助也是挑战。帮助在于,这种工作簿往往比较全面地体现了某些岗位对信息的综合需求,只要分析清楚了这里面的功能、规则、数据流向,然后将之在系统中处理好,那么基本上就不会存在需求分析的严重漏洞,对于涉及多人操作的工作簿,仔细调研清楚他们的工作方式、场景后,再来设计系统功能,由于具有很强的参考性,可以少走许多弯路。挑战在于,这种工作簿作为一个小型系统,其实是个信息孤岛,做软件的都知道,解决信息孤岛的问题比从头开始在白纸上描绘要难,设计的系统要解决这个信息孤岛问题,就要考虑到以前的工作场景、数据的编码方式、数据的结构组织、数据的规范化、数据的关联关系等一系列问题,要解决好这些问题并不容易。另外,还有个 Excel 的灵活性的问题,使用习惯 Excel 的人,习惯了它灵活处理数据的方式,复制、排序、筛选、嵌入公式等,你的软件的录入功能很难与之相比,用习惯了 Excel 的用户,使用你的系统处理他原来在 Excel 中处理的问题,容易产生怀旧心理。

3. 报表并不仅仅是生成显示,有时候是需要保存报表数据的

有的时候,报表并不仅仅是加载、显示、打印那么简单,可能需要将报表本身所生成的部分或所有信息保存下来,这时候报表充当了某种数据流节点的角色。这时候,可以把报表理解成某种生成数据的功能点,将通过报表生成的数据保存到某些表中,或者方便以后的查询,或者方便重现报表。

案例:保存报表数据

某组织在全国有许多分支机构,总部要求每个月各分支机构报送一些经济分析报表到总部,总部把这些报表汇总后生成总报表,然后会把这些报表印刷成报表小册子分发给相关人员。需求人员分析后发现,这些报表的生成并不复杂,但是因为有些数据是活动的,如何保证系统报表跟印刷出来的小册子上的报表始终一致却是个大问题。

例如,报表中有一项叫"创新产品本月收入",根据现在对数据与功能的设计,可以从系统中获得每个产品的月收入情况，但如何定义一个产品是“创新产品”并没有明确的规则，一般由市场部根据感觉确定哪些产品是创新产品，哪些产品不是创新产品，创新产品并不是一定的，某产品可能这段时间被确定为创新产品，一段时间后又被确定为非创新产品。3 月份时，某产品因为被确定为创新产品，所以收入就计入了“创新产品本月收入”，可是到了 4 月份，该产品并非创新产品，收入没有计入“创新产品月收入”。由于产品是否创新产品是在生成报表时确定的，等到 5 月份，再打印 3 月份的报表时，很难做到跟那时候的小册子一致。另外，这个印刷的小册子还会提供给组织外的人阅读，有时候为了利于宣传，让数据好看，在印刷前还需要对某些数据做调整。

在这种情况下，要想保证重现小册子上的历史数据非常困难，需求人员经过权衡，对于确定创新产品的问题，决定增加功能点，由市场人员确定在某个时间段哪些产品是创新产品，而不是仅指明某产品是不是创新产品。对于报表数据的调整问题，决定引入报表数据的保存机制，生成报表后，用户将报表数据保存下来，对于保存下来的数据允许进行修改，修改后再印刷，这样可以保证任何时候都可以生成历史报表。

4. 另类报表会产生意想不到的功能需求

有些报表，背后有着你不知道的规则，说它暗箱也好，说它潜规则也好，反正就是它背后隐藏的东西跟你看到的、了解到的、想到的不一样。这些报表，我们不妨称之为另类报表，另类报表会产生意想不到的功能需求。

案例：另类报表产生了意想不到的需求

客户提供了一个销售统计表，统计每个月的产品销售情况。小王认真分析了这个报表的生成方式，数据来源，走访了若干相关人员，觉得自己已经了解得非常清楚了。在准备终结这项工作之前，他抽查了自己收集的某些报表，他发现，根据他手头掌握的原始数据，以及客户提供的规则，怎么都计算不出这个报表中的结果。开始他想可能是做报表的人计算有错误吧，毕竟手工计算，犯错在所难免，可继续分析后发现，好多结果都是错误的，然而，奇怪的是，其中的钩稽关系又是正确的，这可真是见了鬼了。于是去找相关人员追问，他支支吾吾后才说出真实的原因，原来这是企业制作的专门用来应付税务检查的，他们自己内部用的是另外一套报表。

小王知道他的软件回避不了这个问题，可是怎么处理呢？他陷入了深深的沉思。

2.7 需求调研会法

当需要讨论的问题牵涉的相关人员较多时，可以组织需求调研会。相对于需求访谈，需求调研会参与的人员较多，需要做的准备也更麻烦，对会谈过程的把握也更困难，我们并不推荐滥用这个方法。如果人员太多，而又没有足够的主持能力，或者准备得不够充分，对会议的进程把握不力，很容易把事情搞砸，不但得不到需要的结论，还会把自己弄得威信扫地。

一次调研会一般包括发起会议、会议材料准备、会议室准备、会议进行、会议记录整理、结论确认等步骤。

2.7.1 会前

1. 发起会议

需求人员在需求调研过程中，当出现了以下情况时，可以考虑召开需求调研会。

(1) 工作需要协同，牵涉的岗位、人员太多，不在一起开会根本说不清楚。

(2) 不同的人提出的需求相互矛盾，根本无法调和，只能开会谈判。

(3) 时间紧急，交期压得紧，一个岗位一个岗位地去调研根本来不及。

(4) 牵涉不同岗位、个人的利益，需要开会由领导拍板。

(5) 经过调研后已经有了一些结论，需要集中宣讲，同时收集反馈意见，等等。

发起调研会之前需要仔细思考这次会议的主题是什么，一次会议未必只讨论一个主题，但主题一定要明确。确定主题后，再确定参会人员，注意参会人员是越少越好，而不是越多越好。在确定参会人员时要考虑让这些人参加会议的目的是什么，不要让会议室中一拨人在开会，还有一拨人在闲待着，绝大部分时间讨论的事情都跟他们没有任何关系——除非有某个级别够高的领导压场，否则这个调研会的效果应该不会好到哪里去。

案例：确定参会人员

小王在对仓库相关业务进行了调研之后，现在到了确定工作流程的时候了。入库相关业务中，需要确定供应商送货后仓库根据什么收货，仓库的验收单怎么提交给采购部，财务需要仓库给供应商什么收货凭证，原材料检测部门需要仓库提供什么凭证，财务需要怎么获取原材料的入库检测信息，等等。对于出库部分的业务，需要确定车间领料需要提供什么凭证，是不是需要提前发出申领单，车间材料领多了怎么退回来，不同的车间领料流程是不是一样，等等。由于这些工作流程牵涉仓库、采购、质检、财务、车间等很多工作岗位，小王决定发起一次需求调研会议来讨论这些问题。不过考虑到入库部分的业务跟车间关系不大，而出库部分的业务跟采购、财务关系不大，小王觉得还是分两次调研会比较好，第一次调研会由仓库、采购、财务、质检相关人员参加，第二次调研会由仓库与几个车间相关人员参加。

在发起会议时需要考虑参会人员的工作安排情况，会议安排要兼顾到所有人的限制条件，既要考虑对参会者工作的影响，也要考虑对参会者生活的影响。例如，你想把会议安排在上午 9：00，可是车间里可能正在交接班，相关人员很难这个时候来开会，或者刚刚夜班下班，眼皮都睁不开，来了也不可能开好这个调研会。

以前看到有人建议，开调研会可以考虑脱产搞封闭会议，到某个酒店找间会议室，连续开几天会，大家一起讨论整个组织的信息化，一边开一边记录，一边整理，一边确认，开好会后，基本所有需求搞定，然后立即进入分析阶段。从需求调研的角度来说，这当然是最理想的了，大大提高了调研的效率与准确性，降低了软件风险，但是说实话，这种方法目前在中国还不太行得通。

2. 会议材料准备

在开会之前需要认真准备会议材料，将这次会议需要讨论的问题界定清楚，可以是PPT，也可以是一般的文档，不管是什么形式的材料，都应该提前发给相关与会人员，让所有人对这次会议有个准备。在开会前，最好将准备好的材料打印出来，发给相关人员。会议材料要有很强的针对性，最好能列出需要讨论的明细项、想处理的问题、某些前面调研过程中遇到的困惑，等等。在准备会议材料时，如果觉得材料不够具体，问题不够明确，那么这往往意味着在前面的调研工作做得不够，没有充分理解症结所在，这时候建议不要匆匆安排需求会议，还是要先做好会前的准备工作。

案例：准备会议材料

一个需求调研会的会议准备材料。

会议时间：某年某月某日某时

会议地点：采购部小会议室

参会人员：关羽、张飞、黄忠、马超、魏延、马岱、姜维、孔明

主持人：孔明

会议主题：讨论原材料采购与入库的信息化流程

讨论内容：

(1) 供应商的送货流程如何设计？需要采购部发通知吗？如何通知？这个通知需要同时发给仓库吗？如果没有这个通知，仓库拒绝收货吗？是针对所有的货物还是某种特殊货物？

(2) 供应商如果送货送多了，仓库如何处理？需要发起什么审批流程吗？怎么审批？

(3) 供应商送的货物是先入库再检测，还是先检测再入库？仓库要求先检测再入库，因为这样的话入库后可以立即打印带质量等级的标签；检测部门要求先入库再检测，因为检测量太大，被供应商催着，很容易犯错误。

(4) 如果检测不合格，仓库收货吗？如果已经收货了，是不是要退回去？这个流程怎么设计？

(5) 采购部要求所有的材料都需要根据采购单入库，但仓库反映有许多零星材料并没有采购单，这种情况如何处理？

(6) 财务要求仓库每月月底报送纸质报表，但仓库反映报表都在系统中，财务可以自己直接调用。

(7) 供应商结账时需要提供什么凭证？什么时候打印？由谁签字？

(8) 是不是可以将仓库的收货单与质检的检验单合并到一张单据上？需要讨论一下格式以及设计使用的业务场景。

(9) 财务需要对仓库的月末结存进行检查吗？怎么处理账实不符的情况？

(10) 财务检查只是检查数量，还是需要对应到账面上的数量、库位、质量等级？

另外，会议材料准备并不限于需求人员，有时候也要求其他与会人员准备一些在会议中可能用得到的材料，例如，要求他们整理自己的信息化概要需求，整理某项复杂业务的处理规则等。

3. 会议室准备

会议室准备跟开其他类型的会议没有太多区别，如果需要演示 PPT 就需要准备投影仪，如果人很多就需要准备麦克风、喇叭，如果会议室紧张就需要提前预订，等等。如果需要投影仪、麦克风这些设备，就应该提前十几分钟到会议室做好设备的调试工作，这个不多说了。

2.7.2 会中

需求调研会，跟一般开工作会议的要求差别不大，无非就是把握好中心思想，开会前有明确的目标，开会后得到明确的结论，鼓励不发言的多发言，把发言太多离题万里的及时拉回来，支持争论不支持吵架，控制好开会时间，做好会议记录，等等。

需要注意的是，由于需求调研会往往需要解决许多有争议的问题，很容易发生争执，如果没有重量级的领导在场，搞不好就会因为利益或观点的问题吵得不可开交，最后把会议搞成吵架会或者辩论大赛。在主持会议的时候要及时识别这是吵架还是争论，只攻击不立论谓之吵架，刚有吵起来的苗头时要及时拉回主题，一旦吵得兴奋起来谁都没办法了。还有可能在开会时没有按照既定的主题开会，变成一堆人在那儿闲聊，讨论起这个单位的热门话题，如某个领导离婚了，某个员工出车祸了什么的，这些人平时可能很难凑到一起，这回在一起开会，稍不注意就会把需求调研会搞成茶话会、倾诉会、批斗会。

2.7.3 会后

1. 会议记录整理

开完会后，需要认真整理会议记录。类似于访谈结果的整理，会议记录也不是简单的流水账，是根据软件设计的思路整理的会议记录，采用什么流程，打印什么单据，需要什么信息，需要什么软件功能，工作的业务场景等。仅整理每个人的发言，哪怕一个字不差也是没有意义的。

2. 结论确认

整理好会议记录后需要发送给所有参会人员，听取他们的意见，也许有些人说的话你并没有理解对，也许有些人会在会后对自己的发言感到后悔，也许有些人不善于在会上提出建设性意见但会后经过琢磨可能有相当不错的想法，这些都要在确认的过程中认真对待。根据收集到的意见，可以考虑是进行一次单独的访谈，还是继续召开一次需求调研会。

思考题

1. 编写一份调查问卷，了解学校是如何管理学生宿舍的。

【提示】 对学生宿舍的管理一般包括两大方面，一是对载体的管理，一是对学生行为的管理。载体包括楼栋、房间、床位、学生安置等；行为包括学生在宿舍的活动，如进入宿舍、离开宿舍、值日、用水、用电等。调查问卷可以围绕这些因素展开。

2. 为了给学校图书馆开发图书管理系统，你要对图书管理员进行一次访谈。展望一下你会如何安排这次访谈。

【提示】 注意并不仅仅是预约、访谈、结果整理那么简单，需要先了解图书馆一般是如何管理图书的，这是非常重要的，也是许多需求调研者容易忽略的。

3. 回忆一下你最近填写的某张单据，说说其中的管理思想。

【提示】 学习、生活中总要遇到各种单据，如“请假申请单”“入党申请表”等，有些是手工填写的，有些是电子的，找一个你熟悉的单据进行分析。

4. 找一张与你相关的单据，分析这个单据的流动路径、每个字段的关系。

【提示】 你填写的这张单据是从哪里来的？填完之后交给谁了？他又交给谁了？最后这张单据存储在哪里？单据中的字段可能会有各种约束关系，如符合某种计算公式，A 字段不能在 B 字段之前填写等。

5. 假设学校要求学生每次上课都要打卡，然后根据打卡记录生成学生的上课考勤报表(统计每节课的迟到、旷课人数)。这是个需要大量计算的报表，分析一下要做出这个报表需要哪些软件功能？如何提高报表效率？

【提示】 可以先设计一个报表格式，然后思考这些数据从哪里来？计算过程如何？

案例分析

1. 根据下面的项目简介，编写一份调查问卷。

某公交公司需要在一些主要公交站台安装 LED 显示屏，用于展示以下信息：本站台有哪些公交路线？每路车到当前站台还有多少千米？还有几站？每 30 秒刷新屏幕，更新信息。假设你所在的软件公司与该公交公司签了合同，负责其中的软件开发工作；另外，某硬件提供商同时跟公交公司签了合同，负责提供所有硬件、网络(如 LED 显示屏、感应器等)。你所在的公司将与该硬件提供商共同完成本项目。

现在你被任命为本项目的需求分析师。项目启动前，为了加深对这个项目的了解，以及搜集一些基础资料，需要编写一份调查问卷。

2. 你的好朋友正在热恋中，渐渐觉得钱不够花了，就开始用 Excel 记账。如果要你根据表 2-5 设计一个软件帮他/她管理账目，你觉得需要哪些软件功能？根据是什么？

表 2-5 账 目 表

日 期	账户	收入(元)	支出(元)	余额(元)	说 明
5 月 1 日	支付宝	2000		6100	老爸打生活费到支付宝(支付宝余额 2500 元)
5 月 1 日	支付宝		1000	5100	给校园卡充值(校园卡余额 1089 元)
5 月 3 日	微信		890	4210	五一陪对象去黄山(车票、门票、住宿等)
5 月 6 日	微信		230	3980	陪对象看电影(买电影票、爆米花等)
5 月 7 日	支付宝		129	3851	买学习材料
5 月 7 日	支付宝		200	3651	宿舍聚会，AA 制，一人 50 元，我先垫付
5 月 7 日	支付宝		32	3619	买零食、水果
5 月 8 日	微信	100		3719	收回聚会的钱(还差 50 元，室友可能忘了)
5 月 9 日	微信		500	3219	给对象买手机，京东白条，第一期 500 元
5 月 10 日	支付宝		50	3169	班级 A 同学困难，捐款 50 元
5 月 11 日	微信	50		3219	收回聚会的钱(微信余额 2130 元)
5 月 12 日	微信		120	3099	给对象充优酷会员费
5 月 18 日	微信		1520	1579	陪对象参加插花培训班
5 月 19 日	微信		328	1251	高中几个同学来玩，在学校食堂吃饭

系统规划

本章重点

(1) 如何将用户的需求具体化、结构化。(★★★★★)
(2) 如何识别超出项目范围的需求。(★★★)
(3) 如何识别错误的需求。(★★)
(4) 需求调研报告的编写方式。(★★★★)
(5) 如何绘制业务流程图。(★★)
(6) 认清软件的价值。(★★★)
(7) 如何规划软件边界。(★★★)
(8) 如何规划工作方式。(★★★★★)
(9) 让用户重复劳动的产生原因。(★)
(10) 信息孤岛形成的原因,常用处理方式。(★★★★)

本章内容思维导图

系统规划是根据用户需求规划企业信息化管理体系的过程,主要工作包括:厘清用户需求,对用户的需求进行系统分析,规划未来如何通过信息系统进行企业管理,确定需要哪些软件功能,需要处理哪些数据等。这里叫"系统规划"而不是"软件规划",是因为这个规划是对相关业务的信息化管理体系的规划,软件只是这个体系的载体。

虽然本书将系统规划与获取需求割裂开来分成两章,其实这两个阶段是紧密交织在一起的,一边进行需求调研一边进行规划分析显然是比较合理的工作方式。当然,由于需求获取阶段往往是针对不同岗位的人分开进行的,而系统规划需要一个综合思考的过程,所以将其作为两个阶段讲述也是有一定道理的。

在系统规划阶段,需要注意的是,不能闭门造车,尽可能跟用户多沟通是系统规划成功的重要保证。在这个阶段会确定软件的走向,决定以后用户如何通过这个软件工作,决定对现在的业务流程需要做什么变更重组,决定这个项目的范围,决定哪些需求可以实现、哪些需求不可以实现,决定整个系统需要处理的信息,决定整个系统需要提供的功能。这一切都与用户的利益息息相关,如果没有用户参与讨论,那么所有的工作成果只能算一厢情愿,虽然不见得是死路一条,但也危机重重。

3.1 需求确定

经过大量的需求调研工作之后,手头上可能有客户提出的大量的、千奇百怪的软件需求。这些需求,有些是技术上可以实现的,有些是技术上不可以实现的;有些是管理上需要的,有些是管理上不需要的;有些是合理的,有些是不合理的;有些是一致的,有些是矛盾的;有些是在信息系统蓝图之内的,有些是在信息系统蓝图之外的;有些必需的需求却没有人提出……

作为需求分析者,如何处理这些需求呢?要牢记一点,"实现用户正确的需求"是软件设计的工作原则。这里"正确"两个字非常重要,用户所提出的需求未必都是正确的,要有一个严格的分析、甄别过程,如果用户要什么就开发什么,还需要需求分析者干什么呢?需求分析人员不能不分析需求,而只做需求的记录员。

3.1.1 认清需求

为了认清用户的需求,先要认清用户。在进行需求调研的时候,会跟企业中各种各样的人员沟通,这些人基本上都是软件未来的用户,他们的技术、知识、性格、职位、工作内容各不相同,但他们一般都有一些非常相似的地方:他们不是做软件的,他们不是搞需求分析的,他们永远不会像你希望的那样去描述需求,他们的需求是用自然语言描述的,是抽象的、概略的、随性的。将这些抽象、概略、随性的用户需求转化成具体、详细、结构化的软件需求,是需求分析的重要目标。

1. 将抽象的需求具体化

在进行需求调研时会发现,用户提出自己的需求时总是不会按照你希望的路子提出来的:有的人因为对信息化管理一无所知,根本不知道你想要什么,只是为了应付领导布置的任务;有的人因为害怕承担责任,说得太具体万一软件做出来不能用怎么办呢;还有的人由于处于管理层级较高的地位,喜欢做抽象的工作布置,习惯了宏大叙事的调子……将用户抽象的需求具体化,是需求分析过程中一项相当困难的事情。

案例:抽象的需求

看看这些典型性抽象需求。

- 我想知道我的下属每天都干了什么。

  抽象指数:☆

- 我们的客户经常抱怨我们的售后服务,但我不知道我们哪里做错了,他们究竟在抱怨什么呢?

抽象指数：☆

- 我想知道我们业务员的销售业绩跟绩效工资是不是有关联性，我应该给他们多少提成合适呢？
  抽象指数：☆☆
- 我们经常发现仓库丢了东西，但我们查不到原因，我们甚至不知道究竟丢了多少。
  抽象指数：☆☆
- 我们车间在交班时乱糟糟的，需要持续太长时间，怎么才能让他们交班快点儿呢？
  抽象指数：☆☆☆
- 我们的生产计划老是排不好，经常有些人很闲，有些人很忙。
  抽象指数：☆☆☆
- 我们的员工平均薪酬高于同行水平，但离职率并不低。
  抽象指数：☆☆☆☆
- 我们的一等品率明显低于同行平均水平。
  抽象指数：☆☆☆☆
- 我们要提高订单的准时交单率。
  抽象指数：☆☆☆☆☆
- 我们所有的工作都要用软件管起来。
  抽象指数：☆☆☆☆☆☆☆☆☆☆

相信在需求调研的过程中一定或多或少遇到过本案例中的类似需求，从严格意义上来讲，这些并不能说是需求，只能说是某种问题罢了，提出的人不是在提软件需求，而是在抛出他的问题，他期待你的工作能够解决这些问题。不要把这些抽象需求当成需求，要当成工作目标。用了软件系统后，这些问题解决得越多，工作价值越大，如果不能解决这些问题，往往说明这是个不成功的项目。有了目标，接下来要思考的是，通过什么方法才能够实现这些目标呢？这个思考的过程就是将抽象需求具体化的过程，有的时候可以引导用户思考后去提出自己的方案，有的时候只能由需求人员自己设计方案——也许这是最能体现需求分析者价值的地方。例如，案例中提到的仓库丢东西的问题，具体分析后，可以考虑，如果将仓库所有的物品进行规范编码，所有的入库、出库都需要通过软件系统处理，保证软件系统中的信息实时、正确地反映物料的流动状况，这样至少知道了仓库中"应该"有多少东西，盘点后如果丢了东西完全可以责成仓库管理员负责赔偿，从而极大提高了仓库管理员的管理责任心——那么是不是可以解决仓库丢东西的问题呢？将这种方案跟相关人员讨论决定，顺着这个路子，就可以将这个抽象需求具体化，最终能够落到实处。

2. 将自然语言描述的需求结构化

用户描述需求总是非常随意的，他们使用平时正常沟通的语言（也就是自然语言）描述需求，这种需求的主要特点就是不严谨，容易有歧义，这种需求自然是不能直接让开发者处理的，开发者需要的需求是描述明确、精准、没有二义性的。需求分析者作为用户与开发者的沟通桥梁，有义务将用户用自然语言描述的需求结构化。当然，对于需求分析者来说，将需求结构化几乎贯穿于所有工作中，如功能设计、界面设计等。将用户的描述转换成更精准的语言，转换成更接近于IT人使用的语言，这才是需求结构化的第一步。使用这种方式描述的需求，虽然充满了IT术语，但只要稍加解释一般用户也能理解清楚。

案例：将自然语言描述的需求结构化

调研主题：如何给客户发货？

用户描述：我们会根据销售合同整理当天的发货计划（发货计划中一般包括这周需要发货的所有销售合同），跟客户确认是不是需要发货，客户一般都要求发货越快越好，但特殊情况下也会要求拖几天。确定要发货后，先到成品仓库核查产品库存，如果库存足够，就发货，如果不够，就联系客户，如果客户着急，就先发一部分过去。发货前再跟客户确认好收货地址，因为有的时候，客户会要求不同的货物送到不同的地方，虽然合同里写了收货地址，但这个地址经常会变化。

分析：用户在这里描述了根据合同发货的过程，由于是用自然语言描述的，需求就显得很模糊，这种需求需要经过结构化处理。经过进一步询问确认后，需求人员做了结构化的需求描述。

（1）根据销售合同生成发货计划单，一天生成一个发货计划单，生成规则：交货期在今天以前或者在未来7天之内，尚未发货，并且对应商品物料有结存数量的合同。

（2）一个发货计划单可以包括多个销售合同，一个销售合同可以对应多个发货计划单，发货计划单与销售合同的关系是多对多的关系。

（3）发货需要发货单，销售合同支持分批发货，销售合同与发货单的关系是一对多的关系。

（4）一个发货单支持多地址发货。

（5）需要提供合同发货延期的处理功能。

3. 注意避免理解偏差

所谓的理解偏差，主要是指需求分析者对用户所提需求没有理解到位，用户明明想表达的是这个意思，却被理解成了另外一个意思。这是一个沟通问题，说者觉得自己说得很清楚了，听者也觉得自己听得很清楚了，可偏偏双方就是没有真正理解对方。为了避免理解误差，一般可以从以下这些方面努力。

（1）提高沟通能力。为了避免理解偏差，需要提高自己的沟通能力，多从对方的立场考虑问题，当对方描述某件事时，要从对方的角度思考这些描述的内涵。同样一句话，不同的人想表达的意思可能完全不一样。举个简单的例子，同样是这句话，“我觉得我的工作太多了”，有的人的意思是“能不能给我减减负”，有的人的意思是“我的工作效率很高”，有的人的意思是“羡慕我吧，我的权力很大啊”，这就要结合说这句话的人的岗位、工作职责、说话时的情境、语气等去理解。

（2）提高沟通频次。所谓提高沟通频次，就是人们常说的“多沟通”，一是要引导对方多说话，说得多了，有了更多的素材供分析，自然更容易理解这些描述的内涵；二是对不理解的或觉得理解起来有困难的内容，多向对方询问，换成你的表达方式让对方确认是不是这个意思。

（3）学习对方工作领域的知识。用户有自己的知识领域，需求分析者也有自己的知识领域，前者满脑子的业务术语，后者满脑子的IT术语，有时候两者真难沟通。每个人的知识面不同，要想沟通顺畅，两个人的知识面重叠的地方越多越好。因此为了能够跟用户顺利沟通，需求分析者应该积极学习相关的业务知识，学得越深，学得越宽，就越容易理解用户的描述（做久了需求分析工作的人，几乎无一例外地会成为某些业务领域的行家），对于用户而言，如果要开发信息系统，也应该积极学习 IT 知识，信息系统开发绝不仅仅是软件公司的责任。

当然，不管用户与需求分析者如何努力，理解偏差总是避免不了的，只有程度与范围的不同。

案例：需求调研中的理解偏差

某技术学校需要开发信息管理系统，小王在进行需求调研。这天，他跟学工处管后勤的李老师做了一次需求访谈，李老师说他想知道每天有哪些学生打卡晚了，哪些学生没有打卡，另外需要每周出一个考勤报表，统计本周所有考勤异常的学生。由于这一天李老师的工作很忙，这项需求听起来也很明确，小王没有做更加深入的调研，就去拜访其他用户了。

回来后，小王经过仔细分析，发现李老师的需求并没有那么简单。所谓的学生晚打卡就是上课迟到了，没有打卡就是旷课了，为了知道学生应该在什么时候打卡，在什么地点打卡，就需要知道学生的课表，需要在课表中定义学生每节课应该在什么时候、什么地点打卡，如果课表发生了变化，还需要老师及时调整课表，而学校有规定，调课是要教务处批准的。为了进一步了解排课的问题，小王又到教务处做了调研。

小王规划了学生上课考勤的解决方案：首先，需要一个排课功能，供教务处老师在每学期开学时排好一个学期所有的课程；然后，提供调课申请功能，一旦课表发生变化（如教室、教师等变化），相关老师需要使用这个功能申请调课；每节课开始半小时后，系统进行运算，得到每个班级在该课次有哪些学生迟到，哪些学生旷课；最后，提供考勤记录查询、统计功能。

小王将方案拟好后，兴冲冲地去找李老师讨论这个方案的可行性。可是，李老师问了一个问题就把小王弄蒙了：我是管后勤的，我只管学生有没有按时到宿舍就寝，你为什么跟我说这些呢？

3.1.2 控制需求

所有的项目都是有范围的，控制项目范围是项目管理过程中一项相当重要的工作，这项工作稍有不慎就会导致非常恶劣的后果，轻者导致活干了却没有利润，大家白忙活一场；重者导致工作量无边无际，无法交付验收，导致项目烂尾。对于软件开发项目来说，控制需求是项目范围控制工作的一部分，是相当重要的一部分。无论什么公司，什么部门，什么业务，信息化工作都是无止境的，如果不认真做好需求控制工作，一定会陷入无边无际的需求大海之中，最终把开发团队搞得精疲力竭，而用户却总是不满意，因为他们还有那么多的需求没有实现。

另外，除了那些超出项目范围的需求，还有许多需求属于不值得实现或者技术上不能实现的，也需要需求分析者去识别，从而加以控制。

1. 识别超出项目范围的需求

用户的需求不能漫无边际，所有的需求都应该在项目范围之内，做软件的都知道这一点，但是，并非所有的用户都知道这一点。为了做好需求控制，需求分析者在进行需求调研与分析的过程中就要时刻将这种观点向用户灌输，只要持之以恒、坚持不懈，无论多么难缠的用户都会逐渐接受你的观点。

接下来要做的是，让用户知道需求边界在什么地方。首先想到的自然是合同，市场行为当然以合同为准，合同要我们干什么我们就干什么，合同没有的我们就不干，这话说得是在理，不过在实际工作中往往是另外一个样子。先了解一下项目合同是怎么来的吧。一般来说，项目合同都是销售、售前在客户那边将什么活儿都答应了，然后才签下来的，在这种情况下很难在合同中对项目的范围进行非常明确的规定。因此，先打消通过合同来控制项目范围的想法，即使有些项目的合同签得比较规范，合同中将项目的范围基本确定了，也不可能详细到每个功能的每项需求、每个规则，如果有，这恐怕是个外包开发合同，不大可能是个做信息管理系统的合同。

为了让用户理解需求边界，首先要确定好项目目标，这个目标应该是在项目启动时双方经过讨论达成的共识，后面所有的工作都应该围绕这个目标开展——这件事主要是项目经理的职责，如果这事没做或没做好，项目经理难辞其咎。对于需求分析者来说，要对这个项目的目标了然于心，如果目标不清晰，就要想办法去了解，或者促成相关人员确定好目标。当然，也没有必要把确定目标这件事看得过于严肃刻板，未必就一定要通过规范文件来确定目标，也未必一定要通过非常正式的会议讨论确定目标，关键是大家在内心深处能否达成共识。只要能达成共识，在饭桌边、电梯中的讨论都有用；不能达成共识，写下来签字画押也意义不大。

有了清晰的目标后，只要用户的需求偏离了这个目标，就立即指出来这个需求超出了边界。原则是，宁可在这个阶段的目标实现了以后再设置新目标，也不要不停地修改一个目标，甚至根本不把目标当回事随意践踏。需要注意的是，如果用户的需求超出边界，需要尽早指出来，越早越好，最好在他刚提出来时就果断、坚决地阻断，这样用户就能够体会到你的边界之墙。如果拖拖拉拉，态度暧昧，今天说可以做，明天说不可以做，就会让用户生疑，逐渐就会觉得你这个人不是真心为他服务。这种想法一旦形成，要想再扭转过来就难了，从此以后工作会越来越难做，想砍掉任何一项需求都将是个异常艰巨的任务。许多初学者就是这样把自己与项目一起带入深渊的。

案例：限制超出项目范围的需求

某公司需要开发一款OA系统，小王经过需求调研后，将用户的需求做了整理，总结后大概包括以下这些需求点。

- 发布通知公告、新闻。
- 内部信息发布，包括内部消息推送、内部邮件发送、内部论坛。
- 内部通信，包括内部即时通信、文件传输、群聊、发送短信。
- 采购申请审批流程。采购单审批通过后需要推送到现有的ERP系统采购模块。
- 物品领用申请审批流程。物品领用单审批通过后需要推送到ERP系统库存模块。
- 单据报销审批流程。报销单审批通过后需要推送到现有的财务系统。
- 请假审批流程。
- 用车申请流程。

- 会议室申请流程。
- 公文管理,包括收文、发文管理。
- 工作计划与工作日志。
- 管理客户信息,设置拜访计划,登记拜访记录,登记客户服务日志,录入客户投诉记录。

小王经过分析后,向用户指出:管理客户的需求,明显属于CRM系统的范畴,明显超出了OA项目范围;将信息向ERP、财务系统推送的需求,由于不在这一期的目标中,建议先不考虑,在下一期再考虑如何整合这些不同系统的信息。

2. 识别错误的需求

一般用户对软件并没有太深刻的理解,对信息化管理也没有那么远的预见性,对于自己所提出的需求一旦被实现后,究竟对自己、对同事、对公司的未来有什么影响也是一知半解(不排除有些公司的某些人有这种能力,但毕竟是少数,可遇而不可求)。这样就注定了,用户所提的需求不可避免地带着个人的烙印,这些五花八门的需求可能毫无逻辑性,可能前后矛盾,可能在技术上根本无法实现,可能做出来得不偿失,甚至可能如做梦般虚无缥缈。这些需求,统称为错误的需求。作为开发方,满足客户的需求是义不容辞的责任,但并不包括错误的需求。

案例:识别错误的需求

某公司需要开发一套生产成本管理系统,小王作为需求分析师到装配车间调研。该车间有一个装运工的岗位,主要工作是,将装配线需要的原材料或半成品从仓库领出,运送到装配线上,将装配线完工的成品送到包装车间。装运工的成本如何分摊到生产任务单呢?车间有人提出,需要根据装运工为每个生产任务单的服务时间进行分配,也就是说,假设某个装运工每天的人力成本是80元,一天服务了4个生产任务单,用时分别是1、2、3、2个小时,那么分配到这4个生产任务单的成本应该分别是10、20、30、20元。小王经过分析,得出结论,这是个得不偿失的需求。要知道计算成本本身是有成本的,如果这个成本太大,将成本算得再准也是没有意义的。想想看,车间总共就两个装运工,一个月的人力成本也就几千块钱,各个生产任务单分摊到的这个成本微乎其微,几乎不会对根据成本数据进行的决策有任何影响。可为了如此计算成本,需要记录装运工为每个生产任务单用了多长时间,有时候两个生产任务单的材料一起装运,还要考虑怎么分配,有时候两个装运工共同装运一个生产任务单,还要考虑怎么合并,而车间每天处理的生产任务单少则十几个,多则上百个,想想这是多大的工作量啊,就为了这么点儿人力成本的分摊!很明显,这是个错误的需求。

为了把问题说明得清楚形象一点,这个例子有些极端,但要知道,在实际工作中,类似的不切实际的根本不值得去实施的需求是相当多的。太多根据各种人提出的需求开发出来的功能,最终无人问津,被束之高阁,究其原因,许多都是因为这些需求是得不偿失的需求,开发出来后,到了实施阶段才发现为了实现当初的目标,需要做多少在系统规划阶段根本意想不到的工作(不是指软件开发的工作,而是用户自己需要完成的工作)。或许不能算是意想不到只是没有好好去"想"罢了。最终只好放弃。

3. 识别技术上不能实现的需求

当需求分析者面向用户时，代表的是他身后的整个研发团队，要做好需求分析，需要对自己团队的技术能力有非常清楚的了解，哪些事情能做，哪些事情不能做，哪些事情虽然貌似可以做但代价太大，等等。每个团队都有自己的技术边界，那种无所不能、包治百病的团队只有在神话中才会出现。

理解了这一点，就知道"识别技术上不能实现的需求"是需求分析者的基本素质。用户的需求天马行空无所不包，往往在一个项目里，最终实现的需求只占初始需求的一小部分，那种没有被实现的需求，大部分都是因为超出了项目范围，但确实也有或多或少的一部分是因为开发团队根本实现不了。对于技术上不能实现的需求，要尽早跟用户说清楚，有时候，因为某种原因，可能羞于启齿，那也要想办法让用户知道、感觉到、悟到这个需求是不切实际的，除了放弃别无选择。有时候，也许你会觉得用户的需求很合理，但研发团队就是实现不了，心理上简直无法交代，但无法交代也得交代，要知道，即使团队有引进某种新技术的打算，也很难用到当前的项目中，技术积累并非一朝一夕之功。

3.1.3 挖掘需求

做信息系统，除了实现用户正确的需求外，还有重要的一点需要注意，就是仅实现用户提出来的需求是远远不够的，如果认为确定需求就是用户开价我们还价的过程，就是一个漫天要价就地还钱的过程，那么就大错特错了。

用户不是搞软件的，对未来的信息化管理系统一般不会有太深刻的理解，要想让他们非常有体系地提出需求，然后研发团队实现这些需求，客户的信息化管理体系就建立起来，顺利地运行下去，实际工作中不可能这么简单。在进行需求调研与分析的过程中，要注意不能被用户的需求限死，能引领用户才是高手。对于你的工作来说，满足用户提出的需求并不是目的，建立客户在相关领域的信息化管理体系才是目的。这个目的就决定了，用户提出的需求并不一定需要全部实现，用户没有提出的需求也不一定不实现，一切以能否成功建立信息化管理体系为出发点，为奋斗目标。让用户提需求只是为了实现这个目标的手段之一，有些必要的需求是要挖掘的，无论用户是否提出来，都是要实现的。

案例：挖掘需求

某财务部门需要开发固定资产管理软件，小王是这个项目的需求分析师。用户提出的需求大概是这样的。

(1) 管理所有固定资产的档案。

(2) 登记所有固定资产的领用人、存放位置。

(3) 提供固定资产的折旧费录入功能，系统根据原值、录入的折旧费来计算现值。

(4) 提供折旧费统计表。

小王经过进一步的沟通，知道用户提出录入折旧费的功能需求，是因为想每月计算固定资产的月折旧费后录入系统，需要提供折旧费统计表的目的是为了根据这个统计表在财务软件中制作折旧的记账凭证。了解清楚后，小王提出如下建议。

(1) 用户提供固定资产折旧的计算规则，由软件系统每个月在某个固定的时间点自动计算折旧额，根本不需要用户自己计算后再录入系统。

(2) 用户提供记账凭证的生成规则，如果财务软件供应商开放接口，本系统可以在生成记账凭证后通过接口推送到财务软件，不需要用户根据折旧报表制作记账凭证。

3.2 整理需求

花了那么大的工夫收集并确定需求之后，自然要做好需求的整理工作。需求整理，不是做会议纪要，不是做工作日志，不是简单地将每个用户所提的需求一条一条写下来，而是一个综合分析的整理过程。通过整理，使得需求更有目的性，更有系统性，更明确，更易理解。需求经过整理后一般会生成需求调研报告与业务流程图，这是后面工作的纲领性文件。

3.2.1 需求调研报告

需求调研报告是经过需求调研并确定需求后必不可少的规范文档，一般包括调研背景、专业术语、项目目标、期待解决的问题、项目范围、双方的约定、相关资料、所有需求点、相关数据、相关系统、注意事项、待定问题等。不同的项目，这个文档的篇幅相差很大，一个小系统，可能寥寥几页就可以了；而对于一个大型系统，可能需要数百页、上千页。需求调研报告的格式也不需要死搬教条，不同公司、不同团队，甚至不同项目都可以根据具体情况设计符合自己要求的格式。当然，为了沟通方便，同一团队建议还是采用相同的文档模板比较好。这里提供一种需求调研报告模板，供读者在工作中参考。

案例：需求调研报告模板

```
1   引言
1.1   编写目的          //为什么要编写本文档
1.2   调研背景          //简述调研过程，参与人等
1.3   专业术语          //解释本文档中用到的专业术语
……
2   概述
2.1   项目目标          //希望对企业管理改善达成的目标
2.2   期待解决的问题    //希望通过本项目解决的管理问题
2.3   项目范围          //本项目的工作边界
2.4   双方约定          //澄清双方理解上可能产生冲突的地方
……
3   相关资料            //经过整理的对以后阶段有用的资料
3.1   组织结构
3.2   用户名单
3.3   重要业务规则
……
4   需求                //整理所有需求，这是本文档的核心内容
4.1   财务部            //可以以业务领域为维度，也可以以软件功能为维度
4.2   计划部
```

……

5 数据 //整理本系统需要处理的所有数据

5.1 销售合同

5.2 采购单

……

6 相关系统 //可能与本项目有关系的其他软件系统

6.1 系统 A

6.2 系统 B

……

7 其他

7.1 注意事项 //注意点

7.2 待定问题 //没有定论,还需要继续讨论的问题

……

下面根据上述案例介绍一些重要章节的撰写方法。

1. 项目目标

项目目标指软件开发、实施完成后希望对企业管理改善所达成的目标,也就是说,这个项目的目的是什么,如给企业带来什么价值,给企业解决哪些问题等。不过在大部分情况下,无论是甲方还是乙方,这个目标并没有那么清晰,不清晰的原因主要是因为目标是否实现很难评判。一个难以评判的目标自然很难清晰,清晰了也没有意义,无法证明目标已经实现了。看看常见的一些貌似可以用来作为目标的量化指标,如投资回报率、资金周转率、库存周转率、客户投诉率、坏账率等,只要管理规范一点儿,这些指标都是可以算出来的,但谁又能说得清楚这些指标跟项目之间有什么关系呢?不能说资金周转率的提高都是财务软件的功劳吧?不能说库存周转率的提高都是库存管理软件的功劳吧?对于软件公司而言,也不会在正式文档中把这些指标当成目标,销售在推销时可以拿这些指标举例,到了项目真正启动时,没有几个项目经理敢拿这些指标当项目目标,因为对于项目组而言,这些指标太不可控,起决定作用的因素太多了,软件的作用只占一小部分而已。

考虑到这些原因,财务指标类的项目目标能不写就不写,应该写那些能实现的、可以看得见摸得着的目标,这种目标对项目组才有指导意义,才能给甲乙双方以努力的方向。

案例:某销售管理系统的"项目目标"

对销售部的拜访、签单、发货、回款一系列的工作流程进行信息化管理。

业务员可以通过手机随时汇报拜访情况,领导可以通过本系统监管业务员的拜访工作。

客户可以通过网页远程下单,也可以通过电话、传真下单,每个订单要管理对应的业务员、产品、数量、单价、质量要求、交期要求、交货地点要求。

对所有产品使用条码管理,发货时使用扫描枪扫描条码发货。

发货需要根据订单的要求发货,如果客户对发货要求有变更,可以随时进行变更。

对每一批装运的货物要落实到责任人,送货人送货后需要获得客户签字的送货单,否则需要赔偿。

允许客户赊账，但不同的客户允许赊账的信用额度不一样，系统需要每个月根据客户的历史交易、回款情况自动计算信用额度。

没有按要求回款的，到了账期发送催款提醒(邮件、短信)给业务员。

每个月给每个客户生成往来对账单，自动发送邮件给客户。

计算业务员、大区经理的销售绩效。

2. 期待解决的问题

期待解决的问题，指希望通过本系统解决当前存在的哪些问题，这可以看作是项目目标的一部分。有些项目期待解决的问题非常明确，如"为了解决信息孤岛的问题需要开发一个信息集成平台"，也有些项目就非常模糊虚妄，如"为了解决管理效率低下的问题需要上ERP"。明确的问题，可以写下来当成项目目标的一部分，给双方的努力提供方向。

案例：某库存管理系统"期待解决的问题"

账实不符：现在仓库里面究竟有多少东西除了仓库保管员没有人搞得清楚，账本根本不准，有时候生产计划员为了编排生产计划，不得不跑到仓库亲自核查某种关键物料的库存数量。

丢东西：有时候，某种物料明明记得上次刚买了足够的数量，在生产中明显没有用到那么多，但在仓库中就是找不到了，找仓库保管员，仓库保管员坚持说仓库中应该还有，可能被压在什么东西下面了，过一段时间应该就会出现，而最终往往不会出现。

堆放混乱：货物在仓库中堆放混乱，除了仓库保管员，没人知道怎么才能找到需要的东西，有些体积小的物料，要找到简直跟大海捞针一样。

货架利用率低：现在的货架利用率很低，为了防止找不到东西，都不敢在货架上堆放太多的东西，只能横七竖八地堆在地上。

收货太慢：供应商送货时，仓库保管员不清楚什么应该收，什么不应该收，每次都要找采购、生产、计划部门的一大堆人沟通，有时候需要处理大半天才能把一车货收好，供应商意见很大。

3. 项目范围

项目范围确定这个项目的工作边界。如何描述项目范围，不同的项目要求是不一样的，一般会由销售人员对客户的承诺、合同的要求、本公司跟客户的关系、双方项目经理的工作方式、客户相关人员的工作习惯等各方面的因素共同决定。可以考虑从两种维度来阐述项目范围，一是功能性的范围，二是业务性的范围。所谓功能性的范围，是指软件会提供哪些功能，如物料出入库、存货成本计算、智能调度等；所谓业务性范围，是指信息系统会管理企业的哪些业务，如采购部采购合同管理、销售部销售合同管理、计划部生产计划管理等。有些功能具有很强的业务关联性，如某成本运算的功能，一定是成本会计在成本核算中用的；有些功能跟业务关联性不强，如工作日志登记，所有业务领域的人员都可以使用。不同的项目，根据项目的特点可以从不同的维度编写项目范围描述，可以从功能的维度，也可以从业务领域的维度，也可以混用。对于那些比较通用的系统，由于功能有很强的通用性，跟业务领域关联性不大，可以以功能为维度描述项目范围，如常见的OA系统；而对于那些业务性比较强的系统，由于主要强调的是涉及企业哪些业务领域，可以以业务为维度展开描述，如销售管理系统。

由于撰写项目范围的目的是双方确认这个项目要完成哪些工作，事关重大，因此，应该描写得清楚明白，少用“尽量、争取、等等、可能”之类充满变数的、可以进行各种解释的词语。例如，写成“包括销售管理、采购管理、库存管理、客户管理、财务管理 5 个模块”，而不是写成“包括销售管理、采购管理、库存管理等模块”。

还要注意，项目范围的描述只是对这个项目的工作所进行的概略性描写，不需要长篇大论，毕竟，整个需求调研报告都可以看作是对项目范围的界定。

案例：某销售管理系统的“项目范围”

本系统所管理的业务范围包括：潜在客户拜访，客户下单，销售合同签订，销售发货，跟踪服务，市场促销。(根据这个描述可知，销售部办公人员的请假、考勤等方面的需求不在这个项目的范围之内。)

本系统包括以下管理功能：潜在客户信息，客户档案，业务员基本信息，拜访日志，客户订单，销售合同，发货单，退货单，服务日志，投诉记录，客户建议，市场促销活动。(根据这个描述可知，对销售发票、客户回款的管理不在这个项目的范围之内。)

4. 双方约定

双方约定指将某些容易引起双方误解，容易起争执的事情提前阐述清楚，免得到项目后期扯皮。约定的内容可以包括各方面的事情，如项目范围上的，技术上的，服务上的，功能上的，等等，只要觉得这个事情可能会因为双方的理解偏差而影响到项目的验收、上线，就应该写个约定，对方如果不同意就可以提前讨论，免得到项目验收时再来做这方面的事情，那就麻烦了。

案例：某销售管理系统的“双方约定”

手机端只支持 Android 系统的手机(操作系统版本为 Android 8.0 或以上)，不支持其他操作系统的手机(包括 iOS 手机)。

地图使用的是某第三方提供的免费地图，对地图的处理会受限于地图接口(详见该公司提供的接口说明文档)。

市场促销活动，只能进行活动的录入、维护，不能分析某次促销活动对销售的影响。

服务日志只能在本系统录入，或从 Excel 导入，不能从 QQ 中导入聊天记录。

本系统不管理销售发票与销售回款，因此也不能出具客户往来对账单。

所有的开发基于某平台，本平台只支持两种标准界面风格(“红色火焰”与“绿色树林”)，新风格的开发不在本项目范围之内。

5. 相关资料

相关资料是指在需求调研过程中收集的、经过整理分析的、对后阶段的工作影响较大的资料，常见的如公司的组织结构、人员名单、重要的业务规则等。注意这里强调是经过整理分析的资料，而不是将用户提供的所有原始资料都贴在这里——不要将需求调研报告搞成客户单据电子档案室。

组织结构、人员名单这些资料，一般在需求调研时都是需要收集整理的，客户可能会以各种方式提供这些资料，口述的、手写的、Excel表格的、Word文档的，什么都有可能。由于这些资料对系统的初始化、未来在系统中的工作分配、用户权限管理等方面会有很大的影响，因此，团队最好设计一些规范的文档格式，用以整理这些资料。例如，如何画组织结构图，如何表达每个人应该有哪些权限等，既可以促使工作规范化，又可以给沟通带来方便。

有些对后面的程序算法可能会产生重大影响的、复杂的、核心的业务规则，也可以在这里进行整理(有些复杂的业务规则，可能需要几页甚至几十页才能说清楚)，如某标准成本的计算要求，某智能排单的算法等。当然，这里的整理只是将用户的描述或者提供的文档整理得更清楚、明确、规范一些，还远没有到功能设计甚至算法设计的地步。

6. 需求

需求部分整理用户所提出的各种需求。需求调研，目的就是获得用户的需求，这部分自然是调研报告的核心。需求的描述可以从各种维度去描写，不同的项目可以采用不同的方式，最常见的也有两种维度，一种是按照业务领域的维度，另一种是按照功能模块的维度。例如，某企业的信息管理系统，可以按照部门描述，从公司管理层，到各个部门，到各个岗位，依次整理，总经理需要什么，原材料仓库需要什么，成品仓库需要什么，一车间需要什么，二车间需要什么，等等；也可以按照功能模块描述，OA需要什么，库存管理需要什么，计划管理需要什么，知识管理需要什么，生产管理需要什么，等等。当然，如果项目够复杂，也可以交叉描述，每个部门下面描述对每个功能模块的要求，或每个功能模块下面描述各部门的要求等，这个没有一定之规，看项目情况。需求调研时，用户提出的需求中，有的需求是超出范围的，有的需求是技术无法实现的，有的需求是不合逻辑的，有的需求是自相矛盾的，在整理需求调研报告时，都要跟相关人员沟通确认好，实在没有定论的可以先放到“待定问题”中，在“需求”这部分整理的需求应该都是确定的、双方有共识的。

案例：某车间调度的“需求”

4 需求

4.1 总经理

4.2 财务部

……

4.x 二车间

4.x.1 车间主任

4.x.2 车间调度

(1) 需要获得计划部的生产计划，有了新的生产计划，可以发送提醒短信到手机。

(2) 需要有图形化的界面用以监控当前车间各个机器的运行状态，是在工作中还是闲置中，工作中的机器需要显示当前处理的任务单。

(3) 需要系统智能计算生成最优的生产任务排单建议，调度人员可以根据排单建议调整后下生产任务，同一个生产计划单可以下多个生产任务单，是一对多的关系。(生产任务的排单规则参见“相关资料”。)

(4) 需要根据生产任务单打印生产任务卡，需要用条码打印卡号，任务卡格式详见报表格式文档。

(5) 当某生产任务超过预定完成时间4个小时还没有完成时，系统需要发送提醒给调度人员(可以发送提醒短信到手机)。

(6) 机器处于维修、保养状态时,系统中需要有显目的标识。

(7) 某生产任务单领料失败时,要及时提醒调度人员(不需要发短信,在系统中通过内部消息提醒)。

(8) 需要一个统计分析表,分析最近一个月所有没有按计划交期要求完成的生产任务的产生原因,包括4种原因:材料原因、机器原因、生产能力原因、任务安排原因。

材料原因的判断规则:……

机器原因的判断规则:……

生产能力原因的判断规则:……

任务安排原因的判断规则:……

4.x.3　车间统计员

……

7. 数据

这里整理本系统需要处理的所有业务数据。现在还没有到设计规范的数据字典的阶段,只要整理好本系统需要处理哪些数据项就足够了。由于我们的目的是做信息管理系统,很多情况下,数据对确定项目范围有至关重要的影响。例如,假如所管理的数据中没有任何员工的相关信息,那么所有管理员工档案相关的功能明显都不应该在本项目的范围之内。

案例:某采购管理系统的"数据"

5　数据

5.1　供应商

供应商代号、名称、组织机构代码证号、邮编、地址、联系人、联系电话、邮箱、传真

5.2　采购订单

订单头:采购订单号、供应商、下单日期、交货日期、采购员、要求说明

订单行:采购物品、规格、数量、单价、备注

……

8. 相关系统

相关系统指跟本系统有关系的其他软件系统,一般包括:本系统需要跟它协作共同完成某些事情的,例如,现在需要开发采购管理软件,但采购单的审批过程是在OA系统中完成的;本系统需要通过接口跟它进行数据交互的,例如,现在需要开发考勤分析软件,根据班次、打卡记录分析考勤状况,但打卡数据需要从一卡通系统中获得;本系统需要依附其上的,例如,某公司采购了一套ERP软件并正常使用,现在需要围绕它开发报表管理系统。

9. 待定问题

待定问题是指在需求调研过程中,双方没有达成一致意见,或者到目前为止还没有讨论出结论,或者已经知道需要处理但还没有着手处理的问题,等等。需求调研报告这个文档应该是在需求调研启动不久就开始撰写的,在调研过程中,只要有这方面的问题,就可以在这里记录整理,一旦经过讨论确认,就从这里清除,到最后交稿时,自然就不应该存在待定问题了。

案例：某考勤分析系统的"待定问题"

获取一卡通打卡数据时，是从一卡通系统的数据库中直接读取数据，还是由一卡通系统通过接口将数据推送过来？

考勤分析的计算过程，是在上班后实时计算，还是在夜里定时计算？

允许员工提前多久打卡，滞后多久打卡算迟到，滞后多久打卡算旷工？

是否要指定员工的打卡地点，还是只要在公司内打卡都算？

3.2.2　业务流程图

企业做信息化管理系统，一个重要的目的就是规范企业的工作流程，按照规范工作可能不是效率最高的工作方式，但一定是最好控制的工作方式，企业规模越大，就越难控制，规范工作流程的要求就越强烈。业务流程图是促使工作规范化的重要工具。

需求调研后画出业务流程图，一者可以发现当前企业中有哪些不规范的地方，将来可以在这些方面多下功夫，从而起到事半功倍的效果；二者可以让自己对企业的工作了解得更加深刻。

画流程图的方式各种各样，工具很多，要求各异，每个团队都可以制定自己的流程图规范——需要强调的是，规范不是死搬教条，适合自己的才是最好的。这里介绍一种画业务流程图的规范，供读者在工作过程中参考。

案例：业务流程图

某车间装配业务流程图如图 3-1 所示。

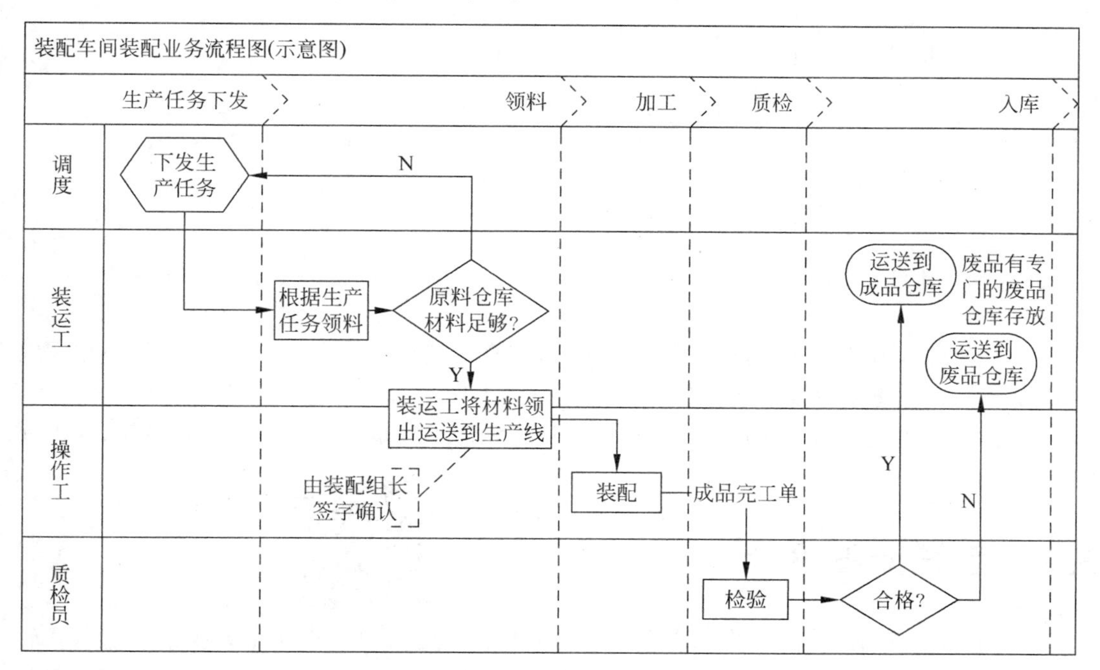

图 3-1　装配车间装配业务流程图

案例中的图形用法介绍如表 3-1 所示。

表 3-1　流程图各元素表达的意义

图形	意　义
行	每一横道代表一种职能角色，可以是某一部门，某一班组，某一岗位等，横道中的内容代表这个职能角色负责的工作
列	每一竖道代表流程中的某一大步骤，这只是一个大概的划分，目的是为了让这个图更容易被理解，不是必需的
	表示流程启动
	表示流程结束
	表示某种操作、动作、行动
	表示条件判断，意味着在这里出现流程分支，如果分支超过两个，可以用这种方式表示： 提交审核 → 职员级别：普通员工 → 主管审核；主管 → 经理审核；部门经理 → 高管审核；高管 → CEO审核

画图规范介绍如下。

(1) 为了使读者容易阅读，流程图的总体流向趋势是从左上到右下。

(2) 连线方向允许向右、向下、向上，但不允许向左(除了条件判断表示返回外)。如图 3-2 所示的连线方式是不允许的，因为线段 A→B 的方向是由右向左的。

(3) 为了使读者容易阅读，连接线之间应尽量避免出现交叉点，如果不得已，交叉点越少越好。

(4) 使用折线连接各图形，不得使用斜线，如图 3-3 所示。

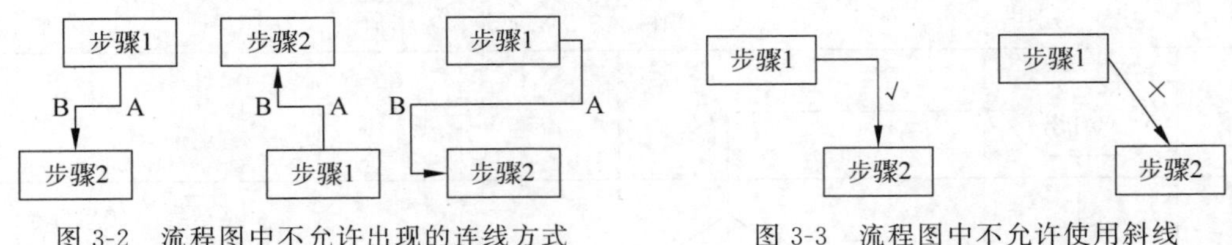

图 3-2　流程图中不允许出现的连线方式　　　图 3-3　流程图中不允许使用斜线

(5) 有时候，为了强调物料、单据的流转，可以直接将在这个步骤流转的物料、单据写在连接线上，表示这些物品从这个步骤流转到另外一个步骤。

(6) 如果有需要补充说明的内容，可以直接在相应工作步骤旁边使用文字说明，或者使用备注框。

3.3　系统蓝图设计

在进行软件策划之前，要做一件非常重要的事情：规划如何建立相关业务的信息化管理体系——这个过程称为系统蓝图设计。管理软件是为管理服务的，每家企业的管理都是一整套体系，怎么管理资金，怎么管理生产资源，怎么管理人力资源，怎么获得材料，怎么生产产品，怎么销售产品等，种种领域盘根错节，相互影响，它可能完善，可能残缺，可能精密，可能粗放，可能历史悠久，可能出生不久，但它一定不会简单，它非常复杂。如果把这个体系比作一个生命体的话，你所做的工作就是在这个生命体中植入某种组织器官，这个器官不但不能妨碍这个生命体的运作，而且还要让它运转得更快、更好、更强，要让这个器官与生命体融为一体，克服最初的排斥反应，让创口逐渐愈合，最终成为这个生命体的一部分——这就是做管理软件需要完成的工作。

3.3.1 进行价值分析

所谓价值分析，不是进行这个项目的可行性分析，而是要分析这个系统将来会给客户、用户带来什么，如果软件给客户带来的不是利益，而是麻烦，那么可能一开始就注定了这将是一个失败的项目。作为需求分析者，可能并不需要去分析可提高多少利润率，降低多少积压资金，加快多少库存周转率等，但是，要时刻记住一点，要让自己的软件系统成为管理的好帮手，改善管理是软件的价值所在，如果做不到这一点你的工作将没有任何意义。

要分析这个软件系统会对以后的管理带来什么价值，会对管理工作有什么影响，管理方式会因之而做出什么变更。虽然一开始不大可能考虑到每个管理细节，但至少要对相关业务未来的信息化管理蓝图做到胸有成竹，实现这个信息化管理体系是目的，通过这个信息化体系改善管理工作是其价值所在，以后的一切工作，都应该向这个目标努力。要实现你在这里的价值，就要有大局观，要习惯于系统性地分析问题，那种把业务割裂开来，做一块是一块，只顾这边不顾那边的工作方式，是一叶障目不见森林，风险相当大，有可能带来无穷无尽的麻烦，导致不断返工、变更、推翻、重建，让客户逐渐失去信心，最终不得不悲哀出局。虽然貌似有好多问题应该是项目经理考虑的，但是，作为软件设计者，你所设计的每一个操作、每一个功能都会用在管理中，会对管理过程产生影响，每个用户的工作方式都会因之而发生变化，如果不去分析软件给管理、给每个用户带来什么价值，显然是做不好设计的。

当然，有一点要非常清醒，信息系统会给管理方带来价值，给整个组织带来收益，但并不是指给每个人都带来收益，对某些岗位、人员来说，可能不仅不会带来收益，反而会带来损害。做价值分析，要搞清楚哪些岗位、哪些人的利益会受到损害。每个组织都有一些既得利益者，没有人愿意放弃既得利益。

3.3.2 规划软件边界

规划软件边界也就是说规划好软件在这个公司做什么，不做什么。无论多么强大的软件系统，都不可能处理管理过程中所发生的所有事情，总有一部分你的软件可以处理，一部分你的软件不可以处理（一般情况下，真正软件能处理的工作只占整个管理工作的一小部分）。例如，准备设计一款库存管理软件用在仓库管理中，该软件可以处理物料出入库，却管理不了仓库的清洁卫生工作。也有些事情，虽然软件系统可以处理，但因为种种原因管理者未必愿意使用你的软件处理。例如，这款库存管理软件，可以对物料所在的仓库位置进行精确管理，但管理方认为仓库并不大，东西存放在什么地方一目了然，并不需要这方面的管理。

案例：规划软件边界

某公司的原材料仓库包括三种岗位——管理员、仓库会计与库工。他们进行如下工作。

- 管理员接收供应商送货，验货。
- 管理员通知检验员进行原材料检验。
- 管理员安排库工卸货。
- 管理员核对送货单，制作原材料验收单。
- 管理员安排库工将货物送到仓库指定位置。
- 仓库会计根据验收单登记仓库材料出入库明细账。
- 管理员接收车间、部门领料单，根据领料单将货物移交给领料人。
- 仓库会计根据领料单登记仓库材料出入库明细账。
- 管理员安排库工进行货物整理，如合并包装、移动位置等。
- 管理员安排库工做好仓库清洁工作。
- 管理员接收车间、部门的退料，存放到相应位置，制作车间退料单。
- 仓库会计根据车间退料单登记仓库材料出入库明细账。
- 管理员发现有质量问题的原料，通知采购部联系供应商退货。
- 管理员制作原材料退货单，供应商取走退回材料。
- 仓库会计根据原材料退货单登记仓库材料出入库明细账。
- 管理员每周统计结存数量低于安全库存的原料，报送给采购部。
- 仓库会计每月制作报表给财务，统计仓库结存成本、车间部门领用成本。
- 财务人员每月进行仓库盘点，如果盘点误差超过一定额度需要追究管理员责任。
- 仓库会计根据盘点结果进行账目调整。
- 仓库所有人员每周开一次例会，总结一周工作的情况。

小王在详细调研后进行了工作分析，觉得这个仓库的工作可以分成4大类：入库、出库、报告、日常管理。供应商送货、验收、检验、登记入库、车间退料等，都属于入库的内容；部门车间领料、退货给供应商、登记出库都属于出库的内容；制作月报给财务、制作采购建议给采购部，属于报告的内容；其他盘点、整理、清洁卫生等属于日常管理的工作。经过分析讨论后，小王跟仓库管理方一起确定了软件的边界，通过软件处理的工作大概包括货物入库登记、打印验收单、材料领用登记、打印领料单、退货登记、打印退货单、车间材料退回登记、打印退料单、盘点表打印、盘点结果登记、采购建议生成、月报生成。有些工作，软件是无法处理的，如清洁卫生、货物整理等；有些工作，虽然软件可以处理，但管理方并不觉得有这个必要，如通知供应商退货、通知质检部检验、货物的位置管理等。

入库部分的业务示意流程如图3-4所示。

图中，矩形表示规划中通过软件完成的事项，其他的事项不通过软件。可以看出，真正通过软件处理的事项只占入库过程中很少的一部分。

还有些事项，是通过别的软件处理的。一家公司一般不可能只用一种软件，很有可能还有其他的软件在使用中，你设计的软件可能需要跟其他软件进行数据交换，这时候也要规划好你的软件与其他软件的边界，这些软件之间如何分工，在什么情况下需要从其他软件中获取数据，什么情况下需要向其他软件推送数据。

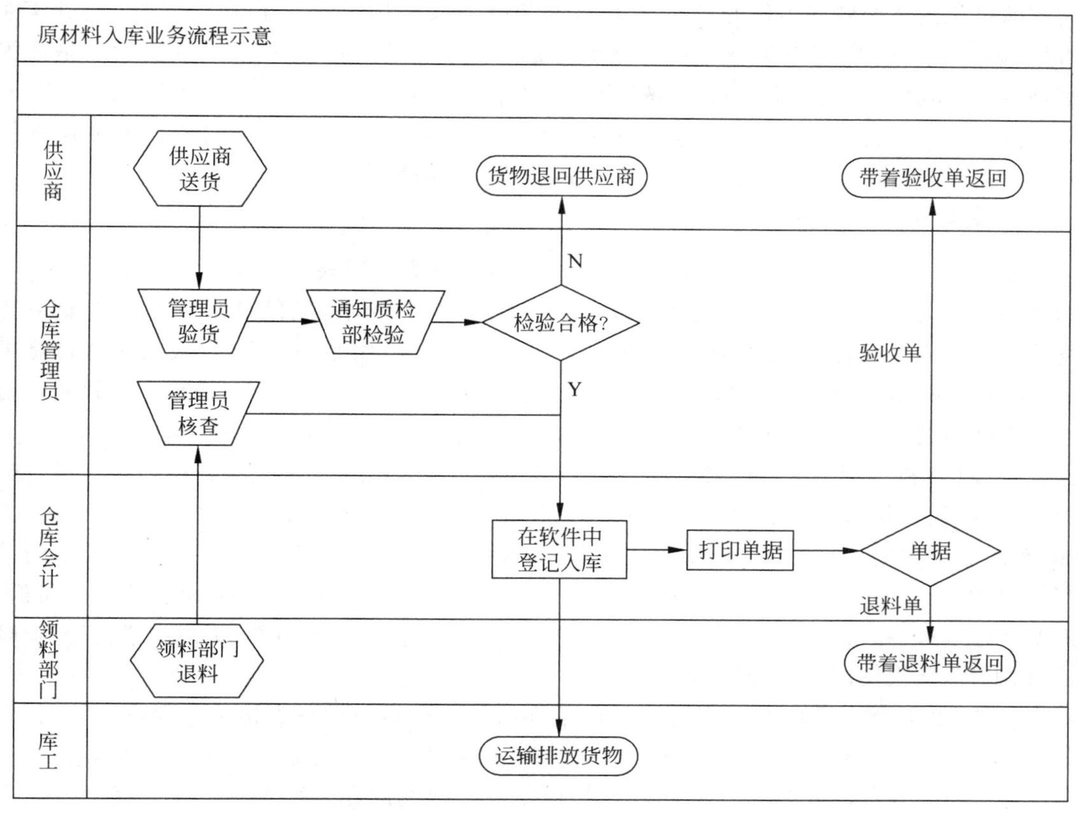

图 3-4 原材料入库业务流程示意

案例：存在多系统的软件边界

某公司使用一款 ERP 软件进行企业管理，现在需要开发 OA 软件。那么，对于 OA 软件的需求分析者来说，需要规划好，什么事项需要在 OA 系统中处理，什么不需要在 OA 系统中处理(或许还有些事项，一部分在 OA 系统中处理，一部分不在 OA 系统中处理)；这款 OA 系统跟 ERP 系统的边界在哪里，跟办公相关的事项是不是有些会在 ERP 中处理，有什么跟办公相关的事项不需要经过这两个软件系统，这两个系统需要进行什么数据交互。例如，在 OA 中有一个采购申请审批流程，在审批完成后，采购申请计划是否要推送到 ERP 系统中进行采购计划安排，在 ERP 系统中采购入库时，是否需要将入库消息推送给 OA 系统中的采购申请者。

3.3.3 规划工作方式

规划工作方式也就是规划各岗位人员使用软件后的具体工作过程，这是确定软件边界后更细化的工作。需要规划相关岗位的职员在使用软件之后应该如何工作，围绕软件系统的具体工作步骤是什么，这是个相当重要也相当困难的事情。一个企业的岗位有很多，每个岗位都有大量不同的工作，岗位跟岗位之间的工作相互关联，相互依赖，而每个岗位的工作一般都是不可分割的整体，有其系统性与连续性，要把这些岗位的所有工作都搞清楚，还要根据信息化系统做好新工作方式的设计，这事想起来就头痛。为了在有限的时间完成这件事情，需要抓住重点，那些跟这个信息化系统无关的岗位就不管了。例如，这次做的是销售管理系统，那么管后勤的岗位估计跟这个系统没有太大关系，先不管，真的遇到时再说。

规划工作方式主要包括规划各个岗位在什么地点使用软件系统，在什么时间使用软件系统，由什么事件触发使用软件系统，使用软件的工作场景等。

1. 使用软件的地点

规划使用软件的地点，就是规划工作人员在什么地方使用软件，大部分情况下可以理解为安装软件的计算机应该摆放在什么地方——当然，由于移动办公的日益普及，这句话有待商榷。这种规划针对不同的岗位有不同的要求，有些岗位，如办公室文员，天天坐在计算机前面，软件系统的使用地点问题根本不是事儿；而有些岗位，如很多车间操作工，软件系统的地点问题就是个天大的问题，处理不好会严重影响工作效率，计算机(或其他终端，如条码扫描枪、POS 机等)是摆放在车间办公室中需要时去使用一下，还是摆放在操作台上可以随时使用，还是配置掌上电脑随身携带等，这些都需要根据岗位的工作特点预先做好规划。例如，车间中一些负责收取完工产品的人员，可以在每次收取产品完成后，到车间办公室的计算机中做登记；对于超市收银员，POS 机除了摆放在工作台上别无选择；而有些巡查岗位，需要一边巡查一边记录巡查结果，可以考虑使用移动设备(如掌上电脑、无线扫描枪等)随时记录、上传，实现使用地点的自由性。

另外，由于物联网的普及，越来越多的软件系统通过感应设备直接采集数据(这些设备的主要功能是对外界环境或信号进行监测采集，如温度、湿度、气压等)，发出控制信息，对这些物联网感应设备的安装地点的规划也是个不容忽视的问题。很多现代化车间都使用了 RFID 技术进行数据采集：给货物贴上 RFID 标签，当货物经过某感应器附近时，信号会被自动接收，从而实时记录物流信息。可想而知，在这种情况下，需要仔细规划好货物的移动路线，根据货物移动路线中的关键地点(如车间出入口)设计感应器的安装位置，因为每一次信号的抓取就预示着某种工序的开始或结束，或者预示着某种管理责任的转移等。

2. 使用软件系统的时间

对于使用软件系统时间的规划，不同的功能有不同的要求。有些功能是刚上班用的，如考勤打卡功能；有些功能是下班用的，如每日工作汇报功能；还有些功能是每周、每月、每季度、每年用的，如各种期间报表。当然，除了一些定期自动执行的功能(如每月最后一天的 12：00 自动生成某种月报)，一般情况下，软件功能的使用跟具体时间点并没有直接的关系，这里最重要的关注点是，对软件的运算压力提前做好预案。例如，某学校的一卡通系统，需要处理学生的三种刷卡数据，上课考勤刷卡、用餐刷卡、超市购物刷卡，考虑到软件使用时间的问题，很明显，这三种刷卡方式对软件性能的要求差别很大。上课刷卡，成千上万的学生在上课前几分钟同时刷卡，软件压力很大；而用餐刷卡，持续时间较长，压力相对要小些；在超市购物的刷卡，一般没有这种井喷式的刷卡过程，所以软件压力的问题可以忽视。

3. 使用软件系统的触发事件

规划使用软件系统的触发事件，就是要规划所有岗位的人员，什么事情发生时，需要使用软件来处理，处理不同的事情，需要使用软件的什么功能。例如，仓库中，当供应商送货检验合格时，触发仓库管理员使用库存管理系统中的入库功能；当车间有人领料时，触发仓库管理员使用库存管理系统中的出库功能。有些触发事件很简单，例如，上班考勤刷卡，员工上班到公司自然就触发他使用刷卡功能；有些触发事件就很复杂，例如，计划人员为了完成一份生产周计划，需要用到软件中大量的功能，当需要知道车间生产情况时，需要用到生产进度分析功能，当需要知道原材料库存情况时，需要用到库存查询功能，当需要知道生产能力情况时，需要用到机器负载分析功能等。

案例：使用软件系统的触发事件

装配车间有个岗位叫配货员，主要工作如下：每过一两个小时到车间巡查一遍，安排装运工将已经完工的产品用手推车运送到成品仓库，并记录送货信息；巡查时如果发现装配线上原材料不足了，就安排装运工将原材料送到装配线，并记录发料信息；每天早晨到原材料仓库、半成品仓库领料，将当天装配线需要的原材料领到车间，存放在车间的材料中转区，有时候有特殊情况，也会偶尔去原材料仓库、半成品仓库补领材料；每周会对材料中转区进行一次盘点，将多领的原材料退回原材料仓库，将多领的半成品退回半成品仓库。

根据配货员的工作特点，使用软件系统的主要触发事件规划如下。

(1) 事件1：每天早晨刚上班。

【处理方式】通过系统查询今天的生产任务，分析今天需要领用的材料数量，在系统中填写原材料申领单、半成品申领单。

(2) 事件2：发现装配线原材料不足(自己巡查发现，或者装配组长通知)。

【处理方式】通过系统查询该装配线的生产任务，根据后面的加工任务准备原材料，在系统中录入班组材料发放单。

(3) 事件3：装配组长通知某种材料多发。

【处理方式】通过系统确认该材料是否确实多发，如果确实多发了，就在系统中录入班组退料单，否则通知技术部门核查。

(4) 事件4：发现车间中转区某种原材料或半成品不足。

【处理方式】通过系统查询今天的生产任务，分析今天需要补领的材料数量，在系统中录入原材料申领单、半成品申领单。

(5) 事件5：每周对车间材料中转区进行盘点后。

【处理方式】如果发现某种原材料或半成品多领了，就在系统中录入退料申请单；如果少领了，就录入原材料申领单、半成品申领单。

(6) 事件6：装运工将完工的成品装上手推车，准备运送到成品仓库之前。

【处理方式】在系统中登记生产任务完成情况，录入成品入库申请单。

(7) 事件7：每天下班前。

【处理方式】在系统中生成报表，统计当天每个装配线的生产任务完成与领料情况，发送邮件到车间主任，并抄送每个装配组长。

(8) 事件8：装配组长对生产任务统计有疑问。

【处理方式】在系统中查询该装配组的任务完成统计记录，与收货时给装配组的签字记录核对，找到问题所在。

4. 使用软件系统的工作场景

仅规划使用软件系统的触发事件当然是不够的，还要继续规划使用软件系统处理问题的过程，也就是说使用软件系统的工作场景是怎样的。同样的一件事，原来是怎么处理的，现在该怎么处理，经历哪些步骤；在处理过程中，人需要做什么，系统需要做什么，人跟系统怎么进行信息交互等。有些工作，使用系统处理的场景非常简单。例如，办公室文员使用软件给全公司员工发布一个公告，无非就是打开发布公告功能，录入公告内容，选择接收人员，然后发布。但有些工作，使用系统处理的场景确实非常复杂，需要认真做好规划。例如，成本经理做下一年的成本预算，需要通过软件系统检索生产、库存、成本、财务、计划、技术等各种相关信息，进行各种成本数据计算。对于这种工作毋宁说规划工作场景，还不如说规划能提供哪些信息由用户自己自由发挥——当然，这个例子有些极端，绝大部分的工作，软件需求人员还是应该有能力做好工作场景规划的。

案例：使用软件系统工作的场景

某成品仓库有大量的立体货架，货物都存放在货架上，具体存放的位置并没有进行正式的管理，管理员只是对货架进行了大概的区分，某些货架存放这个系列的产品，某些货架存放那个系列的产品。现在假设，有一批成品入库，全部放置在某一货架上。然而，发货是根据销售合同进行的，一般不会整批同时发货，而是一部分接着一部分不定量、不定期出库的。随着类似的入库、出库的过程不断进行，会出现越来越多的零星的货架空间，这些零星空间增多自然会影响货物的存放。仓库管理员每隔一段时间会进行一次整理，通过移动货物将这些零星空间合并成大空间，好让新的货物可以入库上架。这个整理货架的工作过程是这样的：当管理员发现货架上的零星货物太多后，会将这些零星货物合并到新位置(但需要在相应系列产品应该存放的货架上)，由于并没有用账目记录每个货架上的货物存放情况，这个整理过程还是比较随意的。

现在管理方需要开发一套仓库管理系统，其中有明确的关于货架管理的需求，需求人员经过分析与沟通，规划了货架整理的工作场景。

(1) 仓管员调用软件中的货架分析功能。

(2) 系统给出货架整理的建议方式(根据货架的大小、货物的长宽高、发货频率等进行计算)。

(3) 仓管员调整系统整理建议，确认货架整理开始。

(4) 仓管员移动货物，持掌上电脑扫描条码，先扫描货架条码，再扫描货物包装条码，持续这个过程直到货物移动完成。

(5) 系统记录货物移动结果。

(6) 仓管员在计算机端查看刚才货物移动的结果以及货架的货物分布示意图。

(7) 系统总结这次货架整理的报告，如果这次移动跟货架整理建议不符，系统会发出提示，仓管员可以选择以货物实际移动结果为准，或者重新移动货物。

(8) 仓管员确认这次货架整理完成。

3.4 几个注意事项

系统规划阶段的工作会直接或间接影响以后几乎所有的工作，一个不小心就会导致无穷无尽的麻烦。这里有几个注意事项，希望读者在工作过程中注意。

3.4.1 警惕利益受损者

根据处理业务规模的大小，程度的深浅，在推行信息化管理的过程中或多或少都要对企业的管理方式、工作流程进行重新设计，这就是所谓的“流程重组”。虽然以定制开发为主的解决方案，对流程重组的要求不如套装产品那么严格，但是要知道，流程重组是躲避不了的。流程重组是一次管理变革，而变革总是会遭到大部分人反对的，可能这个变革未必会损害他们的利益，这些人只是因为见识、习惯、思维等方面的原因反对这种变化，因为改变习惯总是痛苦的；另外，变革总会损害一部分人的利益——可能是经济利益受损，可能是工作负荷增加，可能是工作职权变化，甚至可能有失业的危险。

认清利益受损者，是系统规划阶段的一项重要工作，要对在信息系统建设的过程中来自这部分人的阻力有足够的心理准备，触动利益比触动灵魂还难，虽然这部分人是少数，但他们带来的阻力比单纯反对变革的阻力要大得多。

3.4.2 避免重复劳动

有两类工作最容易影响士气，一是重复劳动，二是返工(或许返工也是重复劳动的一种)。同样一件事，做一遍新鲜，做两遍无聊，做三遍厌恶，做四遍就要崩溃了。重复劳动，会严重影响用户体验，从而给信息系统的推行带来阻碍，因为人并非机器，不可避免地会把情绪带入工作。在进行工作方式规划时，要注意尽量避免给用户带来重复劳动(无论这种重复劳动来自于你的系统还是别的系统)，重复劳动可能会导致软件根本无法上线投入使用，或者即使能勉强上线也不会有好结果。轻者天天有人发牢骚，导致你的软件或团队在客户那边声名扫地；重者消极怠工，拒绝使用，导致软件下线，最终不得不宣告项目失败。

对于一般用户来说，使用软件的大部分工作量都来自于数据录入(用户使用软件，无非就是调用功能、输入数据、软件系统加工处理、展现信息这几个过程，后两个过程是计算机完成的，需要耗时很少)，因此重复劳动最大的可能性来自于数据的重复录入。如果规划、设计不合理，稍有不慎就会给用户带来重复录入数据的工作。

数据重复录入，可能是某些数据，明明在这个岗位或者这个工作步骤录入了，到另外一个岗位或者另外一个工作步骤，这些数据或者其中的一部分还需要重新录入一遍。

案例：直接重复录入数据

有甲、乙两个车间，在工序上是前后道，即甲车间的产品是乙车间的原料，甲车间的每批产品加工完成后，甲车间的记录员会登记该批成品移出本车间的时间，而乙车间的记录员又会登记接收该批产品的时间，事实上，这两个时间是一样的——这是典型的数据重复录入。

数据重复录入，也有可能不是这么直接。可能在某个岗位或某个工作步骤录入的数据从表面上看不像重复录入，但仔细分析下，发现这些数据跟其他数据有很强的逻辑依赖性，完全可以通过某种运算计算获得，这也算是数据重复录入的一种。

案例：间接重复录入数据

某公司人力资源部使用的人力资源管理系统中，有一个功能“员工基本信息管理”，管理员工的基础信息，包括工号、姓名、身份证、手机、住址、入职日期等。另外还有一个“年假管理"功能,管理员工每年应休的年假天数,已使用的年假天数,剩余年假天数。应休年假天数由用户在每年年初录入系统,已使用的年假天数从请假功能中抽取,两者的差额为剩余年假天数。

仔细分析下来,发现这里就有个数据重复录入的过程。应休年假天数跟员工在本公司的服务年限相关,计算的规则是,从员工入职那一天算起,到当前年份的1月1日,为员工服务年限,服务年限在1～3年一个级别,3～5年一个级别,等等。根据这个规则,完全可以根据员工的入职日期计算出来员工的应休年假天数,而不需要用户录入。

数据重复录入往往源于三个方面:一是因为没有站在用户的角度规划与设计系统,上面的两个案例都属于这个方面;二是因为软件需求的变更与追加,在软件实施过程中发现缺少某数据,只好追加这种数据录入的功能,虽然这种数据跟用户在其他功能模块中录入的某些数据重复,但由于数据录入与处理的场景、规则不同,对于开发者来说,开发个新的录入功能比从其他功能模块通过一大堆规则抽取数据要简单得多,于是就产生了数据重复录入的问题;三是因为没有处理好软件与软件之间的关系——详见3.4.3节。

3.4.3 处理好软件关系

对于软件系统内部的事情,比较容易控制,因为功能也好,数据也好,都是统一设计的,你自己的软件做什么,不做什么,都可以统一规划。但千万不要忘记一点,大部分情况下,客户使用的软件不止一家,你们只是这个客户的若干软件供应商之一,所有的软件都是这个客户的信息化管理体系中不可或缺的组成部分。要规划你的软件如何跟这些已经存在的软件通力合作,共同为客户信息化管理体系的构建提供支持——这个就有点儿麻烦了,因为有太多的事情超出了控制范围。如何处理好软件之间的关系,是系统规划阶段的难题之一。

有些软件跟你的软件是完全不相干的领域,一般不需要考虑跟它们的关系。例如,你做OA系统,别人做工艺CAD系统,前者主要在于通知公告、沟通交流、办公流程的处理,而后者主要在于产品设计图纸的制作,从业务的角度来看,这两者之间的数据并没有什么关联关系,你在做OA系统时可以无视那个CAD系统。当然,说没有关联关系也是相对的,这两个系统中,至少有某些操作者有可能是相同的,管理者如果要分析某工艺员在这个企业中的综合状况,可能就会用到这种关系了。

有些软件跟你的软件在业务范围上有明显的交叉领域,这就不能不引起警惕,一定要做好这方面的处理预案。例如,你做MES系统,别人做了ERP系统,有些MES系统向外延伸得也像个ERP系统了,有些ERP系统向车间深入得也像个MES系统了,这两者之间有工作交叉的地方就会非常多,如生产单管理、生产任务调度、加工汇报、生产过程监控等,都是非常有可能交叉的地方。这种交叉关系处理不好,很容易产生两大恶果,一是给用户带来重复劳动,二是形成企业的信息孤岛。

业务范围有交叉的这些软件,往往需要输入许多相同的数据,而它们又各自为政,在这种情况下,重复录入数据不可避免。

 **案例:在不同的系统中重复录入数据**

某财务部门使用两款软件,一是财务软件,一是预算软件。这两个软件系统是独立的,某些费用发生时,用户不得不在财务系统中登记一次,在预算系统中再登记一次,前者用于

生成记账凭证，后者用于内部预算管理。

随着企业采购的软件越来越多，这种业务交叉的范围也会越来越宽，给用户带来重复劳动的可能性自然也越来越大，而重复劳动的工作量也会越来越大。笔者曾经遇到过一些客户，有些数据，同一个用户需要在四五个系统中都登记一遍。对于管理者来说，这些软件都各有侧重点，但对某个具体的操作者来说，这些侧重点跟他没有任何关系，他只知道他要在不同的软件中录入相同的数据，一遍又一遍。

案例：在多个系统中重复录入数据

某车间使用软件“生产管理系统”进行生产任务管理，每天记录人员都会把生产完成情况、完工产品质量检测信息录入这个软件系统中。后来，公司为了提高产品质量，推行质量管理，设计了一套新的质量管理体系，又上了一款“质量管理系统”，管理方要求记录员每天在系统中录入质量检测的相关信息，但是由于生产管理系统中的质量信息需要用来计算加工人员的计件工资，也不能不录入。再后来，公司为了提高服务水平，维系好客户关系，又上了一款“客户关系管理系统”，为了让客户可以查看自己订单的加工进度及质量检测结果，管理方要求记录员在每个订单完成后，在这个系统中录入完成日期，以及相关的质量检测结果。虽然这三个软件系统对质量信息的要求并不完全一样，但有些质量基本信息，如检验等级等，录入员不得不在三个系统中重复录入。

企业中的不同软件往往是由不同的软件供应商提供的，每款软件所管理的数据都有它特定的数据结构、编码规范、约束要求等，这就导致不同软件所管理数据的关联关系很难被处理好。例如，这个系统中员工编号是流水号，那个系统中员工编号是工号，从软件的角度，很难建立这两个系统中员工信息之间的关系，因为它们的编码规则完全不一样，软件根本无法识别一个系统中的某个员工跟另外一个系统中的某个员工是不是同一个员工。

可以这么说，一家企业中的所有数据从根本上讲都是有一定的业务关联关系的，就看从什么角度看这些数据。例如，仓库出库记录跟生产过程中的质量检验记录，貌似是两种独立的数据，但如果从生产单的角度来看，这都是围绕某一生产任务产生的数据，它们之间不但有关系，而且关系很紧密。还有些数据，当前看上去没有关系，但在未来当某事件发生时，这种建立关系的要求就会产生。例如，企业中的库存数据、机器数据、物料工艺数据，这些数据看上去都可能是独立无关的，但一旦要求进行生产计划编排运算，建立这些数据的关联关系就成为必不可少的工作。

在业务上有关联关系的数据，在信息系统中难以建立关联关系，这样就形成了所谓的“信息孤岛”。

3.4.4 避免信息孤岛

1. 什么是信息孤岛

“信息孤岛”几个字用得比较形象，顾名思义，就是信息被分割成许多独立块，块与块之间缺少有效的联系手段，犹如海洋中孤零零的岛屿，这些岛屿之间没有桥梁，没有飞机，甚至船都没有。当然，一般来说，一家企业内部，信息不管如何被分割，总能找到一些方式进行信息块之间的数据沟通，“信息孤岛”几个字略嫌夸张，用“信息割据”几个字恐怕更能反映信息分割的状况。每一款软件系统所管理的数据都有一套自己的规则，都是一个割据的“信息诸侯”，这些诸侯对外各有自己的边境线，对内各有自己的规章制度，缺少一个中央政府的统一领导，有时候看起来同文同种的样子，但交流起来就是不那么顺利。如果想把这些系统整合成一个系统，那将是个非常痛苦的过程。看看春秋战国时的那些诸侯王国，每个国家使用自己的车轨、自己的度量衡体系、自己的货币，国家跟国家之间的沟通非常麻烦，后来秦国花了几十年，杀了无数人，终于由秦始皇统一了六国，然后统一货币，统一度量衡，书同文车同轨，就使得沟通变得容易了。

信息孤岛包括两种，一种是物理信息孤岛，一种是逻辑信息孤岛。

物理信息孤岛：数据被存放在不同的物理地点，相互之间被完全隔开，除了用 U 盘复制数据外几乎找不到别的通信方式。由于现在网络发达，这种情况很少出现，出现的原因往往都是管理者从安全的角度着想有意识地隔开这些数据。例如，人力资源部上了一款工资管理软件，为了确保工资保密，就在人力资源部办公室部署了硬件环境，服务器就安装在人力资源部经理办公桌边，这个服务器跟公司的局域网完全隔开，只有人力资源部的几个员工才能访问。

逻辑信息孤岛：从物理层面来看，连接没有任何障碍，孤岛的形成纯粹是由数据的产生过程、加工过程、存储格式、数据结构引起的——这种情况占了绝大部分。可以这么说，是不是信息孤岛，跟数据存储的物理位置几乎没有任何关系，处理好了，哪怕是跨国界存放的数据都不是信息孤岛；处理不好，同一磁盘中的数据，同一数据库中的数据，甚至同一表中的数据都有可能成为信息孤岛。

2. 形成信息孤岛的原因

形成逻辑信息孤岛的原因主要有以下几种。

1）人为因素

由于企业使用不同供应商提供的软件，这些供应商从各自的利益出发，可能采用一些方法控制别人对自己所管理数据的访问，如访问权限控制、数据加密等；或者即使不是有意进行控制，但由于本身平台的特性，数据格式的特性，开发工具的特性等，也可能导致其他人很难访问、处理他们的数据。例如，某工艺 CAD 软件，采用特殊的数据存储格式，没有软件供应商的帮助，其他人很难分析这些数据。

2）编码差异

有些明明是完全相同的数据，在这个软件系统中采用这种编码方式，在另外一个软件系统中又采用另外一种编码方式，例如前面提到的员工编号的例子，站在人的角度，一眼就可以看出这个系统中的某某跟另外一个系统中的某某是同一员工，可从软件的角度却很难确定。

3）缺少关联字段

有些明明是业务上有关联的数据，在两个软件系统中就是找不到关联方式，因为可能某些软件系统在设计时就没有考虑这种关联要求。例如，库存管理系统中管理出入库记录，生产单管理系统中管理生产单信息，但库存管理系统中管理的出库记录并没有登记是为哪个生产单而出库的，从业务的角度，材料发给哪个生产单是非常明确的关联要求，但现在缺少这种关联字段。

4）数据结构差异

有些在业务上相同或相似的数据，在不同的软件系统中采用了完全不同的数据结构。

例如，人力资源管理系统中，用树来表达企业的组织方式，但是在项目管理系统中，却是用图来表达企业的组织方式的。

3. 处理信息孤岛的方式

信息孤岛的存在既影响了企业信息的综合分析，又严重制约着企业信息化管理的发展。处理信息孤岛，一般有以下几种方式。

1）数据接口

软件系统之间通过接口进行数据沟通，这是最常见的解决信息孤岛问题的方式。一般的过程是，当某事件发生时，数据发送方通过一定的规范格式将数据抛出，接收方根据一定的规则解析数据，转换成符合自己系统要求的数据，存储下来，然后给发送方提示信息。例如，前面提到的某财务部的财务系统与预算系统，当某些费用发生，用户在财务系统登记时，财务系统按照一定的格式将这笔费用数据抛给预算系统，预算系统通过接口程序接收下来，保存到数据库，这样既能够保证两个系统的数据一致，又能够减少用户的重复劳动。各个系统之间本来各干各的，你是你的数据，我是我的数据，因为有了接口，这些孤岛就有了连接通道，这相当于在岛跟岛之间开辟了航线，以后数据可以通过这些航线往返。不过，通过接口交换数据的方式还是有很多麻烦的：①通过接口交换的数据一般只能局限在小范围之内；②一般系统中的数据都是在不断更新的，通过接口很难保证接收方数据的实时性；③扔出去的数据也可能会变化，扔出去简单，但要保证两个系统的数据同步更新却非常麻烦。

案例：通过数据接口保持数据同步

某公司使用着两个信息系统，一是ERP系统，二是OA系统。这两个系统是不同的软件供应商开发的，双方之间是完全独立的，没有任何数据交换。很多用户在工作过程中需要使用两个系统，如销售人员需要在ERP系统中录入销售订单，在OA系统中请假，等等。使用一段时间后，用户就觉得非常麻烦，因为需要在两个系统中切换，来回登录，对于系统管理员来说，来了新员工需要在两个系统中同时建立用户，也是个麻烦事。于是，该公司想做一些整合工作。为了简化这项工作，只做用户同步与单点登录。需求是，在一个系统中建立用户后，在另外一个系统中可以自动生成相同的用户。另外，用户可以在OA系统中单击ERP系统链接，如果当前用户的用户名、密码通过了ERP系统的验证，就可以直接进入ERP系统，而不需要再在ERP系统中输入用户名、密码登录。同理，在ERP系统中，也可以单击OA系统的链接进入OA系统，而不需要在OA系统中再输入一遍用户名与密码。

由于系统用户信息的维护功能在两个系统中是独立的，为了实现上述需求，需要保持两个系统中用户信息的同步。在ERP系统中创建、修改、删除用户时，需要将相关数据通过OA系统的接口推送到OA系统；在OA系统中创建、修改、删除用户时，又需要将相关数据通过ERP系统的接口推送到ERP系统。而在这两个系统中，有很多功能牵涉用户系统信息的变化，如用户修改密码、管理员重置密码、从员工档案自动生成用户等。

这项工作比大部分人的直觉要困难得多。

2）统一编码

对不同系统中保存的相同业务信息，特别是实体型的信息（如部门、员工、物料、客户、供应商等)，进行统一编码，也是在解决信息孤岛问题时使用得比较多的方式。使用这种方式，虽然各个系统中的数据还是各存各的，该重复录入的还是要重复录入，孤岛之间也没有开辟直接航线，但有了一个最大的好处，就是这些关键数据变得一致了，只要采用一些非常简单的方式就可以进行不同程度的信息整合。例如，可以导出到 Excel 或 Access 之类的软件中，经过简单处理后进行综合分析。这相当于在各个岛之间推行标准化，说相同的语言，吃相同的食品，等等。

3）整合平台

为了解决信息孤岛的问题，也可以在孤岛之外建立信息整合平台——这其实也是一种软件，不过它存在的目的是整合信息，消除信息孤岛。整合平台最基本的功能就是通过各种手段从其他软件系统中获取数据，给业务上相关的数据建立关联关系，在一个统一平台上处理、展示。对于整合平台来说，最麻烦的事情就是如何从其他软件中获取数据了，如果有别的软件供应商支持，可以采用数据接口的方式，由其他软件系统将需要整合的数据推送过来，或者按照一定的规则从对方系统中直接读取数据。但有时候并不是所有的软件供应商都会配合的，或者他们觉得利益受损，或者有些软件系统根本没人维护，供应商早就不见了，这时候可以在研究对方的数据结构后直接从数据库中提取数据。这相当于在大洋中建立了某种商业中心，所有的孤岛都跟这个商业中心有业务往来，有了这个中心后，所有的孤岛都不再孤单了，如图 3-5 所示。

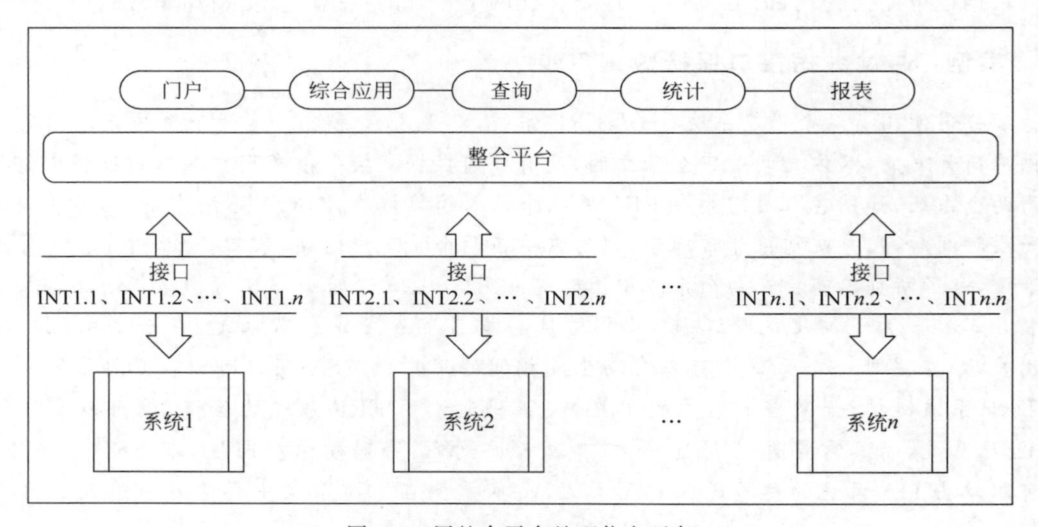

图 3-5　用整合平台处理信息孤岛

4）综合解决方案

无论采用前面的什么方案，信息孤岛的问题都不能从根本上得到解决，只能治标不能治本，而且，随着业务的发展、管理的变化，这种问题只会越来越严重，最终会严重阻碍企业信息化管理的发展。往往到了这个时候，就会推动管理层开始研究是不是该采用某种综合的信息化解决方案(如常见的 ERP 系统)。所谓综合解决方案，就是推行某种信息化管理系统，用以对全企业的管理信息进行综合管理，对信息化管理体系进行统一策划，信息统一建模，操作统一设计，数据采用统一规范。这种方案将企业的信息化管理系统建成了一个有机体，极大提高了信息系统的运转效率，极大提高了信息系统给管理提升带来的收益。这相当于将大洋填平，移山填海，不再有孤岛，大洋变成了一马平川。

当然，综合解决方案的前景是美好的，这不容怀疑，道路也是曲折的，这更不容怀疑。要想将综合解决方案建成，并真正投入使用，是一个相当艰巨的任务，需要开发或引入一个庞大的软件系统，需要梳理改变企业的管理流程，需要改变员工的工作方式，需要克服来自各方面的阻力，需要处理以前信息孤岛的遗留问题，需要应对各种异常情况，需要耗时少则几个月，多则几年。由于工程的复杂性，花费了大量的资金与人力而最终失败的案例屡见不鲜。

思考题

1. 学校需要开发一款管理学生档案信息的软件。对于学生基本信息的编辑权限，客户提出了这样的需求：学生的基本信息由班主任录入，如果班主任请假，领导又催得急的话，由学工处王老师处理。请用正确的方式重新描述本需求。

【提示】 描述需求的语言应该是明确的、精练的、没有歧义的。

2. 假设需要开发一款软件用于学校宿舍的床位分配，根据你的想法提出关于床位分配的需求。

【提示】 床位分配可能跟学生的院系、年级、专业、性别等相关，注意可能出现异常情况，如某院系床位不够只能跟其他院系合并。

3. 根据学校图书馆借书、还书的管理要求，画出业务流程图。

【提示】 想想自己空着双手，带着借书证来到图书馆，然后从图书馆拿了几本书出来，读完之后又还回去了，这个过程经过了哪些步骤。

4. 假设你到新华书店去买了两本书。描述一下到收银台结算时的工作场景。

【提示】 主要看这段时间内，你自己、收银员、计算机分别干了啥，经历了哪些步骤。

5. 观察在学习、生活中使用到的一些软件，请举一个信息孤岛的例子，并说明（或猜想）其形成的原因，有什么解决方法。

【提示】 只要仔细观察，你会发现信息孤岛遍地都是，如果两个系统有相同数据，基本上就可以断定这里存在信息孤岛了。

案例分析

1. 某负责垃圾处理的单位，因为所辖区域内偷倒垃圾的现象比较严重，准备在关键的交通路口安装大批高清监控摄像头，智能识别垃圾车，对垃圾车进行跟踪定位，建立一个垃圾运输车智能监管系统。以下是用户用自己的语言提出的关于软件系统的需求，请对这些需求进行分析：哪些是需求，哪些不是需求；哪些是清晰的，哪些是模糊的；哪些是合理的，哪些是不合理的。并使用结构化的语言重新描述用户需求（如果没有确定的需求，写明“待确认”字样）。

我们要一个垃圾运输车智能管理系统，而不仅仅是一个识别系统。

全方位地对垃圾运输车进出本区域进行管理，对垃圾运输车辆进行建档管理。

监控中心，就两个人在看，怎样对几十或上百辆的运输车进行管理。

分析偷倒车辆都是些什么车辆，哪些车辆的偷倒概率较大。

怎样判断偷倒车辆有没有证照，没有证照的车辆怎么识别和管理。

大部分的垃圾运输车是本地区自己固有的运输车，对车辆的编号、车型、电话、使用单位、驾驶员进行管理。

怎么对自己固有的运输车和外来运输车进行区别管理。

对本地区的固有运输车，在确定运输车的起运点和倾倒点的情况下，怎么对运输车的轨迹和它是否偏离固定轨迹进行管理。能否画出运输车的运行轨迹，能否判断车辆是否走了不正确的路。

装和没装垃圾的车辆如何区别。

如果地上发现一堆偷倒的垃圾，能不能将经过该地的垃圾运输车辆都找出来。

需要充分利用原有的摄像头，因预算原因，新装摄像头不能超过 50 个，应该装在偷盗垃圾比较严重的区域。

在地图上，标明所有已建档垃圾车的位置。

做一个 APP，能够运行这套管理系统。

发现可疑垃圾车要在大屏幕、电脑、手机 App 上有报警信息。

对 1600 多家企业的工业垃圾进行环保督查，监控工业垃圾的处理。

2. 某工厂在加工产品时，每一批产品在加工过程中都有一张对应的流转卡跟随产品流动，用于跟踪、记录每道工序的完成情况。假设你在做需求调研时拿到了这张卡（表 3-2），从中看到了哪些管理思路？画出相关业务流程图。为了实现信息化管理，需要设计哪些软件功能？针对这些功能，规划相关的工作方式（使用地点、使用时间、触发事件、工作场景）。

表 3-2　产品加工流转卡

<table>
<tr><td>任务单号</td><td colspan="2">TO20199210</td><td>计划数量</td><td>2500</td><td>发卡人</td><td>李娜</td><td colspan="2">批号</td><td colspan="4">B1909001</td></tr>
<tr><td>工艺路线</td><td colspan="12">压铸→切边→去毛刺→砂打→精磨→外观检查→包装</td></tr>
<tr><td rowspan="2">产品</td><td rowspan="2">车间</td><td rowspan="2">工序</td><td colspan="3">操作工填写</td><td colspan="7">检验员填写</td></tr>
<tr><td>日期</td><td>姓名</td><td>数量</td><td>不合格数量</td><td>A</td><td>B</td><td>C</td><td>D</td><td>E</td><td>F</td></tr>
<tr><td rowspan="7">齿轮箱
(CLX032)</td><td rowspan="5">压铸
车间</td><td>压铸</td><td></td><td></td><td></td><td></td><td></td><td></td><td></td><td></td><td></td><td></td></tr>
<tr><td>切边</td><td></td><td></td><td></td><td></td><td></td><td></td><td></td><td></td><td></td><td></td></tr>
<tr><td>去毛刺</td><td></td><td></td><td></td><td></td><td></td><td></td><td></td><td></td><td></td><td></td></tr>
<tr><td>砂打</td><td></td><td></td><td></td><td></td><td></td><td></td><td></td><td></td><td></td><td></td></tr>
<tr><td>精磨</td><td></td><td></td><td></td><td></td><td></td><td></td><td></td><td></td><td></td><td></td></tr>
<tr><td rowspan="2">成品
车间</td><td>外观检查</td><td></td><td></td><td></td><td></td><td></td><td></td><td></td><td></td><td></td><td></td></tr>
<tr><td>包装</td><td></td><td></td><td></td><td></td><td></td><td></td><td></td><td></td><td></td><td></td></tr>
<tr><td colspan="13">不良分类：A—变形；B—螺纹不良；C—尺寸问题；D—粗糙；E—气孔；F—其他</td></tr>
</table>

数据建模

本章重点

(1) 数据建模的工作内容。(★)
(2) 现实世界中的三种实体关系。(★)
(3) 设计表的注意点。(★★★★)
(4) 特殊的表。(★★)
(5) 表与表的关系。(★★★★★)
(6) 字段的数据类型。(★★)
(7) 如何编写数据字典。(★★★★★)
(8) 数据建模不是孤立的。(★★)
(9) 数据建模要考虑可扩展性。(★★★)
(10) 数据建模不要教条主义。(★★)

本章内容思维导图

面向数据库开发的应用软件,可以认为由三部分构成:数据、功能、界面。

为企业建立信息化管理体系,需要以信息为核心,信息是由数据构成的,面向数据库的软件绝大部分数据都存放在数据库中,而软件功能就是围绕这些数据工作的,数据是企业管理的宝贵财富。

面向用户的软件功能可以这样描述其过程:用户通过界面调用软件功能,对数据库中的数据进行操作,如读出数据、新增数据、修改数据、删除数据,如图 4-1 所示。

软件设计围绕数据、功能、界面这三部分展开,可以划分成三项对应的工作:数据建模(数据库设计),功能逻辑设计,用户操作界面设计。当然,不要认死理,在实际工作过程中,

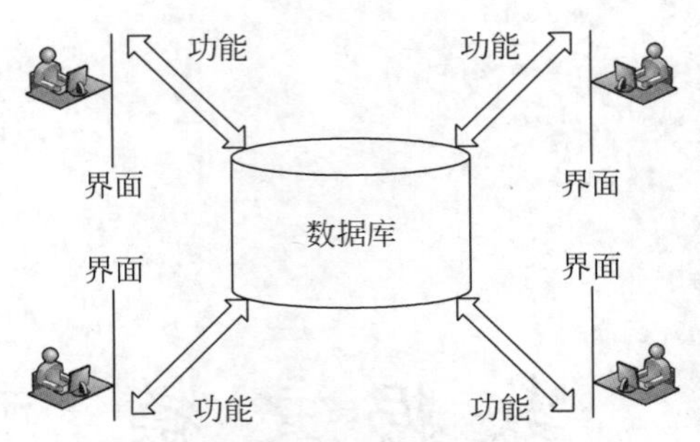

图 4-1 面向数据库的应用软件示意图

这三项工作往往是穿插进行的，很少有团队会严格按照这种方式划分工作，或者只设计了数据库就投入研发，或者只设计了界面就投入研发，等等。但这并不表示某项工作不重要甚至可以省略，只是团队在管理中弱化了某些工作的交付物（工作过程在设计者头脑中进行，然后他们通过口头沟通的方式将头脑中的思想表达给团队其他成员），或者将某些工作转嫁给了研发人员而已，绝不能认为不需要这种设计工作。

本章从数据建模谈起。

4.1 认识数据建模

企业在运作的过程中，无时无刻不在产生大量的信息。机器在转动，产品在加工，资金在出入，人员在活动，单据在填写，原料在运入，成品在运出……所有的这些运作过程，都会有大量的信息产生——即使企业休息停工，也会产生大量信息，如办公场所需要安排人员值班，机器需要提取折旧，合同交期变得更临近——这些信息是企业进行规范管理不可或缺的资源，越是大型的企业，越是管理规范的企业，对信息的渴求越强烈，因为没有信息就没有管理。

信息是由数据构成的，为了给企业管理提供充足、准确、实时的信息，需要对企业数据的产生、存储进行规范化处理，规范的数据是信息得以保存、共享、运算的基石，数据建模的过程就是对企业数据进行规范化的过程。

4.1.1 什么是数据建模

大家都知道数据库（本书所说的数据库都是指关系型数据库），常见的数据库管理系统（DBMS）包括 Oracle、DB2、MySQL、SQL Server、Access 等，甚至 Excel 在某些时候也可以当成某种关系型数据库管理系统。数据库主要是由一个又一个的表构成的，每个表又包括若干字段，数据就存放在这些表的字段中。

所谓数据建模，就是为了企业信息化管理的需要，分析企业有哪些信息实体，实体之间有什么关系，每个实体包含哪些属性，从而设计出数据库——需要哪些表，每个表包括哪些字段，对存储的数据有什么要求，表跟表之间有什么关系等。数据建模工作的最终交付物是数据库的表结构——数据模型。对于企业信息化管理体系的建立而言，数据建模是一件异常重要的事情，因为做软件开发的都知道，一旦软件开发完成后，如果需要进行数据库表结构的变化，将是一件多么痛苦的事。好的表结构容易扩展，容易变更，容易进行功能开发，容易获得需要的数据；反之，不好的表结构，功能开发麻烦，数据提取麻烦，难以应对需求变更，难以应对扩展需求。

数据建模可以分成两个大的步骤，一是数据库逻辑设计，二是数据库物理设计。逻辑设计是从业务需求的角度设计数据库的逻辑结构，物理设计则具体到某个特定的数据库管理系统。本书所说的数据建模均属于数据库逻辑设计的范畴，跟具体的数据库管理系统没有任何关系。

根据信息系统的规模、复杂程度的不同，可以采用不同的方式进行数据建模。对于规模较小的系统（例如只有十几个表）和逻辑关系简单的系统，由于需要管理的数据比较简单，数据之间的关联也不复杂，设计人员可以凭着自己的经验经过思考后立即进行数据库的物理设计。在这种情况下并不是不需要数据库的逻辑设计，或者说数据库的逻辑设计不重要，只是因为数据处理相对简单，将逻辑设计的过程改成了"心算"而已。

对于规模较大、逻辑关系复杂的系统，就可能需要使用建模工具了。数据建模工具一般包括表设计、表关系设计、字段设计、正向工程（根据设计的数据模型生成符合不同数据库管理系统的数据库）、反向工程（根据已经存在的数据库生成数据模型）等功能。常见的数据建模工具包括 ERWin、PowerDesigner、MicrosoftVisio 等。有了建模工具的正向工程功能后，可以由逻辑设计的结果直接生成符合某种数据库管理系统的数据库，这样就模糊了逻辑设计与物理设计的边界。

4.1.2 Visio 建模简介

由于本书的数据模型图都是用 MicrosoftVisio 画的，这里介绍 MicrosoftVisio 的几个简单知识点——限于本书用到的。详细介绍建模工具的使用不在本书的范围之内，有兴趣的读者可以自己找资料学习。

先看一个简单的数据模型图，如图 4-2 所示。

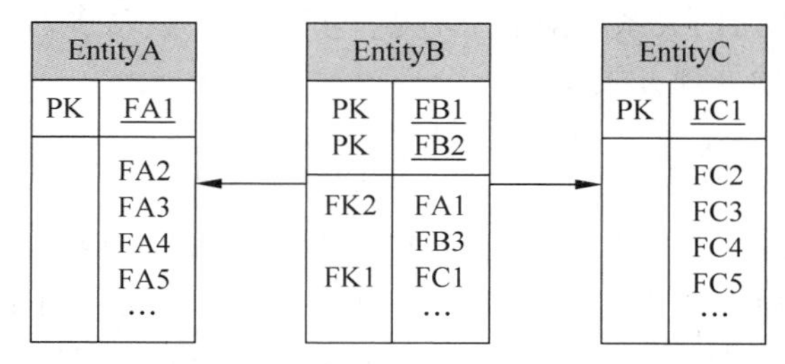

图 4-2 一个简单的数据模型示意图

只要看懂这个图就足以理解本书所有的数据模型了。

矩形：表示一个实体或者一个数据库表。

PK：Primary Key（主键），实体的主属性，或者数据库表的关键字。主键可以只由一个字段构成，也可以由多个字段构成，一个表只能有一个主键。例如，图中的 EntityA，主键由一个字段"FA1"构成；EntityB，主键由两个字段"FB1"与"FB2"构成。

FK：Foreign Key（外键），实体的关联属性，或者数据库表的关联字段。一个表可以有多个外键。图中的 EntityB，有两个外键，一个是 FK1，由字段"FC1"充当，用以跟 EntityC 关联；另一个是 FK2，由字段"FA1"充当，用以跟 EntityA 关联。

箭头：表示实体或数据库表之间的依赖关系，箭头的方向表示依赖方向，图中的两个箭头，都是从 EntityB 出发，分别指向 EntityA 与 EntityC，表示 EntityB 同时依赖于 EntityA 与 EntityC。大部分情况下这种关系表示一对多的关系，箭头指向的一方为“一”的一方，箭头出发的一方为“多”的一方；也有可能表示一对一的关系，箭头指向的一方为被依赖方。

黑体字：字段是黑体字表示这个字段是必填项。

省略号：为了描述的方便，表示省略了其他的属性或字段。

4.2 实体关系

下面从数据库中的表谈起，先问自己一个问题：这些表是从哪儿来的呢？或者说，设计这些表的根据是什么呢？

首先，这些表来源于现实业务活动中的实体。所谓实体，可以理解为可以看得见摸得着的事物的种类，如员工、供应商、原料等。注意，数据建模中所说的实体是事物的种类，不是个体，“员工”是一种实体（为了避免误解，这里用量词“种”，不用“个”），而“张三”只是这种实体下的一个实例。每一种实体都有若干属性信息，如“员工”实体，包含工号、身份证号码、生日等各种属性。一种实体的相关属性信息，往往需要在数据库中设计一个表来管理，如员工信息表、供应商档案表、物料信息表等。

其次，这些表来源于实体跟实体之间的关系。实体跟实体之间是有关系的，如采购订单是供应商跟原料之间产生的关系，数据库中需要表来存储这种关系信息，如采购订单表。

最后，当然还有各种各样的用于管理数据本身的表。

在进行数据库设计之前，首先要分析好本系统需要管理哪些实体，这些实体的关系如何。如实体关系图(E-R 图)就是用来分析实体关系的。

现实世界中实体之间的关系一般有三种：一对一、一对多、多对多。在数据建模时，针对不同的关系，有不同的处理方式。

4.2.1 一对一关系

如果实体 A 与实体 B 是一对一的关系，那么表示实体 A 中的一个实例，在实体 B 中或者没有实例，或者只有唯一一个实例可以与之对应，并且，实体 B 中的一个实例，在实体 A 中也是或者没有实例，或者只有唯一一个实例可以与之对应。这种情况下，在进行数据建模时，往往可以有两种处理方式，一是设计两个表分别管理，在某个表中加跟另一个表的关联字段——这里建议在后出现数据的表中加关联字段；另外一种方式是，如果某实体中的实例涵盖了另外一个实体中的所有实例，也可以考虑只设计一个表管理。

案例：实体的一对一关系

某院校，关于学生，有两种实体，一是报名考生，二是学生。报名考生指通过电话、邮件、网络等方式向学校报名的本届高考考生，包括考生号、准考证号、姓名、报名方式、报名专业、联系方式等属性，其中考生号为主属性；学生指被学校正式录取的考生，录取后学校会给考生编学号，学生在校期间学号不变，学生实体包括学号、姓名、就读专业、班级、入学时间、身份证号、手机等属性。这两个实体之间是一对一的关系，因为，一个考生，或者没有对应的学生，或者只对应唯一一个学生；一个学生，只能对应一个考生。数据建模可以考虑以下两种方式。

第一种方式，设计两个表，一个考生表(考生号为关键字)，一个学生表(学号为关键字)。由于在本学校的现实业务中，对于某个特定的学生而言，都是先报名后录取的，也就是说一定是先有考生数据，后有学生数据的，所以在学生表中加一个“考生号”关联字段(就是前面所谓的“后出现数据的表”)，用以关联考生表。这种方式多了些灵活性，给未来可能的扩展、变更带来了方便，但提取、处理数据有些麻烦，因为需要关联查询。考生与学生的一对一关系如图 4-3 所示。

考生表	
PK	考生号
	考生名称 报名专业 …

学生表	
PK	学号
FK1	学生名称 考生号 …

图 4-3　实体考生与学生的一对一关系

由于每个学生必须先报名，有了考生信息后才可能被录取，因此也可以只设计一个表，假设就叫学生表，将所有需要管理的属性合并存放，以考生号为关键字。这种方式提取、处理数据方便，但不利于应对扩展、变更要求，例如，如果什么时候业务发生了变化，允许直接录入未报名的学生(例如转学过来的)，事情就麻烦了。

需要解释一下，当采用两个表管理时，为什么建议把关联字段放到业务上后出现数据的表中。在前面的案例中，其实在考生表中加关联字段“学号”，在学生表中加关联字段“考生号”，都是可以考虑的，无碍大局。把关联字段放到后出现数据的表中，可以避免插入数据时需要同时更新两个表，减少出错的潜在风险。例如，新增学生时，将关联的考生号跟学生的属性一起插入到学生表中，总比在学生表中插入学生信息，然后再在考生表中找到对应考生写入关联学号要好些。这主要是基于性能、效率、稳定性的考虑。有时候可能两个表的数据并没有先后之分，那么关联字段放到哪个表中就无所谓了。

4.2.2　一对多关系

如果实体 A 与实体 B 是一对多的关系，那么表示实体 A 中的一个实例，在实体 B 中可以对应多个实例，而实体 B 中的一个实例，在实体 A 中只能对应一个实例。例如，母亲与子女、主管与下属、省与市、班级与学生等，都是一对多的典型例子。在进行数据建模时，这种情况一般需要设计两个表，分别代表两种实体，在“多”的那个表中设计关联字段。

案例：实体的一对多关系

某公司的组织方式，一个部门有多名员工，一名员工只允许在一个部门任职。这里包括两种实体，一是“部门”，一是“员工”。由于一名员工只能属于一个部门，一个部门可以有多名员工，因此这两种实体是一对多的关系。数据建模，需要设计两个表，一个是员工表(以员工号为关键字)，一个是部门表(以部门代号为关键字)，由于员工是“多”的一方，因此在员工表中加关联字段“部门代号”(外键)，用于跟部门表关联，表达某员工属于哪个部门。部门与员工的一对多关系如图 4-4 所示。

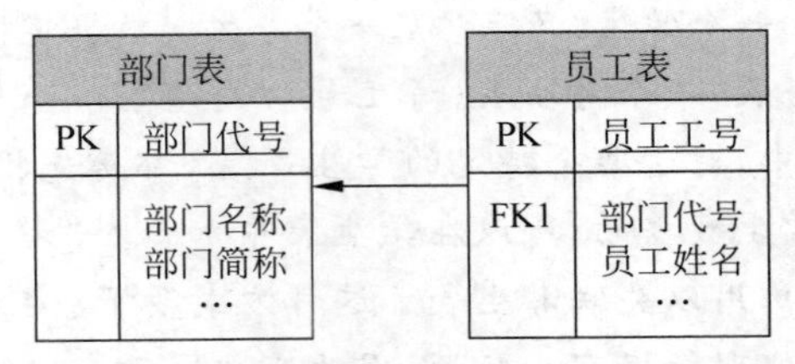

图 4-4 实体部门与员工的一对多关系

4.2.3 多对多关系

如果实体A与实体B是多对多的关系，那么表示实体A中的一个实例，在实体B中可以对应多个实例，而实体B中的一个实例，在实体A中也可以对应多个实例。在现实业务中，一对一的关系其实非常少，一对多的关系也不多见，大部分情况下都是多对多的关系。例如，供应商与原材料，一家供应商可以提供多种原材料，一种原材料可以由多家供应商供货，供应商与原材料之间的关系是多对多的关系；学生与图书的关系，一个学生可以借阅多本图书，一本图书可以被多个学生借阅，学生与图书之间的关系是多对多的关系。在数据建模时，这种情况一般会设计三个表，两个表分别表示两种实体，另外需要一个表表示两种实体之间的关系。需要注意的是，现实中的实体有多对多的关系，但在数据库中，表跟表之间是没有什么多对多的关系的，它们要么没有关系，要么就是一对一或者一对多的关系。数据建模时，会将一个多对多的关系，转换成两个一对多的关系。

案例：实体的多对多关系

某原料仓库，使用货架管理，所有的原材料都存放在货架上，货架进行规范编号，第一层的叫A01、A02等，第二层的叫B01、B02等，同一货架上允许存放多种原料，同一种原料可能会存放在多个货架上。例如，A02货架上存放了80kg编号为L01的螺丝，30kg编号为L02的螺丝，而B01货架上存放了110kg编号为L01的螺丝，20kg编号为Y99的油漆。根据这种业务情况可知，实体“原料”与实体“货架”的关系为多对多的关系，因为同一货架可以对应多种物料，同一种物料可以对应多个货架。进行数据库设计时，可以设计三个表，一个“原料”表，用以存放所有的原料基本信息；一个“货架”表，用以存放所有的货架基本信息；一个“货架存货”表，用以表达每个货架上存放了哪些原料，数量是多少。“原料”表与“货架存货”表、“货架”表与“货架存货”表之间的关系都是一对多的关系，如图4-5所示。

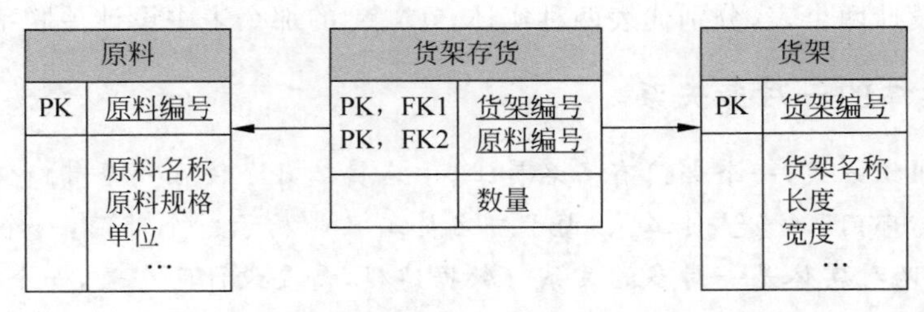

图 4-5 实体原料与货架的多对多关系

4.3 范式

所谓范式是针对数据库设计提出的一些规范，目的是消除冗余数据，消除对数据操作可能出现的异常。违反了这些规范，就会产生冗余数据。常见的范式包括第一范式、第二范式、第三范式、BC范式。其实能否弄明白这些范式的概念，一点儿都不重要，有人说范式简直就是个化简为繁的典范，在进行数据库设计时大可不必纠结于这些范式的概念，只要注意消除冗余数据就行了。下面试图通过一些案例将范式说得简单点儿。

4.3.1 第一范式

第一范式要求数据库中的所有字段都是不可分割的，或者说每个字段存储的内容具有原子性。数据库管理系统不支持字段分割，但这并不表示人们在平常工作时不会违反第一范式。在同一记录的同一字段中同时存储了多个数据元素时，我们认为它违反了第一范式，这种错误，纯粹看数据模型是看不出来的，需要结合软件功能。

案例：违反第一范式

某软件数据库中有这样一个表——“供应商基础信息”，见表4-1。

表4-1 供应商基础信息

供应商代号	名　　称	电话	传真	……
SH023	上海大华公司			
SH892	上海力宏公司			
BJ239	北京里仁公司			
BJ908	北京丰茂公司			
JS849	江苏锋利公司			
……				

用户使用软件时，给供应商做了规范编码，编码方式是以地区的缩写（两个字母）开头，后面跟三位的流水号，如上海的公司，就以“SH”开头，然后从“001”开始编号，而北京的公司以“BJ”开头，后面也从“001”开始编号。

后来，用户需要一个功能，其中需要用到供应商属于哪个地区这样的信息，但数据库中并没有这个字段，怎么办呢？由于用户给供应商的编码中，前两位代表了地区，于是开发者决定根据供应商代号的前两位判断供应商属于哪个地区。由于有了这个功能逻辑的存在，导致数据模型违反了第一范式，因为“供应商代号”这个貌似简单的字段中存储了两种信息，一是供应商代号，一是供应商地区。这么处理的潜在麻烦是显而易见的，什么时候编码规则变了怎么办？这个软件用到另外一个客户，人家不这样编码怎么办？用户输入了无法解析的区域缩写怎么办？

还有另外一种情况，当开发者将同一字段用于完全不同的几种目的时，我们也认为它违反了第一范式。

案例：同一字段用于不同目的导致违反第一范式

某系统数据库中有这么一个表——员工信息表，见表 4-2。

表 4-2　员工信息

工号	姓名	……	记录创建人	记录创建日期
SH0589	段景		SH0890	2014-12-01
SH0924	时迁		SH0890	2014-12-11
……				

在设计本表的时候，因为用户的工作方式是，员工入职时，HR（人力资源部）在本系统中登记这个员工的信息，系统自动生成"记录创建日期"，所以就以"记录创建日期"为员工的入职日期。这种处理方式，我们也认为违反了第一范式，因为"记录创建日期"这个字段其实存储了两种信息，一是 HR 录入员工时的录入日期，还有就是员工的入职日期。也许大部分情况下，这两个日期是一致的，但并不能排除异常情况，如果哪一天，员工入职后，录入人员忘了录入系统，第二天补进去呢？或者哪一天，录入人员因为知道明天某人来报到，提前加班录入呢？

4.3.2　第二范式

在第一范式的基础上，第二范式要求非关键字完全依赖于关键字（不是部分依赖）。如果 A 确定了，那么 B 也因为 A 而确定了，这时候就说 B 依赖于 A。例如，如果居民身份证号码确定了，那么姓名也确定了，因此可以说"姓名"依赖于"身份证号码"；反之，如果姓名确定了，身份证号码是不一定的，因为同名的人很多。由此可知，说"身份证号码"依赖于"姓名"是不成立的。进行数据库设计时，每个表都应该有一个关键字，这个表中的所有非关键字段都应该依赖于这个关键字，如表 4-3 所示。

表 4-3　居民信息

关　键　字↓	非关键字↓		
身份证号码	姓名	性别	……
320200xxxxxxxx0212	王彬	男	
320200xxxxxxxx0282	李霞	女	
……			

但关键字未必就只由一个字段构成，当关键字由多个字段构成时，就有可能发生这种情况：非关键字段虽然依赖于关键字，但只依赖于关键字中的一部分字段。例如，如表 4-4 所示的"社团成员"表。

表 4-4　社团成员

关　键　字↓		非关键字↓		
社团编号	身份证号码	加入日期	担任职务	……
GRP019	320200xxxxxxxx0212	2014-12-01	主席	
GRP019	320200xxxxxxxx0282	2015-03-01	秘书	
……				

这个表表达了社团的人员组成情况，某人什么时候加入本社团，担任什么职务等，关键字为“社团编号＋身份证号码”。目前这个表没有任何问题，但要是把社团的一些基本信息也存储到这个表中呢？假设将表设计成如表4-5所示这样。

表4-5 社团信息及成员

关 键 字↓		非 关 键 字↓				
社团编号	身份证号码	加入日期	担任职务	社团名称	社团宗旨	……
GRP019	320200xxxxxxxx0212	2014-12-01	主席	武术协会	强身健体，除暴安良	
GRP019	320200xxxxxxxx0282	2015-03-01	秘书	武术协会	强身健体，除暴安良	
……						

仔细分析下“社团名称”“社团宗旨”这两个非关键字段，明显是依赖于关键字“社团编号＋身份证号码”的，但并不是完全依赖，因为它们是社团本身的信息，不是成员个人的信息，应该由“社团编号”决定，跟“身份证号码”没有关系。这样，就产生了部分依赖的情况，违反了第二范式，由此导致数据冗余，在表4-5中一目了然。有了避免数据冗余的意识后，优化其实很简单，社团的基本信息不要存放在社团成员表中，另外加个社团信息表单独管理社团基本信息就可以了，见表4-6。

表4-6 社团信息

关 键 字↓	非 关 键 字↓		
社团编号	社团名称	社团宗旨	……
GRP019	武术协会	强身健体，除暴安良	
GRP020	商业协会	交换信息，搞活经济	
……			

优化过程如图4-6所示。

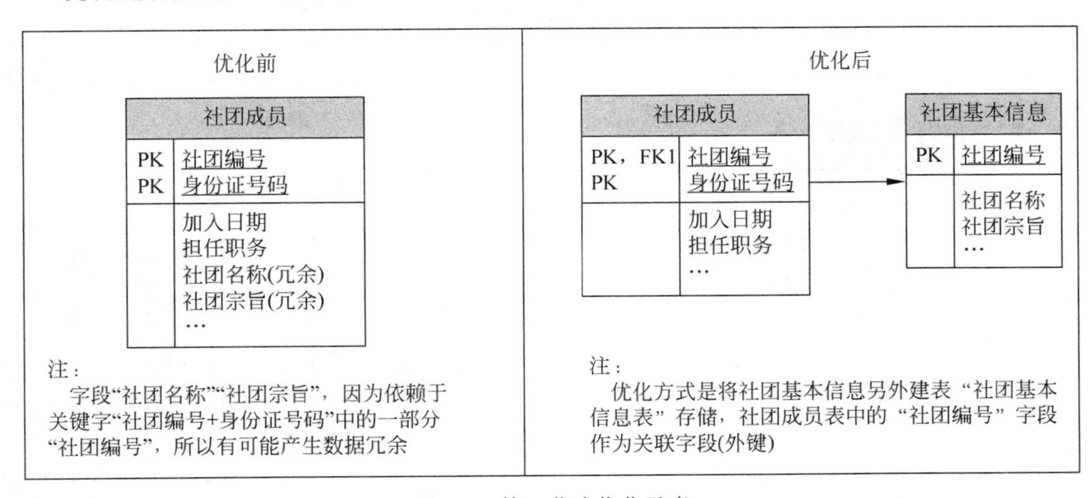

图4-6 第二范式优化示意

4.3.3 第三范式

在第二范式的基础上，第三范式要求非关键字段只依赖于关键字，不会依赖于其他非关键字段。满足了第二范式后，确保非关键字段都完全依赖于关键字，但这还远远不够，因为还会有其他带来冗余数据的可能，如表 4-7 所示的“员工信息”表。

表 4-7 员工信息

关键字↓	非关键字↓				
员工工号	姓名	出生日期	所属部门代号	所属部门名称	……
SH0589	段景	1990-03-01	DEP06	后勤部	
SH0924	时迁	1980-09-22	DEP06	后勤部	
SH0026	武松	1978-11-19	DEP02	制造部	
……					

表中存储了员工信息，包括每个员工的工号、姓名、出生日期、所属部门等属性。分析下“所属部门名称”这个非关键字段，它确实是依赖于关键字“员工工号”的(业务要求一个员工只能属于一个部门，员工确定了，他所属部门的名称自然也很确定)，这个表的关键字段只有一个，当然也不存在部分依赖的情况，但依赖的原因是因为它依赖于非关键字段“所属部门代号”，即它对关键字的依赖是所谓的“传递依赖”，因此违反了第三范式。由表 4-7 可以明显看出数据冗余。优化方式跟违反第二范式的优化方式类似，将与具体员工无关的部门相关信息另外建表存储，见表 4-8。

表 4-8 部门信息

关键字↓	非关键字↓	
部门代号	部门名称	……
DEP01	行政部	
DEP02	制造部	
DEP03	人事部	
DEP06	后勤部	
……		

优化过程如图 4-7 所示。

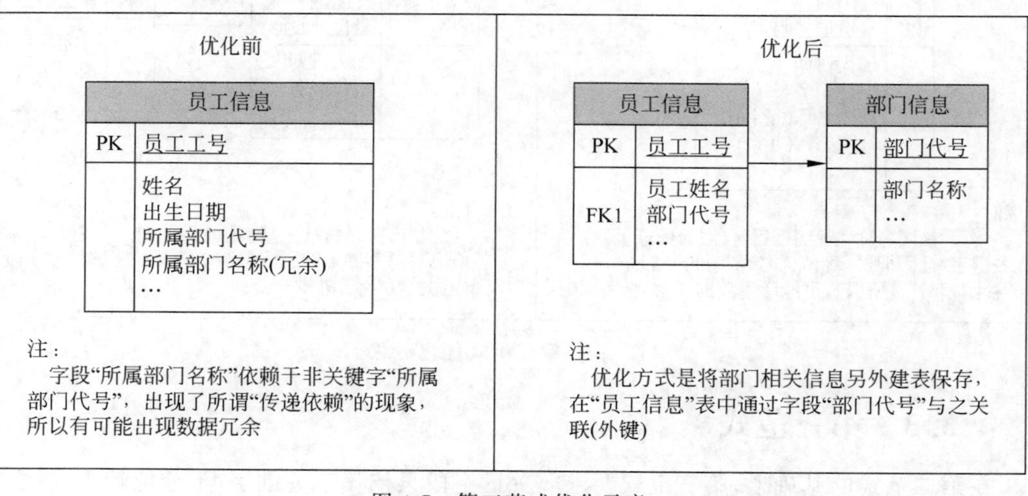

图 4-7 第三范式优化示意

4.3.4 BC 范式

在第三范式的基础上，BC 范式要求关键字内部不存在依赖关系，显然只有多字段关键字才有可能违反这一点。先看如表 4-9 所示的“员工岗位”表。

表 4-9 员工岗位

关键字↓			非关键字↓		
员工工号	部门代号	岗位代号	职级	主管工号	……
SH0129	DEP03	POS099	A	SH0122	
SH0190	DEP03	POS099	C	SH0122	
SH1282	DEP06	POS132	C	SH1280	
……					

表中存储了员工在各部门的任职情况，包括员工在某个部门、某个岗位上的主管、在这个岗位上的级别等信息。这个表的关键字由三个字段构成，“员工工号＋部门代号＋岗位代号”，没有非关键字段传递依赖的情况，符合第三范式。业务上要求，一个员工允许在多个部门任职，但是在一个部门中只能担任一个岗位的职务，可知，“岗位代号”是依赖于“员工工号＋部门代号”的，因此，这个表违反了 BC 范式，有可能会导致处理异常，例如，如果出现了如表 4-10 所示的这种数据，就说不清员工“SH0129”在部门“DEP03”中属于哪个岗位了。

表 4-10 违反 BC 范式导致的问题

关键字↓			非关键字↓		
员工工号	部门代号	岗位代号	职级	主管工号	……
SH0129	DEP03	POS099	A	SH0122	
SH0129	DEP03	POS098	A	SH0123	

优化方式可以将“岗位代号”由关键字段改成非关键字段。优化过程如图 4-8 所示。

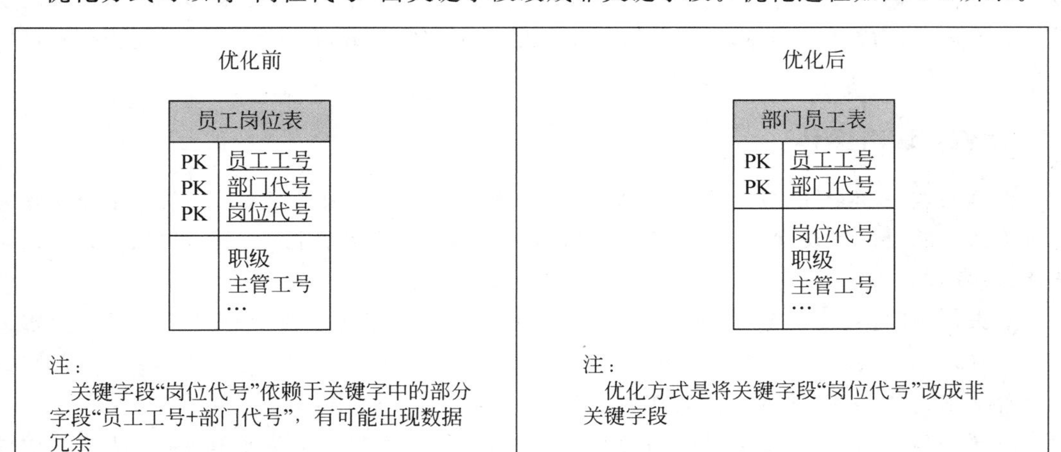

图 4-8 BC 范式优化示意

4.4 数据库设计

数据建模的目的是设计数据库，数据库设计一般需要考虑三个方面：建立哪些表？这些表之间有什么关联关系？每个表需要哪些字段？

4.4.1 表

数据库中的表一般对应着现实世界中的实体，或者实体之间的关系，要设计好表需要先处理好实体与实体之间的关系。前面在介绍实体关系时，为了使基本知识容易理解，使用了一些简化的案例，但在实际工作中，对于处理实体关系的考虑远比这些案例复杂，有时候相同的实体之间可能会有不同的关系，有时候实体之间的关系会因业务的发展而变化，有时候会因为引入历史信息导致关系的复杂程度发生本质变化，等等，有时候甚至仅仅确定好实体也不是那么容易的。另外，除了反映实体以及实体关系的数据库表外，在进行数据库设计时，还需要设计许多特殊的表，这些表可能只是为了数据的运算、存储、检索、维护方便而设计，是不能从实体、关系的角度看的。

1. 认清实体

一旦明白了什么是实体，我们的第一印象会觉得确定数据库实体表非常容易，无非就是员工、部门、客户、供应商等，与现实世界中的实体对应就行，但是，数据库设计意义上的实体跟现实世界中的实体还是有本质区别的。

现实世界中的同一实体，在数据库设计时可能会根据业务要求设计多个实体来表达它，因为在不同的业务场景中，需要处理、保存的属性信息区别很大。例如，在现实世界中的“人员”实体，可能会根据业务要求在数据库中设计出“员工”“销售员”“采购员”等多个表。也有可能，现实世界中的多个实体，在数据库设计时只设计一个表来表达它，因为虽然这些实体牵涉不同的业务场景，但需要处理、保存的属性信息区别很小。例如，在现实世界中的“原材料”“半成品”“产成品”“办公用品”等，可能会根据业务要求在数据库中只设计一个“物料”表。具体在数据库设计时，如何确定需要哪些表，是完全使用现实世界的实体，或是将现实世界的实体分拆成多个实体，或是将现实世界的多个实体合并成一个实体，需要根据不同的业务需求确定。

案例：认清实体

需要给某公司的IT器材仓库开发管理系统。小王在调研时发现，这个仓库管理该公司所有的计算机配件及网络材料，没有别的物品，因此，决定在数据库中使用“IT配件”表来表达这些物品。

后来，经过进一步的调研，发现本仓库对IT器材的管理会分为两种完全不同的管理方式——可以称为两种不同的管理级别：对于价格较高的重要物品，进行个体级别的管理；对于价格不高的物品，进行规格级别的管理。

所谓个体级别，就是给某种物品的所有个体都编号，对每个个体单独管理，从库存管理的角度，这是最严格的也是管理成本最大的管理方式。例如硬盘，仓库进货时会给每块硬盘都编一个唯一识别号，用标签写好登记，然后贴在硬盘上，这样就意味着可以管理到仓库中每块硬盘的相关信息，如什么时候入库，什么时候出库，存放在什么地方，安装在哪台计算机上等。

所谓规格级别，就是相同名称相同规格的原料都认为是相同的原料，只管理相同规格原料的总数量，不去管理每个个体的具体信息，不去区分进货的批次，例如所有相同的螺丝，只管理这种螺丝还有多少只或多少千克，不可能给每个螺丝编唯一识别号。

如何为这些物品设计数据库实体呢？小王决定还是使用"IT配件"来表达所有物品，但建立另外一个"物品个体"表，用来登记每个需要管理到个体的物品的相关信息，例如每块硬盘、每块主板的基础信息。在"IT配件"表中，管理物品代号、名称、规格、计量单位等属性；在"物品个体"表中，管理每个个体的编号、入库时间、出库时间、存放位置、安装位置等属性。在这两个实体之间建立一对多的关联关系，当在业务处理过程中需要用到规格级别的物品时，就使用"IT配件"表；当需要用到个体级别的物品时，就同时使用"IT配件"与"物品个体"这两个表。要注意的是，如果仓库不需要管理到物品个体级别，就不需要"物品个体"这个表了，如图4-9所示。

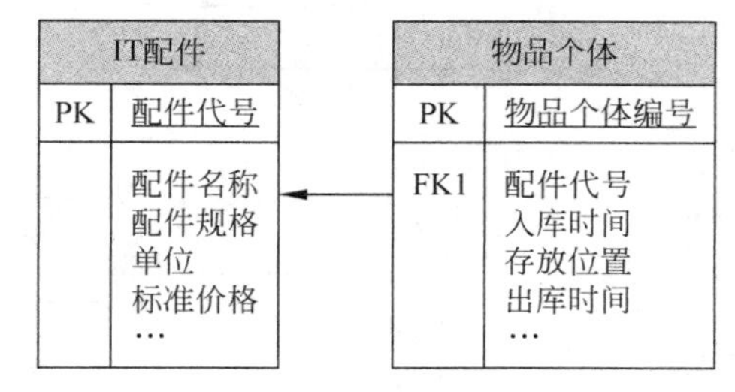

图4-9 实体IT配件与物品个体

2. 关系是不确定的

即使仅有两种实体，也可能在不同的业务需求中存在不同的关系。例如，实体"学生"与实体"教师"之间，如果只需管理学生所属班级信息，那么也许只有一种关系"分班"，但如果还需要管理教务排课，那么就会多出另外一种关系"选修"。随着信息系统涉及的业务领域越来越多，这种关系也会越来越多。而且这些关系的类别也可能不一样，可能是一对一的关系，可能是一对多的关系，可能是多对多的关系。例如，在"分班"关系中，一个学生只能有一个班主任，一个班主任可以有多个学生，这是一对多的关系；而在"选修"关系中，一个学生可以选多个任课老师的课程，一个任课老师的课程可以被多个学生选修，这是多对多的关系。一句话，实体与实体之间的关系其实并不确定，关键要看需要管理的业务领域，以及每个领域的具体需求。

案例：表关系是不确定的

某OA系统，人员与部门的基本业务规则是这样的，一个员工可以在多个部门任职（一个部门为员工的行政隶属部门，其他部门为兼职部门），一个部门可以有多个员工，一个部门只有一个主管，一个员工只能在一个部门担任主管。

分析一下可知，这里部门与人员有三种关系。一是任职关系，由于一个员工可以在多个部门任职，一个部门可以有多个员工，因此，这是多对多的关系。数据库设计的处理方式是建立三个表："员工"表，用来存放员工基本信息；"部门"表，用来存放部门基本信息；"任职"表，用来表达这种多对多的关系。二是行政隶属关系，在行政上，一个部门可以有多个员工，一个员工只能属于一个部门，因此，这是一对多的关系。数据库设计的处理方式是在"员工"表中加属性"所属行政部门"。三是主管关系，一个部门只允许有一个主管，一个员工只能主管一个部门，因此，这是一对一的关系。数据库设计的处理方式，可以在"部门"表中加属性"主管"，也可以在员工表中加属性"主管部门"，考虑到员工数据的生成要晚于部门数据，优先考虑在员工表中加属性"主管部门"。另外，由于存在任职关系，在"任职"表中加标识字段"是否主管"也是可以考虑的，如图4-10所示。

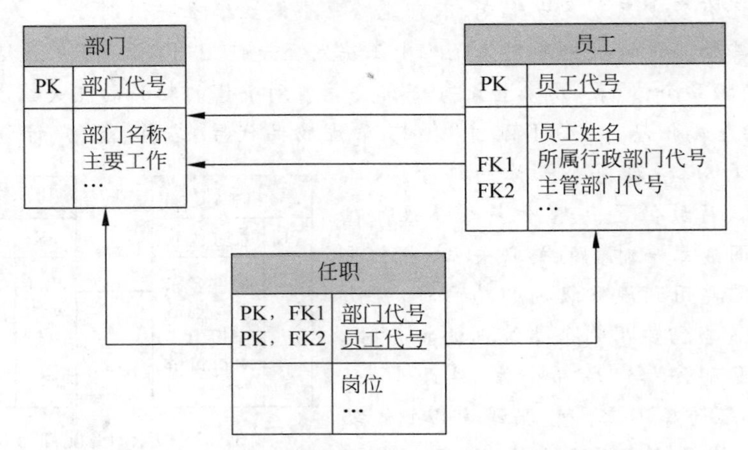

图4-10 实体部门与员工的不确定关系

3. 关系是会变化的

企业的业务在发展，管理在变化，实体跟实体之间的关系也在不断变化，原来是一对一的关系，可能会变成一对多的关系，原来一对多的关系可能会变成多对多的关系，反之亦然。软件开发完成后，如果实体的属性发生了变化，处理起来相对比较容易，但如果实体的关系发生了变化，对软件的影响将是非常剧烈的，有时候甚至可能是致命的。因为实体关系发生了变化，往往意味着需要对数据库中的表结构进行调整，增加表、减少表都有可能，这也就意味着跟这些表相关的所有功能都需要重新编写。有些表，跟它相关的功能少，使用客户不多，也没有过多的历史数据包袱，改动起来还算容易；而有些表，可能有大量的功能跟它相关，又有大量的客户在使用，又包含大量的历史数据，如果要变更，除了重做一套体系几乎没什么更好的选择了。因此，对于数据建模者来说，需要对企业信息化需求在未来的变更或追加有一定的预测能力。

案例：表关系是会变化的

小王在某车间进行关于生产任务调度规则的调研，获悉关于调度任务编排的基本方式是，调度员获得生产计划后，根据生产计划的交期要求，以及当前车间中的机器负载情况进行调度任务编排，一个生产计划会被分解成多个调度任务，每个调度任务指明需要加工的产品数量、由哪个班组加工、在哪台机器上加工、要求完成时间等。根据这些规则，小王进行数据模型分析：一个生产计划可以分解多个调度任务，因此生产计划与调度任务的关系是一对多的关系；一个调度任务只能在同一台机器上加工，因此机器与调度任务也是一对多的关系。数据模型如图4-11所示。

软件投入使用一段时间后，车间引进了某种新工艺，因为这种新工艺的使用，有的调度任务在车间中被分成了小步骤，不同的小步骤需要在不同的机器上生产，这也就意味着调度

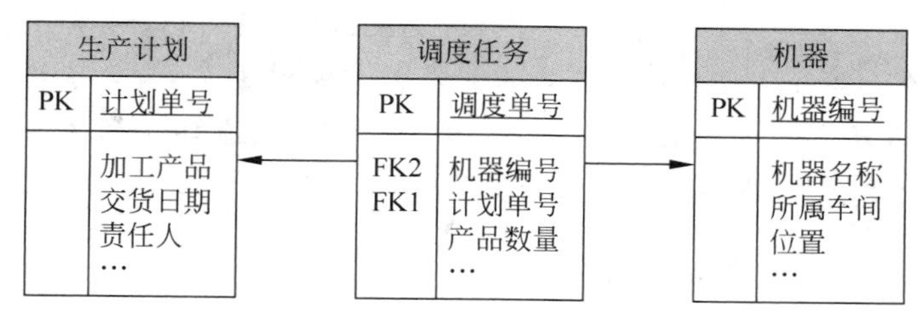

图 4-11 生产计划、机器与调度任务

任务跟机器的关系由一对多的关系变成了多对多的关系。当小王获得了这种需求变更要求时，感到相当崩溃，因为这意味着以前跟调度任务管理、调度智能运算、工作汇报相关的所有软件功能、查询报表都得进行一次巨大的变更，而且以前的历史数据还需要进行一次痛苦的转换。这可怎么办呢？也许当初在进行数据建模时，就不该使用一对多的方式来处理机器跟调度任务的关系吧，小王一声叹息。处理方式是加一个“机器安排”表，用来存放调度任务与机器的关系信息。新的数据模型如图 4-12 所示。

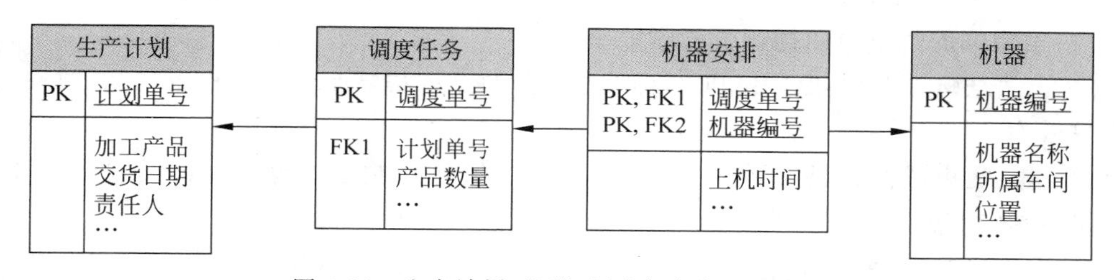

图 4-12 生产计划、机器、调度任务与机器安排

4. 历史信息让一对多关系不复存在

有很多系统，或者一个系统中的某些功能，需要保存历史信息，也就是说要保存数据的变动轨迹。例如，某员工开始属于 A 部门，后来调出了 A 部门，进入 B 部门，后来又从 B 部门调入 C 部门，由于用户需要记录每个员工在公司的工作轨迹，因此这些信息都需要永久保存。在这种情况下，我们会发现，几乎所有的实体关系都变成了多对多的关系，因为这是个不断变化的世界，信息是对现实世界的反映，用发展与变化的观点看世界，这个世界不存在一对一、一对多的关系，只有多对多的关系，人体器官都可以移植，还有什么关系只停留在一对一、一对多呢？一个学生只属于一个班级？未必，因为学生的班级会变。一个员工只属于一个部门？未必，因为员工的部门会变。一个县只属于一个地级市？未必，因为行政区划会变。当然，在进行数据库设计时未必就需要采用多对多的方式来处理这种关系（如可以采用专门的日志表来存储变更历史），但一定要知道，引入信息历史要求后，会让实体关系变得复杂，在数据建模阶段一定要有所思考。

 **案例：历史信息让一对多关系不复存在**

小王在进行某公司人力资源管理系统的数据建模工作，在分析职位与员工的关系后，得出结论，这两个实体是一对多的关系，因为该公司要求，一个员工只能有一个职位，一个职位允许有多个员工。虽然用户没有提出需要保存员工职位变动的历史，但小王根据自己的经

验，人力资源管理者总是要分析每个员工的职场发展、职业规划的，到那个时候，分析员工在本公司的职位变动历史将会成为自然而然的需求。考虑到这一点，为了将来系统的可扩展性，小王决定使用多对多的方式来处理“职位”与“员工”这两个实体的关系，即设计三个表，一个“职位”表，一个“员工”表，一个“员工任职”表。

5. 一些特殊的表

大部分跟用户业务相关的表都可以通过分析实体及其关系的方式设计，但有时候为了一些特殊的需要，或者为了功能编写方便，或者为了维护方便，或者为了数据管理方便，或者为了性能的要求，会设计一些特殊的表，这些表绝不能仅从实体关系的角度来理解，可以这么说，这些表是为了信息化体系而构建，是为了管理数据本身而建立的表。这里列举一些在工作中经常用到的特殊表，供读者参考。

（1）为了提高大型运算的效率，设计一些数据中转表，这些表仅仅是为了计算过程的方便、高效，跟现实世界中的实体几乎扯不上关系。

（2）为了存储、提取数据的要求，将同一实体或关系的数据分拆成多个表保存，因为降低了被检索数据的数量级而提升了检索效率。

（3）建立结转表，将某时间范围内的历史数据的计算结果保存到结转表，提高数据的统计、汇总效率。

（4）建立历史数据表，将积累下来的很少用到的、占用很多存储空间的、影响数据检索效率的历史数据挪到其中。

（5）在用户使用软件的过程中根据用户的操作动态生成表，这样可以灵活应对用户需求。

（6）将配置参数、开关之类的控制型数据合并到同一张表中，方便维护。

（7）将一些高度相似的基础性实体，合并到一张表，既方便维护、扩展，又可以减少功能开发的工作量。

案例：一些特殊的表

好多软件系统都有这样一个表，一般叫“字典表”之类的名字，用来存储各种基础数据，如计量单位、货币单位、学历等。如果从实体的角度来看，这些数据明显都是完全不同的实体，相互之间几乎没有任何关系，但由于这些数据需要管理的信息非常简单且非常相似，无非就是代号、名称之类，因此大家都习惯了将这些数据合并到一张表管理。这样管理起来非常方便，用于维护的增删改查之类的功能也只要写一次，大大减少了开发工作量，以后需要增加数据项时只要配置一个字典就行了，扩展方便。然而，使用这种字典数据也有风险，有时候，可能因为某个基础数据业务属性增多了，就不得不另外增加表，将这个字典剥离开来。令人崩溃的是，这时所有用到这个数据字典的程序都要修改。例如，原来使用了“计量单位”这个字典，只需要代号、名称就可以了，后来因为后期的需求变更，需要增加计量单位的属性，包括这个计量单位是公制还是英制，是什么计量类别（体积、面积、长度、重量等），这时候原来的字典表就无法处理了，不得不另外重新设计一个新表“计量单位”，软件中用到“计量单位”这个字典的所有程序都要修改。当然，为了降低这种风险，可以在字典中加扩展字段，如图 4-13 所示。

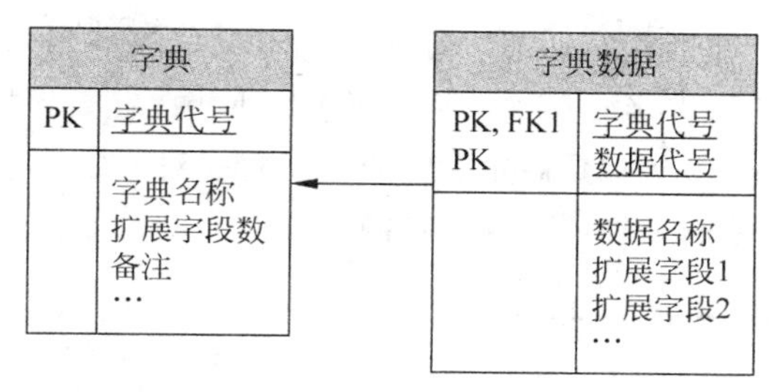

图 4-13 字典与字典数据

4.4.2 表的关系

首先要说清楚的是，这里谈的“关系”是数据库中表跟表之间的关系，不是实体跟实体之间的关系，表跟表之间的关系包括“一对一”与“一对多”两种，是不存在多对多的关系的，这个跟实体关系不同。现实世界中实体之间的多对多的关系，通常的处理方式是分解成两个一对多的表关系。

1. 一对一关系

一对一关系在数据库设计中是很少出现的，如果没有什么特殊情况，这种关系往往都会合并成一个表处理，如果分成两个表处理，那么处理方式类似于一对多的关系。合并成一个表处理，管理方便，数据检索、更新也方便，由于不需要额外关联，可以节约资源开销。然而，也不是所有的情况都适合合并处理的，有时候，由于其中一方的数据很少，会导致浪费存储空间(当然，如今磁盘空间越来越便宜了，这一点倒无须过多考虑)；有时候，由于数据产生的时机并不确定，没有一方可以涵盖另一方的数据记录，合并成一个表未必是个好的想法；有时候，考虑到未来可能发生的关系变化，还是分开两个表容易扩展些。

案例：表的一对一关系

小王在某公司进行OA系统需求分析工作。关于人员问题，在数据建模时需要考虑两个不同的概念，一是员工，一是系统用户。员工指在公司工作的所有人员，系统用户指使用本软件系统的人员。前者需要管理入职日期、身份证号、联系方式等信息，后者需要管理登录账号、密码等信息，明显这是两种不同的实体。根据业务需求，不是所有的员工都可以登录本系统的(例如车间生产线上的工人)，一个员工只允许有一个登录账号，一个登录账号只允许用于一个员工。小王经过分析后，决定建立两个表，一是“员工”表，一是“用户”表，这两个表的关系是一对一的关系，如图4-14所示。

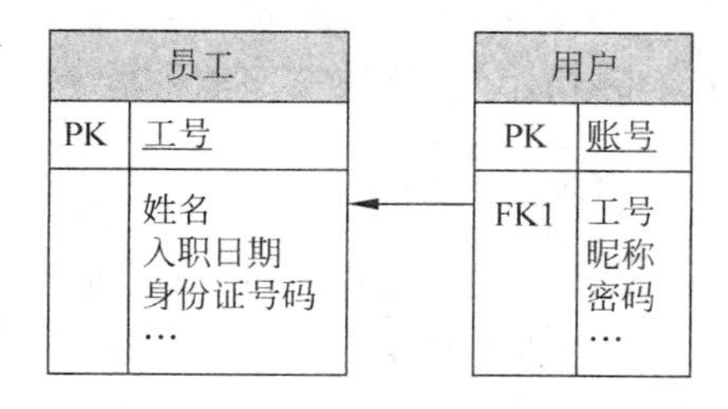

图 4-14 员工与用户的一对一关系

在笔者的实际工作中，采用一对一关系的情况基本都发生在围绕某些软件系统(或独立成型的功能模块)做定制化或者补充开发时。被定制的软件系统是相对独立的，很可能是其他公司或团队开发的某种软件产品。由于牵涉软件功能的修改、维护、升级等一系列工作，不想动、不敢动或者不能动它的数据库——对一个成熟的、正常使用中的软件，没有十足的把握，正常人都不愿意修改数据库，因为风险太大。但是，当围绕它做进一步的开发时，可能有些信息在它的数据库中并没有提供表字段，无法处理，怎么办呢？这时候，可以另外建表（是另外建一个数据库，还是直接放在这个系统的数据库中，就要视情况而定了），需要补充的字段就放在这个表中，跟那个需要补充字段的表建立一对一的关系，并使用完全相同的关键字，检索时可以通过一对一的关联获得需要的数据。

案例：定制产生的一对一关系

某公司采购了一套 CRM 软件，用于客户管理、服务支持，已经正式使用三年了。随着业务的发展，管理的提升，公司需要围绕这个软件开发一些补充功能，如客户投诉管理。由于这两年公司引进了一些软件人才，软件团队颇有兵强马壮的感觉，就觉得没必要找原来的软件供应商了，于是决定自己进行定制开发。在数据建模时，考虑到性能的要求，决定在客户基本信息表中增加“最近投诉时间”“是否存在未处理投诉”等字段。考虑到这个软件系统是别人的产品，如果修改原来的数据库表“客户信息”，直接增加这些字段，很可能在下次对方产品升级时会因为种种原因而丢失其中的信息，于是新增了另外一个表“客户信息 2”，与原来的表“客户信息”使用相同的关键字“客户代号”，表中包括“最近投诉时间”“是否存在未处理投诉”等字段，如果后面再有增加客户信息字段的需求，可以直接在表“客户信息 2”中增加字段，不会去变更原来的“客户信息”表，如图 4-15 所示。

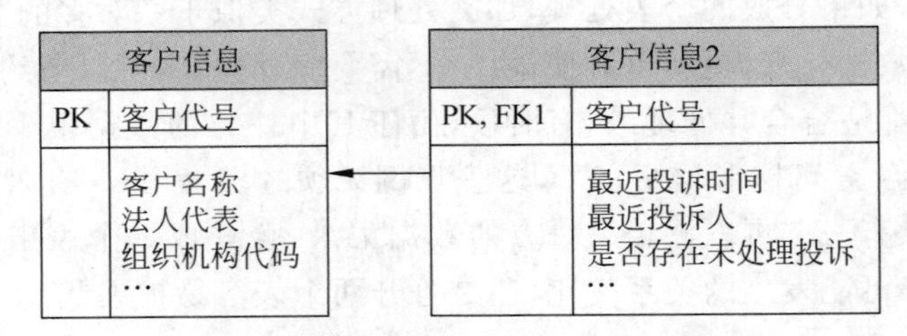

图 4-15　客户信息的定制

一对一关系包括如下两个小类别。

(1) 1 to 0..1，对于被依赖的表而言，其中的任意一条记录，在另一个表中的关联记录或者只有一条，或者没有。例如，前面案例中的“客户信息”与“客户信息 2”，就是这种关系。

(2) 1 to 1，对于被依赖的表而言，其中的任意一条记录，在另一个表中的关联记录有且仅有一条记录。这种情况比较少见，一般都是在后台通过程序产生其中某个表的数据。

案例：1 to 1

某软件在建立员工的时候，在“员工”表中插入员工记录的同时在“用户”表中插入一条用户记录，删除员工时同时删除对应的用户，保证一个员工在系统中有且仅有一个用户，这时候，“员工”表与“用户”表就是“1 to 1”这种关系，如图 4-16 所示。

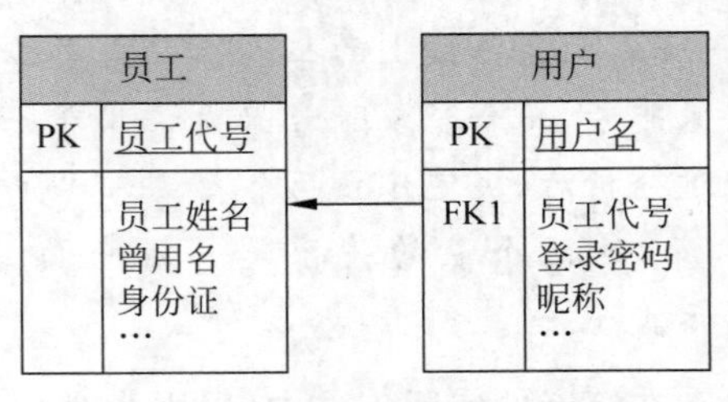

图 4-16　员工与用户的“1 to 1”关系

2. 一对多关系

数据库中表跟表之间的关系绝大部分都是一对多的关系，在数据库中通过在“多”表中建立外键(Foreign Key)来建立这种关系。例如，数据库中有两个表，一个是“部门”表，一个是“员工”表，一个员工只能属于一个部门，一个部门可以有多个员工，这两个表之间的关系是一对多的关系，处理方式就是在“员工”表中，即“多”的一方，添加外键“所属部门”，当需要的时候可以通过这个外键与“部门”表关联。

一对多的关系也包括如下两个小类别。

（1）1 to 1..n，对应“一”的一方的一条记录，“多”的一方有一条或多条记录。在实际工作中，这种情况较少。

案例：1 to 1..n

某库存管理系统，有两个表，一是“入库单”，一是“入库交易”。需求是当入库时系统生成入库单，一次入库可以收取多种物料入库，但只生成一个入库单，在数据库中，一个入库单对应至少一条入库记录，没有入库记录就不存在入库单。“入库单”管理入库时间、入库人员、供应商等信息；“入库交易”管理入库物料、入库数量等信息。这两个表的关系就是这种“1 to 1..n”的关系，如图 4-17 所示。

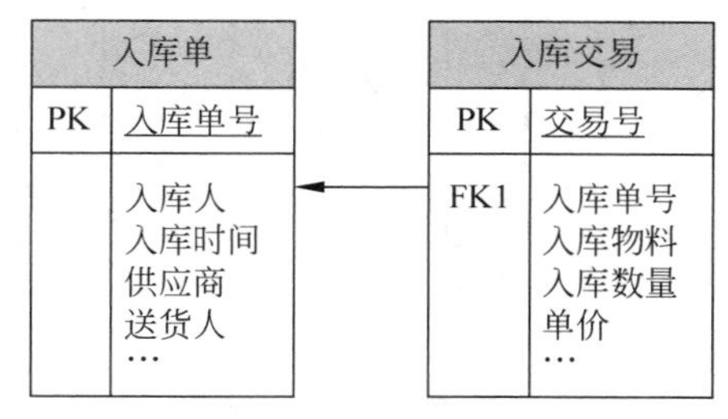

图 4-17　入库单与入库交易的“1 to 1..n”关系

（2）1 to 0..n，对应“一”的一方的一条记录，“多”的一方可以有一条或多条记录，也可以没有记录。在实际工作中，这种情况占了绝大部分，一些常见的一对多的关系，如部门对员工、班级对学生、客户对订单等，一般都会采用这种关系，虽然没有员工的部门、没有学生的班级、没有订单的客户很少见，但在数据库设计时往往都是允许这些现象存在的。

3. 特殊关系

在实践中，有些特殊的表关系，相信读者在工作中会经常遇到，这里介绍两种特殊关系，一是附属关系，一是递归关系。

1）附属关系

有些表跟表之间的关系是附属性的，即依赖方只能附属于被依赖方才有意义，它们合在一起才是现实意义上的实体。正如人体跟器官的关系：人体跟器官的关系有些类似于机器跟零件的关系，是一对多的关系，一个人体可以有多个器官，一个器官只能属于一个人体，但这里有个特殊的地方——零件可以拆下来用在别的机器上，器官离开了人体就不能存活，人体跟器官的关系是固定的，不容变更。这种关系本书称之为附属关系。附属关系中，“多”的一方的关键字往往是由多字段组成的，其中有一个或多个字段关联“一”的一方，另外有一个叫作“行号”或“序号”之类的字段。

附属关系在实践中是非常常见的，如果是一对多的关系，在工作中对这种关系有一些俗称，将“一”的一方与“多”的一方分别称为“主表”与“从表”，或者“头表”与“行表”，或者“总表”与“明细表”等。

案例：表的附属关系

某软件在保存销售订单时，在数据库中对应三个表，分别叫作“销售订单头”“销售订单行”与“发货批次”，这三个表依次都是一对多的关系。“销售订单头”中包括下单日期、下单客户、下单人等字段；“销售订单行”中包括物料代号、数量、单价等字段；“发货批次”中包括交货批次号、交货日期、交货数量、交货地点等信息。这三个表就构成了附属关系。离开了“销售订单头”，“销售订单行”没有任何意义，离开了“销售订单行”，“发货批次”也没有任何意义，只有将它们组合在一起，才能表达一个完整的销售订单，如图 4-18 所示。

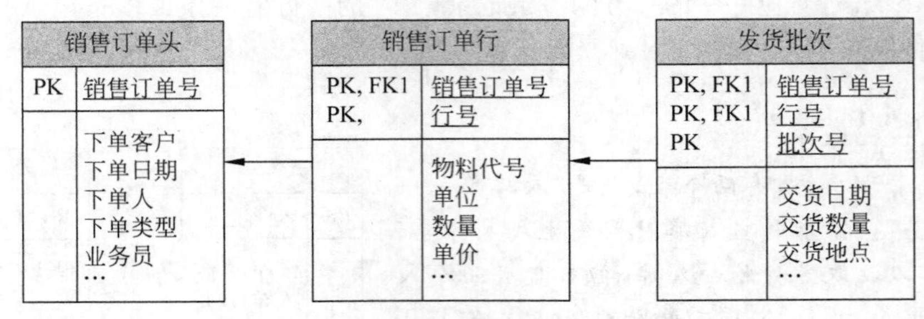

图 4-18 附属关系

2）递归关系

有些表，自己跟自己之间存在一对多的关系，“一”的一方的记录在这个表中，“多”的一方的记录也在这个表中。例如，公司的组织结构，组织结构中的所有节点都是部门，但这些部门之间又有从属关系，某部门的上级是个部门，上级的上级还是部门，以此类推，这样就构成了某种递归关系。

案例：表的递归关系

某软件系统的员工表，除了登记该员工的基本信息外，还有字段记录员工直接主管，每个员工只允许有一个直接主管，一个员工可以是多个人的直接主管，充当直接主管的人也是员工。这样，这个表既表达了员工基本信息，还表达了员工的直接主管，从另外一个维度，还表达了员工的直接下属，如图 4-19 所示。

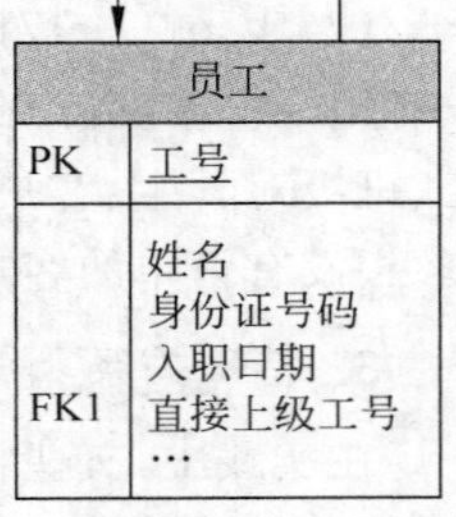

图 4-19 递归关系

4.4.3 字段

在设计数据库时，相对于表及表关系的处理，对字段的处理要简单得多，无非就是根据业务上需要处理的信息决定在表中设计哪些字段，根据信息的内容决定使用什么数据类型，需要的字段长度等。另外，即使字段设计出了问题，对未来工作的影响面也小得多，一般不会像表及表关系出问题那样伤筋动骨。

1. 字段来源

表中的字段主要有两大来源，一是表达实体（或实体关系）的属性的字段，一是用于数据管理的管理性字段。

1）属性字段

为了更详细、准确地描述某实体，就需要对它的属性进行精准描述。例如，要精准地描述某一辆车，就需要对这辆车的属性进行描述，如车牌是什么、车主是谁、品牌是什么、型号是什么等，这些属性就构成了数据库表字段的直接来源。不用说，这种字段占了数据库表字段的绝大多数。

属性字段可以分成两大类：一是直接保存属性值的字段，如直接存储的员工姓名、身份证号码、邮政编码之类；一是用于保存对另外一个表的引用的字段，如“员工”表的属性“所属部门”，可能另外有一个表描述每个部门，在“员工”表中只是设置了一个关联字段（外键），用于表达员工在哪个部门，至于那个部门的具体属性，会在对方表中进行详细的描述。

2）管理性字段

在设计数据库时，许多团队往往会设计一些字段用于数据的管理，如创建信息、更新信息等。一般设计这些字段属于团队规范的范畴，对于需求人员来说，考虑的重点在业务信息相关的字段上，可以不去考虑这些管理性字段。当然，如果团队没有这种规范，需求人员就需要自己策划是不是需要这方面的数据管理信息。一些常见的管理性字段如下。

创建信息：记录每条记录的来源，一般包括记录创建人、创建时间、创建 IP、创建功能点等字段。

更新信息：记录每条记录的最近更新来源，一般包括更新人、更新时间、更新 IP、更新功能点等字段。记录更新信息最大的作用是，一旦发生了某些异常情况，可以进行追踪，如果没有保存操作日志，这种信息几乎就成了追踪异常情况的唯一线索了。

数据区划标志：有的时候，为了在同一个数据库中人为分隔开某些数据，可以通过这种标志区分出。一般情况下，属于某特定分区中的用户，只能浏览、操作自己所属分区中的数据，不能浏览操作其他分区中的数据，但有的时候，又需要对这些分区中的数据进行联合分析、处理。常见的如账套、分公司之类的标志。

逻辑删除标志：逻辑删除，又称为“假删除”，可以在数据表中建立一个“逻辑删除标志”字段，用户删除数据时就更新这个字段，打上标志，当用户浏览数据时，将打了删除标志的记录排除在外，对系统而言，数据还在，对用户而言，数据已删除。

2. 主键

所有的表都必须要有一个主键，这一点不容违反。主键一般可以分为两种类型：一是用单字段作主键，如“员工”表中用字段“员工工号”作主键；一是用多字段作主键，如“员工任职”表中，用字段“员工工号”与“岗位代号”合并在一起作主键。物理设计时，一般有两种方式处理主键：一是用属性字段作主键，如前面所说的“员工”表，用“员工代号”作主键；还有一种方式是建立某种流水号或序列号（常见的方式有数据库自动生成 INT 序列，或者生成 GUID 全球唯一标识号），然后用这个号作主键，这种方式的优势是可以降低开销、提高性能，缺点是主属性不明确，容易掩盖设计问题，用这种方式设计主键的数据库，需要通过数据库或者业务逻辑，控制某些字段不能重复、不能修改等，否则很容易造成数据混乱。

主键设计需要当心，因为它很可能会被别的表（建立了与之关联的外键的表）引用，一旦正式使用，产生了历史数据后，再想更改将是非常麻烦，甚至不可能的事。

案例：错误的主键

某软件的“部门”表，为了在界面上生成公司组织的树状结构，系统会给每个部门自动编一个码，大概是这种形式：“011”“011020”“011020007”。其中，前几位代表它的上级部门，后三位为本部门的代码。设计时，想想这个编码是全局唯一的，就顺便用来作关键字了。软件投入使用后，用户提出需要调整某些部门的所属部门，由于这个用于作关键字的编码表达了部门的从属关系，如果某部门的上级部门更换了，那么意味着，需要变更这个部门的关键字，同时这个部门的所有下属部门的关键字都要随之修改。可是，许多表都引用了这个部门，如“员工”的“所属部门”，系统中已经存在了大量的历史数据，事情貌似没法收拾了。

3. 数据类型

现实世界中的数据类型一般包括文本、数值、时间、文件、图片、音频、视频等，通常的处理方式是在数据库中保存文本、数值、时间这些信息，而图片、视频之类的数据往往会另外建立文件管理系统处理，然后在数据库记录中存储文件路径。当然，将这类数据直接保存在数据库中也未必不可以，但大部分情况下这都不是一个好想法，因为存储、读取这种类型的数据并不是数据库的长项。

在数据库层面，为了性能、存储空间等方面的考虑，还会对这些数据进行进一步细化，如数值类的数据，可以分成整型、长整型、小数等，不同的数据库管理系统(DBMS)有不同的处理方式。例如，MySQL 的数值类型包括 TINYINT、SMALLINT、MEDIUMINT、INT、INTEGER、BIGINT、FLOAT、DOUBLE 等十多种类型。在确定字段的数据类型时，要根据实际需要，既要保证有足够的存储空间，又要考虑处理性能，既要保证未来的扩展，又不能浪费太多空间。

案例：数据类型

小王在某公司进行员工信息管理系统的需求调研，现在需要对每个员工进行编号，如何决定“员工编号”字段的类型呢？由于员工编号被引用的地方很多，又需要以固定格式打印在许多单据上，小王决定使用定长字符串型[对应数据库中的 CHAR(X)]来处理这个字段。需要的长度是多少呢？小王分析，该公司目前有七百多名员工，业务需求中的员工编号规则为以公司的三个字母缩写开头，后面跟三位的流水号，如“TCC125”之类的。考虑到该公司每年大概有 10%的离职率，而员工编号是不能重用的，如果维持现在这种规模与状态，在三四年之后，需要的员工编号就会突破 1000 个，可以想象，流水号至少要扩充到 4 位。另外，为了应对潜在的扩展要求(万一这几年公司有了井喷式的发展)，将流水号留到 5 位是比较靠谱的想法。因此，字段“员工编号”的最终长度被设成了 8 位，员工编号采用“TCC00125”这种格式。

在实际工作中，当需要确定定长字段的长度时，笔者的习惯是，考虑按当前这种业务规模，本系统被正常使用 5 年之后产生的大概数据总量，然后再放宽 1 位。

4. 默认值

为了数据处理的方便与降低性能开销，建议所有的字段都要有默认值，如果没有特殊的需要，一般数值型的字段可以默认为“0”，文本型的字段可以默认为"。有了默认值后，数据库方面不需要处理 NULL，减少了开销，在应用程序开发方面，不需要做字段值是否是 NULL 的判断，减少了开发的麻烦。

4.4.4 数据字典

数据建模完成后，需要有文档对建成的数据模型进行详细说明，这就是数据字典应该完成的任务。数据字典分为两种层级：一是面向数据库逻辑设计的数据字典，二是面向数据库物理设计的数据字典。前者从业务需求层面描述数据模型，后者从具体的数据库管理系统（DBMS）的层面描述数据库结构。本书所说的数据字典是针对逻辑设计的。

数据字典需要描述的内容主要包括：数据模型中有哪些表，每个表包括哪些字段，每个字段的类型、长度、取值范围是什么，哪些字段是外键关联字段，对字段值有没有什么特殊要求，等等。

不同的团队，可以有不同的数据字典编写、管理方式，有直接在建模工具中管理的，有用 Access 管理的，有用 Excel 管理的，有用 Word 管理的，还有忽略数据字典直接查看数据库的。各种方式，各有优缺点，说不清楚哪种最好，哪种最不好，关键是适合自己的才是最好的。

这里提供一种数据字典模板，供读者在工作中参考，见表 4-11。

表 4-11 数据字典模板

××表									
字段	数据类型	范围	数据来源	特殊要求	外键	必填项	默认值	案例	备注
字段 1									
字段 2									
……									

对表中各项说明如下。

表名：对应数据模型中的表，每个表都要在数据字典中建立一个与之对应的档案。有些团队，提供通用性的，或者说平台化的表，如用户、角色之类，由于这些表是属于团队的通用规范，应该另外有文档说明，就不需要在这里列出了。

字段：罗列所有的业务字段，有些用于数据管理的字段，如逻辑删除标志、更新时间之类的字段，如果团队有这方面的规范，可以不在这里列出。另外，这里只需要从用户的视角写出字段名称，不需要进行规范的面向数据库的字段命名、编号，那是物理设计需要完成的工作。

数据类型：从用户的视角描述这个字段的数据类型，如文本、数值、时间、图片等，这里并不要求精确到数据库中具体的数据类型（如 Double、Int 等）——这是物理设计需要完成的工作。

范围：如果是文本型，需要写明这个字段的长度，如"200 字符"；如果是数值型，需要写明这个字段的取值范围，如"1～100 的正整数"。

数据来源：如果该字段来自某字典，则在这里写上字典的编号，严格说来，这也是一种外键；如果该字段只提供固定选项，用户不能自己配置，则用大括号与竖线表示，如字段"员工状态"，假设系统中只允许有三种状态，分别是"试用""在职""离职"，那么数据来源可以写成"{试用|在职|离职}"。在这种情况下，一般允许在功能逻辑代码中取固定值，如可以出现"If Staff. Status='试用'"之类的语句。

特殊要求：对数据的特殊要求，如字段"客户代号"，假设需要以地区缩写的两个字母开头，后跟 4 位流水号，那么可以在这里写上这种格式要求。

外键：如果该字段属于外键关联字段，那么在这里写出外键关联的表名，如“员工”表的字段“所属部门”，可以在这里写上“部门表”。注意，这里只需要写上表名，不需要写上具体字段，因为关联的一定是对方的关键字。这项也可以归入“数据来源”，不过因为它的重要性，建议单列一项。

必填项：如果在新增、编辑时，该字段不允许为空，则在这里写“Y”。

默认值：如果有特殊的默认值，就在这里写上。如果不写，表示没有默认值，或表示按某种团队规范、项目规范生成默认值，如数值型默认“0”，文本型默认"，时间型默认“1900-01-01 00：00：00”等，这种规则不同的团队自然可以有不同的处理方式。

案例：数据事例，要求要符合逻辑，有助于读者理解。

备注：一些补充说明，注意事项等。

案例：数据字典

某软件系统数据字典节选，见表4-12。

表4-12　实体员工的数据字典

员工表									
字段	数据类型	范围	数据来源	特殊要求	外键	必填项	默认值	案例	备注
员工代号	文本	定长8位		两个字母＋6位数字		Y		YC001298	
姓名	文本	最多20位				Y		张峰	
入职日期	时间			不能早于1949-01-01		Y		2014-12-01	
员工状态	文本		{试用|在职|离职}			Y		在职	
学历	文本		字典YG01			Y		大专	
所属部门	文本				部门	Y		行政部	
基本工资	数值	1000.00～100 000.00						5600.00	月薪
国籍	文本		字典YG02				中国	中国	
……									

4.5 几个注意事项

4.5.1 数据建模不是孤立的

前面已经说过，软件设计包括数据库设计、功能设计、界面设计三大项工作，虽然为了讲解的方便，本书将之分开阐述，但要知道，在实际工作中，这三者往往是交错进行、相互影响的。

数据模型是静的，但数据却是动的，处于不停的流动过程中，会从这个表流动到另外一个表，会从数据库中流动到用户界面，不同的功能逻辑，不同的界面操作方式，都会对数据模型产生不同的要求。

案例：功能逻辑方案影响数据模型

某软件系统有个“删除部门”的功能。由于部门下可能会存在员工，如果把部门删除了，部门的员工怎么办呢？因此，要求在删除部门时有个逻辑判断，如果该部门下包括员工，则不允许删除。可以考虑以下两种方案来处理这件事。

方案一：在删除部门时，在员工表中检索，如果存在属于本部门的员工，则不允许删除，否则允许删除。这个方案的优点是数据模型简单，缺点是不利于扩展，哪一天有别的表（如岗位）需要关联部门，那么这个“删除部门”的功能是不是需要跟着修改呢？并且，只要有新的表需要关联部门，那么这个“删除部门”的功能是不是需要永远跟着修改下去呢？

方案二：在部门表中增加一个字段“允许删除标志”，当新增员工时，如果员工关联了某个部门（所属部门不为空），则将该部门的“允许删除标志”设为“N”。当删除部门时，不看别的，就看这个标志，如果为“N”则不允许删除。这个方案的优点是容易扩展，如果有别的表需要关联部门，只要同样在这个字段打上标志就行了；缺点是需要新增字段，新增员工时需要同时写这个标志，涉及对两个表的事务处理，增加了性能开销。

不同的方案，对数据模型的要求并不一样，方案一不需要在“部门”表中额外增加字段，方案二需要，如图 4-20 所示。

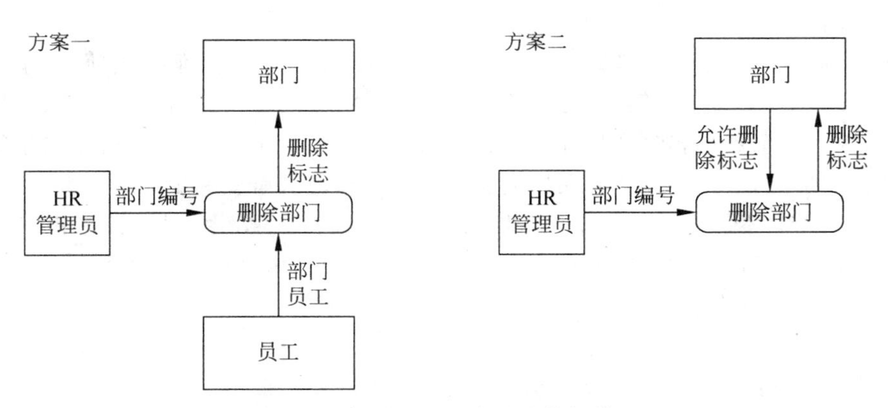

图 4-20　功能逻辑方案影响数据模型

4.5.2　注意可扩展性

客户的业务在发展，人员在变化，管理在变化，技术在变化，对于管理软件的需求自然也会不断变化，需求的变化自然会带来对软件的变更要求。对于软件开发者来说，最痛苦的事情莫过于变更数据模型了。为了应对未来可能的需求变更与追加，在数据建模阶段，就应该尽量多做这方面的考虑，努力将数据库设计得更有柔性，更容易扩展功能。

案例：增加数据库的可扩展性

小王在进行某学校管理系统的数据建模工作，正在考虑教师跟班级这两个实体的关系。根据业务需求，一个班级有一个辅导员，一个辅导员可以带多个班级，显然，教师跟班级这两个实体的关系是一对多的关系。如果采用一对多的关系来处理，完全可以满足当前的业务需求。但是，小王考虑到，未来也许会发生一个班级安排多个辅导员的情况，如果现在采用一对多的关系来处理，这种情况一旦发生，数据库结构需要巨大变更，那就太痛苦了。小王决定采用多对多的关系来处理，增加一个“辅导员”表，保存辅导员的带班信息，至于当前一个班级只有一个辅导员的需求，只需要在界面或者功能逻辑中做些控制就可以了，现在需要增加一点儿工作量，但为了未来的可扩展性，小王觉得还是值得的，如图 4-21 所示。

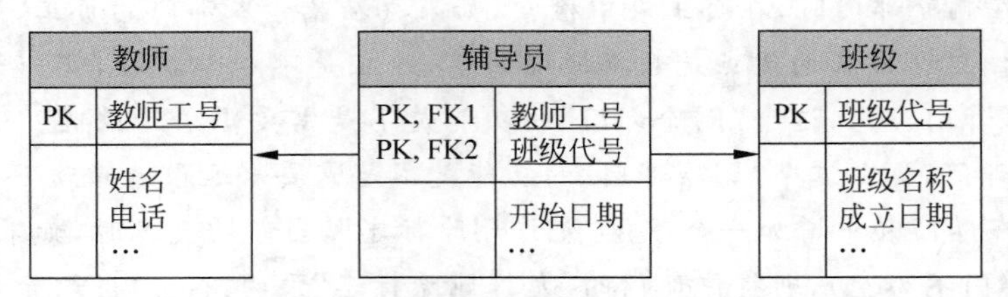

图 4-21 教师与班级的关系的处理

4.5.3 不要教条主义

在进行数据建模工作时，需要把握好基础理论知识，但又要注意不能囿于这些所谓的原理、规范、文档格式等，要灵活运用，不要教条主义，关键是要蹚出一条适合自己、适合项目、适合团队的路子，合适的才是好的。

例如，我们说数据建模要遵守这范式那范式，不能有冗余数据，但也要明白，范式只是范式，没有必要纠结第一范式、第二范式、第三范式、第 N 范式，只要明白一个道理：尽量避免数据冗余，因为冗余数据容易产生异常。什么时候会产生冗余数据，在实际工作中很容易从数据库结构中悟到，往往倒是要弄明白究竟违反了哪个范式有些麻烦。

数据库中未必不能有数据冗余，有的时候，为了提高检索效率，是可以考虑存储冗余数据的，只不过，作为数据建模者，要有清醒的意识，至少要考虑到以下这几点。

（1）这里会产生数据冗余吗？

（2）如果会产生冗余，为什么要这个冗余？

（3）需要保持这些冗余数据的一致性吗？如果需要，怎么保持？

4.5.4 不要经验主义

从事需求分析或软件设计工作有一定年限后，必然会积累一些经验，从而可以大大提高工作效率，对软件未来的发展、变更有较强的预判能力，但经验多了之后就得注意不要犯经验主义的错误。因为经验丰富了，就觉得自己见过的、处理过的情况很多，走过的桥比别人走过的路还多，认为用户的需求基本都在自己的掌控范围之内，从而忽视了对用户所提需求的真正尊重，最终导致软件严重偏离用户的工作要求，不得不进行大修大补，造成不必要的损失。

案例：数据建模不要犯经验主义

小王在某公司进行组织架构的调研，根据自己的经验，部门与员工之间的关系应该是一对多的关系，一个部门有多个员工，一个员工只能属于一个部门，于是就觉得这个并不需要过多考虑。然而，事情并没有想象的那么简单，这个企业里有很多兼职的情况，如甲车间主任兼后勤部副部长，行政部经理兼工会主席等。数据建模时，部门与员工的关系被确定为一对多的关系，软件投入使用后才发现，这个关系应该是多对多的关系，这可怎么办呢？小王陷入了苦恼之中。

思考题

1. 如果要给学校图书馆开发一款图书管理软件，你觉得应该包括哪些实体？

【提示】 想一想，跑到图书馆你能看到什么？自然不仅仅是书。

2. 这些实体有什么关系？

【提示】 这些实体是怎么产生关系的？书搁到架子上，人借书等。

3. 这款图书管理软件需要哪些表？表跟表之间有什么关系？画出数据模型。

【提示】 根据这些实体和关系设计需要的表。

4. 图书与书架是什么关系？如果要求保存图书的放置历史，这个关系变成什么关系？试画出两种不同的数据模型。

【提示】 一本图书只可以放到一个书架上，一个书架可以放很多本图书，这是基本常识，但如果考虑图书的存放历史，每一本图书都可能曾经被放置在其他书架上。

5. 一个存放图书基本信息的表（如图书编号、编辑、书号、作者、定价等）可能包括哪些字段？编制它的数据字典。

【提示】 打开一本书（例如本书），在前面（一般在扉页的背面）会看到一本图书一般包括哪些属性。

案例分析

1. 根据某公司仓库业务的描述，设计信息化管理系统需要的数据库结构，并编写数据字典。

某公司有三个仓库，分别为原材料仓库、半成品仓库、成品仓库。

成品仓库有立体货架，除了客户退回的，其他成品都存放在货架上。进入成品仓库的物品需要进行包装，有大、中、小三种包装箱。

三个仓库每月需要向财务报送几个报表，

(1) 原材料消耗表，统计每个车间领用原材料的数量、金额。

(2) 半成品消耗表，统计每个车间领用半成品的数量、金额。

(3) 成品发货统计表，统计发给每个客户的成品数量、金额。

每个仓库有两名员工，分别为仓库会计和仓库保管员。目前，仓库会计负责仓库记账，每月给财务出报表；仓库保管员负责收货和发货。另有一名仓库主管负责管理所有仓库工作。

供应商每个季度根据原材料仓库保管员签字的收货单跟A公司结账。市场部每个季度根据成品仓库的发货单（有客户签字）与客户结账。

2. 某科技园区有几十栋办公楼，对外招租。现在需要开发一套收费管理系统，用于管理入驻企业的租赁合同、物业合同、收费情况，需求如下。请根据本需求设计数据库结构，并编写数据字典。

管理企业租赁合同及物业合同，对即将到期、已过期等状态的合同进行分类统计和查询。

租赁合同包括租赁企业、房间号、租赁区间、租金、付费条款、联系人等信息。

物业合同包括租赁企业、所属租赁合同、物业服务区间、物业费、付费条款、联系人等信息。

不同的合同可以指定管理人员，每一个管理人员仅可查看并管理自己的合同。

收费分为三种类型：租金、物业费、水电费。

租金：录入合同时，根据合同中的付费条款生成应收费记录。支持4种付费方式：月付、季付、半年付、一年付。录入收费记录时需要与合同号及应收费记录对应，每条应收费记录支持两种付费方式：全付，或分两次支付(每次50%)。如果提前退租，允许退费，但只能退预收的、退租日期之后的租金。

物业费：根据合同中记录的应缴费月份及金额自动生成待缴费记录，工作人员可根据时间段自由查询待缴费的信息，并可进行短信缴费提醒。费用收取后，登记物业费缴费情况，并可根据缴费时间、收款人等信息自动进行收费数据统计。

水电费：选择房间进行水、电抄表情况录入，系统自动根据上一次的录入情况计算水、电用量，并且根据水、电收费标准自动计算出实际的应缴金额。

第5章

功能设计

本章重点

(1) 工作场景的撰写方式。(★★)
(2) 如何进行功能划分。(★★★)
(3) 常用的基础功能逻辑。(★)
(4) 什么是工作流。(★)
(5) 如何画工作流图。(★★★★★)
(6) 常见的功能逻辑案例。(★★)
(7) 如何提高软件功能的灵活性。(★★★★★)
(8) 如何提高软件功能的可重用性。(★★★★)
(9) 如何提高软件功能的高效性。(★★★★)

本章内容思维导图

软件的功能,从本质上说就是对数据进行输入、加工、输出的过程。对于面向数据库的软件,由于是以数据库为核心的,可以理解为两个方面:一是数据的收集与处理;二是围绕数据库对其中的数据进行的4大操作,即增加、删除、修改、查询,简称增删改查(对应SQL语句的4个处理数据的关键字:Insert、Delete、Update、Select)。所有面向数据库的软件功能,都可以概括成从数据库中读出数据(Select),经过用户一定的操作,或经过程序一定的加工,再写入数据库(Insert、Delete、Update)。当然也有些特殊的功能,可能只有写入没有读出,例如,通过物联网感应器材直接收集数据到数据库;也有可能只有读出没有写入,例如大量的报表、查询功能。

5.1 需求用例

5.1.1 什么是需求用例

用例(Use Case),指实际工作中可能发生的场景。在需求分析阶段所说的用例,称为“需求用例”,是指用户通过软件解决特定问题、完成指定任务的方式与步骤,当然也包括各步骤用到的约束、规则等。一个用例,往往对应着用户需要完成的某个明确而具体的任务,但也有两种特殊的用例:一种是上层用例,另一种是底层用例。上层用例,指结合一些有关联的普通用例完成一个抽象的由若干普通任务组成的大任务;底层用例,指完成某些小任务的用例,这种用例可能会在许多普通用例中被引用。

案例:什么是需求用例

某仓库需要管理本公司的原材料与半成品,就收货业务而言,本仓库包括两种基本的收货方式:一是收取供应商送来的原材料,二是收取车间送来的半成品。根据这两种业务,对应两个普通用例:一是仓管员收取供应商送货,在这个用例下,仓管员通过检索采购单,录入入库物料、数量、存放位置,确认入库等一系列步骤,完成了根据采购单收货这个具体的任务;二是仓管员收取车间送货,仓管员通过检索生产单,录入入库物料、数量、存放位置,确认入库等一系列步骤,完成了根据生产单收货这个具体的任务。但这里还有另外两种用例,一是“收货”,收货本身是个抽象的大任务,包括根据采购单收货与根据生产单收货两个普通用例,这是个上层用例;二是“入库”,两个普通用例都需要录入入库物料、数量、存放位置这些操作步骤,这是个底层用例。

5.1.2 用例的构成

一个完整的用例,一般包括用户、前置条件、后置条件、主场景、扩展场景、规则等方面。

1. 用户

用例的重点在于用户的操作场景,在考虑用例的场景之前,需要先确定用例的用户,因为所有的使用场景都是为某些特定的用户服务的。一个用例可以面向一种或多种用户,例如,用例“仓库结账”,只是面向仓库核算员的,而用例“仓库交易分析”,会面向多种用户,如仓管员、核算员、计划员、采购员等。根据面向的用户不同,可以将用例分成几大类:面向普通用户的用例、面向关键用户的用例、面向系统管理员的用例、面向所有用户的用例。

面向普通用户的用例,是普通用户从事业务处理的用例。由于使用者是一般工作人员,学习能力、文化水平、软件知识参差不齐,设计这种用例时往往会在易学性、健壮性、易用性上下更多的工夫。这种用例设计得不好,会严重影响工作效率。

面向关键用户的用例,主要用于系统数据的初始化、业务功能的配置、基础数据的管理等,如“用户管理”“仓库配置”“组织结构建立”之类的用例。使用这种用例的用户,虽然没有系统管理员对软件理解得那么深刻,但也是对软件比较熟悉的人员,使用这种功能进行操作对系统的影响非常大，但一般来说影响的幅度与程度不及面向管理员的用例。

面向系统管理员的用例，主要用于系统配置、运行监控、异常分析、功能维护等，这些用例一般会牵涉系统的正常运行，操作稍有不慎就可能导致系统异常甚至崩溃，所以一般只能给系统管理员使用。

面向所有用户的用例，提供给所有登录本系统的用户的用例。如"修改密码""工作日志"之类，只要是登录本系统的用户，就可以使用这些用例。当然，既然是面向所有用户的，自然也应该归于面向普通用户的用例，这是一种特殊形式。

2. 前置条件

所谓前置条件，是为了保证本用例可以成功执行，而需要满足的前提条件。例如，在某电商网站，用例"下订单"的前置条件是会员登录成功，并且会员信息中的一些必备资料填写完整；用例"撤销订单"的前置条件是会员登录成功，并且订单还没有发货；而用例"退货"的前置条件是订单已经发货。

3. 后置条件

所谓后置条件，是指用例执行结束后的系统状态，无论成功还是失败。例如，银行柜员机系统，用例"提款"的后置条件是：如果用例执行成功，柜员机钞票减少，减少额度等于用户的提款金额；如果用例执行不成功，柜员机钞票不变，用户的银行账号余额不变。

4. 主场景

"场景"这个词，在软件设计与实施过程中会经常使用，这里所谓的场景，指用户使用软件功能完成工作任务的操作过程。这里的场景是由一系列人机交互的步骤构成的，强调的是人做了什么操作，机(软件系统)有什么应答，来来往往，经过若干回合后，结束了某项任务，当然，有可能成功，也有可能不成功。

由于用例都是有明确的任务的，因此，每个用例都应该有个主目标，这个主目标就是支持用户通过这个用例完成某项具体任务，但为了使这个目标实现得更高效、更准确、更容易、更健壮，犯了错误可以得到纠正，一些异常事件可以得到处理，需要软件提供一系列的额外功能。根据二八法则，平均下来应该有20%的功能是用来完成主目标的，而80%的功能是为了提高效率、降低错误率、纠正错误的。例如，用例"仓管员根据采购单收货"，它的主要目标是将收货记录录入系统中，因此录入并保存收货记录是主目标，而编辑功能是为了纠正错误或应对变化，删除功能是为了纠正错误，导入功能是为了录入更快速，这些都不能称为这个用例的主目标。

用户为实现自己的主目标而进行操作的过程，称为用例的主场景。大部分情况下，一个用例只有一个主目标，只有一个主场景，如果主场景不明朗，往往说明这个用例是上层用例。例如"会员登录"这个用例，主场景包括用户录入会员卡号、密码，登录成功这个过程，别的处理密码输入错误、忘记密码之类的场景，显然不属于主场景的范畴，因为用户跑到这里是为了登录，输错了密码，或者忘记了密码只是一些意外情况。

要注意的是，主场景是实现用户主目标的过程，但未必是最常用的场景，不可混为一谈，例如"文员进行客户档案维护"这个用例，录入客户信息是这个用例的主目标，是主场景，但最常用的场景恐怕应该是浏览客户信息吧。

案例：用例的主场景

银行柜员机提供了很多软件功能，如提款、存款、查余额等。如果围绕柜员机设计用例，那么提款应该是这个用例的主目标，实现这个主目标的主场景大概包括如下步骤。

(1) 用户插入银行卡。

(2) 系统确认卡正确。(处理错误卡的操作不属于主场景。)

(3) 用户录入密码。

(4) 系统确认密码正确。(处理密码输入错误的操作不属于主场景。)

(5) 用户录入取款金额。

(6) 系统确认余额足够。(处理余额不足的操作不属于主场景。)

(7) 系统吐钱，给绑定手机发短信。

(8) 用户确认打印凭条。

(9) 系统打印凭条。

(10) 用户确认交易结束。(用户继续进行其他操作不属于主场景。)

(11) 系统吐卡。

(12) 用户取卡。

(13) 系统确认用户已取卡，结束交易。(处理用户未取卡的操作不属于主场景。)

这些步骤是用户使用柜员机提款的主场景。再仔细想想，虽然提款是用得最多的功能，但绝对不能说是柜员机的主目标，例如存款跟取款几乎毫无关系，怎么着都不能说存款功能是对取款功能的补充吧，这应该是另外一个独立的主场景，因此，存款应该是另外一个用例。因此，面向整个柜员机的用例应该是一个上层用例，包括登录、提款、取款等普通用例。

5. 扩展场景

每一个用例，都有各种各样的使用场景，主场景只是这若干种场景中的一种，主场景之外的场景，称为“扩展场景”。例如，一个简单的用例“用户登录”，主场景显然是用户输入用户名、密码，验证成功后进入系统，但还有别的可能，如用户密码输错了怎么办，用户忘记了密码怎么办等，这些都要有相应的处理场景——扩展场景。

案例：用例的扩展场景

用例“用户登录”的扩展场景。

扩展场景一：密码输入错误。

(1) 用户录入用户名、密码，确认登录。

(2) 系统验证用户名、密码，密码验证错误，提醒用户只允许输入三次。

(3) 用户重新输入密码。

(4) 系统验证密码，如果验证正确，则进入系统。如果验证错误，且输入已经超过三次，则锁定该用户，并提醒用户账号已经被锁定，如果没有超过三次，则用户重新输入密码。

扩展场景二：用户忘记密码。

(1) 用户录入用户名、密码，确认登录。

(2) 系统验证用户名、密码，密码验证错误，系统提醒是否需要取回密码。

（3）用户确认取回密码。

（4）系统发送验证短信到本账号所登记的手机。

（5）用户提交短信验证码。

（6）系统确认验证码正确。

（7）用户录入新密码。

（8）系统将当前用户的密码重置为新密码。

6. 规则

规则是指本用例用到的业务规则、逻辑算法等。有的用例逻辑简单，几乎没有什么规则，无非只是些数据的录入、保存而已，而有些用例，逻辑非常复杂，需要进行大量的运算、判断，在这种情况下，就需要整理进行运算、判断的规则。在这里整理的规则更倾向于用户，措辞方式以一般用户能理解为基本要求，应当尽量避免使用太过技术化的IT术语；另外，这里也不是用户在需求调研时提供的规则的简单记录，应该有一个整理、分析、抽取、加工的过程。

案例：用例的规则

用例“考勤分析”的规则。

判断日班考勤正常的规则：8:00—9:03打卡，并且在17:27—23:59打卡。

判断迟到的规则：在9:03—9:30打卡。

判断早退的规则：在17:00—17:20打卡。

上述时间段中打卡的记录为有效打卡，在当班没有有效打卡记录则为旷工。

5.1.3 用例编写

这里介绍一个会员下单的用例供读者在工作中参考（为了节约篇幅，做了精简）。

案例：电商平台会员下单用例

1. 用例编号

   UC0210

2. 用例名称

   会员下单

3. 前置条件

   当前用户已登录。

4. 后置条件

   用例执行成功，生成当前用户的新订单，减少商品的可供应数量；用例执行失败，不影响商品的可供应数量。

5. 主场景

   （1）用户检索商品，录入购买数量（L1）。

   （2）系统确认库存数量足够。

   （3）用户暂存商品。

   （4）系统将商品加入购物车，加载当前用户可能感兴趣的跟当前商品相关的商品。

(5) 用户继续检索商品，重复 L1 步骤。

(6) 用户确定下单。

(7) 系统确认用户收货信息已经完善。

(8) 系统生成新订单，减少相关商品的可供应数量，清空购物车。

6. 扩展场景

6.1 扩展场景一：库存数量不足。

(1) 用户检索商品，录入购买数量。

(2) 系统发现当前商品的可供应数量不足。

(3) 系统提醒用户可以发起预订请求。

(4) 用户发起预订，输入到货通知方式。

6.2 扩展场景二：用户没有收货地址信息。

(1) 用户确定下单。

(2) 系统发现用户没有收货地址信息。

(3) 系统提示用户录入收货地址。

(4) 用户录入收货地址。

(5) 系统生成新订单。

7. 业务规则

7.1 当前用户可能感兴趣的商品的检索规则：

(1) 跟当前商品属于同一系列的商品。

(2) 当前用户浏览过相关主题的商品。

(3) 跟当前商品可以打包销售的商品。

(4) 同类商品正在搞活动促销的商品。

对于需求用例的编写，在实际工作中，不同的团队有不同的要求，有些团队，对需求用例的编写要求非常高，需要仔细描写每一个应用场景；而有些团队或项目的要求非常简单，甚至根本不需要进行需求用例的分析、编写就直接进入了功能点设计工作。每种方式都无所谓对与错，在这里还是要强调这句话——“适合的才是好的”。由于进行完备、详细的需求用例分析与编写需要花费大量的时间，有时候也确实有些得不偿失的感觉。为了提高工作效率，笔者的想法是，对于一些比较重要的、核心的业务，可以先进行需求用例的分析，为后面的功能设计奠定扎实基础；而对于那些比较简单的业务，可以直接进入功能设计，对于那些使用场景简单、业务逻辑也不复杂的项目，完全可以跳过这个步骤。

另外，编写需求用例，也完全可以根据业务需求进行有针对性的撰写，例如，某个扩展场景比较复杂，容易出现理解误差，那么就下工夫将这个扩展场景写清楚，既保证跟用户的沟通无误，也保证团队其他成员容易理解，而其他简单的场景就可以简单一点儿甚至略过。

撰写场景的技巧，在需求分析过程中很常用，需求人员必须非常熟悉。

案例：灵活的需求用例撰写方式

小王在某原材料仓库做需求分析。原材料仓库需要向车间提供原材料，车间的工作方式是三班倒班，夜间正常运转，为了配合车间生产，势必要求仓库中也采用三班倒班的工作方式，一个班至少需要配置两个人，三个班就需要六个人，而仓库的工作量其实只需要两个人就足够了，采用三班倒班的工作方式显然是非常不明智的。仓库目前只配置了两名员工，上日班，夜间不工作，为了解决车间夜班用料的问题，一般在当天仓库人员下班前，车间会将夜班需要用到的原材料先领出。进行信息化管理后，要求车间所有的原材料都根据生产任务单领出，但有些原材料，如包装塑料膜，并没有在产品的BOM中体现出来，因此无法根据生产任务单领出来，只能先将这部分物料"出借"给车间的临时仓库管理员，夜里车间领料时就从这些借出的物料中领用，早晨仓库上班后，再将多出的物料退回仓库。由于这个领料过程有些复杂，小王决定先撰写工作场景，然后再跟相关人员进行详细讨论。

车间夜班领料场景：

(1) 用户选择本夜班需要生产的生产任务单。

(2) 系统加载这些生产任务单需要的原材料。

(3) 系统确认仓库相应原材料结存足够。

(4) 用户确认领料。

(5) 系统发料，打印领料单。

(6) 用户补充录入需要借出的原料。

(7) 系统确认仓库相应原材料结存足够。

(8) 用户确认借料。

(9) 系统发料，打印借料清单。

车间早晨还料场景：

(1) 用户选择夜班借料单。

(2) 系统加载借料信息。

(3) 用户选择每种物料使用的生产任务单。

(4) 用户录入还料数量。

(5) 用户确认还料。

(6) 系统发料，分摊到相应生产任务单，打印退料单。

5.2 功能建模

5.2.1 什么是功能建模

所谓功能建模，指根据系统要求设计功能构成模型，确定系统由哪些功能构成，每个功能应该输入什么，经过功能处理后应该输出什么，每个功能又包括哪些子功能，不断分解下去，直到最底层。

为了支持快速开发，本书所介绍的快速原型开发模型，并不强调严格的功能建模，在本阶段要做的事情是确定本软件系统需要哪些功能模块，每个功能模块包括哪些功能点，每个功能点包括哪些子功能等。

5.2.2 功能点

"功能点"这几个字，不同团队的使用含义并不相同，本书所谓的"功能点"，指可以提供给用户完成某一特定任务的功能组合，例如"客户档案维护""物料基本信息管理"等，跟研发人员所说的某类可以提供某功能是完全不同的两个概念。或者，可以将其看成是传统的功能菜单，大部分情况下可以简单粗暴地认为一个菜单算是一个功能点。当然，并不是所有的功能点都是有功能菜单对应的，例如某些固定时间触发的调度功能，某些给第三方调用的接口等。

一个功能点可以支持多个需求用例，一个需求用例可能依赖于多个功能点才能实现。功能点跟需求用例既有很强的关联性，又有根本区别。说有很强的关联性，因为用例要成功实现，离不开软件的功能点，软件的功能点是用来实现用例的工具；说有根本区别，因为需求用例强调用户如何通过软件处理问题，而功能点更强调软件提供哪些功能。

每个功能点由或多或少的一些子功能组成，如新增、编辑、删除、导入、导出等，用户通过这些功能的组合运用，可以处理某些特定的任务。

例如，某 CRM 系统的功能点“客户档案维护”，原型主界面如图 5-1 所示。

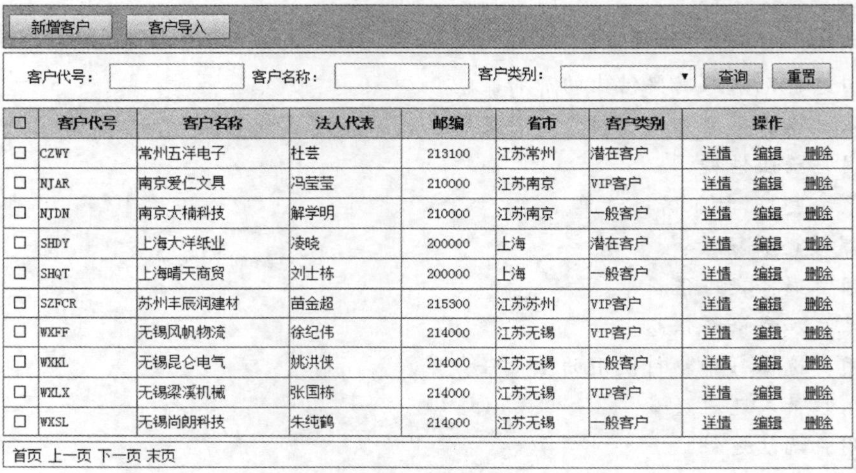

新增客户　客户导入

客户代号：　客户名称：　客户类别：　查询　重置

□	客户代号	客户名称	法人代表	邮编	省市	客户类别	操作
□	CZWY	常州五洋电子	杜芸	213100	江苏常州	潜在客户	详情 编辑 删除
□	NJAR	南京爱仁文具	冯莹莹	210000	江苏南京	VIP客户	详情 编辑 删除
□	NJDN	南京大楠科技	解学明	210000	江苏南京	一般客户	详情 编辑 删除
□	SHDY	上海大洋纸业	凌晓	200000	上海	潜在客户	详情 编辑 删除
□	SHQT	上海晴天商贸	刘士栋	200000	上海	一般客户	详情 编辑 删除
□	SZFCR	苏州丰辰润建材	苗金超	215300	江苏苏州	VIP客户	详情 编辑 删除
□	WXFF	无锡风帆物流	徐纪伟	214000	江苏无锡	VIP客户	详情 编辑 删除
□	WXKL	无锡昆仑电气	姚洪侠	214000	江苏无锡	一般客户	详情 编辑 删除
□	WXLX	无锡梁溪机械	张国栋	214000	江苏无锡	VIP客户	详情 编辑 删除
□	WXSL	无锡尚朗科技	朱纯鹤	214000	江苏无锡	一般客户	详情 编辑 删除

首页 上一页 下一页 末页

图 5-1　客户档案维护界面

本功能点的目的是使用户可通过软件维护公司的所有客户档案信息。为了达到这个目的，当有了新客户时，用户可以通过“新增客户”功能录入新客户的档案信息到数据库，可以通过“客户导入”功能快速录入大批量的客户档案信息到数据库；如果客户档案信息发生了变化或者录入信息有误，可以通过“编辑”功能修改数据库中的信息；如果误录入客户，可以通过“删除”功能从数据库中删除信息——正是这些子功能的组合协作，才可以让用户顺利完成维护客户档案这项任务。

功能点的含义是可大可小的，没有必要过于拘泥，可以将其理解成介于功能模块与原子功能之间的一个概念。

所谓功能模块，指一些在业务上有一定关联性的功能点组合，这些功能点可以分别完成某些小任务，这些小任务又是为某一大任务服务的。例如，财务软件的“账务管理”功能模块，包括“会计科目设置”“会计期间设置”“记账凭证录入”“明细账生成”等功能点，这些功能点相互之间有一定的关联性，如记账凭证录入之前需要设置好会计科目、会计期间，正是这些功能点的联合操作，才能完成账务管理这个较大的任务。

有一种子功能，从用户的角度看，是无法分割的，一旦被触发就将控制权转让给了系统。

例如，用户单击“删除”按钮，系统获得控制权，执行 Delete 语句，删除了某条记录，在删除过程中用户是无法干预的；用户单击“保存”按钮，系统获得控制权，执行 Insert 语句，将数据保存到数据库，在保存过程中，用户是无法干预的。虽然从开发者的角度看，这些功能还包括更小的功能，如调用了一些函数，但从用户的角度看，这属于最小功能，具有原子性，因此本书称之为“原子功能”。各种对数据进行操作的按钮、功能图标、链接、快捷方式等，都属于原子功能，因为用户操作时，就不能对接下来系统要做的事进行干预了，除非系统在执行过程中发起干预请求，如询问是否确实要删除某条记录。

5.2.3 原子功能

每一个功能点都是由或多或少的原子功能构成的，一个典型的原子功能包括从数据库或界面获得数据，经过加工处理后提交到数据库，再将处理结果反馈到界面这样一个主要过程，如图 5-2 所示。

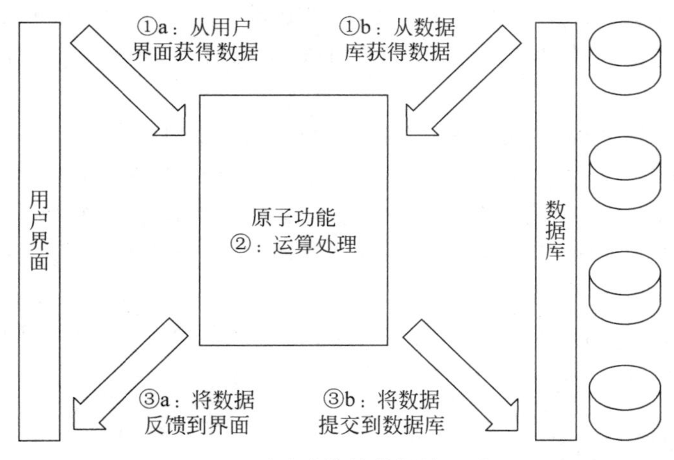

图 5-2 原子功能的数据处理过程

一般来说，原子功能在执行过程中包括三个大的方面：获得数据，处理数据，提交结果。

(1) 获得数据，是运算处理的准备阶段。获得数据一般有两种来源：一是从用户界面获得，例如用户在录入框中录入的内容，用户做出的某些选择等；二是从数据库中获得，例如执行“用户登录”功能时，需要从数据库中获得用户的菜单权限清单。

(2) 处理数据，是对获得的数据进行运算、处理的过程。有的功能这个过程非常简单，或者几乎不需要这个过程，有的功能这个过程就可能非常复杂，例如一次 MRP 运算，可能需要几分钟甚至几小时的运算。需要注意的是，图 5-2 只是个示意图，在现实中，不大可能先将所有需要的数据一把拿出来再运算处理，而是会根据运算的需要，不断从数据库中获得当前步骤需要的数据，尽量保证运算速度更快、开销更小、安全性更高。

(3) 提交结果，是运算处理的结束阶段，有两个可能：一是将结果提交到数据库，二是提交到用户界面。

当然，并不是每个原子功能都包括这所有的处理过程，有些功能只要从界面获得数据，不需要经过数据库，有些将处理结果直接保存到数据库，不需要反馈到界面，有些简单操作就几乎没有任何运算处理的过程(只是在应用层面，其实没有运算处理是不可能的，哪怕一次简单的数据传输、显示也是需要计算机处理的），等等。

另外，每个原子功能还可能包括若干分支，每个分支代表这个功能执行的不同结果，有的时候是因为执行成功或不成功而有不同的结果，有的时候是因为某些选项、配置的不同又有不同的结果。

案例：用户登录功能的逻辑

某软件系统中的功能点“用户登录”，其中包括原子功能“登录”，用户录入用户名、密码后，执行这个“登录”功能。“登录”的主要功能是验证用户名、密码，然后加载系统首页。这个功能有三个分支：一是用户名不存在的分支，二是密码验证不通过的分支，三是用户名密码验证通过的分支。

下面从获得数据、处理数据、提交结果这三个方面分析一下这个原子功能的处理过程。

获得数据：从界面上获得用户录入的用户名、密码（明文），根据用户名从数据库中获得对应用户的密码（密文），根据用户名获得当前用户对应的角色，根据角色获得菜单权限清单。注意，这里列举了所有各个分支下需要的数据，在不同的分支下，所需要的数据并不相同。

处理数据：查找是否有本用户名，没有，则功能运行结束（分支一）；如果有本用户，则根据用户录入的密码，通过加密算法获得密文，与从数据库中获得的密码密文比较，如果不相同，则密码验证不通过，功能运行结束（分支二）；如果验证通过，则通过用户角色、角色权限，计算获得当前用户的权限清单，生成登录首页，功能运行结束（分支三）。

提交结果：如果用户名在系统中不存在，则在界面上反馈信息“没有当前用户”（分支一）；如果密码不正确，则在界面上反馈信息“密码错误”（分支二）；如果密码正确，则加载登录首页，并在日志表中记录登录日志（分支三）。

5.2.4 划分功能

进行功能设计首先要做的事情是进行功能划分，即设计者试图通过哪些功能组合，来解决用户的问题，从而达成企业信息化管理的目标。在这个阶段主要考虑这个软件系统会包括哪些功能模块，功能模块由哪些功能点组成，每个功能点包括哪些子功能，每个子功能包括哪些原子功能，每个功能需要输入什么、如何处理、输出什么，哪些用户使用这些功能，使用这些功能是为了解决什么问题，怎么使用这些功能等。

要做好这件事，可以从以下这些方面来思考。

（1）用户需要通过本系统处理哪些需求用例？虽然功能点并非完全根据需求用例来划分，但绝对有很大的关系。

（2）用户需要通过本系统处理的具体任务有哪些？虽然功能点并非完全根据用户的任务设置，但绝对有很大的关系。

（3）如果你是管理者，需要将这些任务分配给不同的人员，你觉得可以接受的最小任务粒度是什么？一个功能点往往意味着一项任务的最小粒度。例如前面所说的“客户档案维护”，不大可能将“删除客户”作为一个单独的任务分配给某人吧？所以，“删除客户”不能作为一个功能点存在，它只能作为隶属于某个功能点的子功能或者原子功能。

（4）为了完成每个任务，需要哪些功能支持？大部分功能点都需要包括对数据的增删改查这些子功能。

(5) 有没有那种处理起来很复杂，需要的信息量很大，需要处理的数据很多，但绝不可能分拆给不同的人处理的任务？这种任务可以考虑分拆成多个功能点，将这些功能点组合成一个内聚性较强的功能模块。

案例：划分功能

某库存管理系统的功能划分见表 5-1。

表 5-1 某库存管理系统的功能划分

功能模块	功能点	子 功 能	原 子 功 能
基础模块	仓库配置	仓库基本信息维护、仓库配置	查询仓库、新增仓库、编辑仓库、删除仓库、会计期间查看、确定仓库责任人、确定仓库核算员
	库位配置	库位维护、库位属性设置	查询仓库、查询库位、录入库位、导入库位、导出库位、编辑库位、删除库位、保存库位属性
	包装物	包装物维护、包装物库位	查询包装物、录入包装物、导入包装物、导出包装物、分配库位、转移库位、编辑包装物、删除包装物、生成条形码、打印条形码
	物料	物料维护、物料属性设置	查询物料、录入物料、导入物料、编辑物料、删除物料、保存物料属性、生成条形码、打印条形码
库存交易	入库	直接入库、根据采购单入库、根据生产单入库、销售退货	查询采购单、查询生产单、查询销售单、查询仓库、查询库位、查询会计期间、查询物料、确认入库、打印入库单
	出库	直接出库、采购退回、根据生产单出库、根据销售单出库	查询采购单、查询生产单、查询销售单、查询仓库、查询库位、查询会计期间、查询物料、确认出库、打印出库单
	调拨	调拨录入、调拨结果确认	调拨源物料查询、结存查询、调拨目的物料查询、调拨交易录入、确认调拨、打印调拨单
	盘点	盘点表生成、盘点结果录入、盘点结果入账	查询仓库、查询物料结存记录、打印盘点表、录入盘点结果、确认盘点入账、查询盘盈盘亏记录
仓库核算	仓库结账	结账、撤销结账	查询结账历史、查询仓库、查询会计期间、结账、撤销结账、导出结账历史
	存货成本计算	计算方式设置、存货成本计算、计算结果确认	录入计算方式、查询仓库、查询会计期间、选择计算方式、计算存货成本、确认计算结果、打印存货成本报表
统计查询	仓库交易查询		查询库存交易、导出
	仓库结存查询		查询仓库结存、导出
	仓库明细账		查询仓库明细账、导出
	存货成本统计表		生成存货成本统计表、导出、打印

5.3 功能逻辑

每个功能都有其内部的运转逻辑，正是通过这些逻辑才能处理、传递信息，才能满足业务规则的要求，才能让计算机按照人的想法工作。功能逻辑越复杂，往往也意味着内部结构越复杂；业务规则越复杂，运算要求越复杂；功能逻辑越智能，越能体现计算机的优势，对于软件来说，这也往往表明它越有价值，越能帮人类做更多的事情。

5.3.1 基础功能逻辑

基础功能逻辑是指围绕数据进行的基础操作，大部分看上去复杂无比的功能都是由这些基础功能组合而成的。基础功能逻辑可以分成两大部分：一是针对数据库的操作，无非就是数据的增加、删除、修改、查询 4 种操作；二是跟数据库没有直接关系的操作，主要包括计算、显示、数据传递等。

1. 数据库操作

数据库操作指针对数据库进行的增删改查操作，下面分为增加数据、修改数据、删除数据、查询数据几个类别讲述一些常见的基础功能逻辑。

1）增加数据

增加数据指在数据库或文件系统中添加内容。包括一次在数据库中新增一条记录、一次在数据库中新增多条记录、新建文件、在文件中添加内容等基础功能逻辑。

（1）新增一条记录：使用 Insert 语句在数据库的某个表中增加一条记录。这种功能逻辑大部分都是伴随着新增、发起、填写等功能中的某个保存、提交、确认之类的按钮执行的。为了保证进入数据库的数据是合法的，一般在正式提交数据到数据库前都需要进行或多或少的数据验证工作，如某些必填字段是否填写了，某些字段之间的钩稽关系是否正确，某些引用的数据是否存在等，在实现时，这种验证性的代码量比提交数据的代码量要大得多。

（2）新增多条记录：使用 Insert 语句在数据库的某个表中，或者多个表中同时增加多条记录。这种功能逻辑一般都是伴随着某个导入、批量生成、批量复制之类的功能执行的。从表面上看，新增多条记录无非是新增一条记录的重复执行，但实际上，新增多条记录的功能逻辑比新增一条记录要复杂很多，特别是准备同时新增的这些记录之间有一定的关联关系时。

（3）新建文件：在系统相关的某个文件夹中添加文件。这种功能逻辑一般都伴随着上传附件、上传图片、上传照片、上传视频等功能中某个确认、保存之类的按钮执行的。为了节约系统的存储空间或者节约网络资源，一般都需要对文件的大小进行控制，有的软件会用求哈希值之类的方法判断系统中是否存在相同的文件，从而提高上传速度、节约存储空间。

（4）在文件中添加内容：向系统中已经存在的某个文件添加文件记录。由于面向数据库的软件，数据一般都存放在数据库中，这种功能逻辑用得很少，但在有些特殊情况下还是用得到的，如在某个日志文件中不断添加系统的执行日志。

2）修改数据

修改数据指修改已经存在的数据记录，包括编辑一条记录、编辑多条记录、修改特定字段等。

(1) 编辑一条记录：使用 Update 语句修改某条记录的部分或全部字段，这种功能一般也是伴随着界面的某个保存、提交、确认之类的按钮执行的。处理编辑的功能逻辑比处理新建的要复杂得多，因为新建的数据是全新的，它不会被其他数据引用，只要保证本条记录合法就行了，而被编辑的数据不一样，它在数据库中已经存在了或长或短的一段时间，有可能有别的数据引用它、依赖它，如果处理不当，就有可能导致其他本来合法的数据不合法了，严重时可能会导致数据崩溃。

(2) 编辑多条记录：使用 Update 语句同时更新一个表或多个表中的多条记录。这种功能逻辑不常出现。由于这类操作会影响大批数据(包括需要更新的数据，以及依赖于这些数据的数据)，在设计功能逻辑时需要非常慎重，除非确有必要，否则应该尽量避免这种操作。

(3) 修改特定字段：这其实应该属于编辑一条记录的范畴，但由于在实际工作中，这种特殊的功能逻辑出现频率很高，于是就单列出来了。这种功能逻辑一般用于某个特殊的操作，如锁定记录、修改状态等，跟编辑一条记录不同的是，它只是修改了某个特定的字段，因为这个字段值的变化，导致这条记录的性质发生了根本性的变化，如不再允许修改了，不可见了，属于不同的类别了，等等。

3) 删除数据

删除数据指删除数据库中已经存在的数据，也包括删除一条记录、删除多条记录两种基本功能，这里不再赘述。根据实现方式，删除数据可以分为逻辑删除与物理删除两种基本方式。

(1) 逻辑删除：从用户的角度，数据已经被删除，但数据其实还保存在数据库中。其实，这种删除方式只是修改数据的一种，实现方式一般是使用 Update 语句在数据库中对需要删除的记录做被删除标记，在展现数据时，根据这个标记做处理，使被标记的记录对用户来说变得透明。

(2) 物理删除：使用 Delete 语句将记录从数据库中删除。物理删除的处理逻辑比逻辑删除复杂得多，逻辑删除只是给待删除记录做了个删除标记，不会影响与之相关联的数据，需要的验证逻辑很少甚至根本不需要验证，而物理删除是直接将记录删除，在删除前需要判断系统中是否存在跟它有关联的数据，处理稍有不慎就会带来可怕的结果，特别是一些基础数据，由于被大量引用，如果被误删除会导致整个系统数据崩溃。

4) 查询数据

查询数据指根据一定的条件从数据库中通过 Select 语句将数据提取出来，展现给用户。由于数据库保存大量数据的主要目的就是用于信息共享、统计分析等，因此查询数据是最常用的功能逻辑，99%的功能都离不开查询数据这个功能逻辑。用户使用软件时，几乎所有能通过界面看到的、听到的信息(对于有些特殊的软件界面，恐怕还要加上嗅到的、摸到的信息)，都是通过查询数据逻辑从数据库中获得的。从功能上看，查询数据一般包括系统自动获取、用户间接查询、用户根据条件查询、数据导出、文件下载、生成报表等方式。

(1) 系统自动获取：那些并非由用户触发的功能，如调度任务、接口程序等，在运行过程中一般都需要从数据库中获取数据——在执行过程中根据条件不断从数据库中查询获得，这个过程跟用户无关，是系统自发进行的。

(2) 用户间接查询：在很多时候，查询获取数据的过程是用户发起的，但查询这些数据并不是用户的目的，用户另有目的，查询这些数据只是为了实现用户的目的而进行的辅助过程。例如，用户打开了某界面后，系统自动加载了某些初始化信息；用户确认登录后，系统从数据库中读取当前用户的密码用以验证。

(3) 用户根据条件查询：用户为了查询自己需要的信息，在界面上输入查询条件，系统根据这些查询条件在数据库中检索数据，然后将符合条件的数据组装成用户需要的信息，展现到界面上，平常所说的某查询功能一般就特指这种查询。例如，用户为了查询某个客户上个月的订单，在界面上输入客户代号、月份，系统根据这个客户代号、月份在数据库中检索这个客户的所有订单，然后呈现在用户界面上。

(4) 数据导出：根据用户要求，将符合条件的数据从数据库批量导出生成某种文件。最常见的是Excel文件，其他文件格式如PDF、Word、PPT等也经常用到。这种方式的执行过程跟“用户根据条件查询”类似，只是获取数据后的展现方式不同，是将查询获得的数据保存到某种文件中，而不是在用户界面上直接展现。

(5) 文件下载：将服务器中的文件下载到本机。

(6) 生成报表：类似于“用户根据条件查询”，也是根据用户输入的条件在数据库中检索数据，然后将符合条件的数据展现在界面上。但两者还是有很大差别的，一般的查询基本上还是以记录集的方式展现，以关系数据库擅长的表的方式呈现信息，而报表往往会经过大量的统计运算，按用户需要的格式呈现信息，有时候，这种格式会相当复杂。

2. 非数据库操作

有很多功能逻辑并不直接跟数据库打交道，它们对数据进行运算处理的过程，可能发生在提交数据到数据库之前，也可能发生在从数据库获得数据之后，也可能是跟提交、获取数据同时、交错进行的。

1) 计算

从数据库获得数据后，或者将数据保存到数据库之前，也许需要进行各种计算。这种计算过程可能非常简单，如只是做些字符串截取、加减乘除、数值统计、逻辑与或之类的处理，例如保存订单信息的同时减去下单客户的信用额度；也可能相当复杂，需要大量的业务规则、计算公式才能完成，例如，某生产调度系统，需要根据生产数据、计划数据进行综合运算后才能生成各生产中心的负荷预测表。

2) 显示

从数据库获取数据，经过加工后在界面上显示为用户所需要的信息。有些用于显示的功能逻辑是相当复杂的，如将查询出来的数据处理成用户需要的报表格式，将数据转变成图形等。例如，某工艺CAD系统，从数据库获取某种产品的工艺设计数据后，需要进行大量处理才能生成设计模型图。随着用户的要求越来越挑剔，“显示”也越来越重要了。

3) 传递

将数据从一点传递到另一点，可能是从一个界面传递到另外一个界面，或者是从一个用户传递到另外一个用户等。例如，通过消息框，一个用户向另外一个用户发送文字或图片。

需要注意的是，在实际工作中，这些功能逻辑往往是相互嵌套、相互依赖的，例如一次运算过程可能需要断断续续地查询数据，一边运算一边删除数据，一边新增数据，一边修改数据，仅包括其中一种逻辑的功能是很少见的。

案例：增删改查与计算交错进行的功能逻辑

某 ERP 系统 MRP 运算的功能逻辑。

1. 计算准备

- 如果 MRP 锁定标志被锁住，则报错，拒绝执行。
- 置 MRP 锁定标志为 Y。
- 将符合用户输入条件的销售单、采购单、生产单、库存物料、仓库安全库存相关信息复制到运算缓存区。

  ……

2. 计算过程

  ……

- 从物料主档案中获得当前层级物料的提前期。
- 如果物料主档案中该物料的“物料生产类别”以 P 开头，则置“是否采购件”为 Y，否则为 N。
- 计算计划开始日期，公式：计划开始日期=需求日期－提前期。
- 根据 MT005 中的参数“MRP 需求合并天数”或 MRP 运算参数，以及计划开始日期，计算“建议区间开始日期”“建议区间结束日期”。
- 根据 MT005 中的参数“MRP 建议日”或 MRP 运算参数，以及“建议区间开始日期”，计算“建议开始日期”。

  ……

- 如果“是否采购件”为 N，且层级小于或等于用户输入的层级，且“已经分解”为 N，则进行以下计算。
- 根据物料主档案定义的“标准工艺路径”获得物料的工艺路径，如果没有定义，则根据物料主档案定义的“工艺路径搜索规则”搜索工艺路径，搜索成功后将工艺路径头插入表 PP728，将工艺路径步骤插入表 PP729，置“存在工艺路径”为 Y，将工艺路径号记录在表 PP721 中。

  ……

- 一个物料计算完成，将计算阶段信息打印到日志文件。
- 循环计算，直到所有物料计算完成。
- 根据 MRP 参数“采购单满足需求的优先顺序”分配可用数量，如果参数为“A—需求日期急优先”，则按“建议开始日期”增序分配，如果参数为“B—数量小优先”，则按“毛需求数量”增序分配，如果参数为“C—数量大优先”，则按“毛需求数量”降序分配。

  ……

- 将 PP721 中，净需求大于 0，相同“物料＋建议开始日期”的记录汇总，插入 PP722。需要汇总的字段包括：分配采购单数量、分配生产单数量、分配库存数量、净需求数量。

3. 计算结果处理

- 采购件生成采购建议，写入表 PR038、PR040；加工件生成加工建议，写入表

PP038、PP040。

……

- 清除表中存储的计算过程中间数据。
- 释放 MRP 锁定标志。
- 发站内消息提示用户计算完成。

5.3.2 数据流

面向数据库的软件，总是以数据为核心的，所有的功能都可以理解成对数据进行处理的过程。可以把数据库理解成一个仓库，表是仓库中的货架，数据是存放在货架中的货物，现实仓库里的货物是在不断流动的，进进出出，在供应商、制造单位、客户间流动，数据也一样，也是在不断流动的，在各个功能之间流动——这就是所谓的“数据流”。当然，数据流动跟货物流动是有本质区别的，数据流动是信息的流动，不是实物流动，是个复制的过程，不会影响原始数据。例如，两个人谈话，甲告诉乙这本关于需求分析的书写得很好，乙就知道了这个信息，这个信息就由甲复制给了乙，这是信息流；如果同时甲把这本书送给了乙，那么这本书就从甲手上流动到乙手上，乙有了，甲就没了，这是物流。

一个软件系统只要在使用中，其中的数据就在不断流动，如果数据静止不动了，那么往往表示这个系统死了——或者软件宕了，或者系统没人用了。数据可以从一个数据库流动到另一个数据库，从数据库流动到文件，从数据库的一个表流动到另一个表，从数据库流动到界面，从界面流动到数据库中，总之每一个功能的执行，都会带来数据流动。

案例：用户登录的数据流

分析一下用户登录过程的数据流。用户单击“登录”按钮后，系统根据用户名从数据库中找到存储的密码（密码是通过“用户管理”功能流入数据库的），密码就从数据库“用户”表中流动到界面，比对正确后，系统打开用户首页，加载用户的功能菜单，关于功能菜单的数据就从数据库的“功能菜单”表流动到界面（菜单是通过功能“用户权限配置”功能流入数据库的），并且记录登录日志，用户名就从用户界面流动到数据库的“登录日志”表。

从这个案例可知，数据流关心这些方面：数据是如何流入数据库的，是如何流出数据库的，数据库中已经存在哪些数据，这些数据是从哪里来的。

有一种表达数据在功能之间流动的模型图，叫作数据流图，它表达了触发者（大部分情况下指某种角色的用户或其他软件系统）在调用软件功能时，数据的存储、流动方式。

相信读者或多或少都对数据流图有些了解，如图 5-3 所示。

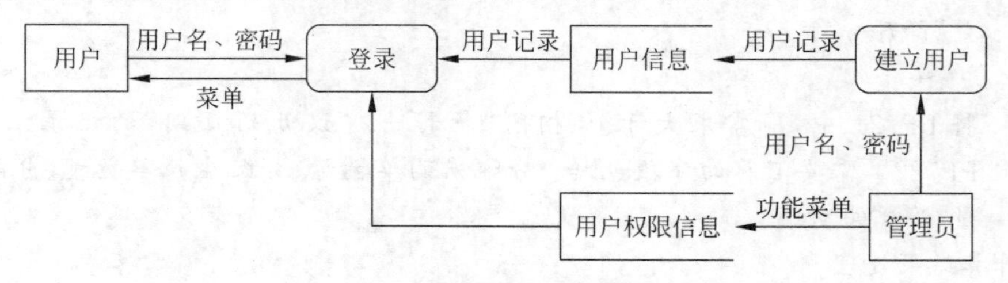

图 5-3　用户登录的数据流图

面向数据库的软件，由于数据存储、流动都是围绕数据库的，因此，数据流图大部分都是表达程序功能是如何与数据库交换数据的，往数据库写入了什么数据，从数据库取出了什么数据。由于有了数据库的存在，导致数据流动的复杂程度大幅度降低，在进行数据流分析时，完全可以不管这个功能需要的数据是从哪里来的，只要知道在数据库的什么地方可以找到就行了，也不需要知道这个功能产生的数据会给谁用，只要知道往数据库的什么地方按什么规范存储就行了。因此，面向数据库的应用开发，很少见到画数据流图进行功能逻辑分析的，大概觉得有些得不偿失吧。

但要知道，不画数据流图并不表示数据流分析不重要。其实在数据建模阶段就应该对数据的流动方式进行深刻分析，因为数据流动的方式不同，会严重影响到数据模型的设计。数据流跟数据、功能、界面都是紧密相关的，考虑到这一点，我们至少明白了一个道理，本书所说的各种步骤其实在实际工作中都应该是交错穿插进行的，绝不能割裂开来考虑。

5.3.3 工作流

1. 工作流程

企业所有的工作都是由或多或少的一些步骤构成的，每个步骤又可以分成更小的步骤，步骤之间有一定的先后顺序，这些有先后顺序的工作步骤就构成了所谓的工作流程。一般管理比较规范的企业，会有详细的业务流程图来描述自己的工作流程。

在实际工作中，有些工作流程要求属于理论上的，可能只是一种设计理念，不会或根本不可能强制执行。

案例：理念性的工作流程

某部门对员工上班的准备工作有明确的步骤要求：员工上班打卡→打开计算机打印昨天的业绩报表→向主管汇报昨天的工作情况→获得主管安排的工作任务。虽然大家每天上班基本上都是这么做的，但确实有很多特殊情况，如员工有可能忘记打卡了，有可能今天主管没有安排工作任务，有可能自己出差，等等。因此，这种工作流程只能算是一种设计理念，并非真正的有严格约束力的工作流程。

有的时候，针对某些工作流程的要求，企业有非常明确、严格的规定，可能在企业的任何一份工作操作指导书、业务流程图之类的文件中都有关于它的正规阐述，但因为执行力的问题，在真正的工作过程中未必就是这样做的——这种事情太多太多了。

案例：未必得到执行的工作流程

某公司的员工请假流程，根据人力资源部颁布的考勤管理规定，严格分为这么几步：员工填写请假单→主管审批→部门经理审批→人力资源部登记。这种流程看上去很严格，至少员工不填写请假单，就不可能有主管审批，因为主管需要在请假申请单上签字，而没有主管、部门经理审批的请假单，人力资源部也不会认可。然而，所有的流程都是需要人来执行的，如果不借助于某些手段——或者管理手段（如考核措施），或者技术手段（如信息化系统）——什么流程都有可能失去它的约束力。例如，这个公司确实有不少人因为跟人力资源负责考勤的文员关系好，会趁主管出差，什么单子都不填写，直接跑过去跟她打个招呼就早早回家了。

管理者为了加强控制，确保工作流程的要求得到真正的执行，在管理的过程中往往都会在固化流程上面付出巨大的努力，传统上可以通过培训、考核、检查之类的方式来进行，但有了信息化系统后，相关的工作方式发生了巨大的变化。将流程固化，强制按照预先设好的步骤执行，不留情面——在这方面机器比人要强得多。

但是，并非所有的工作流程都可以固化，需求分析者不要看到别人拿出个业务流程图就想将它变成信息化系统中的固化工作流程，很多情况下这都是不现实的。例如，以软件行业为例，很多软件公司都是这样描述自己公司的软件实现流程的：调研→需求分析→软件设计→开发→测试→上线→实施→服务。但正如我们一再强调的，软件项目的这些步骤往往都是穿插进行的，根本不可能用一个流程将之固化下来。

2. 什么是工作流

管理软件中所谓的工作流，往往是指这样一种功能逻辑：它建立了工作流程中各步骤的制约关系，规定工作流程需要经过哪些步骤，进入或完成每个步骤有什么条件，每个步骤应该由什么人负责办理等。

由于软件承载了管理者对于固化流程的强烈期望，包含工作流的功能逻辑在管理软件开发中越来越常见了，特别是在一般的OA系统中，工作流往往会成为整个系统运行的核心功能，常见的办公流程包括“请假流程”“用车申请流程”“会议室申请流程”“办公用品领用流程”等。

为了节约成本、快速响应，许多OA软件提供一种称为“工作流引擎”的功能组件，通过这种组件，可以快速配置用户需要的不太复杂的特殊工作流。一般工作流引擎包括两大部分内容，一是表单处理，一是流程处理。表单承载业务信息，如用户填写的请假单、出差申请单等，流程承载的是办理过程。可以将工作流引擎简单理解成，将承载信息的表单在各个流程节点之间推送的机制。另外，为了配合工作流的处理，需要提供一些基本功能，如“待办任务”“已办理任务”“流程监控”等，这些在工作中遇到的话自然就无师自通了，不再赘述。

下面简单介绍一些跟工作流相关的基本概念。

节点：流程的节点就是工作的处理步骤，一条工作流至少包括一个节点。在进行工作流设计时，对于节点的处理，有两个重要的注意点：一是并不是实际工作中的所有步骤都应该在系统中处理，例如某公司用车申请流程，其中包括一个重要的步骤，就是确认驾驶员是不是有时间，这个步骤可能在系统中就没办法处理，只能由相关人员在系统外（所谓的“线下”）确认；二是节点的设置要有一个合理的粒度，一般情形下，相连两个节点之间的办理人应该是不同的人，如果相连两个节点都是由同一个人办理，那么往往意味着节点的粒度设计太细，需要将这些节点合并。

发起：发起流程就是启动一件事情，让某一件事按照设计好的工作流要求走起，例如在系统中发起请假申请，发起会议室申请等。

分支：有些工作流的所有步骤都是确定的，由启动到完成一定会经过所有节点，如某公司“用车申请流程”，一定是经过“发起申请→主管审核→后勤部安排车辆”这些步骤，但这种工作流其实并不多见，大部分工作流的步骤并不完全确定，需要在实际执行过程中根据某些条件、要求才能确定,也就是说会出现某种"分支"。例如,某公司"采购物品流程"规定,如果采购金额不足10 000元由分管副总审核,超过10 000元需要总经理审核,超过100 000元需要董事长审核,显然这里有两个分支。在实际处理过程中,对于分支的处理,有时候由系统自动判断,如果满足什么条件则执行什么步骤,有时候由节点的办理者人为判断下一步执行哪个节点、由谁来执行。前面的"采购物品流程",当分管副总审核通过时,可以由系统根据申请采购金额判断是结束本工作流还是继续送往总经理审核,而有的时候,由于采购物品金额并不明确,系统无法判断,也可以由审核人自己做出判断,决定是否需要送给总经理审核。

办理:办理指工作流节点的处理过程。很多节点的工作只是决定是否同意,可以将这个办理过程称为"审核"或者"审批",如某公司"请假流程"中的节点"主管审核""总经理审批"。一般系统会为工作流的待办事项生成待办任务,处理者从自己的待办任务中可以知道要处理哪些事情,然后打开某条待办任务进行办理,办理完成后再推送到下一节点,这时系统再给下一节点的负责人生成一条待办任务。当然,信息系统只是管理信息的,很多情况下所谓的办理,可能只是在系统中登记办理结果,真正的办理过程还是在系统之外(线下)。例如,某公司"办公物品领用流程",其中有"仓库发货"的节点,在实际执行过程中,只是仓库管理员将物品发放完后通过本节点登记,并非通过这个节点可以真正办理发货这件事。

委托:委托就是办理者将某一个任务,或某一类任务,或某时间段内的所有任务委托给其他人处理。这种事情往往发生在办理者外出,或者觉得自己没有能力,没有职权处理的时候。

主办人与经办人:流程节点的办理者可以包括主办人与经办人。在现实业务中,这往往表示需要一个工作团队,由经办人协助主办人完成这项工作;在软件功能逻辑中,一般的处理方式是,经办人可以报告办理情况,但不能将工作流向后推动,只有主办人才可以执行完成节点的操作并将工作流向后推动。

子流程:工作流中,在办理某些节点时,可能会启动另外一条相对独立的流程,我们称这种流程为子流程。例如,某公司"办公物品领用流程",在"仓库发货"这个节点,仓库管理员发货时,如果发现希望领用的物品不存在,那么会在这个节点发起另外一条流程,"办公物品采购申请流程",这就是子流程。当这个流程办理完毕,仓库收到采购回来的办公用品后,仓库管理员才会将"仓库发货"节点办理下去。

会签:会签指某个节点由多人同时办理,这个节点的办理结果是综合这些人的意见得出的,常见的功能逻辑包括所有会签人同意就同意,任意一个人同意就同意,达到某百分比的人同意就同意,任意一个人不同意就不同意,等等。

3. 工作流图

当功能逻辑中包含工作流时,往往意味着需要某种控制或推送机制,这就需要需求分析师去分析,这项工作在办理过程中经过哪些节点,由谁发起,每个节点往下推送时是否会有分支,这些分支需要满足什么条件,每个节点满足什么条件才能进入,满足什么条件才能流出,谁是主办人,谁是经办人,办理时是不是可能委托他人办理,每个节点是不是还有可能分解出另外的子流程,等等。工作流程经过需求分析后,需要形成文档,跟工作流相关的文档最主要的就是流程图,本书将面向工作流的流程图称为工作流图。

案例：工作流图

某公司的员工请假管理要求如下。

一般员工请假，如果请假天数不足1天，就由他的主管（直接上级）审批；如果请假天数多于1天不超过7天，不但要主管审批，还需要部门经理审批；如果请假天数多于7天，则需要主管、部门经理、总经理审批。

主管级别的员工请假，不需要主管审批这一步。

部门经理级别的员工请假，不需要主管审批、部门经理审批这两步。

总经理不需要请假。

需求分析人员根据业务需求进行了工作流的设计，并绘制了工作流图，如图5-4所示。

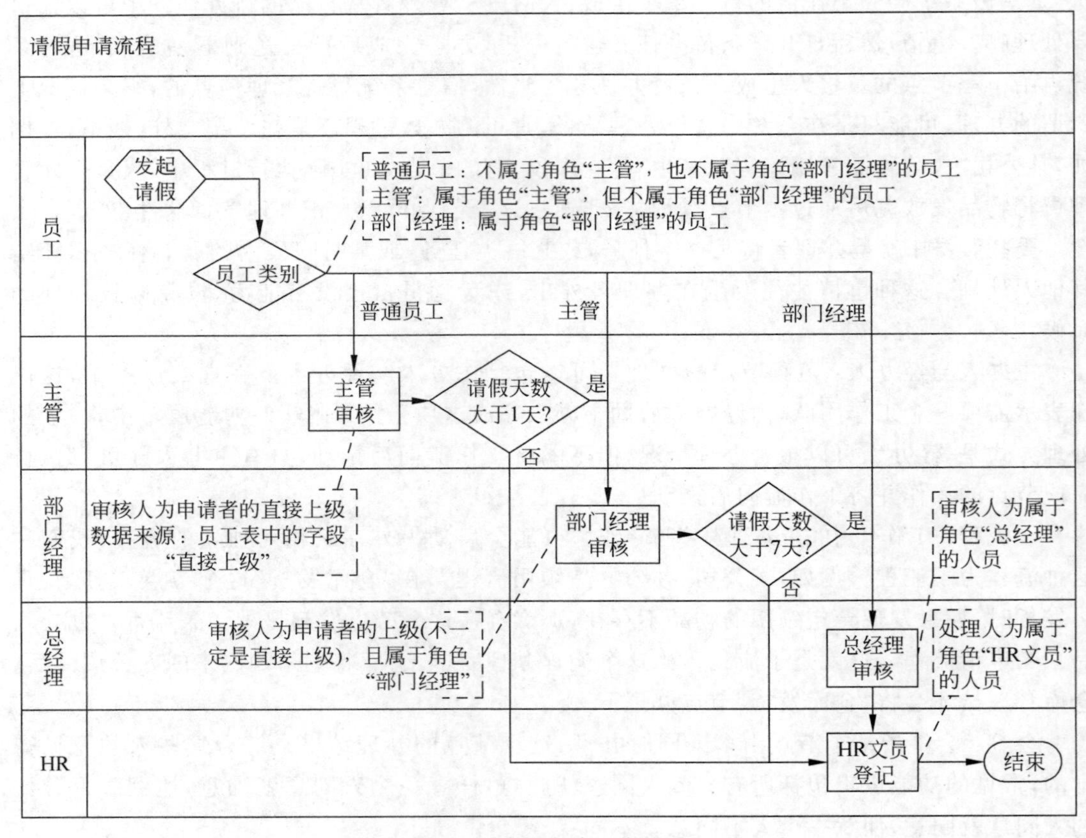

图5-4 请假申请工作流图

由于工作流图是可以投入研发的设计图，它的要求更规范、更明确、更精准，应尽量避免模糊的概念性的描述，以及容易引起歧义的描述。

画工作流图有以下一些注意点。

（1）工作流图只表达流程步骤，业务信息还需要采用其他表达方式。如上述案例中，请假单中需要填写什么内容，遇到年假、婚假之类的请假如何处理等，就不在工作流图中表达。

（2）工作流图中的每个矩形表示一个流程节点，需求分析者在绘制流程图时就应该有一个设计节点的思维过程，不是要求开发者开发的节点，就不要画个矩形在图上。

(3) 每个菱形表示有一个流程分支。

(4) 需要把每个分支的判断规则写清楚，清楚得可以根据它写程序。

(5) 要把每个节点的办理人员写清楚，清楚得可以根据它写程序。

5.3.4 一些功能逻辑案例

本节介绍一些功能逻辑案例，这些案例在软件系统中经常出现，包括权限控制逻辑、结转逻辑、可变逻辑、自定义逻辑等，只要你从事管理软件设计、开发，相信这些功能逻辑都是会频繁遇到的。

1. 权限控制逻辑

所谓权限控制，就是控制用户使用指定功能或数据的权限。这种逻辑一般可以分成两种，一是功能权限控制逻辑，一是数据权限控制逻辑。在实际工作中，用户对权限控制的要求千差万别，往往需要结合功能权限控制与数据权限控制才能满足需求。

1) 功能权限控制

所谓的功能权限控制，就是决定用户能否操作某功能。例如，是否允许打开某功能菜单，是否显示某功能按钮，是否可以打开某子页面等。

案例：功能权限控制逻辑

某软件建立了一套功能权限控制体系。所有的权限控制逻辑根据用户所在的“角色”展开，软件根据角色授权，如果某用户被分配到了某个角色，那么表示这个用户拥有了这个角色的所有权限，如果一个用户允许属于多个角色，那么，意味着这个用户获得了这些角色的所有权限。对角色授权分为三级授权，第一级是功能菜单，用户只能看到获得授权的功能菜单，也就是说，对于某用户来说，如果他所在的角色中没有获得某功能菜单的授权，那么他就不能使用该菜单下的所有功能，因为他根本看不到这个菜单；第二级是子页面，每个功能菜单下都有若干子页面，用户获得功能菜单的授权后，未必可以使用本功能点下的所有功能，他只能看到获得授权的子页面；第三级是功能操作，也就是常见的按钮、功能图标、操作链接等，对于没有授权的功能操作，即使打开了子页面，用户也不能操作——有的隐藏，有的置灰，有的单击后提醒不能操作。

2) 数据权限控制

所谓数据权限控制，指控制用户可以对哪些数据进行操作，也就是说，即使用户获得了某些功能的授权，也不一定有权对这些功能管辖的所有数据进行相应的操作。例如，常用的新浪微博，绝大部分功能都包含典型的数据权限控制逻辑，这么多用户使用完全相同的功能，但每个人只能查看跟自己相关的数据(如微博、粉丝、关注者、收藏等)，大量跟自己无关的数据，普通用户是没有权限访问的。

案例：数据权限控制逻辑

某 OA 软件有一个“工作计划管理”功能，获得授权的用户可以通过本功能管理自己的工作计划，可以新增工作计划，可以对自己的工作计划进行增删改查，可以根据自己的工作计划编写完成情况等。但对于管理者来说,不但可以管理自己的工作计划,还可以查看所有下级的工作计划,并且可以对下级工作计划的完成情况做出评点。

一般来说,数据权限控制的处理比功能权限控制要难得多,毕竟功能是有限的,而数据是无限的,如何既能满足用户的权限控制需求,又能应对未来可能发生的权限变更,又要节约开发成本,这一直是让软件设计者颇感头痛的课题。

2. 结转逻辑

所谓结转逻辑,指针对某些数据进行统计汇总或相关运算后,将计算的结果保存到数据库中用以存档或者提高系统性能。结转可以分成两种方式,一种是结转完成后锁定原始数据,不允许修改、删除,这种结转方式可以确保原始数据与结转结果始终都具有一致性;另一种是结转完成后不锁定原始数据,在这种方式下,如果原始数据发生变化,就会导致原始数据跟结转结果不一致,当然这种方式的处理逻辑比前者要简单得多。结转逻辑在实际工作中非常常见,一般会用在应对需要出具正式、严格的期间数据,需要提高检索性能等方面的需求,如财务管理中的结账,库存管理中的生成月报,数据仓库中的数据汇总等。

案例:结转逻辑

某财务软件,提供月结功能,用户可以每月进行一次结账操作。用户确认月结后,系统会根据这个月的记账凭证信息以及上个月结账的结果,计算生成这个月的结账结果,包括每个会计科目的上月结存、本月借方发生额、本月贷方发生额、本月结存等信息。结账后,这个月的所有记账凭证被冻结,不允许修改。有了结账记录后,资产负债表可以根据本月结账记录生成,不需要对历年所有的历史数据进行一次汇总运算,这样可以降低系统运算的资源消耗,不会因为数据量的膨胀而导致运算速度急剧下降。另外,从系统生成的会计报表需要报送相关机构,成为非常严肃的档案,在这种情况下必然要求赖以生成报表的原始数据不能被修改,否则会造成非法的会计报表。通过结账后锁定记账凭证,可以保证报表跟原始数据具有一致性。

3. 可变逻辑

所谓可变逻辑,指某种功能的逻辑并不确定,怎么处理和运算交由用户决定。常用的方式是通过某种参数或配置开关来实现。例如,某发布生产任务单的功能,主要的逻辑是将编排过的生产任务单发布成正式的生产指令,但这里有一个配置开关"是否给责任人发送短信提醒",这个开关由用户自己设置,如果值为"是",则系统在发布生产任务的同时还会给相关责任人发送短信提醒,否则就不发短信。

当然,可能从程序实现的角度来看,这貌似只是多了个条件判断的分支,但从用户的角度来看,这确实是一种可以随心操控的可变逻辑。可以由用户操控的可变逻辑在实际工作中用得相当广泛,越是大型的软件产品这种逻辑用得越多,因为只有这种逻辑才能够支撑不同客户的各种各样的要求。

案例:可变逻辑

某库存管理软件的账务模块,有一个重要的功能:库存价值计算。但不同的客户对库存价值的计算方式有不同的要求,如先进先出法、后进先出法、移动加权平均法等。为了应对不同客户的多变需求，该软件的处理方式是设置一个用户配置参数，当需要系统计算库存价值时，用户需要先配置好这个参数，系统会根据用户配置的方式进行相应的计算，不同的方式，计算过程千差万别，需要的数据、计算步骤、数据流、保存方式等都完全不一样。

4. 自定义逻辑

所谓自定义逻辑，是指用户自己根据系统提供的某些功能定制工具，按照系统要求的语法、规范，而设置、编写的适合于自己需要的功能逻辑。有些自定义逻辑很简单，如允许用户嵌入查询 SQL 语句的查询生成器，允许用户通过设置正则表达式来进行数据录入验证；有些自定义逻辑相当复杂，不是一般的团队能做得出来的，如 Microsoft Office 的 VBA 编程工具，有些大型管理软件提供的报表开发工具等。当然，能使用自定义逻辑的用户并不是普通用户，他一定具有某种程度的软件造诣，而那些能够驾驭非常复杂的自定义工具的用户，恐怕只能认为他们也是软件开发团队的成员了。

案例：自定义逻辑

某 OA 软件，提供了工作流自定义工具，用户可以根据自己的业务流程配置出属于自己的工作流，而不需要软件供应商介入。该工作流自定义功能主要分成两大部分，一是流程自定义，一是表单自定义。用户根据工作流需要处理的信息自定义表单，该工具提供了录入框、单选框、复选框等常用的界面组件；根据工作流需要处理的步骤自定义流程，该工具提供了图形化的流程定义方式，用户可以通过拖拉节点、添加节点连线等方式确定流程路径及各种流程分支。该工具提供了大量的语法规范，用户可以根据这些语法规范编写判断语句用以确定工作流的分支条件、办理人员等。

5.4 功能优化

作为软件设计者，在进行功能设计时要时刻警醒自己——难道就没有什么更好的方法来处理这件事了吗？对于软件设计来说，设计的功能能够满足用户的需求只是最基本的要求，在这个基础之上应该还有更高层次的追求——我们不但提出解决方案，而且力图提出最优解决方案。本节从功能的灵活性、可重用性、高效性三个方面谈谈如何进行功能优化。

5.4.1 灵活性

软件的灵活性，指软件应对需求变化的能力。无论开始的需求工作做得多完善，用户的需求终究会有变化，或者需要修改某些需求，或者需要增加某些需求，或者需要取消某些需求，而灵活的软件具有柔性，即使用户的需求发生了变化，软件不修改也可以解决很多问题。当然，任何软件都不可能解决所有问题，作为设计者，能做的是尽量设计出可以应对更多需求变化的软件，也就是尽量增加软件的灵活性。

为了提高软件功能的灵活性，设计时可以试着问问自己以下这些问题。

(1) 这个地方一定要写死吗？

一般情况下，在程序代码中是不应该出现数据的，一旦在代码中出现了数据，就称之为写死了某些东西。例如，某审核功能只能总经理才能操作，但如果在代码中直接写“If

CurrentUser. Name='王老板'"之类的语句，就把这个规则写死了，写死的结果就是大大降低了软件的灵活性，什么时候总经理换成了张老板、李老板，就不得不修改软件了。当然，也必须承认，软件中总要写死一些东西，越是功能强大、规则丰富的功能，写死的东西就越多，因为在许多情况下，写活比写死要付出成倍的努力。

作为设计者，当需要写死某些规则时一定要问自己：这个地方一定要写死吗？写活不需要理由，写死一定需要理由，有说服力的理由。

案例：写死需要充足的理由

某销售管理系统，有一个分析客户信用额度的功能，需求概要是这样的：在近两年中如果客户成交金额超过100万，就归为A类客户；如果成交金额超过50万不到100万，就归为B类客户；如果成交金额超过10万不到50万，就归为C类客户；其他客户为D类客户。A类客户，如果近三个月内有过销售记录，且结清货款，那么授予10万的信用额度；B类客户，如果近两个月内有过销售记录，且结清货款，那么授予5万的信用额度；C类客户，如果近一个月内有过销售记录，且结清货款，那么授予3万的信用额度；D类客户不允许赊账。

分析这个需求，发现规则里出现了大量的数值，可以考虑两个大的处理方向，一是在实现时写死这些数值(可能程序员在开发时会通过一些常量来处理，这不是本书考虑的内容)；一是做一个规则配置功能，针对下单额度、信用额度、下单日期区间等进行配置，程序围绕这些配置结果进行运算，而不会把"100万""50万"之类的区间额度写入代码中。分析这两种处理方式，明显前者实现起来要容易，但不够灵活，一旦这种区间规则发生了变化就需要修改程序；后者实现困难，但比前者灵活，如果区间额度发生了变化，用户只要修改配置结果就行了，不需要对软件进行任何更改。至于最终采用哪种方式，需要设计者去决定，如果考虑灵活性，考虑未来可能的变更，自然选择后者，如果考虑开发成本、开发速度，自然选择前者。不同的考虑出发点会有不同的方案，关键是决定写死这些数值时要问问自己，这个地方一定要写死吗？如果答案是"是"的话，需要有充足的理由。

在实际工作中，把案例中的这种数值区间写死的很少，一个正常的软件设计者简直无法忍受这种方式。但有些特殊情况写死也比较常见，如某种记录的状态(例如采购单的"审核通过""审核不通过"状态——程序中未必就会写这种中文描述，有可能使用"A、B、C""0、1、2"之类，下同)，某种跟业务规则相关的业务数据类型(如员工的"在职员工""离职员工"类型)，某种配置型的数据(如存货价格核算方式包括"先进先出""加权平均"等)，某种特殊的角色(如只有属于角色"总经理"的人员才能进行某种操作)，某种工作流程的步骤(如请假流程经过"提出申请""主管审批"等步骤)，等等，这种数据往往跟某些业务规则息息相关，不写死无法表达规则，或者虽然可以写活但会付出几倍的代价，让设计者觉得得不偿失。

案例：写死与写活的权衡

某人力资源管理系统，其中的"绩效考核审核"功能，需求是当考核者完成自己班组的考核时，需要将考核结果提交部门经理审核，部门经理审核完成再提交人力资源部经理审核，审核通过的考核成绩才会成为最终的考核结果。

这种情况下，设计者处理起来就比较挠头。这个审核过程有两个步骤，对于一个企业来说，这种审核步骤一般是很少变动的，如果把两个步骤写死是完全可以接受的，如果要写活，那么要考虑设计可以让用户配置审核步骤的功能，如果没有一个像样的工作流引擎之类的组件，这项工作的开发量是相当大的。在这种情况下，如果是为某企业量身定制的功能，恐怕第一选择就是写死这个审核步骤，毕竟花那么大代价追求一个几乎用不到的灵活有些不划算。但如果是要开发一个产品投入市场，恐怕就要好好研究下如何写活了，毕竟不同的企业审核方式可能千差万别，想靠一个规则打天下显然是行不通的。

（2）这个规则是必需的吗？

每个功能都有其逻辑规则，虽然逻辑规则越多往往意味着软件功能越强大，但也要知道，逻辑规则并非越多越好。设计时，在功能逻辑中应该只保留必需的规则，对于那些不是必需的规则，能去除就去除，能简化就简化。

案例：规则越少越好

某库存管理系统，有一"禁用物料"功能，被禁用的物料不允许用户在入库过程中使用，核心规则是置物料属性"禁用标志"为"Y"。有以下两种基本思路可以考虑。

思路一，当用户确认禁用某物料时，系统判断该物料是否已经被禁用，如果已经被禁用，则提示出错"该物料已经被禁用"，如果本物料没有被禁用，则禁用该物料，并提示"禁用成功"。

思路二，当用户确认禁用某物料时，不管该物料是否已经被禁用，直接修改它的"禁用标志"为"Y"，并提示"禁用成功"。

这两种思路处理的最终结果是相同的，就是物料的"禁用标志"被置为"Y"，只是思路一先判断该物料是否已经被禁用，思路二不做这种判断，根据简化规则的原则。应优先考虑思路二，少一个规则就少一分软件变更的风险，谁知道这个判断物料是否禁用的规则将来会不会因为某些现在意想不到的情况而发生变化呢？

为了简化规则，提高软件灵活性，在软件设计中的一个常用技巧是，将某些控制、验证之类的规则交给用户，当然，前提是用户没有做好这种工作不会造成灾难性的影响，并允许用户在发现错误后自己纠正。在实际工作中，特别是针对某些参数开关之类的配置型数据的修改，经常会用到本技巧。

案例：让用户负起验证责任

小王在某公司进行库存管理系统的设计。客户的原材料仓库分成两个仓库，一个是主料仓库，一个是辅料仓库，主料仓库中存放本公司生产过程中用到的主要原料，如塑料粒子、铜材等，辅料仓库中存放辅助原料，如螺丝、螺母等。由于这两个仓库除了存放的原料不同，其他的管理方式都相同，小王决定只设计一个仓库管理的功能，然后在仓库信息中加一个参数"允许存放的物料种类"，"A"代表只能存放主料，"B"代表只能存放辅料，为了将来有可能的需求扩展，另外用"C"代表两者都可以存放。

问题来了，当系统使用一段时间后，如果用户要修改这个参数，软件该如何处理呢？假设某仓库一开始时参数"允许存放的物料种类"被设为"A"，使用一段时间后，用户发现这个配置有误，需要将"A"改成"B"，也就是说由只能存放主料改成只能存放辅料，这时候该怎么处理呢？

思路一，系统判断本仓库中是否存在主料，如果有，则报错，不允许修改，需要用户通过出库、调账、移库之类的方法将本仓库所有主料的结存数清零后才允许继续操作。

思路二，用户修改本参数时，软件不做判断，用户可以直接将本参数由“A”改成“B”，当然，用户在修改之前，他应该去查询下本仓库的结存情况，如果本仓库存在主料的结存，他就不应该做这种操作，但他要是强行修改，系统也不管。

比较这两种思路，思路一可以保证仓库中物料存放的正确性，但多了验证规则，降低了灵活性，因为如何判断是主料还是辅料、是否有结存之类的规则，将来都是有可能发生变更的。

思路二将验证的过程交给了用户，软件由于不需要提供验证功能，具有了更大的灵活性，但如果用户没有负起验证的责任，就有可能造成这种数据现象——明明配置的参数是只能存放辅料，可仓库中偏偏有主料存在。不过对系统而言这种错误没什么大不了的，用户发现后就可以处理，不会有多严重的影响。

(3) 这个地方用户需求真的很明确吗？

一个有经验的需求分析者，非常明白一个道理，跟你提需求的用户很少能把需求说得很明确，如果他描述的需求真的很明确，那更要谨慎对待，因为在很多情况下不是需求明确，而是很多异常情况被遗漏了。在设计过程中，要对各种需求有很强的敏感性，对于不明确的需求要搞明确，对于明确的需求，要追问自己：这个需求真的明确吗？

在很多情况下，用户真的不能把需求明确下来，他没有信息化建设的经验，他对未来的信息化管理体系的理解仅仅来自于书本、网络上的苍白描述，别的一无所知。当然，对于需求分析者，有责任引导用户逐步明确需求，但有的时候真是神仙也没办法，他也说不清楚，你的经验也无法继续深入，怎么办呢？这时候就要在软件的灵活性上下功夫，希望能够兼容一些不明确的需求。

案例：需求兼容

某学校管理系统中的调课功能。在设计阶段，就系统中调课成功后是否需要发短信通知任课老师与辅导员，学校管理方意见不统一，有说不需要通知任课老师，因为调课这种大事需要教务处电话通知相关任课老师，发短信容易引起依赖心理，反而可能造成教学事故；有说需要短信通知任课老师，毕竟多一个提醒的渠道总是好事；有说需要通知辅导员，好让他们对学生的课表有个了解；有说辅导员不负责学生的教学工作，通知他们没有意义，有些辅导员带十多个班，收那么多短信有什么意义？

争论了好久也没有什么定论，最后设计者决定加两个参数开关，一个是“调课后是否发送短信给任课老师”，一个是“调课后是否发送短信给辅导员”，这样，当前阶段就无须争论这个话题了，到软件投入使用时，想发短信给任课老师也好，想发短信给辅导员也好，用户都可以自己决定——这种通过参数开关兼容不同需求的方法，在实际工作中相当常见。当然，兼容的同时也增加了工作量。

(4) 这个地方用户需求发生变化的可能性大吗？

也许用户的需求非常明确，但设计者还要考虑，这种需求变化的可能性大吗？有些需求变化的可能性小，不需要花成倍的成本将软件搞得过于灵活，例如，一些需要符合行业规范、国家规定的需求(如会计报表的生成方式，ISO 文件体系等)，变化的可能性很小；而有些需求变化的可能性大，这时候设计者就需要在灵活性上多考虑，避免因为需求的频繁变化导致软件需要不断修改。

案例：变化可能性大的需求

小王在某学校做学校管理系统的设计工作，在“学生档案建立”这个功能中，学校管理方对学生档案的信息非常重视，要求分两级审核机制，班主任负责录入学生档案信息，然后送交院系审核，院系审核通过后，送交学工处审核，学工处审核完成的才会成为真正的学生档案信息。

小王分析了这个需求后，觉得这个审核流程在未来发生变更的可能性很大，如院系可能会让不同的科室审核不同的信息块(基本资料、家庭资料、联系方式等)，如可能会让教务处审核学生的班级信息，可能会引进档案室审核、院长室审核等。于是，小王决定设计审核流程配置功能，将来一旦发生了审核流程的需求变更，用户可以直接通过修改配置处理，而不需要开发者修改程序。当然，这么做的开发难度、工作量增加了很多。

(5) 这个地方我抓住了业务的核心吗?

有时候，用户所提需求可能只是描述了业务过程中的某个特殊场景，远远没有触及业务的核心。例如，仓库管理员说他需要收取供应商送的货物，需要收取车间送来的半成品，需要收取包装车间送来的成品，要知道这些工作的业务核心只有一个，就是将物料入库。从调研的结果来看，这个业务核心目前有前述的三个特殊场景。作为设计者，在进行功能设计时要善于甄别这些特殊场景，透过现象看本质，一次力求解决“一类”问题，而不是“一个”问题。抓住业务核心设计出来的功能，有更大的灵活性，因为只要属于这个业务核心中的需求都可以通过这个功能满足，而如果是针对特殊场景设计的功能，就会欠缺灵活性，因为在使用过程中可能会面临许多不可预见的特殊场景，每个意想不到的特殊场景都会导致软件功能的变更。

案例：抓住业务核心

某工厂的装配车间，需要通过信息化系统建立装配工的计件工资体系。该车间有三个装配组，每个装配组包括 1 名装配组长与 5 名装配工人，装配一组负责装配 A 系列产品，装配二组负责装配 B 系列产品，装配三组负责装配 C 系列产品。装配组长的计件工资，除了根据自己的装配数量计算外还包含组长津贴，不同装配组，根据工作的特性不同，给装配组长计算津贴的方式并不一样。A 系列的产品，每天装配前需要做比较多的准备工作，而这些准备工作主要由装配组长提前一个小时到工作岗位处理，因此车间会给一组组长发放定额津贴；B 系列的产品，没有很多的准备工作，组长的主要工作在于工作过程中的组织与技术指导，因此车间会按照二组每天装配数量的百分比计算二组组长津贴；C 系列的产品，每天下班后，需要做很多的清扫、整理工作，这些工作由组长在下班后加班半小时完成，车间除了按照每天各自组的装配数量的百分比提取三组的组长津贴外还会另外发放一定的定额津贴。

为了计算三个组长的计件工资，第一反应，设计者可以建立以下三种计算模型。

一组组长计件工资＝亲自装配数量的计件工资＋定额津贴

二组组长计件工资＝亲自装配数量的计件工资＋本组计件工资总数×比率

三组组长计件工资＝亲自装配数量的计件工资＋本组计件工资总数×比率＋定额津贴

但是，这种方式显然没有抓住业务核心，会导致功能缺乏灵活性，例如，一旦什么时候一组组长的计件工资也要跟本组工作量相关时就需要修改了。这里的业务核心是，装配组长的计件工资是由三部分构成的，一是自己亲自装配的计件工资，一是跟装配组工作总量无关的绝对津贴，一是跟装配组工作总量相关的相对津贴。至于二组组长没有绝对津贴，只是因为在这个场景下定额津贴为 0 罢了，一组组长没有相对津贴，只是因为在这个场景下相对津贴的比率为 0 罢了。

(6) 这个地方的处理跟业务现实一致吗？

有时候，你会发现，为了解决一个问题可以有各种方案，条条大路通罗马，但往往最优方案只有一个，只不过是不是"最优"在设计阶段并不那么容易判断，需要在系统使用一段时间后(短则一天，长则几年)才能判断。根据经验，当两种方案都属于值得考虑的方案时，越是符合业务现实的方案越具有灵活性——将来发生了需求变更未必就不需要修改，但修改起来更容易一些。跟业务现实不一致的功能逻辑，总是缺少一种水到渠成的感觉，有拼拼凑凑、敷衍了事的嫌疑，看上去像曲线救国，其实蕴含着极大的风险。所谓"强扭的瓜不甜"，偏离业务现实的功能逻辑就是强扭的瓜。

案例：功能逻辑跟业务现实一致

小王在给某公司设计 OA 管理系统。数据建模已经完成，其中有两个跟"人"相关的重要的表，一个是"员工"表，一个是"用户"表，前者表达了一个人作为员工的信息，如所属部门、上级、身份证号、地址等，后者表达了一个人作为系统用户的信息，如登录名、密码、最近登录日期等，这两个表之间的关系是一对一的关系。

在设计"请假申请"功能时，就如何处理申请人的问题，小王构思了两个方案：方案一，申请人为"员工"表中的员工，当用户提出请假申请时，根据当前用户所关联的员工，将本请假单关联到该员工，而不是关联当前用户；方案二，申请人为"用户"表中的用户，当用户提出请假申请时，直接将请假单关联到当前用户，而不是所关联的员工。是以员工的身份申请请假，还是以系统用户的身份申请请假呢？虽然这两种方式都是可行的，但小王经过思考还是决定采用方案一，因为这个方案更接近于业务现实。在系统中，虽然请假是由某个用户发起的，但"用户"本身所蕴含的业务现实是，这是一个进行软件系统操作的角色，登录、注销、权限之类的信息是属于用户的，而与现实员工相关的信息不应该属于用户。请假，是一个公司进行员工管理的业务，显然以员工的身份请假更符合实际。再想想未来可能的变更，假设未来要求允许将用户转换给其他员工，或者允许一个员工分配多个用户，如果采用方案二就麻烦了，因为用户本身承载了请假信息，这种变更对历史数据是致命的，但如果采用方案一，变更起来就很简单，甚至可能都不需要任何修改。

5.4.2 可重用性

可重用性，指本功能对不同系统环境的适应性。有些功能自成体系，跟本功能之外的功能、数据没有任何关系，具有最强的可重用性，例如，开发者经常使用的各种开发组件；有些功能隶属于某个环境，离开这个环境就没有任何意义，那么这种功能就没有任何可重用性，例如，需要从大量的数据表中抽取数据的报表功能，离开了这些表结构就没有任何意义，自然就没有单独获得重用的可能。注意，这里所说的重用，是指功能级别的重用，跟代码级别的重用（封装函数、过程、类之类）是两码事，不可混为一谈。

案例：功能移植

小王在给某公司设计一款 CRM 软件，其中有一个“客户管理”功能，用以对客户的基本信息资料进行管理，管理的信息包括客户代号、名称、联系方式、联系人等，需要提供录入、修改、删除、导入、导出等子功能。由于小王的团队开发过一款 ERP 软件，其中就包括一个客户管理的功能，小王认真研究了这个功能后，发现这个功能不需要进行任何修改就可以移植到这款 CRM 软件中来。

为了提高功能的可重用性，可以考虑以下这些方面。

1. 尽量减少功能之间的关联性

这里所说的功能之间的关联，是指某功能跟别的功能所产生的数据之间的关联。越是孤立的功能，越具有可重用性。当然，软件作为一个整体，将所有的功能完全孤立自然是不可能的，由于数据的流动，功能之间总有千丝万缕的联系，作为设计者，要做的是尽量减少功能之间的关联性，关联性少了，即便不能直接移植到别的软件系统，也可以通过少量修改达到这个目标。这里所说的“孤立”，不是它跟别的功能没有数据往来，而是如果有数据往来，总是别的功能发起，它自己是不会发起的，如客户管理功能，它生成的数据——客户信息——会被销售订单管理、送货单管理、应收账款管理等许多功能模块使用，但它自己是不会主动发起去访问这些功能模块的信息的。功能模块之间的关联是有方向性的，可以这么说，客户管理跟销售订单管理没有关联，但销售订单跟客户管理是有关联的。

案例：减少功能之间的关联性

小王在设计某个知识管理软件，该软件需要管理大量的用户文档，用户可以在功能点“文档库”或“知识论坛”中上传文档。为了节省存储空间，大概的需求是这样的：当用户通过某个功能上传文档时，系统判断本文档在服务器文件存储系统中是否存在，如果存在，就给它建一个链接直接链接到已经存在的文件，如果不存在，就保存这个文件，然后建立链接。当用户在某个功能中删除附件时，系统删除这个链接，同时判断在其他地方是否有对这个文件的链接，如果没有，则删除服务器中的这个文件，如果有，保留这个文件。例如，用户为文档库中的某个知识节点上传一个文件 A，系统会判断文件 A 在文件系统中是否存在，如果不存在，就把文件 A 保存到服务器，同时在该知识节点下保存这个文件标题，建立一个到文件 A 的链接，如果已经存在，就直接建立一个到已存在文件的链接，对用户而言，这个文件已经上传成功；当用户在文档库中删除这个文件时，系统可以直接删除这个链接，然后再判断文档库中、知识论坛中是否有别的记录中链接了这个文件，如果有，则保存这个文件，如果没有，同时删除服务器中的文件，释放存储空间，如图 5-5 所示。

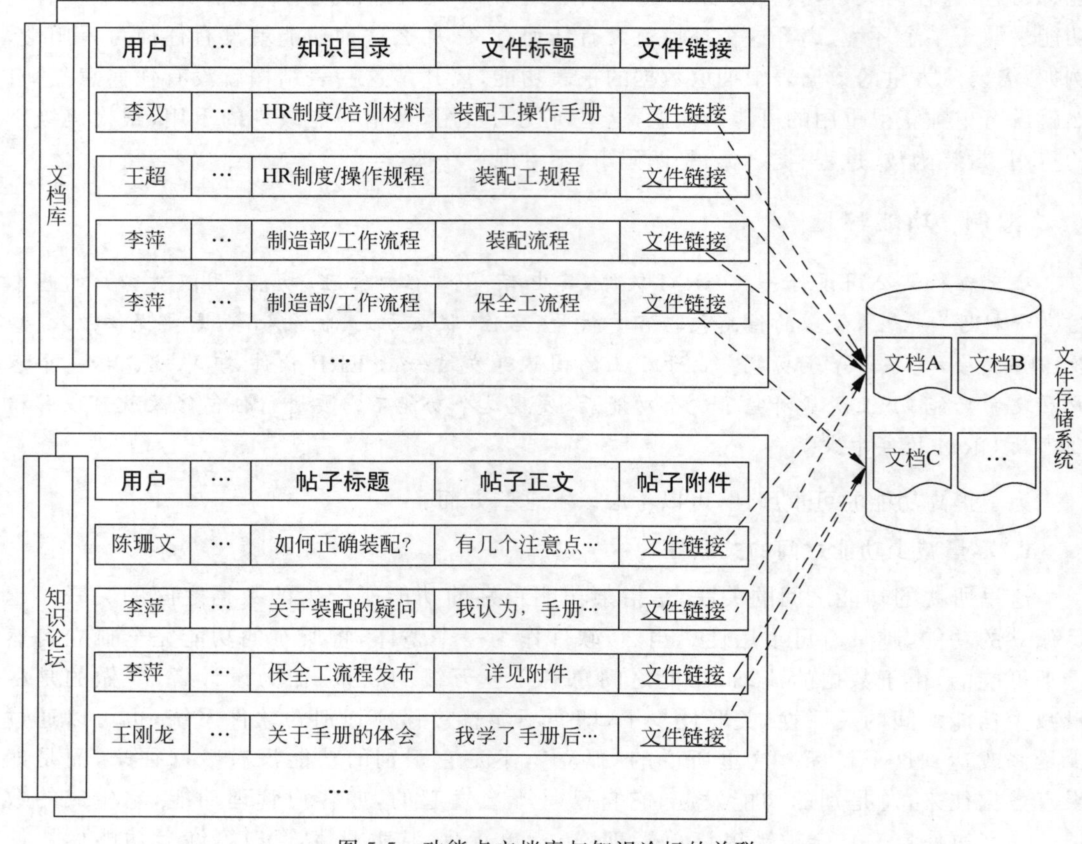

图 5-5　功能点文档库与知识论坛的关联

仔细分析一下上述案例中的这个删除文件的过程，无论是文档库中的删除文档功能，还是知识论坛中的删除附件功能，都需要对所有存在文件链接的表进行扫描，跟别的功能有很强的关联性，以后如果有新功能也需要链接文件，这个删除功能中的扫描文件逻辑可能需要不断修改。这样，文档库也好，知识论坛也好，都不可能独自移植到别的软件系统，也就是说不具有可重用性。为了解决这个问题，小王决定改变一下思路，当用户删除文档时，直接删除链接，不做任何其他处理，然后增加一个调度任务，每天定时执行，搜索没有被链接的文件，发现后从服务器删除掉，释放空间，由于删除文件释放空间的实时性要求并不高，这样做是可行的。通过这种处理方式，大大降低了这两个功能之间的关联性，未来被重用的可能性大大提高。

在很多情况下，可重用性跟灵活性是有相通之处的，越是灵活的功能，意味着跟别的功能的关联性越小，也即意味着功能越具有可重用性。

2. 注意数据的流动方向

当两个功能模块之间不得不建立关联时，需要考虑是否能引进一个简单的功能模块作为一个顶层模块，底层模块之间不进行直接的数据交流，而是通过顶层模块进行中转。要注意的是，当建立起顶层、底层这种结构时，发起数据流的应该是底层模块，顶层模块总是非常轻量的，有时候甚至不会提供任何功能，只是另外增加了某个数据字段而已。如果由顶层模块发起，会大大降低软件的灵活性。

案例：从底层发起数据流

某库存管理系统，包括入库、出库、结账等功能模块。对于会计期间（会计术语，一般一个自然月为一个会计期间，如 2014 年 3 月份）有严格要求，如果某会计期间已经结账并生成了报表，由于这些数据已经上报了管理部门、政府机构，因此必须控制不允许针对该会计期间再做入库、出库操作（会计上，可能是为了防止舞弊，如果发现历史数据的错误，一般通过调账的方式处理，不允许直接在历史期间中直接修改、删除、增加数据，在手工记账时代，有个"严禁对会计账簿进行刮擦挖补"的要求）。

为了满足这个要求，设计了一个仓库会计期间管理的轻量级功能，为仓库会计期间设置两个标志字段，分别是"是否锁定标志"和"是否结账标志"。通过锁定标志用户可以自己人为锁定某个仓库的会计期间，被锁定的会计期间不允许进行入库、出库操作，一般用户会在结账之前执行这种锁定操作，以防在结账过程中发生数据冲突；当然也不排除用户误操作的可能，为了增加功能的健壮性，也提供"解锁"功能，允许用户去除锁定标志，但如果"是否结账标志"为"是"，则不允许解锁。这个"是否结账标志"来源于结账功能，当针对某个仓库会计期间结账时，在这里置"是否结账标志""是否锁定标志"都为"是"。当入库、出库时，会判断"是否锁定标志"，如果为锁定状态，则不允许入库、出库，如图 5-6 所示。

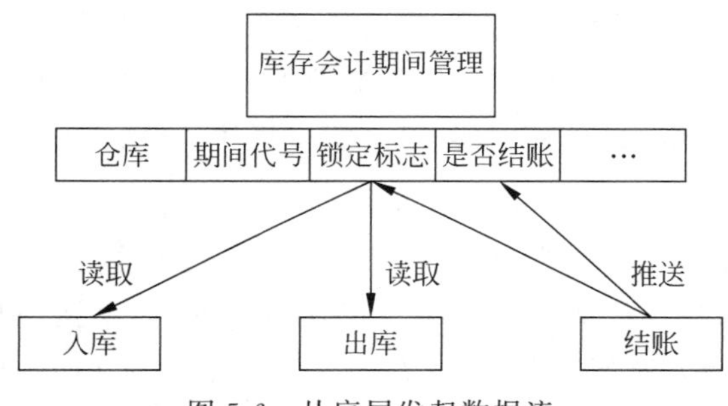

图 5-6 从底层发起数据流

分析上述案例，由于存在了这个顶层的轻量级模块，增加了软件的可重用性，因为随时可以将入库或出库功能跟仓库会计期间管理一起作为一个整体移植，而不需要同时移植结账那个特别复杂的功能。另外，也增加了功能的灵活性，因为入库、出库时只要判断这个锁定标志，就可以决定是否允许入库、出库，规则非常简单，发生变更的可能性小；如果需要从结账功能中判断，这个规则就复杂，将来不知道会有什么不可预知的变更。而且，将来锁定仓库会计期间的规则如果发生变化，也不需要对入库、出库功能进行任何修改，例如，未来可能增加某个盘点功能，要求确认盘点结果后锁定仓库会计期间，那么只要在执行时将这个"是否锁定标志"置为"是"就可以了，而不需要将入库、出库这些牵涉仓库会计期间的功能都修改一遍。

3. 建立团队的通用规范与通用功能

一般每一款软件都有自己独特的功能、数据结构、数据流，有各自的设计者、开发者，它们的风格、习惯、能力也有或大或小的差别，这就会导致一个项目组开发的功能很难被其他项目组重用。为了提高功能在项目组之间的通用性，建议有目的地建立一些团队规范，如界面设计风格、各种标题命名方式、文档编写格式等。另外，某些团队非常常用的、容易跟别的功能有关联性的功能，可以建立起团队的通用功能，至少要统一数据结构。

案例：建立团队通用功能

某软件公司为了提高各项目组开发的功能的可重用性，以平台的方式开发了用户管理、角色权限管理、员工管理、组织部门管理等功能，这些功能管理的都是系统或企业相当基础的信息，可以说是每个项目的必备功能，几乎每个功能点都与这些功能有关联性，如果没有这些通用功能，项目组开发的业务功能几乎不可能在其他项目组得到重用。

5.4.3 高效性

追求功能的高效性，指努力提高功能的运行效率，降低 IT 资源的消耗，让软件系统运行得更快、更经济——这不应该仅仅是研发人员需要考虑的事情，作为设计者，如果在设计阶段能有目的地在这方面做出努力，相信会给以后的工作带来更多的便利。

一般来说，设计者需要考虑的 IT 资源开销表现在这几个方面：数据存储能力、服务器运算能力、网络传输能力、客户端运算能力。不同的业务系统，不同的架构方式，甚至针对不同的用户，关于这几个方面的考虑重点并不相同。例如，偏向海量数据收集（如物联网相关的系统）、文件保存（如相册、文档库）的系统，需要在数据存储优化上下功夫；C/S 架构的系统由于被部署在局域网中，对于数据网络传输的考虑就不像 B/S 架构的系统那么严格。

这里推荐一些可以用来提高功能运行效率的小技巧，供读者在工作中参考。

1. 使用率不同的数据采用不同的保存方式

当设计的系统投入使用后，作为设计者，要问自己一个问题：如果这个系统连续使用 5 年，它还能像刚上线的时候一样顺利使用吗？正常情况下，如果系统是经过认真设计的，且数据膨胀速度没有过度偏离设计预期，那么软件的响应速度不应该有太大的变化。保证软件能够在当前业务规模下运行 5 年以上，不会出现明显的性能问题——这是在设计阶段必须考虑的。有时候，某些数据膨胀实在太快，如果不采用一些特殊的方法，恐怕别说 5 年，5 周都招架不住。

案例：数据迁移功能

某人力资源管理软件的考勤模块，提供了考勤分析功能。软件通过接口将员工的考勤打卡数据收集到本系统中，然后根据员工的排班信息分析员工是否有考勤异常，如迟到、早退、旷工等。对于一个小公司，考勤打卡数据一般不会太多，但对于一个集团性的大公司，每天的打卡数据也许会有几万条，如果对一个大型学校的上课进行考勤，那么恐怕还会更多。几年下来，这个数据量恐怕会达到亿级规模，如果不采用一定的方式处理，必然会将跟这些数据相关的功能越拖越慢。为了解决这个问题，该软件提供了数据迁移功能，可以让用户在需要的时候将历史打卡数据（N 个月前的）迁移到别的表中。由于考勤分析是按月进行的，分析后生成的结果已经保存下来了，打卡的历史数据对后面的分析工作已经没有影响了，只是作为备查，如果要查比较久远的打卡数据，可以从历史表中检索。通过这种方式，可以让打卡数据表的数据量维持在一个比较稳定的量级，这样就不会因为数据的大量积累拖死系统。

2. 利用中转数据

利用中转数据提高效率的方式，在很多大型报表中经常用到，读者可以参考需求获取中关于报表分析的部分。当然，这种方式并不仅仅适用于生成报表，在很多日常操作中，利用中转数据提高效率的处理方式也是非常常见的。

案例：利用中转数据提高效率

某库存管理系统，在出库时需要判断仓库中的结存数量是否足够，不允许出库数量超过结存数量。为了判断某物料的结存数量是否足够，有以下两种基本方法可以考虑。

方法一：出库时，将当前仓库中跟该物料相关的所有库存交易的出入库数量求和汇总，然后可以计算出当前的结存数量。

方法二：设立中转数据，记录物料在仓库中的结存数量，每次进行出入库操作时，如果入库，就增加该数量，如果出库就减少该数量。

分析这两种方法，方法一实现起来非常容易，但有一个致命的地方，就是每次出库时都要做一次针对大量数据的求和运算，这个需要较多的性能开销，随着历史数据的积累，这个操作会越来越慢；方法二实现起来稍微难些，每次入库、出库需要做额外工作，但有一个很大的好处，就是提高了出库操作的效率，库存交易数据的积累对它的执行效率影响很小。

3. 外键必填

对应数据库中一对多的关系，当保存“多”的一方的记录时，如有可能，不允许外键字段为空。例如，当录入员工时，部门不允许置空，当录入采购订单时，供应商不允许置空。这么做的好处是，可以减少使用“Left Join”查询信息的可能，从而可以提高查询效率。相信对于查询优化有些了解的读者都知道，使用“Left Join”的查询语句比使用“Inner Join”的查询语句难以优化，效率不容易得到保证。

要注意的是，虽然强制外键必填可以提高查询效率，但有时候这会给用户带来不便，当这个要求不合业务逻辑时，用户不可避免地会有反感情绪。这时候，可以考虑采用让系统自动生成默认值的方式处理。

案例：通过外键必填提高效率

小王在设计一款人力资源管理系统，为了提高查询效率，要求当用户录入员工时，同时要录入部门，也就是说部门不能为空，但用户认为，有些特殊员工在入职时并不知道他们会被分配到哪个部门，要求允许部门置空。小王试图说服用户，如果不清楚是哪个部门，可以先建立一个临时部门，等确定好部门之后再将这个员工从临时部门调整到新的部门，但用户坚持认为这么做会给他带来不方便。由于经常要根据部门查询员工，根据员工显示部门，如果部门不必填，会在软件中出现很多类似这种查询语句：

```
Select 员工.工号,员工.姓名,部门.名称
From 员工 Left Join 部门 on 员工.所属部门代号=部门.部门代号
Where…
```

显然，这样会降低软件功能的执行效率。其实不仅仅是这种查询语句，在很多时候，在许多使用到员工信息的功能中都不得不增加某种判断，对有部门的员工如何处理，对没有部门的员工如何处理——增加了判断规则，必然会降低软件的灵活性。

为了满足用户的需求，同时又不影响功能执行效率，小王决定引入默认部门，初始化系统时，在部门表中插入一个特殊的部门，用户在录入员工时，允许部门置空，但保存时，如果没有录入部门，系统会自动将该员工归入到这个特殊部门，这样就可以保证系统中每个员工都有所属部门，由于不存在没有所属部门的员工，查询员工时自然就不需要"Left Join"了：

```
Select 员工.工号,员工.姓名,部门.名称
From 员工 Inner Join 部门 on 员工.所属部门代号=部门.部门代号
Where…
```

4. 优先使用客户端资源

客户端设备一般包括 PC、手机、PAD 等，随着 IT 技术的进步，这些设备的能力越来越强大了。也不能不承认，大部分情况下，这些设备的利用率是很低的，性能的瓶颈往往在服务器端或者网络传输上，如果优先使用客户端资源，就可以降低服务器端的压力，从而提高系统的整体运行效率。很多运算，牵涉的数据量不大，但计算过程复杂，可以考虑将数据先从服务器端传输到客户端，然后在客户端计算、组装；也有很多运算，可以先在客户端做很多准备工作，直到确实需要时再提交到服务器端。

案例：优先使用客户端资源

一个最常见的例子，许多软件的用户登录功能都需要用户录入用户名、密码、验证码，如何验证用户录入的信息呢？

方案一：先验证用户名、密码，如果没有错误，再验证验证码。

方案二：先验证验证码，再验证用户名、密码是否正确。

一般情况下，验证用户名、密码需要访问服务器端的数据库，而验证验证码是不需要访问数据库的。比较两个方案，方案一只要用户提交一次，就会访问一次数据库，而方案二先验证验证码，如果验证码错误就不会访问数据库，可以节省服务器资源。

思考题

1. 假设需要给学校图书馆开发一款图书管理软件，根据你对图书馆管理图书业务的了解，进行功能划分(从功能模块到原子功能)。

【提示】 图书馆应该怎么管理图书，买书、上架、借书、还书、整理、收押金、退押金、收罚款等功能都是需要的，当然，还不止这些。

2. 撰写学生到图书馆借书的主场景。

【提示】 想想自己到图书馆时如何把书借出来的，注意强调人机交互，描述要精炼。

3. 某学校对学生请假的管理要求是：如果不超过 3 天，班主任批假；如果超过 3 天不超过 7 天，班主任批假后学工处批假；如果超过 7 天，班主任批假后学工处批假，最后李校

长批假。根据这个要求画出工作流图。

【提示】 工作流图的要求是可以将需求表达得足够清晰，可以让程序员据以开发，因此仅仅画出分支是不够的，还要注明判断规则（如怎么判断班主任，怎么判断李校长）。

4. 上一题中，如何处理“李校长批假”这个问题？设计两种方案，一种写活，一种写死。分析一下这两种方案的优缺点。

【提示】 写死的方案工作量小，但不利于后续工作；写活的方案工作量大，但可以带来长远收益。

5. 某社交软件，当好友更换头像后，在当前用户的通讯录中展示的还是以前的头像（只有跟对方聊天后才会将头像更换成最新的）。说说软件设计者为什么要这么做。

【提示】 从性能方面考虑。

案例分析

1. 下面是某拓展培训公司的信息化需求，请根据本需求列出信息化系统需要的所有功能点，并描述每个功能点包括哪些主要功能。

（1）业务员接单后，判断这是不是新客户，如果是新客户，需要在系统中为该客户建立客户档案。

（2）业务员在系统中录入业务接洽单，然后通过系统发短信给相关人员，如综合办公室相关人员、经理。

（3）综合办公室接到通知后，在系统中查看业务接洽单，根据业务接洽单提前做好客户住宿、用餐准备。

（4）经理在系统中查看已经安排的课程和教练的情况，并根据业务接洽单安排新的课程和教练。系统会保证课程的时间安排不会冲突，并且会给出教练的安排建议，尽量保证教练的课程负担平衡。

（5）经理安排好课程后会在系统中发短信通知相关教练。

（6）教练接通知后到系统中查看自己的课程安排情况，然后根据课程开展拓展培训。

（7）培训完成后，如果客户有反馈意见，客服会把客户的反馈意见录入系统。

（8）会计收款后，根据业务接洽单把收款信息录入系统。

（9）月底，会计在系统中生成工资单。工资按“底薪＋奖金”的方式生成；教练员按培训课程获得奖金（津贴）；业务员按接洽单获取提成，提成会在业务员和综合办公室相关人员之间分配。

（10）会计可以在系统中查询各客户的付款和欠款情况。

2. 下面这段文字摘自某人力资源管理软件的宣传册，结合软件功能的优化方式，谈谈他们想表达什么，说说你的理由。

本系统搭建在本公司自建的软件开发平台上，基础功能全平台通用，大大降低了研发成本，让您体会到什么叫真正的价廉物美。

每个模块采用组件的方式开发，可以任意组合，搭积木式的系统部署方法让您随心所欲。

所有模块统一接口方式、数据交换方式、消息传递方式，让您的二次开发驾轻就熟。

本系统开发采用平台级的统一规范，可以让新开发的功能无缝嵌入。

本系统支持评分法、排序法、选优法、关键事件法、指标法等各种绩效考评方法，用户可以根据管理要求灵活设置员工考评方式。

本系统经过海量数据的压力测试，10 000 人以内的客户，使用 5 年后也能达到以下指标：

个人考评结果加载速度＜100 毫秒；

图文发布速度＜200 毫秒；

移动端页面刷新速度＜1 秒；

后台大型查询速度＜2 秒；

流程引擎节点推送速度＜500 毫秒。

界面设计

本章重点

(1) 理解人机交互要强调“以人为本”。(★★★★★)

(2) 常用的原型设计方式。(★★)

(3) 界面设计包括哪些过程。(★★★★)

(4) 常用的功能主界面。(★)

(5) 常用的表单布局方式。(★)

(6) 易学性优化。(★★★★★)

(7) 易用性优化。(★★★★★)

(8) 健壮性优化。(★★★)

(9) 交互性优化。(★★★)

界面是用户跟软件系统交互信息的媒介。通过界面,系统知道用户需要它干什么,用户知道系统干了什么。界面离不开输入、输出设备,系统通过输入设备接收用户的指令,通过输出设备反馈处理过程与处理结果。键盘、鼠标、显示器(含手机、PAD显示屏等)是最常见的输入、输出设备。

所谓界面设计,就是设计系统通过什么方式接收用户从输入设备录入的信息、发送的指令,通过什么方式将处理过程与处理结果反馈到输出设备上。好的界面具有易学性,它让用户可以快速学会,节省学习成本;好的界面具有易用性,它让用户使用方便、流畅、高效、愉快;好的界面具有健壮性,它让用户少犯错误,犯了错误也不会有恶劣的影响;好的界面具有交互性,它让系统与用户之间容易沟通交流。

本书所讨论的界面设计，是从需求分析的角度来考虑问题的，重点是人机交互，但要知道，好的界面还有关于美学、艺术等其他领域的考虑，那已经超出了本书的讨论范围。

6.1 界面设计基础

6.1.1 什么是软件界面

一般情况下，说到软件界面，首先想到的就是计算机显示屏中的那一个又一个的窗口、表单、网页，是的，这些都是软件界面，但也要知道，软件界面远远不止这些，所有让用户可以通过视觉、听觉，甚至嗅觉、触觉感受到软件相关信息的媒介，通过动作、声音，甚至眼神、思维让软件系统能够接收到用户信息、指令的媒介，都属于软件界面的范畴。界面是人与计算机交互的渠道，最常见的人机交互方式是动作与视觉的组合，人通过敲打键盘、点击鼠标向计算机输送信息、指令，计算机将处理结果反馈到显示屏上让用户可以看到。人机交互当然还包括其他方式，如计算机将音频输送到音箱播放，人耳可以听到；人也可以通过声音向计算机发布指令（声音识别现在已经用得相当普遍了），而有些高科技产品甚至可以直接通过眼神、思维向计算机发布指令，等等。

界面是依赖于输入、输出设备的，显示器是最常见的输出设备（如果是触摸屏，那么同时也是输入设备），键盘、鼠标是最常见的输入设备，这几乎成了所有计算机的标配了。除此之外，还有很多别的输入、输出设备，如摄像头、麦克风、扫描仪、扫描枪等的输入设备，打印机、音箱、LED 屏等的输出设备也很常见。

并不是跟软件系统有关的所有输入、输出都需要软件界面。例如，建立物联网系统经常用到的 RFID 阅读器、温度感应器、气压感应器、湿度感应器、烟雾感应器、光线感应器等，都属于输入设备，但并不需要输入界面。另外也有许多可以接收计算机信号并做出反应的不常见的输出设备，如接收计算机指令后做出动作的机械手，接收计算机指令后可以加热或喷水的装置等。软件界面是用来进行人机交互的，这些"机"跟"机"的交互，界面自然就没有存在的必要了。

案例：没有界面的输入

小王给某物流公司设计车辆调度系统。用户需要对公司的所有运货车辆进行跟踪。为了满足这个需求，小王建议在公司所有的运货车辆上加装 GPS 模块，通过移动信号将车辆的地理位置上传到系统。关于上传的时机，有两种选择：一是当车辆到了某些关键位置后由驾驶人员启动上传；二是系统自动定时上传。前者的优势是，当系统或信号有异常时，用户可以做些处理工作，后者的优势是可以保证信号上传的实时性。由于用户强调对车辆的监管，最后决定由系统定时上传信号，这种情况下就不需要任何用户的干预，自然也就不需要软件界面了。

最后要注意的是，界面一般包括字符界面与图形化界面，经过多年的发展，字符界面已经很少见了，在应用层面，除了偶尔有些老旧的软件系统，一般都是图形化界面。图形化界面是由各种组件构成的，如窗体、标签、文本框、单选框、复选框、表格、按钮等。有些功能界面没有多少组件元素，可能就一两个标签、文本框，布局非常简单；而有些功能界面却需要处理或展现大量信息,需要放置各种组件。本书所讲的界面都是指图形化界面。

6.1.2 以人为本

界面作为人机交互的接口,要强调“以人为本”。毕竟,机器运算速度飞快,机器没有情绪,不知疲倦,很少犯错误,而人则不一样。人的运算能力差(跟机器比起来),人容易厌烦,容易疲劳,容易犯错。因此,界面设计要强调以用户(人)为中心,而不是以机器为中心。以人为本的软件应该做到以下几点。

1. 不要让用户难以学习

“以人为本”的软件容易学习,会尽量减少用户的学习成本。最理想的方式是,一个有一定软件常识的用户,不需要任何专业培训,自己看看、想想、稍作探索就能学会。当然,管理软件跟面向公众的软件(如QQ、微信、新浪微博)是不同的,要做到完全不需要培训就能学会不大现实。一者,面向公众的软件由于使用人数巨大,容易形成相互学习的氛围;二者,当用户需要学习这类软件时,都是发自内心地去努力学会,有内驱力自然学习效率就高,而学习管理软件,往往都是因为工作需要,因为领导所逼;再者,管理软件逻辑复杂、规则繁多、操作关联性强,自然不那么容易学会。

先来探讨一下用户是如何学会使用软件的。一般来说,用户学会使用软件的方式不外乎几种:经过软件开发方的专业培训;请教同事;自己阅读相关的手册、说明书;操作软件,通过软件给出的提示信息、帮助信息学习;操作软件,遭遇到一个又一个的壁垒,走通了没有壁垒的路径,从而学会了。显然,对于软件开发方来说,最不情愿的方式就是通过专业培训让用户学会,因为需要付出培训成本。从用户的角度来看,不同的用户喜欢不同的方式;有些动手能力强的,自己打开软件就能学会;有些自学能力强的,喜欢自己看文档学习;也有些用户喜欢让人先讲解然后跟着模拟操作(对于那些对软件比较生疏的用户,这几乎是唯一的方式);等等。

在进行界面设计时,需要设计者随时思考:我的用户将通过什么方式学会这个功能呢?不同的用户,针对不同的功能,学习的方式是不一样的。为了提高学习效率,在设计界面时要尽量做到让一个普通用户可以通过“自学习”学会常用功能。也就是说,通过用户自己掌握的一些软件常识(可能是软件行业的相关常识,也可能是经常使用这款软件后积累的一些关于软件的常识),看到界面后便能对其实现的功能做出合理猜测,然后试着操作,根据操作结果、各种提示就可以理解大部分功能,有些特殊的或复杂的功能,通过阅读文档、咨询专业人士学会——这对于用户、对于开发方都是最理想的,毕竟安排专业培训不可能那么及时,也不可能有人时刻在用户身旁指点。

2. 不要让用户感到厌烦

使用管理软件是用户工作内容的一部分,对有些用户来说,这只是一种获得信息的渠道,如总经理可能只是月底来看看报表;但对于许多用户来说,这是他们的工作平台,是工作内容的载体,甚至离了它就没有这些工作岗位,如数据录入员每天的大部分工作就是对着软件界面录入数据——如果没有这个软件,当然就不需要数据录入员这个岗位。

本来想说“要让用户愉快地工作”,同样用软件完成一件工作,从让用户可以完成,到让用户可以方便地完成,再到让用户可以愉快地完成,这是一种境界的升华,是软件设计者的追求。然而，不能不承认对于绝大多数人来说，工作都不是一件愉快的事情，我们设计管理软件，要做到这一点大概也不现实，但至少可以做到不要让用户对软件感到厌烦。什么样的软件界面会让用户厌烦、反感呢？不是难学的软件，不是操作复杂的软件，甚至不是给用户带来巨大工作量的软件，而是那种让人哭笑不得的软件。

(1) 用户需要做大量的录入工作，明明可以通过键盘完成的操作，为什么非要让用户中间切换到鼠标呢？这会浪费很多时间。

(2) 用户录入了半天才发现，这个界面根本就没有“保存”按钮，真没注意原来这是个浏览界面，浏览界面设置什么录入框呢？

(3) 用户操作犯了错误，提示信息令用户难以理解。

(4) 用户只是做了点儿无关紧要的操作，给出很多的提示。

(5) 用户做一件简单的事，可是需要操作半天才能进入需要的界面。

(6) 用户看到一大堆的功能菜单、操作界面，可其中大部分跟用户的工作都没有关系。

(7) 实际工作中总是放在一起做的两件事情，可在软件中做完一件事后，用户不得不烦琐地切换到另一界面做另外一件事。

(8) 一件事情，在实际工作中的操作顺序明明是 A→B→C，在软件界面中看到的顺序偏偏是 A→C→B。

3. 不要让用户感到恐惧

“以人为本”的软件让用户有安全感，用户在操作的过程中不会战战兢兢、如履薄冰，生怕犯了什么错误后无法收拾。以人为本的软件不会让用户感到恐惧。

(1) 不让用户犯错误。事实证明，用户在操作软件过程中所犯的错误，有很大一部分都是可以通过软件避免的，不给用户犯错误的机会，这该是最安全的处理方式了。

(2) 让用户少犯错误。软件都不可能完全避免用户犯错，很多错误不是技术性的，是跟业务相关的，这种错误往往需要一定的业务知识才能判断。如果软件不能做到不让用户犯错误，那么是不是可以通过一些手段让用户少犯错误呢？例如，执行重要操作之前给出的提醒。

(3) 让用户容易发现错误。无论做什么事犯了错误，总是发现得越早越好，发现早了，纠正错误的成本就低；发现晚了，纠正错误的成本就高。

(4) 让用户可以纠正错误。发现错误后，需要纠正错误，以人为本的软件，需要提供纠正错误的方法，如果用户知道错误可以纠正，就不会对犯错怀有恐惧感。

(5) 降低用户错误的影响面。不要让错误带来巨大的影响，甚至造成整个系统的崩溃，以人为本的软件不允许这种事情发生。它要努力降低用户错误的影响面，如果错误的影响面太大，那么带给用户的不仅是恐惧感，还有罪恶感。

4. 不要让用户感到难以捉摸

管理软件是用来工作的，要让一个普通的、有某种常识的用户对自己的操作结果有个基本准确的预判，要合乎常理、遵从习惯，不要太出乎用户意料。在别的地方，如生活、休闲等环境，也许要追求新奇、刺激、惊喜，但大部分人对工作的态度都是要追求可控性的，或许，“尽在掌握中”才是工作的最高境界。如果软件让用户感到难以捉摸，就会降低用户对工作的控制感，从而产生焦虑情绪，这不是一个“以人为本”的软件应该有的。以下是一些可能让用户感到难以捉摸的小事例。

(1) 用户单击某文本框准备输入，却弹出一个选择窗口。——习惯是，文本框是用来输入文本的。

(2) 界面上有几个小方框选项，用户却只能选择一项，看上去是复选框，其实被用作单选框。——习惯是，小方框是复选框，小圆圈是单选框。

(3) 在编辑界面，用户要修改某个字段，光标进入该字段后，用户按 Back Space 键想删除内容，系统弹出提示框，说这个字段不能修改。——习惯是，不能编辑的字段应该置灰。

(4) 用户通过“订单浏览”功能查询订单详细信息，同时，这个界面也可以编辑信息。——习惯是，“××浏览”之类的功能，是用来查看信息的。

(5) 用户修改密码，没有新密码确认框，由于密码是隐藏的，导致用户输错了新密码后自己都不知道。——习惯是，如果用户对自己录入的内容不可见，那么需要提供校验机制。

(6) 在某个界面，用户双击表格的某条记录，系统会显示弹出菜单，用户觉得很奇怪。——习惯是，鼠标右键单击显示弹出菜单。

(7) 在某个界面，支持快捷方式，系统用 Ctrl+C 组合键表示 Cancel，取消某操作，这让用户觉得很崩溃，因为 Ctrl+C 一般是复制。——习惯是，取消操作用 Ctrl+Z，复制、粘贴用 Ctrl+C 与 Ctrl+V。

(8) 用户通过“我的日记”功能撰写自己的日记，他的上级可以看到他的日记，但他对此毫不知情。——习惯是，我的日记只能我自己看到，如果别人能够看到，应该给出清楚的提示。

(9) 用户通过“我的任务”功能，可以查看自己的未完成任务、已完成任务，但他如果是管理员的话，同时还能查看其他用户的未完成任务。——习惯是，叫“我的××”之类的功能，应该只展现当前用户自己的信息。

(10) 用户将某个文档收入收藏夹，有一天发现自己的收藏记录突然没了，原因是管理员清空了所有用户对该文档的收藏记录。——习惯是，我个人的信息记录，只有我自己才能删除。

操作软件的习惯，有些是软件业经过几十年的发展积累下来的，有些是各个团队自己所特有的。要注意的是，所有这些习惯都没有绝对标准，并非一定之规，没有必要框死自己的设计思路，要不就按用户的习惯设计软件，要不就建立某种符合自己软件的习惯，然后让用户接受这些习惯。不合习惯的设计会让用户感到别扭，增加学习成本，增加对软件的排斥心理。

6.1.3 原型设计

所谓软件的原型设计，就是设计软件运行的模拟界面，设计系统如何接受用户录入的信息以及发布的指令，指令执行过程中如何与用户沟通，处理结果如何在界面上反馈。原型设计，表达了用户使用软件的操作过程，信息的展现方式，强调的是用户可以做什么，可以看到什么，并不强调背后的处理逻辑。原型设计的方式有很多种，这里略作介绍，供读者在工作中参考。

1. 手画法

这算是最简单的方式了，就是找些白纸用笔画出界面草图，或者在计算机上通过画图板之类的软件画出界面示意图。看上去显得非常原始，但在实际工作中，这种方式还是非常常见的。在跟用户交谈的过程中，要想把界面布局设计思路跟对方谈清楚其实非常不容易，你可能在大脑中天天盘旋这些结构，对你来说这跟“3+2=5”一般清楚明了，然而，用户可不是搞软件的，他未必就能明白你说的，这时候拿张纸，或者打开计算机中的绘图工具，大概画个界面的结构，然后告诉用户，这里摆放什么，有什么功能，那里摆放什么，有什么功能，对用户来说就容易理解多了。

很显然，这种方式主要适用于在快速沟通的过程中进行概要设计，要想通过这种方式进行软件界面的系统性设计，并进行持续性的管理与维护，行不通。

案例：原型设计之手画法

某OA系统，小王在跟用户沟通的过程中，将一些主要界面，如员工管理、工作日志、工作流发起与审批、公告发布等，用很短的时间画了一些草图，试图通过这些草图让用户对未来的软件有更直观的感受，从而提前提出自己的建议，如图6-1所示。

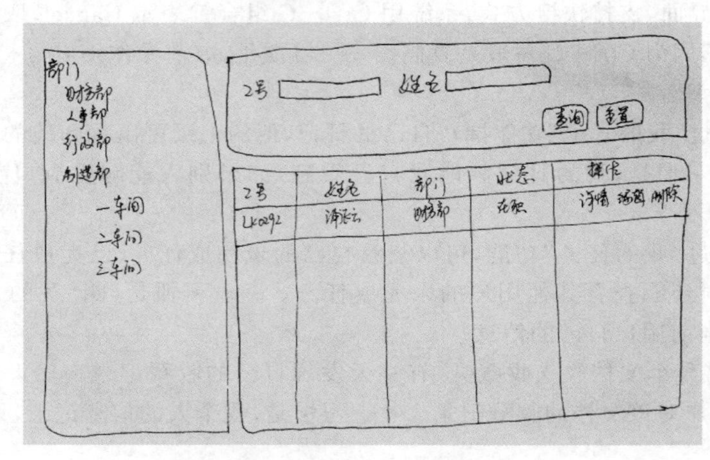

图 6-1　手工绘制的原型

2. Office 工具设计法

有些团队通过 Microsoft Office 工具设计软件原型。Word、Excel、PPT、Visio 等，都可以用来充当原型设计的工具。这种方式比手画法当然进步多了，至少在画格子、组件、事例数据等方面，工作效率是完全不一样的，Microsoft Visio 甚至提供了一些专门用于设计界面的图形模具，可以画出效果非常逼真的设计稿。

**案例：用 Excel 设计界面草图**

功能点员工管理的界面草图，也可以考虑使用 Excel 绘制，至少在可维护性方面比手画法要强很多，如图6-2所示。

这里推荐用 Excel 作为报表界面的设计工具，可以将工作效率提高不少，因为报表功能的界面结构一般不会太复杂，人机交互的过程少，不需要使用正规的原型设计工具就能表达清楚。更重要的是，当需要在报表界面上组织一些用以表达某种运算逻辑的事例数据时（这种情况相当常见），用 Excel 处理起来很容易，毕竟这是电子表格的长项。

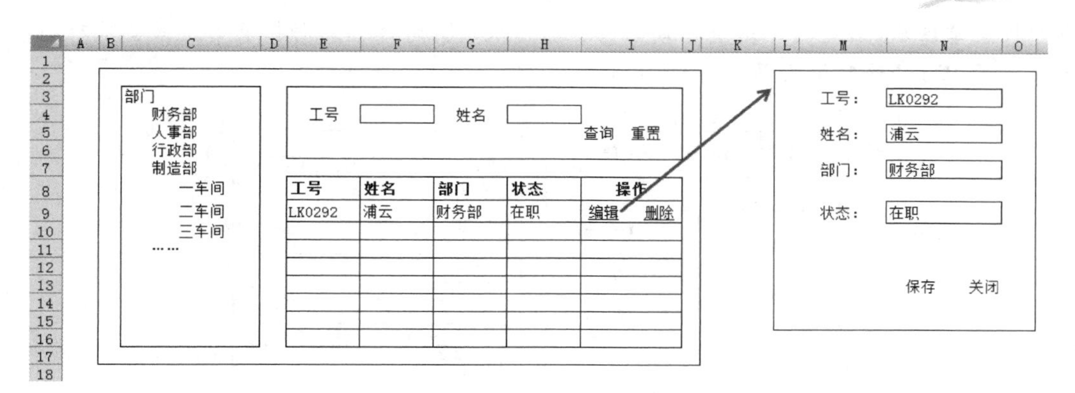

图 6-2 用 Excel 设计的原型

案例：用 Excel 设计报表界面

某考勤统计表，需要按部门、月份统计每个员工的考勤异常情况、出勤率等。报表的界面设计思路是用户输入部门、月份，单击“生成报表”按钮后，系统生成考勤统计报表。报表上部显示该部门、月份的考勤统计总指标，主体部分显示每个员工的统计情况，如图 6-3 所示。

部门： 月份： 生成报表 重置

财务部2015年3月份考勤汇总表

生成时间：2015-04-02 09:10

出勤人数：15 出勤人次：323 考勤正常率：92.73%

工号	姓名	考勤天数	请假次数	迟到次数	早退次数	旷工次数	正常考勤天数	正常出勤率
LK2901	员工01	22	2	5			15	68.18%
LK2902	员工02	22					22	100.00%
LK2903	员工03	22				1	21	95.45%
LK2904	员工04	22					22	100.00%
LK2905	员工05	22		3			19	86.36%
LK2906	员工06	22					22	100.00%
LK2907	员工07	22		2			20	90.91%
LK2908	员工08	22	1				21	95.45%
LK2909	员工09	22					22	100.00%
LK2910	员工10	22		1			21	95.45%
LK2911	员工11	22					22	100.00%
LK2912	员工12	22	3	2			17	77.27%
LK2913	员工13	22		3			19	86.36%
LK2914	员工14	22					22	100.00%
LK2915	员工15	22		1			21	95.45%

图 6-3 用 Excel 设计的报表原型

对于一些对打印格式要求比较高的报表界面，可以考虑用 Word 设计，毕竟 Word 对格式的处理能力比 Excel 要强大、灵活得多。

案例：用 Word 设计打印格式要求较高的报表界面

某学校需要打印学生德育成绩卡，每个学期需要给每个学生打印一张，打印后插入一个硬封皮中，纸张限定 A5 大小，中间有对折线，对折线左边打印学生的基础信息、照片，并留有学校盖章区域，右边打印这个学期的德育明细成绩。考虑到这种报表对格式要求较高，小王决定用Word绘制报表界面，如图6-4所示。

江南农科大学学期德育卡 编号：JN2015-1002	
（照片）	学号：XH151002
	姓名：姜楠
	班级：15财会2班
	班主任：浦飞云
所属院系：经管学院工商管理系 入学年份：2014年9月份 预计毕业年份：2017年6月份	
江南农科大学（盖章）	

学期：2014-2015-2		
学号：XH151002	姓名：姜楠	
总分：95	签字：	
思想政治	党团活动	11
	党校学习	10
	学生会活动	8
	新生军训	4
人文素养	文化艺术活动	2
	人文讲座培训	2
	文章发表	15
	学风班风建设	5
职业素养	科研活动	4
	创业活动	4
	能力认证	8
	实训	9
服务管理	志愿服务	3
	组织学生活动	2
	参与刊物编辑	4
	校外实践	4

图6-4　用Word设计的原型

3. 原型工具设计法

采用专业的原型工具设计软件原型，这是很多正规软件团队的第一选择。市面上原型设计工具很多，如Axure RP、GUI Design Studio，详细讲解如何使用原型设计工具不在本书的范围，有兴趣的读者可以自己找资料学习，对于做软件工作的读者来说，学会这种工具应该是非常容易的事——当然，设计工具学起来容易，设计好软件界面可不容易。

使用专业原型设计工具可以制作出非常逼真的软件模拟效果，可以画出软件界面相关的几乎每一个细节，菜单如何显示，包括哪些界面，界面中需要展现哪些元素，用户做出操作后界面上有何反应等。

**案例：使用原型设计工具设计界面**

前面提到的OA系统的界面，如果采用原型工具设计，显然效果更逼真，细节的处理更到位，也容易进行系统性的设计，便于进行长期的维护，如图6-5所示。

4. 开发工具设计法

有些团队会使用某种开发工具设计软件原型，有些可以快速开发的工具，如Delphi、VB，用来设计软件原型速度是非常快的。当然，团队最终开发可能并不是采用这种工具，例如，完全可能用Delphi设计原型，用.NET之类的工具开发实现。

比起原型设计工具来，使用这种方式有个巨大的优势，就是可以在设计过程中编写一些简单的代码，通过这些代码的执行，让表现形式更加灵活，也可以更加逼真地体现出人机交互的过程。缺点是对于设计者来说，需要有使用这种工具进行开发的经验，否则学习起来还是挺麻烦的，至少比学习原型设计工具要难。

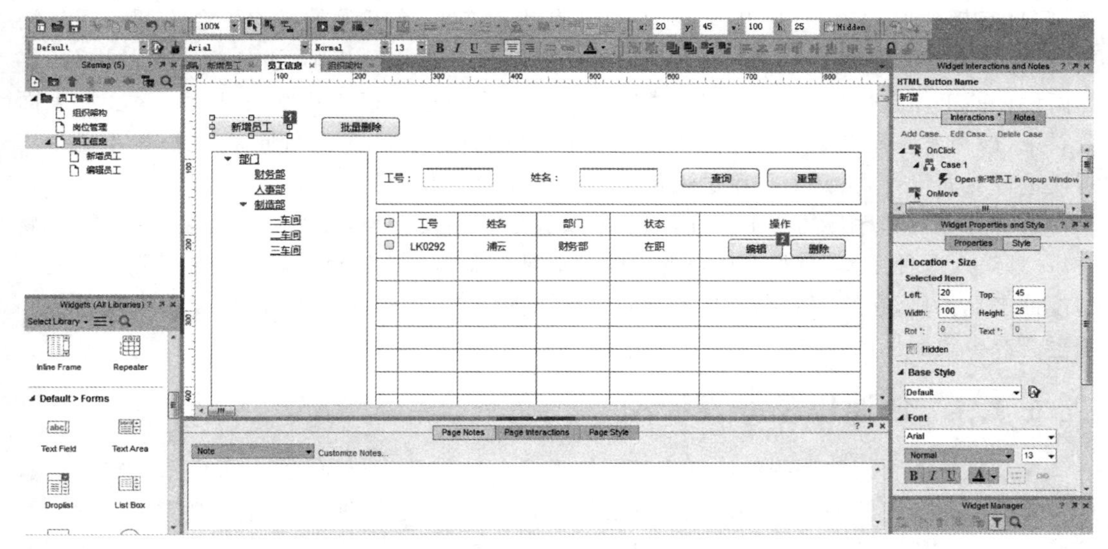

图 6-5 用专业原型工具设计的原型

案例：用开发工具设计原型

小王新加入了某团队做需求分析师，这个团队使用的开发工具小王并不熟悉，但他以前从事过 Delphi 的应用开发，于是他用 Delphi 设计出了整个软件的原型界面，如图 6-6 所示。

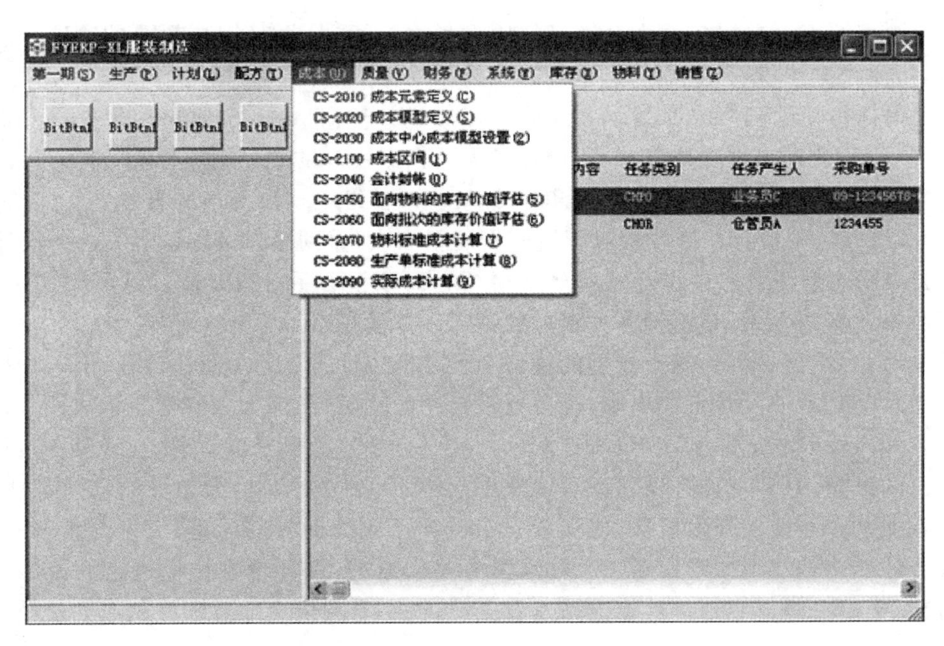

图 6-6 用开发工具设计的原型

5. 直接开发法

所谓直接开发法，就是绕过原型设计这一步骤，直接进入开发阶段，开发者根据用户需求、项目经理的要求等，直接开发界面，如果稳健一点儿，在开发的过程中会不断跟用户沟通，以决定是否需要调整界面。好多开发团队并不设置需求分析师、设计师之类的岗位，将界面设计的工作直接抛给了程序员，程序员往往会采用这种直接开发法，毕竟，至少在表面上看来，这种方法显得速度快。需要注意的是，在这种情况下，不进行原型设计，并不是说不需要进行界面设计，只是由程序员承担了界面设计的职责。

这种方法对程序员的要求很高，因为如果界面开始设计得不理想，就需要不断调整、修改，一旦陷入这种泥淖，对整个项目的影响可能是致命的。要知道一般开发工具跟专业的原型设计工具相比，在绘制效率上是不可同日而语的，而对于程序员来说，反复地修改对其心理也会产生致命性的打击。

6.1.4 快速原型开发模型

学过软件工程相关课程的读者相信都知道一些软件开发模型，如瀑布模型、螺旋模型，这里介绍一种开发模型——快速原型开发模型，笔者认为这是非常适合一般管理软件的开发模型。快速原型开发最主要的特点是，在开发之前系统地设计界面原型，一般都会采用专业的原型设计工具设计，所以速度很快，得到用户确认后，开发者根据原型进行开发。

1. 一般步骤

采用这种模型一般会经过下面的步骤。

(1) 需求调研。

(2) 原型设计。根据用户的需求设计界面原型。

(3) 原型评审。与用户讨论设计好的原型界面，看看是否是用户想要的。这个步骤相当重要，可以说如果没有这个步骤，这种开发模型的优势、价值会大打折扣。

(4) 根据用户反馈修改原型。看到原型之后，用户对自己未来使用的软件第一次有了直观感受，一般会提出很多修改意见，设计者需要根据用户的意见调整原型。

(5) 重新评审。修改后继续讨论，用户针对修改稿继续提出自己的看法。

(6) 用户确认。评审、修改的过程可能重复很多次，直到用户最终认可了这个设计。

(7) 根据原型开发软件。开发者严格根据界面原型着手开发工作。让开发者精确、无误地理解设计者的思想，是这种开发模型的第二个重要价值。

从这些步骤可以看出，这个模型的优势主要在两方面：一是在设计阶段，可以让用户最大限度地参与到软件设计工作中来，充分发表自己的意见，从而大大降低了偏离用户需求的风险——如果没有界面原型，一般用户对软件究竟会是什么样子没有感觉，很难在设计阶段提出自己的见解，直到软件开发完成后才发现这也不对那也不对，做软件的自然都明白，这是非常致命的；二是在开发阶段，由于设计者给出了系统的界面原型，对于开发者来说，理解设计者的思路就变得非常容易——如果没有界面原型，设计者哪怕把自己的设计思路说得再清楚，文档写得再完整都可能被开发者误解，这一点相信大部分软件从业人员都有切肤之痛。

2. 注意事项

通过界面原型设计加强与用户沟通，有以下一些注意点。

(1) 与用户沟通要有个度，过犹不及。我们鼓励在设计过程中多与用户沟通，但绝不是要缠着用户,恨不得每个字段的名称、摆放位置都要跟用户确认,这种情况往往是设计者对自己的设计成果不自信的表现。

(2) 用户的意见很重要,但并不总是正确的。如何设计好界面,对于设计者来说,应该比用户精通得多,要考虑的方方面面的关联事项也多得多,要引导用户、帮助用户,不能被用户牵着鼻子走。

(3) 从用户的意见中发现设计稿存在的问题,而不是解决方法。对于用户的意见,要从根本上理解用户为什么会提出这种意见,它折射出什么问题,然后分析如何解决这些问题,而不是依赖于用户提出解决方法——是你在设计界面,不是用户。

(4) 不同的项目,可以采用不同的评审方式。对于界面原型的评审,根据不同客户、不同团队、不同业务需求,可以采用不同的方式。复杂的,可能需要召开大型评审会;不复杂的,可能只要在某用户的办公室中一两个人讨论讨论就行了;有些非常简单的,甚至通过QQ 远程截几个图就能沟通清楚。

6.2 界面设计过程

界面设计一般包括入口设计、功能主界面设计、表单布局设计、操作设计、消息设计这几个方面。入口设计强调如何让用户方便地获得自己需要的功能,功能主界面设计强调如何划分组件区域,表单布局设计强调如何排放组件,操作设计强调如何让用户获得功能点包括的所有原子功能,消息设计强调系统如何向用户反馈程序执行情况。

6.2.1 入口

用户登录进入系统后,如何才能打开自己需要的功能界面,这是入口设计需要考虑的问题。针对不同的功能、不同的用户,对入口设计的要求并不一样:有的功能很少用到,入口方式就可以麻烦一点儿,用户多点几次也无所谓;有些功能用户使用频繁,就需要考虑如何让用户快速进入;有些功能面向的用户能力较强,或者学习意愿比较强烈,只要能快速进入,难学点儿也无所谓(甚至通过字符界面敲命令都可以考虑);有些功能面向的用户能力较弱,或者学习意愿不强,就需要设计简单明了的进入方式。当然,很多时候,囿于开发团队的技术、能力、产品框架,能够供设计者发挥的空间有限,这虽然让设计者时常感到郁闷,但也不能不说降低了入口设计的难度。

1. 功能菜单

最常见的入口方式是功能菜单,菜单区可以在上边,通过下拉的方式展开,也可以在左边,通过树状节点加载。用户单击自己需要的某个菜单,进入功能界面,如图 6-7 所示。

2. 工作台

可以给用户建立一系列工作台,在工作台上罗列用户最需要的信息、最常用的功能、当前需要处理的任务等。用户登录进入系统后通过某种方式打开工作台,或者系统根据当前用户自动打开属于他的工作台,用户通过工作台可以完成某一业务领域相关的大部分工作,如图 6-8 所示。

3. 九宫格

"九宫格"界面即将三行三列九个格子拼在一起的界面,例如键盘上的数字小键盘,手机

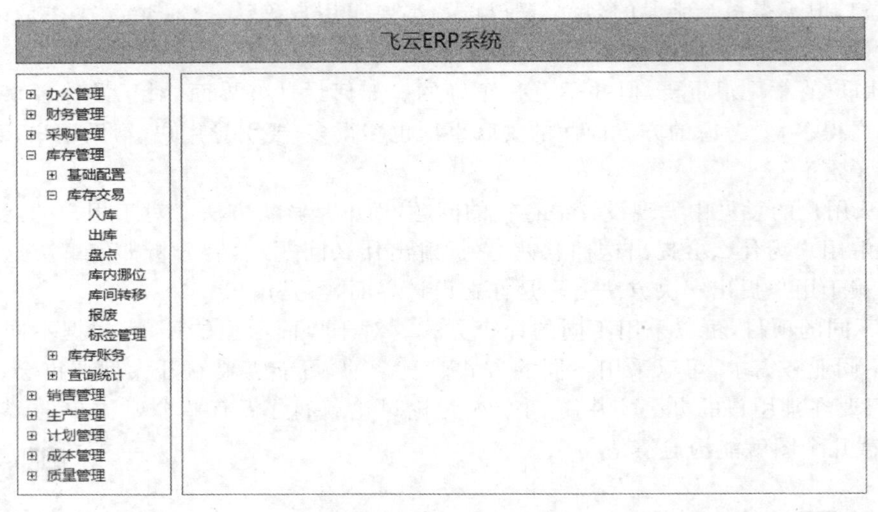

图 6-7　功能菜单入口

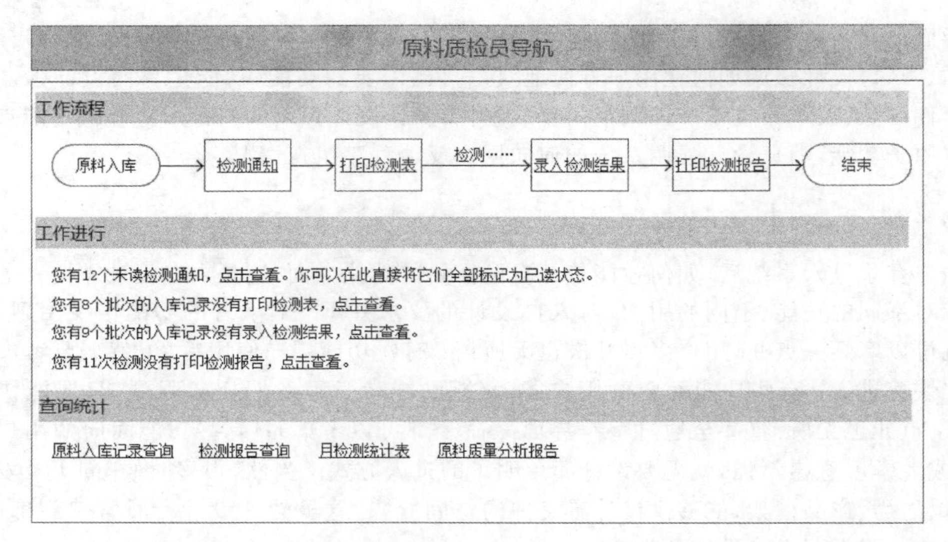

图 6-8　工作台入口

输入法中的九格键盘。后来，只要是这种一格一格的界面布局都习惯于叫九宫格或者 N 宫格了。用九宫格作为入口的方式，在智能手机上非常流行，由于空间有限，三行三列九个格子，每个格子放置一个命令图标显得比较合理，后来手机屏幕越来越大，排放的图标自然也越来越多。现在 PC 端用这种方式作为功能入口的软件也越来越多了，如图 6-9 所示。

4. 弹出菜单

用户单击某区域，或执行某操作后，系统弹出菜单，用户单击菜单，进入功能界面，这种入口方式在 C/S 系统中相当常见（很多 C/S 软件的用户都习惯于在任何地方单击鼠标右键碰碰运气，看能不能弹出点儿什么来），在 B/S 系统中用得没有 C/S 系统那么普遍，如图 6-10 所示。

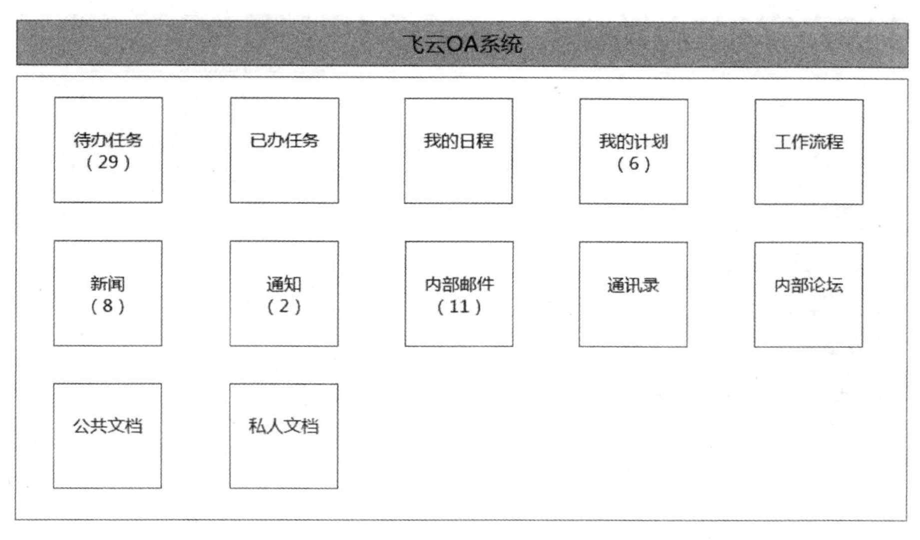

图 6-9 九宫格入口

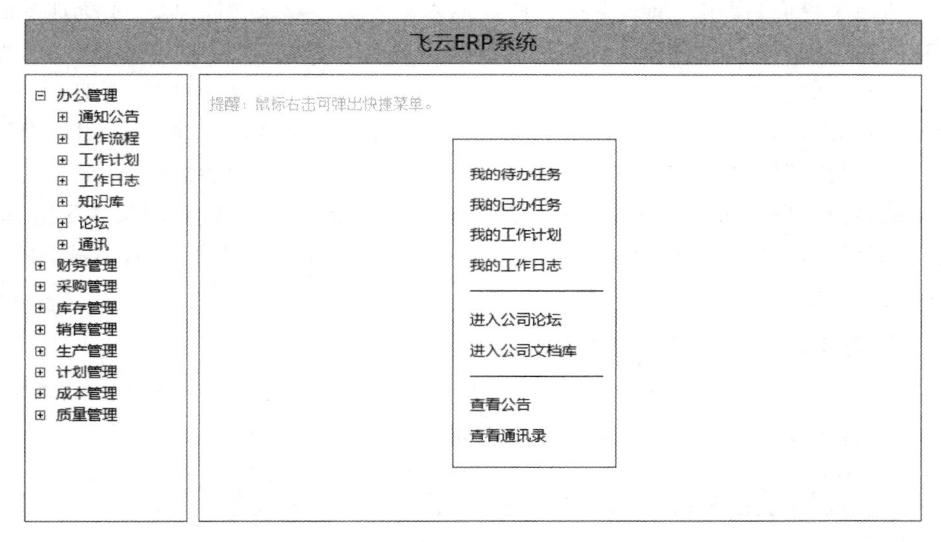

图 6-10 弹出菜单入口

5. 快捷方式

对于某些非常常用的功能，可以通过快捷方式建立快速入口，如在某面板上放置功能图标，允许用户建立功能收藏夹，或者可以让用户输入字符命令等，如图 6-11 所示。

6.2.2 功能主界面

可以简单地将界面分成两大类：一类展示跟本界面业务相关的多条记录（记录集），称为“查询类”，如一般的查询界面，用户输入查询条件，提交查询后，系统根据查询条件检索后显示一个信息列表；另一类显示跟本界面业务相关的单条记录，主要用来录入数据或展现记录的详情，称为“表单类”，如一个录入员工信息的表单。当然，实际工作中的软件界面千姿

飞云ERP系统

输入功能代号，直接打开功能 | 待办任务 | 交易查询 | 提醒：您可以按住Ctrl将常用的功能从菜单中拖拽到此处。

⊞ 办公管理
⊞ 财务管理
⊞ 采购管理
⊟ 库存管理
  ⊞ 基础配置
  ⊞ 库存交易
  ⊞ 库存账务
  ⊞ 查询统计
⊞ 销售管理
⊞ 生产管理
⊞ 计划管理
⊞ 成本管理
⊞ 质量管理

图 6-11 快捷方式入口

百态，各种由“查询类”与“表单类”混合而成的界面也不少见。

所谓功能主界面，指用户通过菜单栏或其他入口方式打开某功能点后，系统加载的用于使用该功能点的主界面，用户可以从中获得各种子功能的入口。将一个“查询类”的界面作为一个有些复杂的功能点的主界面，这似乎是大部分管理软件的设计习惯，例如，一个叫“客户管理”的功能点，用户从菜单栏打开该功能点，系统加载一个客户列表，显示目前有哪些客户，并且在界面顶部放置“新增客户”“删除客户”“编辑客户”这些功能按钮。

功能主界面一般会被分成各种区域，如菜单区域、功能按钮区域、查询条件区域、记录显示区域、详情展现区域等，各种组件就放置在这些区域中。这些区域的布置方式，本书称之为界面结构。下面介绍一些常用的界面结构。

1. 上边查询条件，下边查询结果

这是最常见的查询类界面，用户在上边查询条件区域中录入查询条件，单击“查询”按钮，系统将符合条件的检索结果显示在下边的列表中，如图 6-12 所示。

新增 | 导入 | 导出

部门： 姓名： 查询 清空 更多

部门	工号	姓名	性别	入职日期	状态	操作
总经办	SG0001	赵丹青	男	2008-01-10	在职	编辑 删除
总经办	SG0002	钱希	男	2008-01-10	在职	编辑 删除
总经办	SG0003	孙晓静	女	2008-01-10	在职	编辑 删除
营销部	SG0004	李春丽	女	2008-01-10	在职	编辑 删除
营销部	SG0005	周刘旭	男	2008-01-10	在职	编辑 删除
人事部	SG0006	吴高申	男	2008-01-10	在职	编辑 删除
财务部	SG0007	王郑义	男	2008-01-10	离职	编辑 删除
制造部	SG0008	王小兰	女	2008-01-10	在职	编辑 删除
制造部	SG0009	李永亮	男	2008-01-10	在职	编辑 删除
财务部	SG0010	杨兆平	男	2008-02-25	在职	编辑 删除

首页 上一页 下一页 末页

图 6-12 上边查询条件、下边查询结果的界面结构

2. 左边大项,右边查询结果

用户单击左边的大项,系统在右边加载属于该大项的信息。列表的上方也可以放置查询条件区域,用户可以进行更精确的检索,如图 6-13 所示。

新增　导入　导出

班级列表
财务1401
工商管理1403
计算机应用1302
机电1301
电子1301

班级	学号	姓名	性别	状态	操作
机电1301	130129	吴长兰	女	在读	编辑 删除
机电1301	130130	李海龙	男	在读	编辑 删除
机电1301	130131	蔡丽	女	在读	编辑 删除
机电1301	130132	张薇薇	女	在读	编辑 删除
机电1301	130133	耿闯	男	在读	编辑 删除
机电1301	130134	褚成浩	男	在读	编辑 删除
机电1301	130135	张兰	女	在读	编辑 删除
机电1301	130136	褚长刚	男	在读	编辑 删除
机电1301	130137	阂成娣	女	休学	编辑 删除
机电1301	130138	车克成	男	在读	编辑 删除

首页 上一页 下一页 末页

图 6-13　左边大项、右边查询结果的界面结构

3. 左边树状结构,右边查询结果

用户单击树展开按钮,树会展开,用户单击树的节点,系统在右边列表中加载属于该节点的相关信息。列表上方可以有查询条件区域,如图 6-14 所示。

新增　导入　导出

- ▼ **所有部门**
  - 总经办
  - 人事部
  - ▼ 销售部
    - 华东区
    - 华南区
    - 华北区
  - 财务部
  - ▼ 制造部
    - 一车间
    - 二车间
    - 三车间

工号:　　姓名:　　查询　清空　更多

部门	工号	姓名	性别	状态	操作
总经办	SG0001	赵丹青	男	在职	编辑 删除
总经办	SG0002	钱希	男	在职	编辑 删除
总经办	SG0003	孙晓静	女	在职	编辑 删除
营销部	SG0004	李春丽	女	在职	编辑 删除
营销部	SG0005	周刘旭	男	在职	编辑 删除
人事部	SG0006	吴高申	男	在职	编辑 删除
财务部	SG0007	王郑义	男	离职	编辑 删除
制造部	SG0008	王小兰	女	在职	编辑 删除
制造部	SG0009	李永亮	男	在职	编辑 删除
财务部	SG0010	杨兆平	男	在职	编辑 删除

首页 上一页 下一页 末页

图 6-14　左边树、右边查询结果的界面结构

4. 上边主表,下边子表

上边主表("一对多"关系中"一"的一方)信息,下边子表("一对多"关系中"多"的一方)信息,用户单击上边主表中的记录时,系统在下边子表中加载该记录的关联子表信息,如图 6-15 所示。

新增 导入 导出

订单号： 业务员： 客户： 查询 清空 更多

订单号	下单日期	客户	业务员	状态	操作
S01502-001	2015-02-01	上海大洋纸业	李晓莉	已回款	编辑 删除
S01502-002	2015-02-01	无锡风帆物流	王林	部分发货	编辑 删除
S01502-003	2015-02-03	南京大楠科技	李晓莉	已发货	编辑 删除
S01502-004	2015-02-03	苏州丰润建材	张峰	已回款	编辑 删除
S01502-005	2015-02-03	无锡尚朗科技	张峰	已发货	编辑 删除

首页 上一页 下一页 末页

订单号	行号	商品代号	商品名称	单位	单价	数量	金额	操作
S01502-003	1	HD836-1	普通硬盘1000G	只	350	50	17,500.00	编辑 删除
S01502-003	2	HD836-2	固态硬盘120G	只	499	12	5,988.00	编辑 删除
S01502-003	3	MS1235-6	光电鼠标	只	30	100	3,000.00	编辑 删除
S01502-003	4	UD124	U盘32G	只	39.9	100	3,990.00	编辑 删除
S01502-003	5	AD890	电源适配器	只	129	9	1,161.00	编辑 删除

图 6-15　上边主表、下边子表的界面结构

5. 左边主表，右边子表

用户单击左边主表中的记录时，系统在右边子表中加载关联信息，如图 6-16 所示。

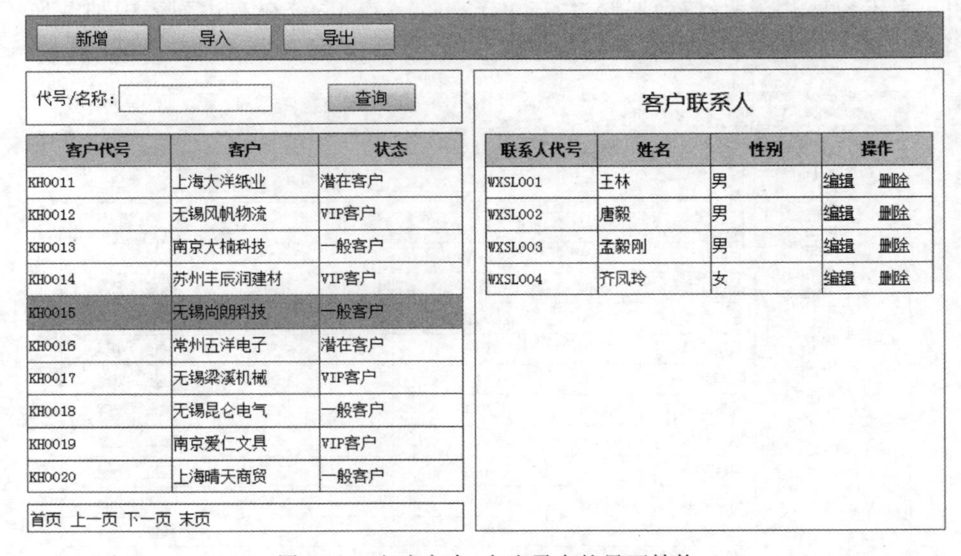

图 6-16　左边主表、右边子表的界面结构

6. 树状列表

在列表中展现有上下级关系的信息，用户单击节点，可以展开或收缩记录信息，如图 6-17 所示。

7. 分级列表

表中分级，用户单击主表记录时，页面撑开，显示子表记录，如图 6-18 所示。

新增 导入 导出

任务	里程碑	责任人	计划开始	计划结束	操作
+ 前期调研		赵振林	2015-02-28	2015-03-18	编辑 删除
+ 需求分析		钱宏	2015-03-19	2015-03-31	编辑 删除
- 软件设计		钱宏、孙朝峰	2015-03-26	2015-04-26	编辑 删除
+ 数据建模		钱宏、孙朝峰	2015-03-26	2015-03-30	编辑 删除
+ 功能设计		钱宏、孙朝峰	2015-03-31	2015-04-20	编辑 删除
- 界面设计		钱宏、孙朝峰	2015-04-15	2015-04-26	编辑 删除
原型设计		郑志	2015-04-15	2015-04-24	编辑 删除
原型评审		王长虹	2015-04-24	2015-04-25	编辑 删除
客户确认	里程碑	蒋磊		2015-04-26	编辑 删除
+ 软件开发		沈亮、王长虹、蒋磊	2015-04-26	2015-05-26	编辑 删除
+ 软件测试		吴征、周玉明	2015-05-26	2015-06-10	编辑 删除
+ 项目实施		李修平	2015-06-05	2015-07-05	编辑 删除
+ 服务		周玉明	2015-07-06	2016-07-06	编辑 删除

图 6-17　树状列表的界面结构

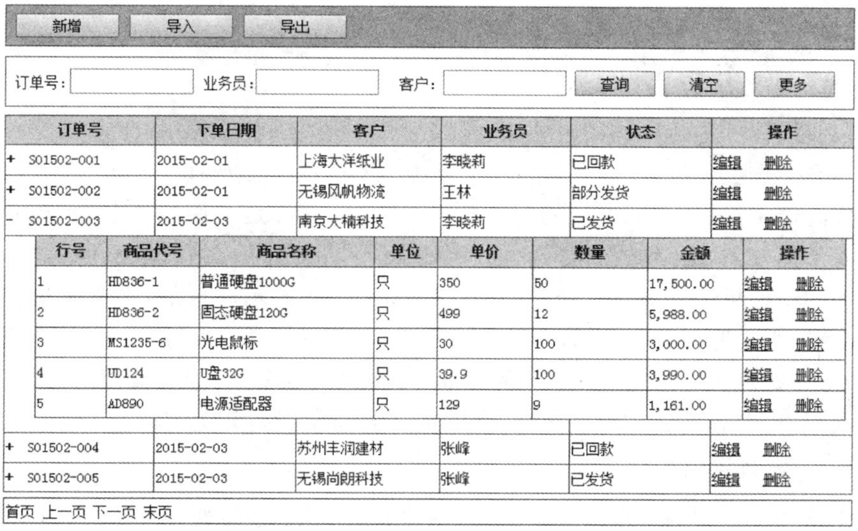

新增 导入 导出

订单号： 业务员： 客户： 查询 清空 更多

订单号	下单日期	客户	业务员	状态	操作
+ S01502-001	2015-02-01	上海大洋纸业	李晓莉	已回款	编辑 删除
+ S01502-002	2015-02-01	无锡风帆物流	王林	部分发货	编辑 删除
- S01502-003	2015-02-03	南京大楠科技	李晓莉	已发货	编辑 删除

行号	商品代号	商品名称	单位	单价	数量	金额	操作
1	HD836-1	普通硬盘1000G	只	350	50	17,500.00	编辑 删除
2	HD836-2	固态硬盘120G	只	499	12	5,988.00	编辑 删除
3	MS1235-6	光电鼠标	只	30	100	3,000.00	编辑 删除
4	UD124	U盘32G	只	39.9	100	3,990.00	编辑 删除
5	AD890	电源适配器	只	129	9	1,161.00	编辑 删除

订单号	下单日期	客户	业务员	状态	操作
+ S01502-004	2015-02-03	苏州丰润建材	张峰	已回款	编辑 删除
+ S01502-005	2015-02-03	无锡尚朗科技	张峰	已发货	编辑 删除

首页 上一页 下一页 末页

图 6-18　分级列表的界面结构

8. 日历

日历结构用于展现与日期息息相关的信息，如计划、任务、日志、资源占用、上班班次、上课课表等，一般包括日视图、周视图、月视图，如图 6-19 所示。

这里介绍的是一些功能主界面设计中常用的界面结构，在实际工作中根据客户、开发团队、设计者的不同，自然还会有各种其他的结构，如门户型的结构（在功能主界面中展现大量的说明、参考、帮助、提示、摘要信息）、图表结构（在功能主界面中结合报表图表）等，作为设计者既要尊重客户的需求、行业的规范、团队的传统，但也不必被这些框框限死，要做一个有想法的设计者。

< 2013年11月工作计划 >

日	一	二	三	四	五	六
27 +	28 +	29 +	30 +	31 +	1 8:00 拜访王总 15:30 销售会 +	2 +
3 +	4 全天：出差北京，参加推广会 +	5 全天：出差北京，参加推广会 +	6 全天：出差北京，参加推广会 +	7 +	8 15:30 销售会 +	9 +
10 +	11 +	12 +	13 +	14 +	15 15:30 销售会 +	16 +
17 +	18 +	19 20:00 与德国总部电话会议 +	20 +	21 +	22 15:30 销售会 +	23 +
24 +	25 +	26 +	27 14:00 参加新产品培训课程 +	28 +	29 15:30 销售会 +	30 +

图 6-19 日历结构

6.2.3 表单布局

用户在使用软件进行工作的过程中，很多岗位需要在“表单类”的界面上花费大量的时间，如仓管员需要通过表单录入入库、出库信息，财务人员需要通过表单录入记账凭证，等等。对有些岗位来说，如车间专设的生产数据录入员，这就是他们的主业，表单布局直接关系到他们的工作效率和工作心情。

表单上的组件可以分成三大类：一类是用来接收或显示数据的，如文本框、标签、单选框、复选框等；一类是用以响应用户的要求而执行某种操作，如按钮、链接、图标等；还有一类跟数据、操作都没有关系，只是用于界面布局、标注或美观等，如分隔线、矩形框等。表单布局设计，就是思考如何排放这些组件，使界面达到易学、易用、美观的效果。

1. 常用的表单布局

这里介绍几种常用的表单布局形式，包括平铺、分组、动态加载、表格、Tab 页、混合，这些布局形式在实际工作中相当常见，绝大部分表单都离不开这些布局形式(或者是它们的某种组合方式)。

1）平铺

所谓平铺布局，就是将本界面需要的所有组件依次放置在界面上，用户打开界面时就能看到所有的组件。很显然，这种方式只适合于组件元素比较少的界面，如果组件多了，这种方式会让用户感到眩晕。用户在同一区域比较容易接受的信息点一般在 7～10 个，如果在同一界面上，数据元素超过了这个数，就应该考虑别的布局方式，如图 6-20 所示。

2）分组

分组布局可以理解成是对平铺布局的某种优化，用户打开界面时同样能够看到所有组

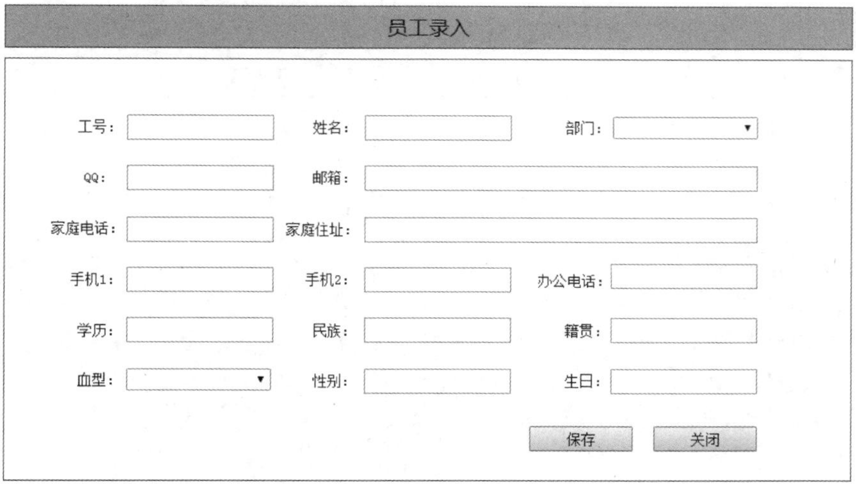

图 6-20 平铺布局

件，但这些组件被分成了若干个组。在这种布局形式下，虽然界面上组件较多，但由于被分了组，用户首先接受的信息点为组信息，对于用户来说就有了一个逐层思考的过程，通过这种方式就可以在界面上放置更多的组件，如图 6-21 所示。

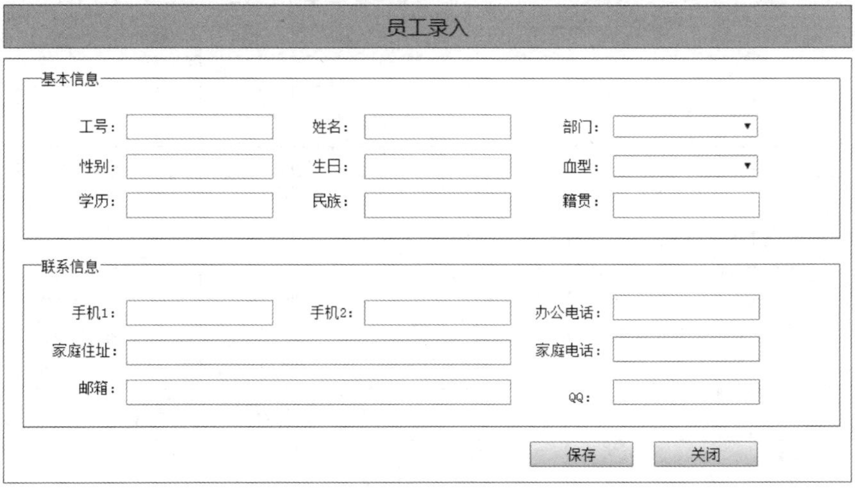

图 6-21 分组布局

3）动态加载

动态加载是一种柔性布局，用户打开界面时并不显示所有组件，只有在满足某种条件或者用户执行了某种操作时，才会显示相关的组件。在这种布局形式下，由于隐藏了一些组件，更容易安排界面空间，而用户打开界面时只看到一部分组件，也更容易抓住重点，如图 6-22 所示。

4）表格

表格布局，见得最多的就是以 Excel 为代表的一些电子表格软件了，在管理软件中这种

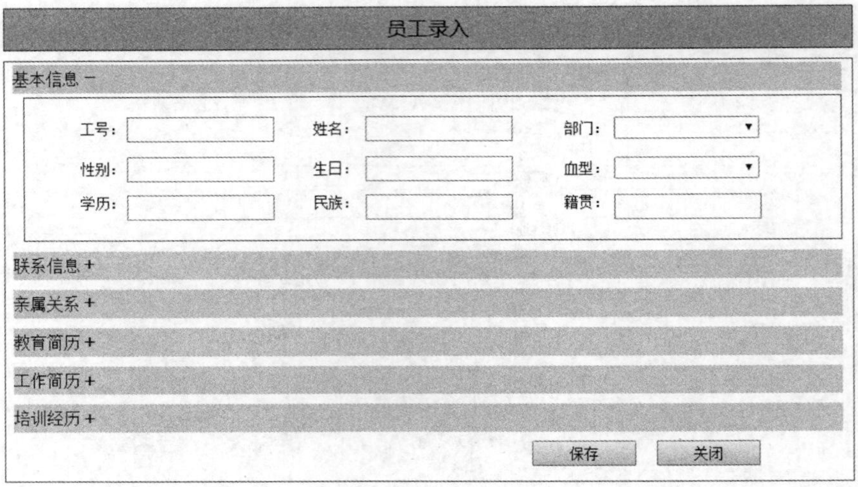

员工录入

基本信息 −

工号：　姓名：　部门：

性别：　生日：　血型：

学历：　民族：　籍贯：

联系信息 +

亲属关系 +

教育简历 +

工作简历 +

培训经历 +

保存　关闭

图 6-22　动态加载布局

布局形式也非常常见，一般用于快速录入信息，但如果每条记录需要录入的信息较多，或者字段跟字段之间的控制关系较强时，这种方式就不太适合，如图 6-23 所示。

员工基本信息录入

工号	姓名	部门	性别	生日	血型	学历	民族	籍贯

保存　关闭

图 6-23　表格布局

5）Tab 页

Tab 页布局，可以说成是分组布局以及动态加载布局的延伸。当设计者考虑使用 Tab 页布局时，往往都是因为界面空间问题，在某个有限的空间内无法放置需要的组件，于是将组件分组，放置到不同的 Tab 页中，用户可以切换到不同的 Tab 页进行操作，如图 6-24 所示。

6）混合

在一次需要录入或编辑大量信息时，在一个表单中同时使用上述多种布局形式也很常见，如图 6-25 所示。

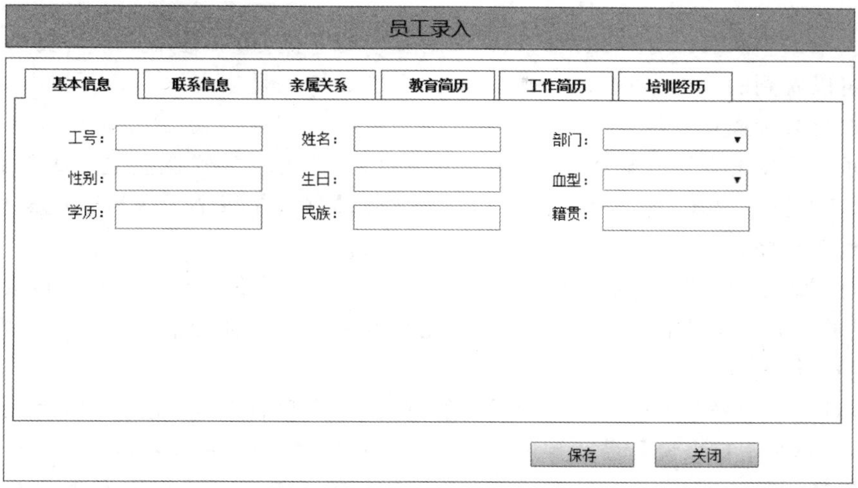

图 6-24 Tab 页布局

图 6-25 混合布局

2. 注意事项

为了做好表单布局的设计，有一些注意事项需要在设计界面的过程中考虑。

1）合理安排界面空间

当一个表单中需要放置的组件太多时，就要考虑界面空间的问题，毕竟显示屏是有限的，而可能放置的组件是无限的。组件多了，就有两个基本的思考方式：一是在一个页面中不断增加，反正用户可以通过滚动条（横向、纵向都行）看到所有组件，很显然，这种方式的使用范围有限，用户如果在同一表单上一眼看到几十甚至几百个组件，很容易产生排斥心理；二是通过某种方式，一开始只显示部分组件，其余组件暂时隐藏，当用户执行某操作时再显示出来，例如前面提到的 Tab 页、动态加载都是这种方式。

2）突出重点

一个表单的空间可以分成几大区域：一是表单的左上方，二是用户不需要执行任何额外操作就可以看到的首屏（当然，这也包含左上方区域），三是拖曳滚动条可以看到的区域，四是需要执行某种操作才可以看到的区域。如果没有特别的格式，这个顺序往往也是用户判断信息重要程度的顺序。显然，越是重要的信息，越要考虑放置在左上方或首屏。分组、动态加载、Tab 页等形式，将表单分成了若干子区域，同样，在每个子区域中放置组件时，也需要考虑这个顺序。

用户打开表单时，第一眼往往聚焦在左上方，因此表单中最重要的信息应该放置在左上方，最常见的放在左上方的信息往往是那些充当业务关键属性的信息（如工号、姓名、订单号、客户代号、标题等）。

首屏，对于一个表单来说也有不同寻常的意义，一个只有首屏（用户一眼就可以看到所有组件）的表单对用户来说是最容易理解的，因为用户在使用过程中不需要有一个"记忆"的过程。无论是通过滚动条，还是动态加载，还是 Tab 页切换，显示一些组件时都会隐藏另外一些组件（用户一眼看到的永远只能有一个屏幕），由于那些组件离开了用户的视线，用户就需要记住那些刚刚看到的但现在已经看不到的组件。

如果将重要信息（如必填项）放置到动态加载的组件中，或者 Tab 页的后排，有时候会给用户带来非常大的困惑。例如，当用户录入了一些内容要保存时，发现系统不允许保存，因为第四个 Tab 页中的某某字段是必填项，这种设计简直让人崩溃。

当然，要突出重点，通过组件排放并不是唯一方式，甚至不是最重要的方式，还有各种方式可以考虑，如采用特殊的字体、颜色、图片，甚至动画效果等。

3）信息展现要有层次感

前面说过，用户在同一区域中比较容易接受的信息点在 7～10 个（这只是一个推荐数，不要走极端，有时候如果这些信息点之间有很强的关联性，多一些也无所谓），如果数据元素超出了这个数，就应该考虑是否分出层级来。前面所说的分组、Tab 页，除了考虑界面空间的问题，也有这方面的考虑，逐层展开、逐层思考的方式符合人脑的思维习惯。

通过引入新表单将信息分层的做法也非常普遍——用户在主表单执行某操作，系统弹出一个新窗口，或转到另外一个页面，用户处理完相关事项后再返回到主表单。

4）注意组件顺序

在同一表单中，组件放置的顺序不能轻视。有些表单跟工作步骤关系不大，而有些表单，用户执行一项操作往往意味着在处理一件工作上的事情，这也意味着表单上组件排放的顺序应该符合业务处理的步骤。例如，某仓储管理系统的原料入库操作，业务上要求根据采购单入库，那么表单中，组件顺序自然就应该采购单选择在前面，然后加载采购单信息，然后再录入入库数量，如果不按这个顺序排放组件，就会增加用户的学习难度，即使学会了，使用起来也觉得非常别扭。

6.2.4 操作

对于查询类的界面，由于不需要往数据库中写入数据，也就少了许多数据组织与验证的过程。人机交互的过程非常简单，无非就是用户输入条件后，系统从数据库检索数据，再加载到界面。而对于表单类的界面，或者表单与查询混合类的界面，由于用户在操作的过程中系统可能会提供大量的数据验证、辅助录入、确认提醒的支持工作（这里特指用以新增、编辑数据的表单），因此，很多时候就会有非常复杂的人机交互要求。

一个复杂的表单界面可能会提供大量的子功能，这些子功能一般会通过按钮、链接、命令图标、键盘快捷方式、鼠标单击、鼠标双击、鼠标右击、离开某组件、进入某组件等方式提供给用户，用户执行操作后，便会触发系统运行某程序。有时候，一个看似简单的界面，其实暗藏了很多子功能，有些子功能甚至用户都注意不到。例如，用户在某文本框中录入数据，离开时，系统会验证所录数据的合法性，这个验证过程其实也是一种子功能，不过不那么明显，如果用户录入的数据是合法的，他甚至感觉不到系统做了这方面的验证工作。

表单上的操作大体可以分成两大类：一是面向数据库的写操作（包括 Insert、Update、Delete），例如，用户录入员工信息后单击“保存”按钮，这项“保存”操作会将员工信息保存到数据库；二是不改变数据库中数据的操作，可能仅仅是从数据库读取数据（Select），或者甚至跟数据库中的数据毫无关系，抛开系统维护类的信息（如操作日志）不谈，这种操作不会导致数据库中保存的数据发生任何变化。

案例：不改变数据库中数据的操作

某表单用于录入、编辑员工信息。用户在录入过程中，单击“选择部门”按钮，系统加载所有部门供用户选择，“选择部门”这项操作是个读取数据的操作，不改变数据库数据。另外，用户单击员工的博客地址链接，系统打开该地址链接的网页，“单击博客地址”这项操作就是跟数据库没有关系的操作，既不需要从数据库中读取数据（数据已经在界面上了，可能是另外一个操作从数据库读出来的，也可能是用户刚刚输入的），也不会向数据库写入数据。

用户在使用软件处理工作的过程中，真正对数据库的写操作其实很少，大部分时间都在进行第二种操作，而做了大量的这类操作的目的，往往是为了做一次数据库的写操作。本书将为了提交数据而做的支持操作称为“辅助录入”。

案例：表单的保存与辅助录入

某 ERP 软件的生产汇报界面，用以录入生产记录，这是一个非常典型的表单类界面。用户通过该表单录入生产单的工作结果，需要录入的数据包括：生产工单、加工机器、汇报人员、加工时段、加工时长、加工数量、质量等级等。本表单另外提供了一些用于支持录入的操作，包括选择工单、选择机器、选择人员、选择质量等级、根据加工开始时间与结束时间计算加工时长（由于加工中途可能会有中断，用户可以修改这个计算出来的默认值），另外还有验证用户录入的数量、时间、时长是否合法等。其中，选择工单、选择机器、选择人员三项操作，会打开另外的查询类界面，这种查询类的界面可以看成是本表单的一部分，属于录入数据的支持界面。这一切的操作，就是让用户最终“保存”，从而提交到数据库，如果没有“保存”，或者“保存”失败，前面所做的一切操作就没有任何意义，因此称之为“辅助录入”。只有“保存”操作，才会真正往数据库中写入数据，导致数据库中的数据发生变化，所有这些用于辅助录入的操作，都没有改变数据库中的数据，如图 6-26 所示。

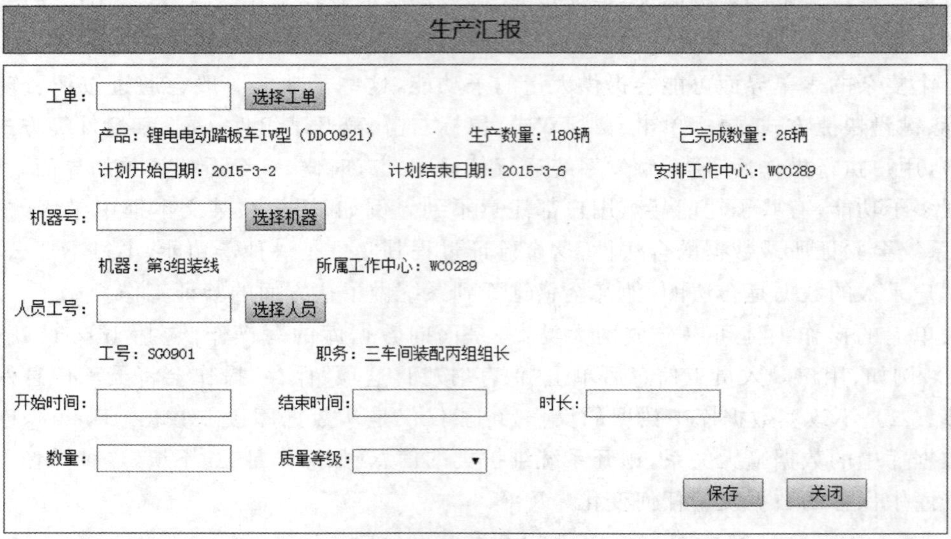

生产汇报

工单： 选择工单

产品：锂电电动踏板车IV型（DDC0921） 生产数量：180辆 已完成数量：25辆

计划开始日期：2015-3-2 计划结束日期：2015-3-6 安排工作中心：WC0289

机器号： 选择机器

机器：第3组装线 所属工作中心：WC0289

人员工号： 选择人员

工号：SG0901 职务：三车间装配丙组组长

开始时间： 结束时间： 时长：

数量： 质量等级：

保存 关闭

图 6-26 辅助录入操作

6.2.5 消息

当用户在界面上操作时，一个友好的系统会将执行情况根据需要反馈给用户，这就是所谓的“消息”——系统给用户带来的关于计算机内部的消息。有些消息只是告诉用户一段程序执行的状态，如常见的告诉用户保存记录成功的提示消息；而有些消息是用于接受用户额外指令的，如让用户确认是否删除某记录的提示消息。系统反馈给用户的消息，可以通过各种方式表达出来，如弹出消息框、显示在某固定区域、写入日志文件等，当然，也不能将消息狭隘地理解成一段文字，有的时候系统也会通过组件形状变化、位置变化、颜色变化、文字字体变化等的方式向用户传达消息——这种情况相当常见。什么时候用什么方式给用户送去消息，需要设计者确定。

1. 消息弹出框

用户执行了某操作后，系统响应触发事件而执行一段程序，在程序运行过程中或程序运行结束后，弹出一个对话框，告诉用户程序运行的状态或者请求用户干预，这就是消息弹出框，如图 6-27 所示。

2. 消息区

可以在某个区域设计一个消息区，程序在执行过程中如果有什么消息需要让用户知道，可以将消息写入到消息区。用户如果需要，可以到消息区查看这种消息，用户如果不想查看这种消息，对接下来的工作也不会有什么不良影响。有些软件会设计消息漂浮框，显示一段时间后自动消失，不需要用户干预，这也可以理解成消息区的一种特殊形式。弹出框需要用户执行额外操作，而消息区不需要，如图 6-28 所示。

3. 日志

绝大部分软件都会将系统运行过程中的一些重要信息记录成日志，日志信息可能直接

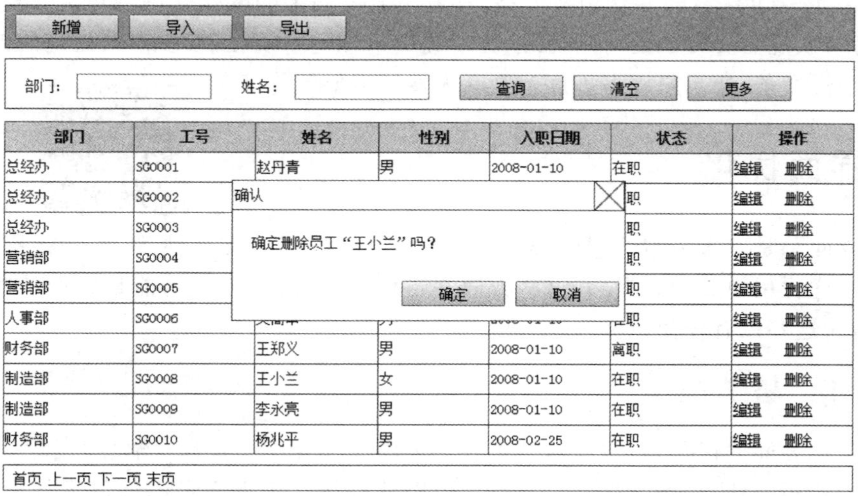

图 6-27 消息弹出框

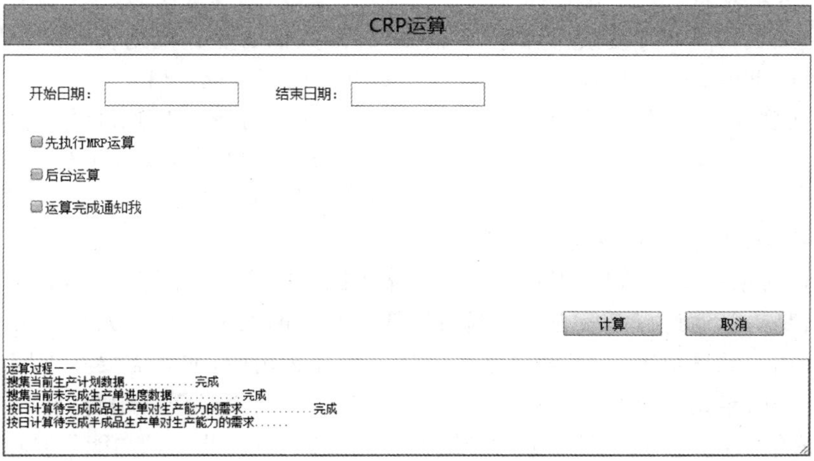

图 6-28 消息区

保存在数据库中,也可能写入到某些日志文件中(一般都是文本格式)。日志信息可以包括很多内容,如什么时候用户执行了什么操作,向数据库提交了什么数据,产生了什么重要影响,耗费了多少时间,占用了多少资源等。这些信息一般用于管理员对系统进行监控、分析、跟踪、调试等。记录系统日志的过程对普通用户来说是透明的,他们在执行操作的过程中是感觉不到这个过程的。日志也是系统消息的一种,只不过它面向的读者不是普通用户,而是开发者或者管理员级别的高级用户。

4. 其他方式

系统向用户反馈消息还有其他各种各样的方式,如颜色的变化、字体的变化、图像的变化,或者发出某种声音,或者发出某种振动(手机)。一般来说,这些方式反馈出来的信息比较简单,只是让用户觉察到自己的操作对系统产生了影响,或者让用户知道系统正在处理等。例如,用户单击某链接后,链接文字变成另外一种颜色,这就是告诉用户,这个链接已经单击过了；用户 QQ 上线，头像由灰变亮，这就是通过图像的变化告诉用户上线成功；用户执行某操作，系统需要较长的时间处理，为了让用户知道系统在处理，以及处理的大概进程，会显示一个进度条，让用户根据进度条判断大概还需要等待多久。

6.3 界面优化

好的界面总是以人为本的，具有易学性、易用性、健壮性、交互性等，本节就从这几个方面来看如何优化用户界面。当然，这些方面并不仅仅跟界面有关，功能是它们的基础，没有好的功能，谈这些没有任何意义。

6.3.1 易学性

在易学性方面的优化，就是让软件更容易被用户学会。一款容易学会的软件，可以大大增加用户的使用兴趣，降低软件的总成本。可以从以下几个方面考虑如何进行易学性方面的优化。

1. 提炼核心功能

有时候，某个功能非常复杂，界面元素很多，有一大堆的业务规则、异常情况需要处理。这种功能，可以考虑做一些提炼，将这个功能中最常用的部分提炼出来，对于一般用户来说，这已经可以处理 80%的业务了，剩下的 20%，让用户在用得着的时候再学也不晚。一般来说，提炼出来的核心功能操作简单，自然非常容易学习。用户一旦掌握了核心功能，并熟练使用一段时间后，再学习其他的功能，比直接学习所有的功能要容易得多。一者，循序渐进比一步登天容易；再者，用户更容易产生学习兴趣。

许多软件对某些复杂的、流程步骤较多的操作提供所谓的“向导”功能，相信大部分读者都见过，这就是一个通过提炼核心功能提高软件易学性的典型事例。如果需要直接填写许多信息，会让用户觉得很困惑，不知道这些信息是干什么用的，或者需要在不同的功能点之间来回切换，一时半刻难以掌握。通过一个“向导”功能，搜集必需的信息，让用户在操作过程中依次录入信息，逐步做出判断，大大降低了学习难度。向导提供的功能足够解决大部分问题，用户问题处理不了的时候，再投入精力额外学习，这样比直接学习所有功能要容易得多。

案例：易学性优化之提炼核心功能

一般提供互联网搜索的网站，搜索引擎的常用入口只有一个文本框，用户输入任意文本，按回车键，就可以搜索了。这个简单操作可以满足绝大部分的需求，一看就会，学习成本很低。但是，如果要使用比较高级点儿的功能，就要学习一些语法了。

例如，如果想检索某种特定类型的文档，就需要学习“filetype”这种搜索方式——通过“filetype:pdf 需求分析”可以检索包括“需求分析”的 pdf 文档；如果想在某指定网站中检索信息，就需要学习“site”这种搜索方式——通过“site:sina.com.cn 需求分析”可以在新浪网检索包括“需求分析”的网页。一旦习惯了使用搜索引擎，再去学习用于高级搜索的语法，就更有学习兴趣，也就更容易了。如果非得先把这些语法都学会了才能使用，很难想象搜索引擎会有如今这种普及程度，如图 6-29 所示。

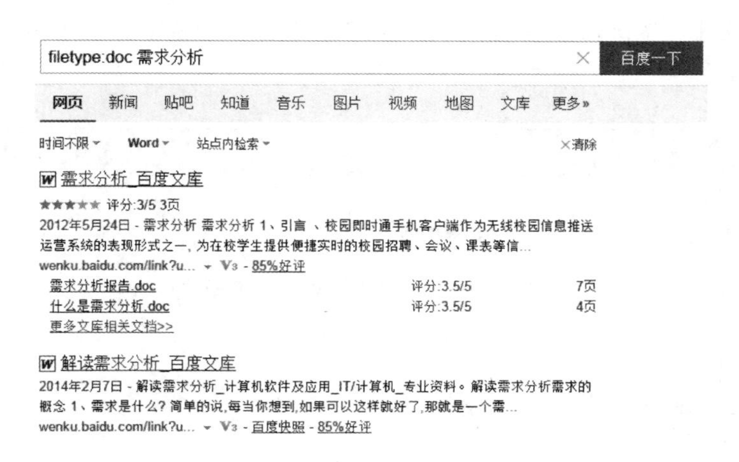

图 6-29　百度的高级搜索

2. 追随主流软件

主流软件有海量用户群,很多操作习惯早已深入人心,模仿这些软件的操作方式可以大大降低学习难度——用户在其他软件中已经学过了,而且可能相当熟练。举个简单的例子,大家都用小方框表示复选,用小圆圈表示单选,设计界面时自然没必要为了追求与众不同反过来使用。

案例:常用的快捷方式

很多软件会提供一些支持键盘的快捷操作方式。一般设计者在设计快捷方式时都会参考一些主流软件的快捷方式,避免与之发生冲突。大量的用户对这些快捷方式都很熟悉,例如:

Ctrl+A:全选	Ctrl+S:保存
Ctrl+B:粗体	Ctrl+V:粘贴
Ctrl+C:复制	Ctrl+X:剪切
Ctrl+F:查找	Ctrl+Z:撤销
Ctrl+N:新增	F1:帮助
Ctrl+O:打开	F2:编辑
Ctrl+P:打印	……

3. 贴近业务流程

用户对自己的业务领域是相当精通的,如果让用户看到界面就能够联想到自己的业务处理过程,觉得先做什么后做什么都是水到渠成的事情,那么一定会大大提高学习效率,有时候甚至根本不需要学习。

案例:易学性优化之贴近业务流程

某公司质检部需要对原料仓库的原料抽样检验,实际工作流程是这样的:每次原料入库都会生成一个原料批次,质检部需要对每一个原料批次进行抽样,然后根据客户对产品的要求确定检验标准,然后制作检验单,开始检测。设计原料检验单生成界面时,设计者根据这种业务流程设计了界面元素,一个对使用管理软件有所了解的质检员看到这个界面后很容易就能学会了,如图 6-30 所示。

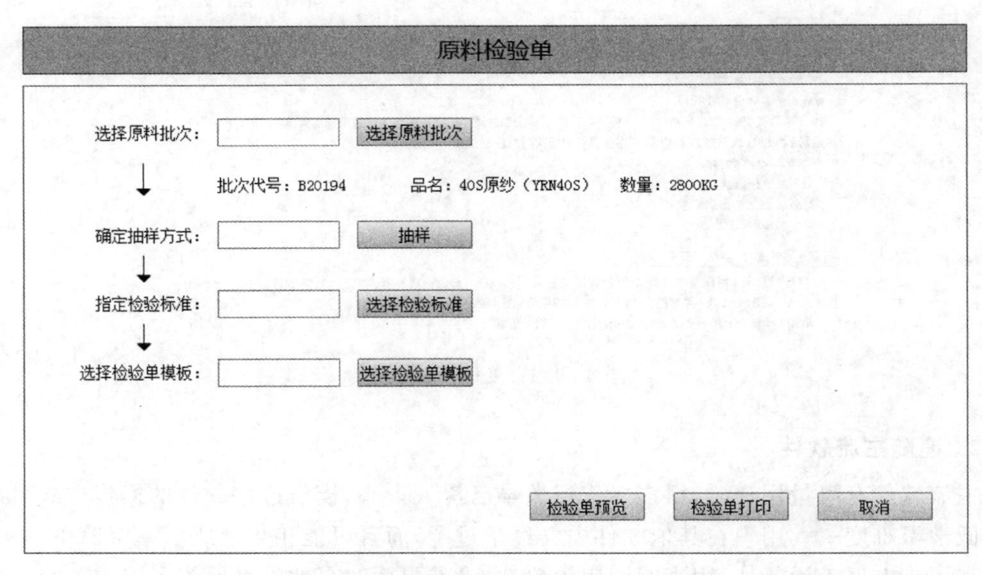

图 6-30　贴近业务流程的界面设计

4. 统一操作习惯

要保证软件中类似的功能在界面风格、功能入口、操作方式、逻辑处理等方面都有一定的统一性,不要弄得用户要掌握每个新功能都有一大堆操作习惯需要熟悉。界面的布局、组件的选择、组件的排放方式、按钮的标题、处理的习惯,甚至提示消息等,都要有一定的规律,尽量统一习惯。例如,同样是一个"编辑"按钮,不要在这个地方放在记录后面,那个地方放在上面的工具栏中;同样是增加记录,不要这个地方叫"新增",那个地方叫"创建记录";同样是删除记录,不要这个地方有提醒,那个地方没有提醒;同样是页面的动态表格,在这个页面中,录入内容离开单元格后就提交到数据库,另一个页面则在录入后单击"保存"按钮才会提交到数据库;等等。使用不统一的处理方式明显增加了用户的学习难度。

**案例:易学性优化之统一操作习惯**

某开发团队对一些常用操作的规范性要求如下。

新增:打开一个记录空窗口,一般会在用户录入内容单击"保存"按钮后生成一条新记录。如果一个地方叫"新增",那所有的功能中需要这类操作时,都叫"新增",不要有的地方叫"增加",有的地方叫"新建"等。

保存:保存新建或编辑的信息,如果是弹出框,保存完后关闭当前窗口,回到主页面。

关闭:关闭当前弹出窗口,不保存任何信息。

编辑:打开对应记录为可编辑状态。

删除:删除所选中的信息,有时候是物理删除(彻底从系统中删除,不可恢复),有时候是逻辑删除(隐藏在后台),物理删除需要提醒用户删除后不可恢复。

批量删除:删除所选中记录(可以同时删除多条记录)。

查询：根据条件检索信息，返回符合条件的结果。

重置：清空所有查询条件录入框中的内容。

导入：把符合导入规则的 Excel 文件数据导入到系统中。一般会弹出导入窗口，用户下载 Excel 导入模板，在模板中按要求填入数据，然后上传、导入。

导出：根据查询条件将符合条件的信息导出到 Excel。

……

5. 减少用户干预

在程序运行过程中，减少用户干预，减少交互，也是提高软件易学性的一种方法。这个道理容易理解，用户录入信息，或决定执行某操作，都要有个思考决策的过程，要正确决策自然需要学习。单击一个按钮，然后啥都不需要管了，就静等结果，这学起来很容易，如果需要录入一大堆信息，然后执行功能，程序执行过程中还需要询问用户，显然需要更多的学习成本。

最典型的例子要算以前所谓的“傻瓜相机”了，这虽然不是软件界面的例子，但很能说明问题。开始的相机操作非常复杂，光圈、快门、焦距，一般人要拍出好照片得花点儿时间呢。后来出现了傻瓜相机，一个按钮按下去什么都搞定，学习成本相当低，因为它不需要那么多的用户干预。

当然，要知道的是，减少用户干预，往往需要付出相当大的代价，当使用计算机代替人脑决策时，需要大量的额外计算。如果不能很好地代替用户决策，那么用户干预还是不可少的，否则，恐怕只能称之为“野蛮优化”了，虽然易学，但解决不了问题有什么用呢？敢造傻瓜相机，那是因为用它拍出的照片还算令人满意，如果拍出的照片不像样，就只能让用户去学习传统相机了。

案例：易学性优化之减少用户干预

某 OA 系统的任务发布功能，当用户发布任务时，需要同时给任务接收者发送短信。发送短信需要配置运营商提供的短信发送账号，但有可能当前客户并没有申请这个短信账号。这时候就会有以下两种处理方式。

方式一：当用户发布任务时，如果没有配置短信账号，就会弹出确认框：没有配置运营商短信账号，确定发布吗？用户取消就不发布，确定就发布。

方式二：当用户发布任务时，如果没有配置短信账号，系统直接发布任务，当然也就不会发送短信。

比较这两种方式，从易学性的角度看，显然是第二种更易学，因为这种方式减少了用户干预，不需要用户思考任何关于运营商短信账号的问题，要知道，大部分用户都对这个问题一头雾水。

6. 倡导边干边学

大部分人在离开学校后就失去了系统、全面学习知识体系的热情，对于软件来说，特别是对于业务逻辑非常复杂的管理软件来说，这不能不说是一件非常遗憾的事情。为了让用户保持学习热情，降低学习难度，让用户在工作中边干边学是设计者的追求。

为了增加用户边干边学的可能性，有必要在界面上、消息中提供跟软件操作相关的帮助信息。例如，界面设计时，在某个文本框后加帮助说明文字以描述本字段的填写规则、用途等；用户发生操作错误，在系统反馈的提示消息中给出错误原因及解决方法。当然，必须接受的现实是，这些帮助信息只能针对用一两句话就能说清楚的简单逻辑。

案例：易学性优化之倡导边干边学

某OA软件的请假申请界面，为了让用户在使用时容易学习，在界面上放置了几个重要字段的操作指导信息，如图6-31所示。

请假单

请假人	姓名：王琳　工号：SG0421　岗位：部门经理　部门：质检部	
请假类型	▼	如果选择病假，需要上传病假证明扫描件
请假区间	—	如果请假天数超过7天，需要总经理审核
请假事由		如果请事假，本项必填，注意需要有充足的请假理由，否则不予准假！

提交　取消

图6-31　支持边干边学的界面设计

6.3.2　易用性

软件的易用性，指用户使用软件进行工作时是不是高效、方便、快捷。很显然，易学性是易用性的一部分，一个很难学习的软件自然说不上易用。不过，为了明晰定义，本书将易用性与易学性拆分成两个独立的概念，易学性是针对没有学会软件（或软件中某功能）的新用户，而易用性是针对已经学会了软件并可以熟练操作的老用户。根据学习曲线，用户在使用软件功能时，刚开始工作效率低，随着学习内容的增多，使用频次的增加，工作效率会越来越高，但高到一定程度后会趋于一个稳定的值（当然，不同的用户，根据悟性、学习能力等方面的不同，这个值是不一样的）。当用户使用软件处理工作的效率达到这个值后，称之为老用户。为了提高软件的易用性，可以考虑以下这些优化原则。

1. 让功能方便调用

所有提供给用户的功能都需要有面向用户的入口，如前面介绍过的菜单、按钮、快捷方式等，为了让功能方便调用，常用的技巧包括使用快捷方式、提供多入口等。

所谓快捷方式，就是让用户使用键盘快捷键或者输入命令打开功能。快捷方式增加了学习难度，因为需要记忆一些快捷键、命令字符串，但一旦学会后会大大提高工作效率，毕竟按快捷键比用鼠标单击菜单要快得多，相信读者可以从使用Ctrl＋C、Ctrl＋V组合键进行复制、粘贴的过程中有所体会。

所谓多入口，就是同样的功能，可以采用不同的方式进入，显然，提供快捷方式也是多入口的一种。用户使用功能时都会有他的业务场景，提供多入口的目的，就是让用户在不同的业务场景下可以方便调用同一功能。

案例：易用性优化之多入口

某 CRM 软件的录入客户联系人功能，用户有两个主要业务场景需要使用这个功能：一是有了新客户，用户在录入客户档案资料时，同时录入该客户的联系人；二是针对原来的老客户，有了新的联系人需要录入到系统。为了增强软件的易用性，为“录入联系人”提供了两个入口：一是在“客户管理”功能中可以打开，作为子功能；一是提供了独立的“录入联系人”功能，用户可以直接录入联系人信息然后指明这个联系人属于哪个客户。

2. 让工作容易处理

开发管理软件的目的是帮助用户处理工作中的问题，因此，让用户的工作在系统中更容易处理是进行易用性优化需要重点考虑的事情。为了让工作容易处理，需要考虑根据用户的工作方式安排界面，界面中的元素符合用户处理业务的操作顺序；将完成一件事情需要的功能安排在一起，以减少用户在界面之间来回切换的次数，等等。当然，毕竟用户的使用场景是无限的，而功能是有限的，界面安排不可能兼顾所有的使用场景，这时候就需要设计人员去判断，哪些场景是用户最常用的场景，哪些场景是最耗时的场景，在无法兼顾时，优先考虑在这些场景之下的易用性。

案例：易用性优化之让工作容易处理

某公司销售部需要开发一款外勤管理软件，用于对销售人员的外出工作进行管理。该软件包括 PC 端与手机端两大部分，这里谈的是手机端。手机端主要包括销售政策查询、客户查询、客户联系人通讯录、拜访任务接收、拜访记录录入、合理化建议、给客户发短信等功能。在策划手机端首页时，设计人员初拟了以下两个方案。

方案一：使用九宫格作为首页的界面结构，也就是说用户通过手机打开本软件并登录后，系统会显示所有功能按钮，如销售政策、客户查询、客户拜访、拜访任务等。

方案二：在首页加载历史拜访记录，用户可以在首页直接新增拜访记录。将其他的功能按钮放到“更多”中。

根据公司规定，销售员拜访客户后需要立即通过系统录入拜访记录，这是他们的日常工作，因此，用户在手机端打开本软件时，在 90%的情况下都是要查看、录入客户拜访记录的，这是销售员使用本软件最常用的功能。而其他的功能，如政策查询之类的，都是偶尔使用的，使用频率非常低。鉴于此，最后决定采用方案二作为首页方案，因为本方案节约了用户在方案一中需要的加载首页以及单击“客户拜访”按钮的时间，如图 6-32 所示。

3. 减少用户录入

让用户通过界面录入信息是必不可少的，这是软件系统的主要信息来源，不过，设计人员进行易用性优化的思考时，应该反复推敲这几个问题：让用户录入的每个数据元素都是必不可少的吗？让用户录入的信息可以通过系统自动生成吗？让用户录入的信息可以从外部文件导入吗？毕竟手工录入是个非常费时的事情，有的时候，哪怕让用户少录一个字段都会大大提高工作效率。

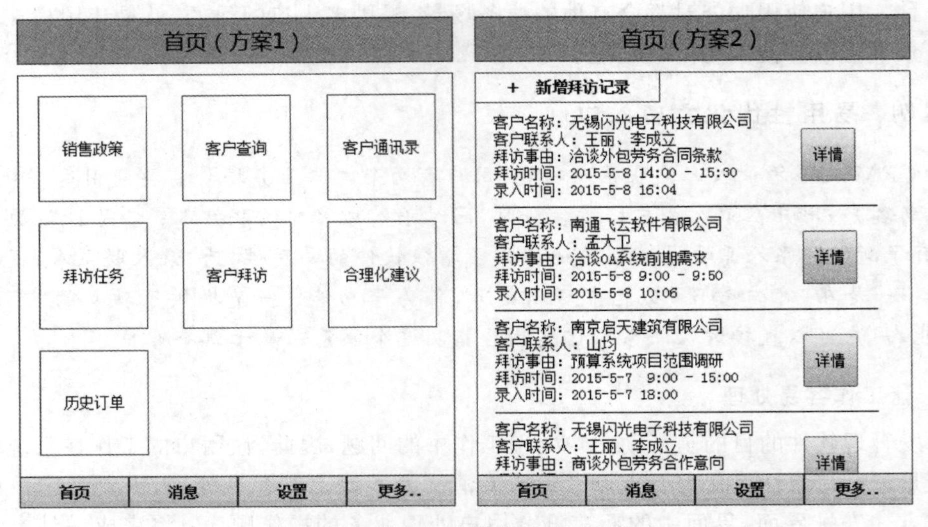

图 6-32 让工作容易处理的界面设计

另外，用户在使用系统时，时间主要花费在三个方面：浏览信息，录入信息，操作及等待响应。虽然对于大部分用户来说，浏览信息占用了大部分的时间，但从用户心理上看，往往认为录入、编辑信息才是劳动，浏览信息不算劳动，因此，减少用户录入，不仅节约了用户时间，还可以大大改善用户的心理感受。

案例：减少用户录入

接上一案例，用户在录入拜访记录时，自然需要先录入客户，然后再录入拜访事由等。设计人员经过分析，认为可以通过一些方式降低需要用户录入客户的可能性，从而增加软件的易用性。思路是这样的：如果用户拜访完客户后立即着手录入拜访记录，那么用户离客户所在地不会太远，由于系统中存储了每个客户的地理位置，这时候，就可以根据用户的当前位置（通过手机的GPS定位可以获得）找到离他最近的客户，这个客户十之八九就是当前用户需要录入的客户。当然，如果找出的客户不是需要的，用户也完全可以修改。通过这种方式，可以大大降低用户的录入工作量。

4. 减少按键次数

减少按键次数一般包括两个方面，一是减少用户按键的次数，二是减少用户使用鼠标单击的次数。减少按键次数也是进行易用性优化需要考虑的原则之一，如果处理同样一件事情有两种解决方案，在其他因素相同或类似的情况下，按键次数少者为优，因为它减少了用户的操作时间。

案例：减少按键次数

某银行柜员机系统，用户插入银行卡后需要输入6位数字的密码，密码输入后的处理有以下两种方案。

方案一：用户单击"提交"按钮，系统验证密码是否正确。

方案二：如果用户录入的密码达到了6位，系统就自动验证该密码是否正确（由于银行卡的密码定长 6 位),不需要用户单击“提交”按钮。

方案一的优势在于用户录入后可以核查一下,然后再提交,减少了犯错的可能,但由于密码显示的是星号(*),这个核查过程没有意义;方案二减少了用户的按键次数。

5. 减少在键盘与鼠标之间的切换

用户通过软件操作处理一件事情时,假如需要反复切换使用键盘与鼠标,对于一个熟练的用户来说这是一种非常不愉快的体验,因为这种切换会影响操作的流畅性,浪费了许多时间在切换过程中。新手愿意使用鼠标,因为鼠标单击的过程容易学习,老用户愿意使用键盘,因为键盘操作快速、流畅。很多管理软件追求支持键盘完成绝大部分操作,而为了兼顾新手与老用户,给大量的鼠标操作提供了键盘支持,这些操作,对于新手来说,可以使用鼠标完成,对于老用户来说,可以使用键盘完成。

案例:减少在键盘与鼠标之间的切换

百度搜索的搜索框,用户录入需要搜索的内容后,可以单击右边的“百度一下”按钮,系统开始检索,或者用户录入需要搜索的内容后直接按 Enter 键,系统开始检索。后一种操作方式减少了一次在键盘与鼠标之间的切换,但对于一个不太常使用计算机的用户来说,恐怕还是倾向于录入完成后单击“百度一下”按钮,这个方法更直观。

最后要提醒读者注意的是,不同的功能,对易用性的要求并不相同,用户使用频率不高的功能,对于易用性的要求也不高;而对于用户使用频率非常高的功能,要在易用性上狠下功夫,特别是那种用户会长期地、不停地使用的功能,一个操作哪怕节约 0.1s,长期积累下来也是个不小的数字。例如,某个参数配置的界面,只会在系统初始化时使用一次,以后没有特殊情况几乎不会有人去操作,这种界面,对于易用性的要求自然不会太高,只要能处理问题,使用麻烦一点儿也无所谓;而某个生产记录汇报界面,车间数据录入人员几乎随时随刻在用它,就需要仔细推敲用户的每一步操作,哪怕可以少按键一次,少使用一次鼠标,对用户来说都有重要意义。

6.3.3 健壮性

软件的健壮性,指当发生某些异常情况时,软件处理方式的完善程度,这些异常情况包括很多方面,如断电、断网、宕机、黑客攻击、资源耗尽、用户操作错误等。断电、断网之类的异常不在本书的讨论范围之内,这里所说的健壮,是针对用户操作而言的,指如何通过软件功能防范用户可能发生的操作失误。

为了提高功能的健壮性,一般可以从这几个步骤逐层考虑:不让用户犯错误→让用户少犯错误→犯了错误后容易发现错误→允许用户纠正错误→降低用户错误的影响。

1. 不让用户犯错误

有很多用户可能犯的错误软件是可以提前预判的,通过软件的控制和约束可以避免用户犯错。例如,某字段“职工生日”,只能容纳日期型数据,在用户输入时,软件完全可以做到不允许用户输入不是日期的内容(如将文本输入框改成日期输入组件),以及特别离谱的日期(如 1900 年之前出生),这样用户就不会在这个字段中犯低级输入错误。

2. 让用户少犯错误

有些错误软件无法做出预判，但可以通过一定的手段将用户犯错的可能性降低。例如，在实际工作中使用得相当多的操作确认功能——用户在执行某些重要操作(如删除记录)之前系统会提示用户。对于系统而言，它并不清楚当前用户是有目的地执行这项操作还是在无意之中点错了某个按钮，通过这种提示方式当然不可能完全避免用户犯错，但确实可以大大降低用户的错误率。

3. 让用户容易发现错误

错误发生后，可以让用户尽早发现错误，不管这个错误是否可以纠正，但总是越早发现越容易处理的。例如，某库存管理系统的盘点功能，在录入盘点结果后可以先打印出盘点结果核对单，用户可以将录入的结果、当前的账面结果打印出来核对，确认无误后再确定盘点结果，系统这时候才生成正式的盘点记录，通过这种核对单可以让用户尽早发现自己的录入错误或盘点错误，并及时更正。

4. 允许用户纠正错误

软件需要提供修改错误的功能，允许用户"反悔"自己的某些操作，或者做某些弥补工作。最常见的反悔功能恐怕非 Ctrl+Z 不可了，几乎每个用过 Microsoft Office 的人都知道这个用于撤销操作的快捷方式。在管理软件的操作中，最常见的难以反悔的操作应该是物理删除记录，一个 Delete 语句执行后，一切都无法挽回，因此在删除记录时设计者都会优先考虑使用逻辑删除，这样用户发现删除错误时可以通过一定的方式将记录恢复——纠正自己所犯的"删除了不该删除的记录"这个错误。

不过，并不是所有的错误都可以"反悔"的。例如，A 仓库的甲用户在库存管理系统中错误地录入了一笔入库记录，这笔入库记录又被 B 车间的乙用户开出了出库单，出库单生成的出库记录又被成本会计丙用户生成了成本核算记录，最后成本核算记录又被财务会计丁用户生成了记账凭证，在这种情况下，甲用户要想"反悔"真的很难。对于这种无法"反悔"的错误，一个健壮的软件会提供某些异常处理功能(如"调账""对冲")，避免因为用户的某些错误导致系统难以运行下去。

要注意的是，数据库备份貌似是允许用户纠正错误的终极大法，但软件设计者是不能依赖于这种方法的。受限于备份空间、备份频率，不可能所有的数据都能还原，更重要的是，由于数据库中数据的关联性，在系统被使用的过程中各种数据相互影响、盘根错节，牵一发而动全身。当发现某个错误时，这个错误可能已经影响到大批的其他数据了(例如前面提到的入库错误)，这时候要想通过从备份文件中恢复数据的方式来纠正错误是不可能的。

5. 降低用户错误的影响

金无足赤，人无完人，人再仔细，软件功能再健壮，也不可能完全避免犯错，大量的错误一旦发生就不可逆转，面对用户随时随地可能出现的失误，必须守住最后一道关卡——让错误的影响降低到最小，不能出现多米诺骨牌效应，让一个错误导致一大批数据出现问题，甚至让整个系统发生崩溃效应。例如，某系统中，用户不小心删除了某个子公司，结果导致子公司下的所有部门都不能显示，从而导致子公司中的所有岗位都不能显示，接着导致所有岗位下的所有员工都不能显示，该公司下所有员工下的大量业务信息都不能显示，这就是所谓的崩溃效应了，一个健壮的软件是不允许这种事情发生的。

6.3.4 交互性

为了避免用户犯错，提高软件功能的柔性，让用户用得更放心，系统在执行过程中需要跟用户进行信息交流，让用户知道程序什么时候开始执行，执行过程中发生了什么，执行结果是什么，等等。所谓交互性，指系统在执行过程中能否与用户进行友好沟通，让用户获得他应该知道的系统信息，让系统获得用户应该提供的信息。要让系统具有良好的交互性，可以从以下这些方面考虑。

1. 重要操作需要确认

很多用户操作，会对数据产生重要影响，或者虽然影响不大却无法反悔，或者即使可以反悔也非常困难，或者一旦执行会占用很大的资源，等等。这些操作在提交之前都应该让用户确认，避免用户误操作，因为确认的过程就是一个让用户再次思考的过程，经过这个过程后误操作的可能性大大降低。例如，绝大部分软件在用户需要删除某记录时都会弹出确认框进行进一步的确认。

有些相当重要的操作，一旦犯错会导致极大的损失(当然，考虑到软件健壮性，设计者应该尽量避免这种操作)，几乎不允许用户犯错，这时候甚至可以考虑连续弹出确认框，确认完之后再确认一遍，或者要求用户输入确认字符串之类的极端方式。

2. 不要让用户有石沉大海的感觉

用户提交某命令后，程序开始执行，执行完成后，需要有消息反馈给用户，告诉用户系统运算结束(或者成功，或者失败)；如果程序执行需要较长的时间，那么在执行过程中，需要有执行进度信息反馈给用户，或者在消息区域显示关键信息，或者使用进度条等。对于用户来说，如果执行了一个操作，界面上看不到什么反馈，就有一种石沉大海的感觉，不知道是操作执行成功了，还是根本就没有执行，还是系统卡住了，从而可能产生焦虑情绪。

3. 消息是给用户看的，不是给程序员看的

系统向外界反馈的信息，读者一般都是软件的普通用户，不是程序员，为了让用户容易理解，就需要注意消息的措辞，使用用户看得懂的语言描述。给普通用户的消息，不要出现诸如"××函数返回值错误""××数据不符合数据库唯一性约束"之类的太过IT技术化的描述，对于一个没有任何软件开发知识的人来说，这跟天书一般费解。

4. 消息需要精准

给用户反馈的消息，要明确具体，不要泛泛而谈，特别是那些提示用户出现错误的消息，要指出错误所在，并尽量给出解决方法，给用户解决问题创造便利。例如，用户从Excel文件中导入数据，系统验证Excel中的数据后发现有些数据不符合要求，报错。比较一下这两种报错方式：①"Excel中的数据有误，不能导入"；②"第25行，工号在系统中不存在，不能导入"。第一种消息比较空泛，对用户排查问题没有丝毫帮助。

5. 交互要适可而止

系统跟用户交互要有一个度，适可而止，反馈给用户太多的消息未必就是好事。

首先，要尽量降低软件运行过程中用户的干预频率。最理想的情况是，用户打开一个界面，很方便地录入一些信息，提交后，系统把用户需要完成的某一业务搞定，不需要在执行过程中问这问那的。需要频繁干预的功能难以学习，使用困难。

其次，非常容易撤销的操作，不需要确认。有些操作，虽然也很重要，但软件提供了非常容易撤销该操作结果的功能，可以让系统很容易回到操作之前的状态，这时候就不一定需要用户确认，因为用户如果发现了操作错误，可以非常容易地纠正错误。

再次，不要重复反馈消息。举个极端的例子，某绩效考核系统，提供了考核组员工排名的功能，在员工列表的每条记录后有上下箭头，用户单击箭头对员工进行排名，假设用户每单击一次箭头，系统就弹出消息框"排名修改成功"，然后再移动所单击的员工，这就属于重复反馈消息。因为用户单击箭头后，员工的排序发生了变化，在界面上看得很清楚，根本不需要这个"排名修改成功"的消息框。

6. 不要滥用弹出框

弹出消息框是一种比较霸道的消息机制，弹出后，用户除了响应该消息框外不能执行其他任何操作，它绑架了用户的注意力。要引起警惕的是，由于弹出消息框是最方便的消息反馈方式，非常容易被滥用，弹出框频繁出现会影响用户操作软件的流畅性，引起用户反感。因此，建议比较重要的，或者没有用户干预就不能执行的消息才使用弹出框，如警告用户发生了某种错误，需要用户确认某种选项等；否则，完全可以通过别的方式来实现，例如，在某消息窗口中显示，在界面上某个地方发生了明显的变化，或者数据多了，或者数据少了，或者位置变化了，或者颜色变化了，等等，这些都可以看成是系统给用户的一种反馈。

思考题

1. 除了书中提到的功能入口方式，你还看到过什么不同的入口方式？

【提示】 想想有什么可以触发系统工作的，如微信的"摇一摇"就是一种入口方式。

2. 就界面优化的方式，分析一下微信发朋友圈的功能。

【提示】 可以从易学性、易用性、健壮性、交互性几个方面进行分析，例如一个相机图标表示需要调用相机或相册，这就是易学性。

3. 找一个应用型的微信公众号，根据界面的优化方式对其做出评价。

【提示】 应用型的微信公众号很多，如很多学校用于毕业生办理手续的公众号，交警部门用于处理违章的公众号，医院用于预约挂号的公众号等，这种公众号每一个都是小型软件系统。

4. 给某公司的工作人员设计一个写工作日志的界面。

【提示】 工作日志一般包括每天干了什么、完成了什么任务、明天的工作计划、心得体会等。注意，工作人员并不一定天天坐在办公室中，还有那种经常跑外勤的(如销售)，需要在手机上处理。

5. 就上题所设计的功能界面，从易学性、易用性、健壮性、交互性几个方面说明自己的设计思想。

【提示】 设计软件的时候，这几点要时刻萦绕在心头。

案例分析

1. 用界面优化的思想，分析 Excel 的这些功能。

绝大部分功能都既支持快捷方式调用，也支持菜单调用。

选择某个区域，系统会自动将所有的数值求和，并将值显示在软件状态栏中。

在单元格中录入内容，如果单击其他单元格(当前单元格失去焦点)，原来录入的内容自动存到单元格中，但如果在录入过程中按 Esc 键，在当前单元格中录入的内容会被清除掉。

双击列标题栏中列跟列之间的分隔线，可以快速调整列宽。

"追踪引用单元格"功能，可以查看当前公式引用了哪些单元格，并显示从被引用单元格到公式所在单元格的箭头。

按住 Ctrl 键，滚动鼠标，可以快速调整 Excel 的显示比例。

录入公式时，如果发生参数错误，系统会自动纠正(如果可以的话)。

有错误的单元格，会在左上角显示一个小三角，单击后可以加载处理菜单。

可以在单元格直接用"="开头录入公式，也可以在函数录入窗口录入公式。函数录入窗口有函数的功能说明、每个参数的说明等帮助信息。

2. 阅读下面关于某学校图书馆业务的描述，根据其中表达出的软件需求设计图书管理系统软件，画出软件原型，并从易学性、易用性、健壮性、交互性几个方面说明自己的设计思想。

藏书 20 万册，供全校 300 多个老师和 8000 多个学生借阅。

图书馆藏书区域分布在 2～4 楼，不同类别的图书不能存放在同一书架。

有新书进馆时，会搁置在图书馆一楼的临时书架上，由图书馆管理员在闭馆时统一编号，然后整理到合适的书架上。

在 5 楼设有待报废区，图书馆管理员会定期将损坏严重的书籍送到这里。对于可以修复的，修复后重新转移到合适的书架上；不可修复的，作价出售给废品公司。

读者借书要先办理借书证，学生借书证与老师借书证不同。老师一次最多可以借 5 本，学生一次最多可以借 3 本，借书前必须把以前所有的图书归还(丢失的要赔偿)。

图书遗失，根据图书馆的估价(不是定价，可能比定价高，可能比定价低)赔偿。

老师借期三个月，学生借期一个月；过期需要续借，可以续借一次。

过期不续借的，对于老师来说，每过期一天，罚款 0.5 元/本，罚满 300 元则相关图书就作为丢失图书处理，不再接受归还；对于学生来说，每过期一天，罚款 0.2 元/本，罚满 100 元则相关图书就作为丢失图书处理，不再接受归还。图书馆每学期做一次统计，列出所有需要罚款的人员与金额，老师罚款交给财务直接扣工资，学生罚款通知相关班主任收取。

对于贵重图书，一次只能借一本，不得续借，丢失按估价赔偿。

每个月要给校分管领导报报表：图书进出报表。统计该月购入图书、出售图书、被借出图书(数量、金额汇总)。

第7章 原型说明书

(1) 理解原型说明书是以原型为基础的。(★)
(2) 原型说明书模板。(★★★)
(3) 学会编写原型说明书。(★★★★)
(4) 避免一些常见错误。(★★★)
(5) 用于需求描述的语法。(★★★★★)
(6) 提炼通用需求。(★★★★)

本章内容思维导图

软件设计完成后,或者在软件设计过程中,如何将用户需求及设计者的设计思路以规范、精确的文字表达出来,这是一项相当重要但常常会被忽视的工作。撰写这种文档有两个基本目标:其一,让一个达到一定文化程度的普通用户可以读懂,并可以做出判断——根据这种思路开发出来的软件是否真的满足了自己的需求;其二,让开发者可以据此进行更详细的设计,或者直接开发软件,不会产生歧义。为了达到这两个目标,就要求将文档用朴实自然的语言写成,一个受过常规教育的用户只要稍加培训就能读懂,但所有的描述文字又有它内涵的规范,可以将需求表达得精准、明确。本章介绍如何围绕原型界面撰写需求说明文档,这种文档,本书称之为"原型说明书"。

7.1 原型说明书编写基础

7.1.1 什么是原型说明书

采用快速原型开发模型,由于在开发之前已经设计出了完备的软件原型界面,通过原型界面可以将界面层的需求表达得非常清楚，开发者也好，用户也好，看着原型都容易理解软件将被开发成什么样子，但对于软件来说，所包含的需求当然远不止这些，在原型界面背后还有大量用户看不到的东西。有些功能点逻辑简单，看着原型就能够把需求理解得差不多；而有些功能点逻辑复杂，没有文档辅助说明，根本不可能理解需求，如一次 MRP 运算。不同的团队会用不同的方式来表达这种逻辑，或者在某种规范的文档体系下描述，或者用各种凌乱的文字片段描述。本书推荐一种围绕原型描写逻辑规则的文档，称为"原型说明书"——适用于在快速原型开发模型下，围绕完备的原型，快速、精准、完整地描写需求与设计思路。这是一份非常重要的文档，在笔者的团队中，将这份文档看成软件开发过程中最重要的一份需求文档。

原型说明书是与原型相辅相成的，没有原型，这份文档就失去了存在的意义，因为它是针对原型展开的描述，阐述了原型背后的需求；如果只有原型，没有原型说明书，需求的表达就不完整。

本书所说的原型说明书，并不是平常所说的需求说明书，而是针对设计好的软件原型撰写的一种偏向于说明功能与操作逻辑的文档，主要描述每个功能点的主要用户，用户使用该原型的操作场景，有什么权限控制要求，每个操作背后是怎么运算的(从用户确认执行某操作，到系统反馈执行结果之间，系统会做什么处理，有哪些业务逻辑)，对数据有什么要求，等等。

7.1.2 一个原型说明书模板

这里先介绍一种原型说明书模板，后面所有关于如何撰写原型说明书的内容，都是围绕这个模板展开的。

**案例：原型说明书模板**

1 概要	
1.1 原型规范	//关于本原型的特殊规范
1.2 功能一览	//所有功能点清单，主要功能描述
1.3 模块结构	//功能模块的结构关系
1.4 业务术语	//解释原型界面上的一些专业术语
……	//如果团队或某项目有需要特定说明的，可以添加
2 总体要求与规则	
2.1 统一要求	//全局性的要求
2.2 主要算法	//介绍重要算法
2.3 共用规则	//在某些功能点中用到的相同规则
……	//如果团队或某项目有需要特定说明的，可以添加
3 功能模块 1	
3.1 功能点	//下面的内容可以按模块、子模块的层级划分章节
3.1.1 功能点 1	//详细说明每个功能点的业务需求
A 主要功能	
B 主要用户	

C 主场景

D 权限

E 功能需求

E.1 操作1

E.1.1 操作1.1

……

E.2 操作2

……

F 规则

G 重用功能

H 数据字典

H.1 实体1

见表7-1。

表7-1 数据字典

字段	取值范围	特殊要求	事例	备注

H.2 实体2

……

I 注意事项

3.1.2 功能点2

…… //功能点可以有很多

3.2 子功能点 //被多个功能点调用的子功能点

3.2.1 子功能点1

3.2.2 子功能点2

……

3.3 特殊功能点

3.3.1 调度任务 //定时自动执行的功能点

3.3.1.1 调度任务1

A 主要功能说明

B 执行方式

C 算法逻辑

D 其他说明

……

3.3.2 接口 //开放给其他系统调用的功能点

3.3.2.1 接口1

A 主要功能说明

B 入参

C 算法逻辑

D 返回

E 其他说明

……

4 功能模块 2

……

这个模板主要分三大部分：第一部分，是对设计出来的原型进行概要性的描述，目的是让阅读者对原型有个概略了解，从而为理解整个软件设计打下基础；第二部分，描述全局性的要求、规则等，将各个功能点中使用到的相同的规则，或者有很强关联性的规则提炼出来放在这里，目的是降低对规则理解的难度，减少文档的编写工作量，提高文档的可维护性；第三部分，分模块说明需求。第三部分又包括对三种功能点的描写：功能点——对每个功能点进行详细描述，这是原型说明书的重心，每个功能点又包括主要功能、主要用户、主场景、功能需求等 8 个子项，其中，“功能需求”需要对所有的操作逻辑进行描述，是这部分的核心，也是整个文档的重中之重；子功能点——描述会被其他功能点调用的子功能；特殊功能点——描述一些特殊的功能点，如定时执行的调度任务、开放给第三方调用的接口等，如果有其他的特殊功能点，可以追加。

应注意的是，原型说明书（包括其他软件文档）的编写方式并没有一定之规，不同的团队、不同的项目可以有不同的文档撰写方法，可以设计自己的文档模板、编写规范，我们坚决反对为了迎合某标准、某模板而凑文档的工作方式，完全可以根据自己的项目特点、团队的工作特点设计自己的文档体系。很多团队容易犯这样的错误：根据一些看上去很专业的模板写文档，不顾是否适合于自己的项目，写出来的文档貌似很规范，其实没有什么实用价值，或者导致文档编写工作量奇大，严重影响工作效率，或者文档维护困难，最终使文档因为严重偏离实际情况而失去了存在价值。本书介绍的原型说明书模板，读者完全可以根据自己团队的需要选择性采用，或者删减一些内容，或者添加一些内容，或者对本书接下来介绍的规范要求进行或大或小的修改，等等。总之，关于写文档，有两点要时刻注意：一是一定要有个规范，团队成员共同遵守；二是适合自己团队的方式才是最好的方式。

下面先看一个案例，读者可以先揣摩这个案例，对原型说明书编写有了概要了解后，再阅读后面的详细介绍，从而加深理解。

7.1.3 一个原型说明书案例

某团队即将开发一款 CRM 软件，原型设计已经完成，包括客户管理、销售订单、商品发货、应收账款、客户服务、客户价值分析、业务员绩效等主要模块，除了网页端功能外，还包括手机 App（Android，iOS），微信端公共账号。围绕原型设计稿，设计人员撰写了原型说明书。

在介绍原型说明书之前先看两个原型界面，案例中所介绍的原型说明书会对这两个界面进行详细说明。其一，功能点“客户拜访”的功能主界面，用户可以通过这个功能点查询自己的拜访记录，录入新的拜访记录等，如图 7-1 所示。

拜访录入 批量删除 导入 导出

客户： 拜访方式： 拜访主题： 查询 重置

☐	客户	拜访方式	拜访主题	客户联系人	拜访时间	汇报方式	操作
☐	常州五洋电子	上门拜访	项目验收	赵圆圆	2015-3-5下午	手机端	详情 编辑 删除
☐	南京爱仁文具	电话拜访	询问产品使用感受	钱娜	2015-3-5上午	手机端	详情 编辑 删除
☐	南京大楠科技	上门拜访	介绍公司产品，发宣传材料	张敏	2015-3-5上午	手机端	详情 编辑 删除
☐	上海大洋纸业	电话拜访	预约上门拜访事宜	周娜	2015-3-4下午	微信端	详情 编辑 删除
☐	上海晴天商贸	上门拜访	调查客户投诉原因	孙海田	2015-3-4上午	手机端	详情 编辑 删除
☐	苏州丰辰润建材	邮件拜访	介绍产品优势	赵默	2015-3-4上午	手机端	详情 编辑 删除
☐	无锡风帆物流	上门拜访	签合同	李敏	2015-3-2下午	网页端	详情 编辑 删除
☐	无锡昆仑电气	上门拜访	商务谈判	刘辉	2015-3-2下午	网页端	详情 编辑 删除
☐	无锡梁溪机械	电话拜访	预约下周上门拜访	杨怀宇	2015-3-2上午	网页端	详情 编辑 删除
☐	无锡尚朗科技	电话拜访	预约下周上门拜访	王林	2015-3-2上午	手机端	详情 编辑 删除

首页 上一页 下一页 末页

图 7-1 客户拜访功能主界面

其二，用户单击“拜访录入”按钮后系统加载的“录入拜访记录”界面。用户可以通过此界面录入拜访记录，设置后续提醒，甚至可以添加联系人，如图 7-2 所示。

录入拜访记录	
客户	名称： *（S）
联系人	姓名： ▾ * 手机： 添加到客户
拜访主题	*
拜访方式	◉上门拜访 ◉电话拜访 ◉邮件拜访
拜访时间	开始时间： 结束时间： *
拜访描述	*
后续提醒	添加提醒 将会在2015-3-11 9:00 通过短信提醒 X

保存 关闭

图 7-2 录入拜访记录界面

案例：原型说明书事例

飞云 CRM 系统原型说明书

1 概要

1.1 原型规范

输入框后面的“*”表示这是必填项，在新增、编辑界面，用户单击“保存”按钮时系统需要验证该字段不能为空。

输入框后面的“(S)”，表示这个录入框为模糊搜索，用户录入内容后，系统根据用户录入的内容检索，加载符合条件的前10条记录。

……

1.2 功能一览

见表7-2。

表7-2 飞云CRM系统功能一览表

功能点编号	功能点名称	主要功能描述
CRM001	客户档案	录入、维护客户档案信息，如名称、组织机构代码证、地址等。录入客户档案时，可以同时录入联系人。另外可以查看每个客户的拜访记录
CRM002	客户联系人	录入、维护客户联系人记录
CRM003	客户拜访	业务员录入客户拜访记录，另外，业务员通过手机App、微信端录入的拜访记录，在这里也可以查询
……		

1.3 模块结构

……

1.4 业务术语

CRM：客户关系管理，英文全称Customer Relationship Management。

潜在客户：有过一次上门拜访记录，但还没有签订任何合同的客户。

VIP客户：近一年，签订过三次以上的销售合同，或者合同总额超过100万元的客户。

站内信：系统内部给用户发送的通知消息，用户只有登录系统后才能读到。

……

2 总体要求与规则

2.1 统一要求

保存数据到数据库时，需要记录新增人、新增时间，或者更新人、更新时间。

所有删除操作，需要弹出确认框：您确认删除所选记录吗?

当录入一个时间区间时，如“开始日期”与“结束日期”，需要判断后一个时间不能小于前一个时间。

……

2.2 主要算法

……

2.3 共用规则

2.3.1 手机号码验证规则

(1) 11位数字，不能包含数字之外的其他字符。

(2) 前三位数字需要在运营商提供的移动号码号段之中，如138、139等。

2.3.2 员工身份证号码验证规则

(1) 身份证号码长度为18位或者15位。

(2) 身份证号码由数字构成，但如果长度为18位，最后一位允许是字符“×”。

(3) 18位的身份证号，第7～14位为日期。

(4) 如果是18位的身份证,最后一个字符符合校验规则。

(5) 根据身份证号码获得生日,根据当前日期减生日得到年龄,年龄不能小于18。

……

3 客户维系模块

3.1 功能点

3.1.1 客户档案(CRM001)

……

3.1.2 客户联系人(CRM002)

……

3.1.3 客户拜访(CRM003)(参见前面介绍的原型界面,如图7-1所示)

A 主要功能

业务员录入客户拜访记录,另外,业务员通过手机App、微信端录入的拜访记录,在这里也可以查询。

B 主要用户

业务员。

C 主场景

(1) 用户打开功能。

(2) 系统加载当前用户的拜访记录。

(3) 用户录入拜访记录,设置后续提醒。

(4) 系统保存拜访记录,生成提醒任务。

D 权限控制

当前用户只能查看、编辑自己录入的记录。

E 功能需求

E.1 页面加载

加载属于当前用户的拜访记录,根据拜访时间倒排。

E.2 拜访录入(参见前面介绍的原型界面,如图7-2所示)

E.2.1 添加到客户

判断用户所录入的联系人在当前客户中是否已经存在,如果存在,则报错"联系人已经存在!",如果不存在,则将用户所录入的联系人添加到当前客户。

判断联系人是否已经存在的规则:如果联系人姓名、手机与系统中已经存在的某联系人相同,则表示该联系人已经存在。

E.2.2 添加提醒

E.2.2.1 确定

根据用户选择的提醒方式与提醒时间,在界面上生成提醒字符串,形如"将会在2015-3-11 9:00通过短信提醒",同时显示删除图标。

E.2.2.2 取消

E.2.3 删除提醒

删除界面上的提醒字符串，隐藏删除图标。

E.2.4 保存

结束时间不能大于当前时间。

需要判断联系人手机号码是否合法，判断规则参见【共用规则·手机号码验证规则】。

如果设置了后续提醒，需要生成提醒任务，生成方式参见【规则·后续提醒任务生成规则】。

E.2.5 关闭

E.3 批量删除

……

E.4 导入

……

E.5 导出

……

E.6 详情

参见【重用功能·客户详细信息显示】。

E.7 编辑

……

E.8 删除

……

F 规则

F.1 后续提醒任务生成规则

通过任务引擎生成调度任务。

如果用户选择了短信提醒，则到时间后给用户发短信，如果用户选择了站内信提醒，则给用户发站内信。提醒内容为："%员工姓名%您好！友情提醒：您需要拜访%客户名称%了，请做好计划安排！"。

……

G 重用功能

G.1 客户详细信息显示

G.1.1 上一客户

……

G.1.2 下一客户

……

G.1.3 打印

……

H 数据字典

H.1 拜访记录

见表7-3。

表 7-3 拜访记录数据字典

字段	取值范围	特殊要求	事例	备注
拜访方式	来自【系统字典·拜访方式】		上门拜访	
汇报方式	{手机端|微信端|网页端}			
手机号码		符合手机号码规则		
……				

I 注意事项

I.1 手机号码验证规则在大华印刷公司的项目中曾经实现过，建议考虑一下是否可以封装成验证函数。

……

3.2 子功能点

3.2.1 选择联系人

……

3.3 特殊功能点

3.3.1 调度任务

3.3.1.1 发送生日祝福短信

A 主要功能说明

定时给客户发送生日祝福短信。

B 执行方式

每天上午 9：00 执行。

C 算法逻辑

从客户联系人表中检索所有状态为“激活”的联系人，如果有当天生日的，则发送生日祝福短信。短信内容：“%联系人称呼%，您好！祝您生日快乐！在使用我公司产品的过程中如果有任何问题，可以咨询我们的客服专员，或者直接致电%本组织基础信息·电话%!”。

D 其他说明

……

3.3.2 接口

3.3.2.1 客户拜访记录接收

A 主要功能说明

接收拜访记录，存入拜访记录表。

B 入参

客户代号、联系人代号、拜访主题、拜访方式、拜访开始时间、拜访结束时间、拜访描述、后续提醒时间、后续提醒方式

C 算法逻辑

如果客户代号不存在，则返回错误信息：客户不存在。

如果联系人代号不存在，则返回错误信息：联系人不存在。

如果拜访方式不存在，则返回错误信息：拜访方式不存在。

如果拜访开始时间大于拜访结束时间，则返回错误信息：拜访时间有误。

如果后续提醒时间小于当前时间，则返回错误信息：后续提醒时间有误。

如果后续提醒方式不存在，则返回错误信息：后续提醒方式不存在。

验证无误后，将拜访记录保存到拜访记录表。

D 返回

如果接收成功，则返回接收成功标志，否则返回出错标志与出错原因。

E 其他说明

PAD端委外开发，需要提供接口。

……

4 合同管理模块

……

7.2 编写要求

7.2.1 原型说明书章节详解

根据前面提供的原型说明书模板，本节介绍如何撰写原型规范、功能一览、模块结构、业务术语、统一要求、主要算法、共用规则这些内容。由于描写每个功能点的需求是原型说明书的核心，重中之重，因此会在7.2.2节专门介绍。

1. 概要·原型规范

原型规范主要介绍界面原型设计中使用到的一些特殊规范，如用特殊的颜色表示特定含义，用字母缩写表示某种需求等。这些规范往往有着浓郁的团队特色，要完全看懂原型界面，需要先了解这些规范。对于在团队中工作已有一段时间的同事，这些规范可能早已烂熟于心，但是对于新人，或并非本团队的人，在查看原型之前需要先仔细阅读这个原型规范，否则可能会在某些细节方面出现理解偏差。

原型规范往往都是团队级别的，即同一个团队一般有统一的原型规范，不会在不同的项目中采用不同的原型规范，因此，原型规范完全可以不写在原型说明书中，而用另外的文档撰写，如某团队原型规范，这样就不需要在所有项目的原型说明书中重复编写。

**案例：原型规范**

某团队原型规范——

(1) 用户操作过程中，系统反馈的消息框，如确认框、提示框等，原型中一般不会画出，会在原型说明书中加以说明。

(2) 录入数据时，录入框后的*表示该录入框为必填项，保存时需要验证不能为空。

(3) 在文本框后面标注S，表示该文本框支持模糊检索功能，模糊检索时，一次只加载符合条件的10条记录。

(4) 在下拉框后面标注D，表示该下拉框的内容来自系统字典。

(5) 录入查询条件的文本框，在后面标注 Z，表示该查询条件使用准确查询，即 WHERE 条件中使用＝而不是 LIKE。

(6) 录入查询条件的文本框，如果没有标注 Z，表示该查询条件使用模糊查询，即 WHERE 条件中使用“LIKE %××%”。

(7) 原型中的图标只作示意，开发时会由美工设计图标。

(8) 原型中的复选框如为选中状态，表示页面加载时该复选框需要置为默认选中。

……

2. 概要·功能一览

列出对应原型设计稿中的所有功能点及每个功能点的功能介绍。编制功能一览的目的是让阅读者对整个原型设计稿中的功能需求有个概略的了解，因此，对每个功能点的介绍不需要太详细，简单描述即可。

3. 概要·模块结构

画出功能模块结构图。功能简单的系统，一个图就可以了，但如果功能复杂，可能需要很多图。通过模块结构图，表达本系统包括哪些模块，每个模块包括哪些子模块，每个子模块包括哪些功能点，每个功能点包括哪些主要子功能。

**案例：模块结构图**

某销售管理系统模块结构(部分)，如图 7-3 所示。

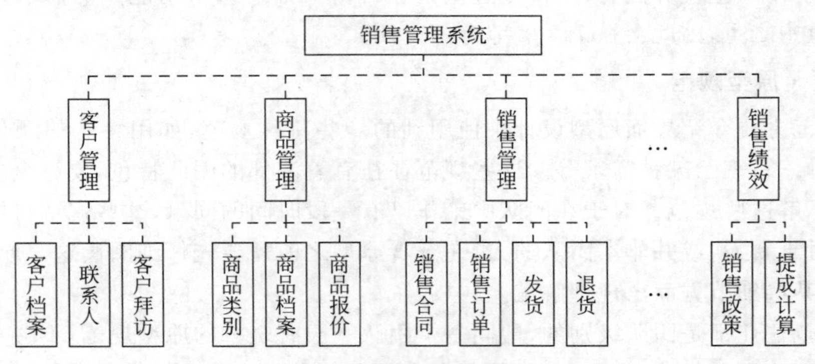

图 7-3 销售管理系统模块结构

4. 概要·业务术语

解释在原型设计稿中用到的一些跟业务相关的术语，主要是该业务领域的一些专有名词或特殊工序，对外行来说，这些术语看上去比较深奥，不太容易理解。当然，这里列出的术语也只能让一个完全的外行稍作了解而已，要想靠阅读术语解释弄通业务显然是不现实的。

**案例：业务术语**

某纺织企业信息管理系统用到的业务术语如下。

(1) 经密：织物经向单位长度内的经纱根数，一般以根/厘米表示。

(2) 纬密：织物纬向单位长度内的纬纱根数，一般以根/厘米表示。

(3) 综框：综框是织机中的一个重要部件，是一个由上下横梁和左右侧档连接的带有穿综杆和驱动件的框架。综框上配置片综后，将穿入片综的经纱集合成一体，随织机提综机构的运动，使综框按开口装置的程序上下运动，使经纱分层开口，供纬纱在经纱中穿梭，而交织成不同花纹的织物。

(4) 整经：将一定根数的经纱按规定的长度和宽度平行卷绕在经轴或织轴上的工艺过程。经过整经的经纱供浆纱和穿经之用。整经要求所有经纱张力相等，在经轴或织轴上分布均匀，色纱排列符合工艺规定。

……

5. 总体要求与规则·统一要求

撰写一些系统级别的要求，这些要求不是针对一两个功能的，而是针对整个系统的。一旦在这里描述了这种要求，就不需要在功能点中重复描述。通过统一要求的撰写，把一些全局性的要求提取出来，可以大大减少功能点中的冗余描写，减少需求编写出错的可能，还可以让阅读者对这种要求了解得更清晰。例如，某系统要求，当用户更新数据时(增删改)，需要记录操作日志到日志文件，这种需求如果写在功能点内每个用户的操作中，显然是非常烦琐的，工作量巨大，还容易出错，而在“统一要求”中撰写，一句话就说清楚了。

案例：统一要求

某系统的统一要求如下。

(1) 所有对数据库的 Insert 操作，除系统字典外，要记录新增人、新增时间、IP 地址。

(2) 所有对数据库的 Update 操作，除系统字典外，要记录更新人、更新时间、IP 地址。

(3) 用户在使用 A 功能点的过程中，通过 A 所提供的链接或按钮打开 B 功能点时，需要根据功能权限配置判断当前用户是否有打开 B 功能点的权限，如果没有则报错，提醒用户没有使用 B 功能点的权限。

(4) 所有界面上的“导出”按钮，如果用户没有选择记录，则将查询出来的列表信息导出到 Excel，导出的字段、记录数跟列表中相同；如果用户选择了记录，则导出用户所选择的记录。

(5) 上传图片时，需要限制只能上传格式为 gif、jpg、jpeg、png 或 bmp 的文件。

(6) 查询时，查询结果中不要显示被逻辑删除的记录。

……

6. 总体要求与规则·主要算法

一般情况下，功能的算法应该在功能点中描述，但有些非常重要的算法，牵涉很多功能点，或者牵涉太多的数据表，对于读者来说不太容易理解，这时候，可以在此处做一些解释，让阅读者降低理解的难度。

案例：主要算法

某库存管理系统中计算存货单价的算法如下。

本算法用于计算仓库存货的单价，采用移动加权平均法计算。

为了进行运算，需要建立库存结转表，每个月进行结转，结转后得到每种物料的上月结存数量、上月结存单价、本月入库数量、本月出库数量、本月结存数量、本月结存金额。计算时，该结转表作为计算中转表，随着计算的进行，所计算物料当月结存记录中的值会不断变化，直到计算完成。

计算时，根据每种物料的入库、出库记录展开，注意，入库、出库记录的先后顺序非常重要。

如果是入库，结存数量＝原始结存数量＋入库数量，并根据入库单价计算该物料的结存新单价，计算方式为：新单价＝(原始结存数量×结存单价＋入库数量×入库单价)/(原始结存数量＋入库数量)。

如果是出库，结存数量＝原始结存数量－出库数量，出库单价为当前结存单价。

……

7. 总体要求与规则·共用规则

描写多个功能点中使用到的相同规则。由于这些规则会被重复使用，放在功能点中描述就会重复，在此处描述可以保证相同的规则只描写一次。在功能点中描述时，如果用到这些共用规则，可以写明“参见某某共用规则”。这有点儿类似于程序开发时，写一个类或函数、过程，然后在其他地方调用。

案例：共用规则

由于在客户联系人、员工档案、供应商联系人等多个功能点中，在新增、编辑记录时都会用到这个规则判断手机号录入是否合法，因此在原型说明书中将“手机号码验证规则”作为共用规则描写。规则如下。

(1) 11位数字。

(2) 前三位数字在移动、电信、联通的移动电话号段中，包括134、135、136、137、138、139、150、151、152、157、158、159、188、130、131、132、155、156、186、133、153、189。

一旦这个手机号码验证规则发生了变化(例如，中国电信加了一个号段180)，只需要修改这个共用规则就可以了，不需要在每个功能点中修改。采用共用规则，大大增加了文档的可维护性。

7.2.2 如何撰写功能点需求

对于每个功能点需求的描写是原型说明书的重点，每个功能点中需要描写的内容包括主要功能、主要用户、主场景、权限、功能需求、规则、重用功能、数据字典、注意事项这几大项。

1. 功能模块·功能点·主要功能

描述这个功能点提供的主要功能，处理的重要业务，包含的核心业务规则等。写“主要功能”的目的，是让阅读者在很短的时间内就能够对本功能点有个大概的了解，从而为全面理解本功能点的需求打下基础。这里有个捷径，如果项目除了这个原型说明书之外还有别的跟功能需求有关的文档，如需求调研报告、需求概要说明，完全可以从那些文档中将相关的文字复制过来。

要注意的是，撰写时既不要进行大篇幅的阐述(这里不适合长篇大论)，也不要只写寥寥几个字，要详略得当。对于重要的、复杂的功能点，就需要多写点儿；而对于那些简单的功能点，阅读者查看原型设计稿时，一眼就能看出是做什么的，写寥寥几个字，甚至什么都不写也是可以的。

案例：主要功能

某HR软件的功能点"员工档案管理"的主要功能描述如下。

新增、维护员工档案信息，可以录入员工异动记录(如升迁、调岗等)。

新增员工时，同时给员工生成系统用户，并根据员工的岗位给所生成的系统用户分配权限，建立员工与系统用户之间的关联。用户可以取消这个关联。

提供员工快速录入功能，可以根据员工工号、姓名、部门快速建立员工记录。

2. 功能模块·功能点·主要用户

从业务的角度看，什么人将使用本功能点。这里所说的用户，当然不是指具体某个人员，而是某种类别的用户，一般指岗位、职务、群体等，如部门主管、仓库管理员、班主任。一般来说，本功能点的需求往往是这些用户提出来的，在软件开发完成交付使用后，实施者会给这些用户分配本功能点的使用权限。当然，在实际工作中，为这种用户开发的功能，最终分配给其他用户的例子就太多了。

要注意的是，对于开发者来说，他完全可以无视这个"主要用户"，因为他的任务是实现功能，至于这些功能最终会给哪些用户使用，是实施人员去决定的，因此，不要把"主要用户"当成用以进行权限控制的业务逻辑，那应该是在"权限"中描述的。

3. 功能模块·功能点·主场景

主场景是用户使用本功能点的一个最主要的场景，指为了实现开发这个功能点的核心目的，用户、系统所经过的核心步骤。主场景的含义及注意点在前面讲需求用例时已经介绍过了，这里不再多说。

每个功能点都是由一系列的子功能组成的，有些功能点会包含大量的子功能，包括各种按钮、链接、功能图标、快捷方式之类的操作，对于本功能点的核心目标来说，一般只使用到这些子功能中的一部分，有时候甚至是非常少的一部分。例如，几乎所有软件都有的功能点"用户管理"，可能包括新建用户、编辑用户、删除用户、查询用户、导入用户、导出用户、分配权限、查看权限、禁用用户、密码重置、查看用户操作日志等子功能，而这个功能点的主场景是新建用户并分配权限，只用到其中一小部分功能。

面对大量辅助性的功能，对于一个从来没有接触过这个功能点的新人来说，不容易抓住重点，如果没有人讲解，一时就很难弄得清楚用户使用这些功能究竟想干什么。编写功能点主场景的目的就是让一个刚刚接触这个功能点的人，阅读后可以快速了解这个功能点的核心目标及操作过程，掌握核心目标后再逐步了解其他内容，自然有事半功倍的效果，其中的道理与讨论软件易学性的时候提到的类似。

由于编写主场景的目的是让阅读者在很短的时间内(甚至不到一分钟)对本功能点的核心目标有个概要了解，因此要求描述尽量精炼，采用简单句式，句子要短，读起来通顺易懂，每句话的主语要么是"用户"，要么是"系统"，强调人机交互，步骤也不要太多，一般控制在

10 步以内，极端情况不要超过 20 个步骤。步骤太多，或者描述太过复杂，就偏离了写主场景的初衷了。

案例：功能点主场景的编写

某地铁售票系统的主场景如下。

(1) 用户单击“开始购票”按钮。

(2) 系统加载所有线路。

(3) 用户选择线路。

(4) 系统加载该线路下所有的站点。

(5) 用户选择目的站点，录入人数。

(6) 系统计算应付金额。

(7) 用户投入钱币(L1)。

(8) 系统累计已投金额，判断钱币是否足够，如果不足够，返回 L1。

(9) 系统出票，找零，吐票，吐钱。

4. 功能模块·功能点·权限

跟本功能点相关的权限控制规则。同一功能点，不同用户可以使用的子功能或可以操作的数据可能并不相同。例如，这个用户能看到“新增”按钮，另外一个用户看不到，这个用户只能看到自己建立的记录，而另外一个用户可以看到所有的记录，等等。“权限”部分就是要描述诸如此类的权限控制逻辑。这里描述的权限控制要求是关于这个功能点的要求，这个功能点包含的所有子功能都要符合这个要求。

很多软件都能够提供系统全局性的通用权限控制方式，如根据用户的角色分配每个按钮、图标的使用权限等，这种方案一般偏向于功能权限的控制，要进行全局性的数据权限控制是比较困难的，很难满足用户越来越挑剔的要求。在这种情况下，如果通用权限控制可以满足功能权限控制需求，就不需要描述功能权限的控制逻辑，而着重在数据权限的控制。

对于权限控制逻辑的描述，其实可以在“功能需求”部分描述。针对某类用户，是否显示某按钮，加载数据需要做什么过滤等，显然是每个操作背后规则的一部分，在每个操作中描述这种权限逻辑看上去也合情合理。但实际上这样会有一个非常麻烦的地方，就是同样一句话可能会在不同操作中被重复很多次，增加了文档撰写与维护的难度，还让阅读者不得要领。例如，假设在这里写下了这么一句话，“当前用户只能看到自己创建的记录”，那么就意味着在本功能点包含的每个子功能中都需要做这种控制，所有加载记录的地方都只能加载当前用户创建的记录，不能有任何意外，但是如果写在“功能需求”中，那么就意味着，每个加载记录的操作都需要撰写这种逻辑，这么一句话会出现在很多操作中。

案例：权限控制描述

某生产管理软件中的“车间排班”功能点，用于对车间生产班组的班次安排，包括早班、中班、晚班、日班等班次。由于本功能点会有不同的用户，而不同用户的操作权限并不相同，因此需要严格的功能权限控制。权限控制的要求描述如下。

用户可以查看所有的排班记录。

班组长可以排自己的班组。(从班组基本信息中可以获得班组的班组长。)

车间主任可以排自己车间的所有班组。(从班组的所属车间中可以获得车间主任。)

属于角色"排班管理员"的用户,可以排所有的班组。

5. 功能模块·功能点·功能需求

这是原型说明书的重点,核心内容,可以这么说,原型说明书的其他部分哪怕都空着,只要这部分写好了,都是一份非常有价值的文档。这部分的每一句话都是软件需求,并且是经过分析与设计之后的规范需求,因此,对格式、措辞有较多的结构化要求,力求将需求表达得精准、规范、无歧义。

首先,从操作的编号开始谈起。这部分要求有严格的分级编号,根据界面的每个子页面、弹出框的展开顺序逐层编号,列出本功能点提供的所有允许用户执行的操作(如按钮、命令图标、链接、快捷方式等)。从一个功能点的主界面开始(一般主界面上会有一些操作),用户执行其中某一个操作后(如单击某个按钮),进入了一个新页面,这个新页面上又提供了一些操作,以此类推,不断展开——这是一个树状结构,逐层编号就是要表达这种结构。

我们来分析一下前面CRM案例中的功能点"客户拜访"。功能主界面(如图7-1所示)包括"拜访录入""批量删除""导入""导出""查询""重置""详情""编辑""删除"这些操作。然后再看"拜访录入"这个操作(如图7-2所示),又包括"客户搜索"(客户名称框中的模糊搜索)"添加到客户""添加提醒""保存""关闭"这些操作。将所有的操作这样展开,就会得到一个树状结构。

一般情况下,操作可以分成两种,一种是打开另外一个子页面,一种是真正执行某种功能。例如,上述"客户拜访"功能点中,操作"拜访录入"只是打开了"录入拜访记录"子页面,而"查询""删除""保存"这些操作,则属于真正执行了某种功能的操作。编号逐层展开,从一个子页面到另一个子页面,直到没有子页面加载时结束。

案例:功能需求编号

功能点"客户拜访"的操作的编号结构如下。

……

E 功能需求
- E.1 拜访录入
  - E.1.1 添加到客户
  - E.1.2 添加提醒
    - E.1.2.1 确定
    - E.1.2.2 取消
  - E.1.3 删除提醒
  - E.1.4 保存
  - E.1.5 关闭
- E.2 批量删除

E.3 导入

E.4 导出

E.5 查询

E.6 重置

E.7 详情

……

建立操作的编号结构时,需要注意,当用户打开某个新页面时,如果对页面的加载过程有特殊要求(超出了原型表达出来的需求),那么需要引入"页面加载"的特殊编号项,用以描述页面加载过程中需要程序所做的处理,如进行数据记录的过滤,根据记录状态显示不同的颜色,根据什么规则对初始加载的数据进行排序等,这个比较容易理解,相信有点儿软件基础知识的读者一看就明白了。

案例:页面加载

前面 CRM 案例中,功能点"客户拜访"的功能主界面以及子功能"拜访录入"的页面加载如下。

……

E 功能需求

E.1 页面加载

加载属于当前用户的拜访记录,根据拜访时间倒排。

E.2 拜访录入(如图 7-2 所示)

E.2.1 页面加载

从字典"拜访方式"中加载所有状态为"启用"的拜访方式。

加载当前时间到拜访结束时间。

E.2.2 添加到客户

……

E.3 批量删除

……

编号完成后,就可以进行功能需求的描述了。在每个操作下面描述针对这个操作的功能需求,也就是说用户执行这个操作后,需要系统做什么,怎么处理数据,使用什么算法,有什么业务规则,等等。有些操作的功能需求非常简单,可能一两句话就说清楚了,甚至有些操作,功能需求在原型上一目了然,根本不需要在原型说明书中做任何说明,例如,很多仅仅是关闭当前窗口的"关闭""退出"之类的按钮,看标题就什么都明白了。

案例:简单的功能需求

某 OA 软件的功能点"任务管理"中包含"锁定任务"按钮,用于将用户选择的任务锁住,在别的功能点中,被锁住的任务不允许进行任何处理。这个按钮的逻辑非常简单,无非就是将某个状态标志置为"锁定"状态,功能需求描述如下。

……

E 功能需求

E.1 新增任务

……

E.2 编辑任务

……

E.3 锁定任务

置所选任务的状态为“锁定”。

……

有些操作的功能需求就不会这么简单，也许会包含着大量的数据流、业务规则，使用相当复杂的算法，这时候就不是简单几句话可以说得清楚的，遇到有些特别复杂的需求，可能需要几页甚至几十页来描写。

案例：复杂的功能需求

某库存管理软件的功能点“入库”中包含“确认入库”按钮，用户录入或选择仓库、库位、包装、物料、数量等信息后，单击“确认入库”按钮，系统生成入库交易，并修改结存数量等。功能需求描述如下。

……

E 功能需求

E.1 选择仓库

……

E.2 选择物料

……

E.3 选择交货人

……

E.4 加入缓存

……

E.5 确认入库

如果用户录入的会计日期的所属会计期间被锁定，或者所属仓库会计期间被冻结，则报错：日期%会计日期%所属的会计期间%会计期间代号%已被冻结！

(1) 生成库存交易。相关字段的处理方式如下。

交易数量：界面缓存表中录入的数量之和。

交易单价：根据会计类别中设置的会计类别·入库价格处理方式处理。

① “最新单价”——当前批次在当前仓库的最新入库单价(来自仓库批次结存表·最新入库单价)。

② “标准单价”——来自物料信息表·标准单价。

③ “移动加权平均单价”——当前批次在当前仓库的移动加权平均单价(来自仓库批次结存表·移动加权平均单价)。

④ “手工录入”——如果录入单价，则以录入单价为交易单价；如果录入金额，则根据【金额/数量】计算出。

交易金额：根据会计类别设置的会计类别·入库价格处理方式处理。

① “最新单价”——【数量×交易单价】，此处“交易单价”为最新单价。

② “标准单价”——【数量×交易单价】，此处“交易单价”为标准单价。

③ “移动加权平均单价”——【数量×交易单价】，此处“交易单价”为移动加权平均单价。

④ “手工录入”——如果录入单价，则根据【单价×数量】计算出；如果录入金额，则直接保存金额。

手工录入单价：保存手工录入的单价（如果没有录入则不保存）。

手工录入金额：保存手工录入的金额（如果没有录入则不保存）。

移动加权平均单价：计算出来的移动加权平均价格。计算方式参见【规则·移动加权平均单价计算方式】。

……

(2) 更新仓库批次结存。相关字段的处理方式如下。

结存数量＝原结存数量＋入库数量。

可用数量＝原可用数量＋入库数量。

更新移动加权平均单价，参见【规则·移动加权平均单价计算方式】。

更新最新入库单价（来自当前交易的交易表·交易单价）。

如果该批次第一次在当前仓库出现，需要新增仓库批次结存记录。结存数量＝可用数量＝入库数量；移动加权平均单价＝最新入库单价＝交易单价。

(3) 更新包装批次结存（注意，可能有多条记录）。相关字段的处理方式如下。

结存数量＝原结存数量＋入库数量。

可用数量＝原可用数量＋入库数量。

如果该批次第一次在当前包装出现，需要新增包装批次结存记录。结存数量＝可用数量＝入库数量。

(4) 清空入库栏目内容（置为刚进入本页面的状态）。

(5) 在入库记录栏目中加载新生成的入库记录。

(6) 置会计期间·是否使用标志为“已使用”。

E.6 取消

……

6. 功能模块·功能点·规则

描述本功能点中会被重复使用的规则。同一功能点包括各种子功能，每个子功能有可能包括各种操作，在很多情况下，这些操作会使用相同的规则。如果在每个用到这些规则的操作中重复描述规则，会大大增加文档编写的工作量，并且会给文档的后续维护带来麻烦。这时候，可以考虑将这些规则抽取出来，在“规则”中描述，当需要时在“功能需求”的相关操作中标明参见某规则。例如，某功能点“员工档案管理”，在新增员工与编辑员工时都需要验证身份证号码是否符合规则要求，这时候就有两种选择，一个是在新增员工界面的“保存”按钮以及编辑员工界面的“保存”按钮中分别描述，另外一种选择是在规则中统一描述身份证号码验证规则，然后在上述两个按钮中写明参见这个规则。

要注意的是，这里的规则跟“总体要求与规则”中的“共用规则”的不同在于，这里的规则仅限于本功能点使用到的规则，而“共用规则”中的规则是两个以上功能点共同使用到的规则。

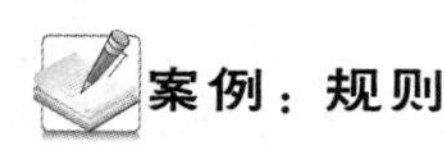

案例：规则

功能点“客户管理”中，有删除客户的功能，删除为逻辑删除，有两个按钮都可以用来删除客户，一个是“批量删除”，一个是“删除”，前者可以同时删除多个客户，后者只能删除一个客户。原型界面如图7-4所示。

新增客户 批量删除 导入 导出

客户代号： 客户名称： 客户类别： 查询 重置

□	客户代号	客户名称	法人代表	邮编	省市	客户类别	操作
□	CZWY	常州五洋电子	杜芸	213100	江苏常州	潜在客户	详情 编辑 删除
□	NJAR	南京爱仁文具	冯莹莹	210000	江苏南京	VIP客户	详情 编辑 删除
□	NJDN	南京大楠科技	解学明	210000	江苏南京	一般客户	详情 编辑 删除
□	SHDY	上海大洋纸业	凌晓	200000	上海	潜在客户	详情 编辑 删除
□	SHQT	上海晴天商贸	刘士栋	200000	上海	一般客户	详情 编辑 删除
□	SZFCR	苏州丰辰润建材	苗金超	215300	江苏苏州	VIP客户	详情 编辑 删除
□	WXFF	无锡风帆物流	徐纪伟	214000	江苏无锡	VIP客户	详情 编辑 删除
□	WXKL	无锡昆仑电气	姚洪侠	214000	江苏无锡	一般客户	详情 编辑 删除
□	WXLX	无锡梁溪机械	张国栋	214000	江苏无锡	VIP客户	详情 编辑 删除
□	WXSL	无锡尚朗科技	朱纯鹤	214000	江苏无锡	一般客户	详情 编辑 删除

首页 上一页 下一页 末页

图7-4 客户管理界面

本功能点中，在删除客户时，还有一个特别的要求，就是除了将客户记录删除，还需要处理可能存在的跟该客户相关的定时任务，这些任务是别的功能触发的，已经在任务队列中排队，等时间到了或者某件事发生了就会自动运行，如定时发送问候短信，定时发送催款通知邮件等，这些任务如果不做处理，即使客户被删除，时机到了这些任务也会启动，因此，在删除客户时要求同时删除这些定时任务。相关功能需求描述如下。

……

E 功能需求

E.1 新增客户

……

E.2 批量删除

将所选择的客户删除。参见【规则·客户删除规则】。

……

E.8 删除

参见【规则·客户删除规则】。

F 规则

F.1 客户删除规则

逻辑删除。

搜索是否存在跟待删除客户有关的调度任务，如果有则同时删除这些调度任务。包括：

计划给客户联系人发送的生日祝贺短信。

计划给本公司业务员发送的拜访提醒短信。

计划给客户合同对接人发送的催款邮件。

计划给销售部文员发送的服务合同到期提醒。

……

7. 功能模块·功能点·重用功能

描述本功能点中被重复使用的子功能。有些功能点中可能包括一些功能相同的子功能，只不过这些子功能是由不同的操作触发的。例如，某功能点“我的任务”，用于当前用户汇报任务完成情况，并且查看自己的历史任务，功能点主界面包含两个 Tab 页，一个是“待完成任务”，一个是“已完成任务”，两个 Tab 页中都包括一个“任务浏览”按钮，用户单击后加载一个表单页面，用以显示任务的详细情况，其中可能包括打印、导出之类的按钮，这个“任务浏览”就是一个被重用的子功能。

如果将这种被重复使用的子功能的操作都按照前述的编号方式展开编号，然后分别描述功能需求，很显然，这会把文档弄得非常臃肿，而且一旦发生了变更也不方便维护，特别是当出现被多处调用，并且本身就非常复杂的子功能的时候。为了解决这个问题，引入“重用功能”，将这种被重复使用的子功能在“重用功能”中描述，当需要时在“功能需求”中写明对它的引用。

**案例：重用功能**

某功能点“合同审核”，加载需要当前用户审核的合同，并提供审核功能。用户可以通过两种方式进行审核，一是先打开合同查看详细信息，然后在详细信息展示页面中通过“审核”按钮进行审核，一是在功能主界面中直接单击操作栏中的“审核”按钮进行审核。这两种方式的审核过程完全相同，都是加载一个审核窗口，用户选择同意或不同意，然后提交。功能主界面如图 7-5 所示。

批量退回 批量通过

合同编号： 客户名称： 合同类别： 查询 重置

□	合同编号	客户名称	签订日期	业务员	合同总额	合同类别	操作
□	201503081	南京爱仁文具	2015-03-15	李明亮	210,000.00	普通合同	详情 审核
□	201503039	南京大楠科技	2015-03-10	黄成	38,000.00	服务合同	详情 审核
□	201503021	无锡昆仑电气	2015-03-09	赵丽丽	1,250,000.00	普通合同	详情 审核
□	201502109	无锡梁溪机械	2015-02-28	张嘉倪	862,000.00	普通合同	详情 审核
□	201502102	无锡尚朗科技	2015-02-25	周德	4,000.00	试用合同	详情 审核

首页 上一页 下一页 末页

图 7-5 合同审核功能主界面

审核界面如图 7-6 所示。

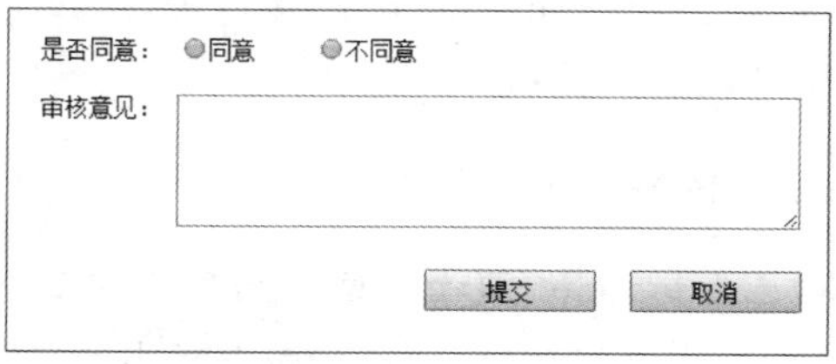

图 7-6 审核意见录入界面

相关功能需求描述如下。

……

E 功能需求

E.1 批量退回

……

E.2 批量通过

……

E.3 详情

E.3.1 页面加载

E.3.2 审核

参见【重用功能 · 审核】。

E.4 审核

参见【重用功能 · 审核】。

F 规则

……

G 重用功能

G.1 审核

G.1.1 提交

如果不同意,需要判断审核意见是否为空,如果为空,则报错:“请填写审核意见!”

如果不同意,则置合同的审核状态为“审核不通过”,发送系统通知给合同提交者:“%员工姓名%您好,您所提交的合同(编号%合同编号%)审核没有通过,请知悉!”

如果同意,需要判断本步骤是否为审核的最终步骤,如果不是最终步骤,则置合同的审核状态为“审核中”,否则置为“审核通过”,同时发送通知给合同提交者:“%员工姓名%您好,您所提交的合同(编号%合同编号%)审核通过,请知悉!”

G.1.2 取消

……

另外,经常会出现这种情况,就是有些子功能会被不同的功能点调用,在这种情况下,可以将子功能独立出来在“子功能点”中撰写需求，然后在编写功能需求时写明参见某子功能点。还有些可能被引用的特殊功能点，如调度任务、接口等，可以写在“特殊功能点”中，然后在功能需求描述中写明参见某调度任务、接口等。

案例：引用子功能点与特殊功能点

某邮箱系统，在收件箱、已发送邮件、回收站这些功能点中都包括“邮件浏览”这个子功能，而“邮件浏览”是一个比较复杂的子功能，除了加载显示邮件内容外，还包括转发、回复等操作。这时候，可以将“邮件浏览”独立成一个功能点，在“子功能点”中撰写需求，当撰写其他功能点的需求时，如果要用到“邮件浏览”，就在需要调用的地方写明参见“邮件浏览”子功能点。另外，收件箱还有一个“添加提醒”按钮，用于提醒用户到时间处理相关事宜，需要生成一个调度任务。功能点“收件箱”的功能需求描述如下。

……

E　功能需求

E.1　页面加载

加载收件箱中的所有邮件，根据接收时间倒排。

如果邮件的阅读状态为“未读”，需要显示未读标志。

如果邮件有附件，需要显示附件标志。

E.2　邮件浏览

参见【子功能点·邮件浏览】。

E.3　添加提醒

E.3.1　页面加载

E.3.2　保存

生成提醒调度任务，参见【特殊功能点·调度任务·邮件提醒】。

……

8. 功能模块·功能点·数据字典

描述跟本功能点相关的数据需求。为了抓住重点，避免重复工作，一般建议只描写本功能点需要写入的数据。如果在这里描述了关于某数据字段的要求，那么意味着研发人员在实现时，要保证所有更新数据的操作都是满足这个要求的，也就是说要控制住这个数据项进入数据库的所有入口，不允许在数据库中保存不符合这里要求的数据。

并不是所有数据字段都需要在这里描写，为了提高效率，可以只描述有特殊要求的数据字段，对那些没有什么特别要求的，如很多“名称”“备注”之类的字段，可以做一个全局性的规范文档，规定常见字段的通用处理方式，如字段长度、数据类型。另外，希望读者还有印象，在前面曾经介绍过如何编写数据字典，如果团队有专门描述数据需求的数据字典文档，那么就没必要在这里重复描写了。

案例：数据字典

某功能点“订单管理”的数据字典如下。

……

H 数据字典

H.1 订单头

见表 7-4。

表 7-4 销售订单头数据字典

字段	取值范围	特殊要求	事例	备注
订单编号		以年月开头，后跟三位流水号	201503001	
订单类型	{外贸订单|内销订单}			
销售大区	来自【系统字典·大区】		华东大区	
客户	来自表客户		飞云软件公司	
……				

H.2 订单行

见表 7-5。

表 7-5 销售订单行数据字典

字段	取值范围	特殊要求	事例	备注
运输方式	{船运|空运|列车|公路}			
单位	来自【系统字典·计量单位】		kg	
数量	0.0001～999 999.9999	小数点后保留 4 位		
单价	0.01～999.99	小数点后保留两位		
允许偏差	－9.99～9.99	小数点后保留两位		百分数
……				

……

9. 功能模块·功能点·注意事项

描述需要阅读者注意但跟实际需求并没有什么关系的内容。如果没有“注意事项”，对需求没有任何影响，但对阅读者的工作却可能有不少影响。

**案例：注意事项**

某功能点“合同管理”的注意事项如下。

……

I 注意事项

I.1 这是个定制模块，跟公司产品 CRM 中的“合同管理”的主要区别在于增加了运输方式的管理。

I.2 注意订单编号的方式跟 CRM 中是不同的，每月流水号，而不是每日流水号。

……

7.2.3 常见错误

掌握了前面介绍的内容之后，已经可以编写勉强合格的原型说明书了，但作为初学者，要想写得出色还需要大量的实践。下面列举了一些初学者在实际工作中容易出现的错误，希望读者在实际工作中注意避免。

1. 将编号弄成了行号

有些初学者对功能点中“功能需求”的层级编号不太理解。要知道这些编号的目的是给原型界面中的操作建立文档框架，具体的需求描述自然不应该在这个编号体系之内。可以这么理解，操作的编号是功能需求的文档结构，而需求描述是正文，如果在正文里继续着操作的层级编号，那么这个编号就被弄成了行号，也就失去了规范文档结构的意义。

案例：将编号弄成了行号的错误

某邮件系统功能点“收件箱”的功能需求描写如下。

……

E　功能需求

　E.1　页面加载

　　E.1.1　加载收件箱中的所有邮件，根据接收时间倒排。

　　E.1.2　如果邮件的阅读状态为“未读”，需要显示未读标志。

　　E.1.3　如果邮件有附件，需要显示附件标志。

……

很显然，“页面加载”下面的内容是需求描述，不应该按照操作的编号结构编号，这样会让阅读者感到困惑，如果要编号，可以使用另外一种编号体系，不要把这种结构编号弄得跟文档的行号似的。例如，可以考虑这么编号——

……

E　功能需求

　E.1　页面加载

　　(1) 加载收件箱中的所有邮件列表，根据接收时间倒排。

　　(2) 如果邮件的阅读状态为“未读”，需要显示未读标志。

　　(3) 如果邮件有附件，需要显示附件标志。

……

哪怕没有编号也不会对理解产生什么阻碍——

……

E　功能需求

　E.1　页面加载

　　加载收件箱中的所有邮件列表，根据接收时间倒排。

　　如果邮件的阅读状态为“未读”，需要显示未读标志。

　　如果邮件有附件，需要显示附件标志。

……

关于需求描述正文部分的编号使用，本规范并没有明确的要求，撰写者可以自由发挥，只要能够让读者容易阅读和理解就行，看看前面的一些事例，可以知道，大部分情况下其实这里并不需要编号，使用文字直接描述就足够了。

2. 写了规则，却没有引用

功能点描写中有一项“规则”，很多初学者容易将本项跟别的文档要求弄混，认为本功能点的所有规则都应该写在这里，这是不对的；或者在“规则”中写了规则，却没有在操作中注明对它的引用，将这些规则弄成了死规则。本书介绍的规范是，规则首先考虑写在“功能需求”的操作中，只有会被重用的规则才写在“规则”中，当在操作中需要用到这个规则时，必须注明对它的引用。因此，一般情况下，在功能点中只出现一次的规则是不需要写在“规则”中的。

习惯是，阅读者参照原型阅读“功能需求”中的功能描述时，只有当看到“参见某规则”的字样时，才会去阅读“规则”中的相关内容，而不是直接去阅读“规则”中的内容。如果在“规则”中写了内容，却没有在“功能需求”中注明对它的引用，那么这些规则就是死规则，没有任何存在的意义。

同理，写在“总体要求与规则”中的“共用规则”下的规则，如果没有在功能点中被引用，那么也只能算死规则。

3. 写了需求之外的内容

描写需求的时候，措辞要精炼，抓住重心，不要拖拖沓沓。

**案例：写了需求之外的内容**

某功能点“任务管理”的操作“暂停任务”，用于暂停处理已经发布出去的任务。从逻辑规则来看，只是将任务的状态置为“暂停”，这个状态会对其他一些功能点产生影响，如在功能点“任务汇报”中，不能对该任务进行工作汇报，在功能点“任务安排”中，不能对该任务进行委派等。针对操作“暂停任务”，看看以下两种不同的描写需求的方式。

方式一：将当前任务的状态置为“暂停”。

方式二：将当前任务的状态置为“暂停”，任务暂停后，不能进行任务委派，也不能进行任务汇报，如果因为特殊原因要对暂停的任务进行任务汇报，可以联系任务发起者重新启动任务。

比较下这两种不同的描写方式。方式一属于精炼描写，只描写跟本操作相关的逻辑规则，至于本操作会对其他功能点产生什么影响，在这里并不关心，那是在撰写其他功能点的需求时需要考虑的。方式二描写了许多不该在这里描写的内容：“任务暂停后，不能进行任务安排，也不能进行任务汇报”——这并非本操作的需求，应该是在其他功能点描写的；而“如果因为特殊原因要对暂停的任务进行任务汇报，可以联系任务发起者重新启动任务”——则属于对用户的操作指导，应该在诸如操作手册、培训材料之类的实施文档中撰写。

4. 写了原型已经表达出来的需求

只有当设计出来的原型比较完备时，才适合根据本规范撰写原型说明书。完备的原型其实已经表达了很多需求，例如打开了某窗口，弹出了一些消息提示，加载了一些示例数据，显示了不同的标识，等等。如果原型中已经把一些需求表达得清楚明白了，那么在原型说明书中自然就不需要重复描述，因为原型说明书中表达的应该是原型没有表达出来的需求。

**案例：写了原型已经表达出来的需求**

某功能点“员工管理”的功能需求如下。

……

E 功能需求

  E.1 页面加载

  E.2 新增员工

    打开员工录入页面。 //这是原型已经表达出来的需求

……

分析一下本案例。由于在原型中，用户单击“新增员工”按钮，会加载显示员工录入页面，原型中将操作“新增员工”的需求“打开员工录入页面”已经表达得足够清楚明白了，再在原型说明书中写这句话就有画蛇添足之嫌。

5. 写了自明的需求

有一些需求，属于常识性的需求，只要是个理性的、对软件工作有基本了解的人，都应该能够准确无误地理解，根本不需要任何文档去说明，这种需求本书称为“自明的需求”。例如，原型中，在查询条件区域内有一个“清空”按钮，一个对管理软件稍有了解的人都知道，这是用来清空用户已经录入的查询条件的。

**案例：写了自明的需求**

某功能点的功能需求如下。

……

E 功能需求

  E.1 页面加载

  E.2 上一页

    向前翻一页，在列表中显示当前页前一页的内容。//这是自明的需求

  E.3 下一页

    向后翻一页，在列表中显示当前页后一页的内容。//这是自明的需求

……

本案例中，功能点主界面中有翻页按钮，“上一页”与“下一页”，用于将列表中的记录前翻或者后翻，显示当前页前一页或者后一页的内容，其实这就是个自明的需求，只要对软件稍有了解，谁不知道“上一页”与“下一页”按钮有什么作用呢？

7.3 文档优化

7.3.1 聚焦

在进行功能需求的描写时，有一个基本原则，就是“聚焦”。所谓聚焦，就是尽量将需求、规则写在离相关操作最近的地方，这样能让阅读者更容易阅读，因为阅读者是从操作开始阅

读需求描述的。同样的规则,可以在“功能需求”的操作中描写,也可以在“规则”中描写,也可以在“总体要求与规则”中的“共用规则”中描写,只要在功能需求描写时写明参见某规则,都不能算错。但为了聚焦,只有在本功能点中有多个操作使用的规则,才在“规则”中描写,只有在不同功能点中被使用的规则,才在“总体要求与规则”中的“共用规则”中描写。有时候,有些被重用的规则,本身的逻辑很简单,发生了变化修改起来比较容易,并且被重复使用的次数并不多,为了聚焦,也是可以考虑直接写在“功能需求”中的。

**案例:功能需求的描写尽量聚焦**

某功能点“生产任务管理”,其中有个暂停任务的功能,用户可以在列表中暂停某一个生产任务,或者选择多个生产任务后同时暂停,或者打开任务在任务浏览页面暂停该任务。暂停处理的规则很简单,就是将生产任务的状态置为“暂停”,不需要做另外的任何处理。在这种情况下,可以考虑以下两种撰写需求的方案。

方案一:

……

E 功能需求

……

E.6 批量暂停

参见【规则·暂停规则】。

E.7 暂停

参见【规则·暂停规则】。

E.8 详情

E.8.1 暂停

参见【规则·暂停规则】。

……

F 规则

F.1 暂停规则

置任务的状态为“暂停”。

……

方案二:

……

E 功能需求

……

E.6 批量暂停

置任务的状态为“暂停”。

E.7 暂停

置任务的状态为“暂停”。

E.8 详情

E.8.1 暂停

置任务的状态为“暂停”。

……

这两种方案都是正确的,考虑可维护性,可采用方案一,考虑聚焦,可采用方案二。

另外,对于特殊功能点(调度任务、接口等),除非是独立运行,或者有多个操作调用,才写到"特殊功能点"中。对于不是独立运行的,且只有一个操作调用的,还是应该写在功能点的需求说明中——这才符合"聚焦"的原则。

7.3.2 精简编号结构

如果根据前面介绍的方法对所有的操作进行层级编号,读者或许会发现,在很多情况下这个编号结构会显得非常臃肿,因为很多貌似简单的功能,会有很多小操作,或者有些功能会有太多的层级,还有可能一些非常通用的简单操作占据了很大的篇幅,等等。为了使文档紧凑,增加可读性,降低编写文档的工作量,减少出错的可能,可以采用一定的方法进行优化。

1. 用于辅助录入的小操作可以采用特殊的描写方法

用户在使用软件系统时,在录入信息的界面所执行的操作可以分成两大类,一是准备数据,二是提交数据到数据库。准备数据的操作很多,也很零碎,如从下拉框中选取数据,从某个弹出框中选择记录,某个字段需要进行特殊的控制,等等。所谓辅助录入,就是用户用以准备数据的操作,这些操作只读取数据,不会写入数据。关于辅助录入在前面已有介绍,这里不再赘述。

编写原型说明书的功能需求时,针对用于数据录入的表单界面,可以引入特殊操作"辅助录入",将用于辅助录入的零碎需求在这里统一描写,从而保证文档的紧凑。

案例:辅助录入需求描述

某功能点"请假",供用户录入请假单,然后提交审核。界面如图 7-7 所示。

请假单				
请假人:	谢成林(SG0919)	企业管理部QA组长		
请假类别:	事假	病假	公休假	调休假
请假时间:	开始时间:	结束时间:		
请假天数:	本次请假天数:0.5	本月累计天数:2	本年累计天数:9.5	
工作代理人:	点击选择代理人	已选择代理人:孙山城(SG0890)		
请假事由:				
			提交	取消

图 7-7 请假界面

在录入请假单时,有一些辅助录入性质的需求:当用户录入开始时间、结束时间后,需要系统计算本次请假天数,本月累计天数,本年累计天数;当用户单击"点击选择代理人"

时，弹出人员选择框，用户选择后系统将所选择的人员显示在请假单录入界面。需求描述如下。

……

E 功能需求

E.1 页面加载

E.2 辅助录入

用户录入的结束时间需要大于开始时间。否则需要报错：结束时间必须大于开始时间！

用户录入开始时间、结束时间后，计算并显示本次请假天数。请假天数的计算需要考虑班次、节假日，不足0.5天以0.5天计算。计算规则参见【规则·请假天数计算规则】。

计算并显示本月累计天数，计算方式为本次请假天数与当前用户本月请假天数之和。

计算并显示本年累计天数，计算方式为本次请假天数与当前用户本年请假天数之和。

用户单击"点击选择代理人"，系统弹出人员选择框(使用平台选人组件B)，用户选择人员后，系统将所选择人员姓名及工号显示到当前界面。

E.3 提交

……

E.4 取消

……

如果不采用处理"辅助录入"的特殊方式，那么功能需求描述如下。

……

E 功能需求

E.1 页面加载

E.2 选择开始时间

如果已经选择了结束时间，则需要判断开始时间是否小于结束时间，如果不是，需要报错：结束时间必须大于开始时间！并进行如下计算。

计算并显示本次请假天数。请假天数的计算需要考虑班次、节假日，不足0.5天以0.5天计算。计算规则参见【规则·请假天数计算规则】。

计算并显示本月累计天数，计算方式为本次请假天数与当前用户本月请假天数之和。

计算并显示本年累计天数，计算方式为本次请假天数与当前用户本年请假天数之和。

E.3 选择结束时间

如果已经选择了结束时间，则需要判断开始时间是否小于结束时间，如果不是，需要报错：结束时间必须大于开始时间！并进行如下计算。

计算并显示本次请假天数。请假天数的计算需要考虑班次、节假日，不足0.5天以0.5天计算。计算规则参见【规则·请假天数计算规则】。

计算并显示本月累计天数，计算方式为本次请假天数与当前用户本月请假天数之和。

计算并显示本年累计天数，计算方式为本次请假天数与当前用户本年请假天数之和。

E.4 点击选择代理人

E.4.1 页面加载

使用平台选人组件B。

E.4.2 确定

将所选择人员姓名及工号显示到当前界面。

E.4.3 取消

E.5 提交

E.6 取消

……

显然，这样文档要臃肿得多。

2. 编号层级不要太多

多级编号的层级也不要太多，因为多到一定程度（如9、10级）会让阅读者看得云里雾罩，可能要数半天才能弄得清楚这是哪个页面的哪个按钮，一般建议多级编号不要超过6级。但有些功能点确实有太多的层级，一个接一个的子页面，一个接一个的子功能，该怎么办呢？这时候可以考虑在第6级下面采用某些变通的方法描写，如引入分级的项目编号，或者直接用文字描述，另外，也可以考虑干脆将层级太深的子功能提取出来在“重用功能”中描述，然后在“功能需求”中引用。

3. 忽略一些通用操作

有些普遍性的通用操作，如关闭窗口、取消操作、翻页、清空查询条件之类的操作，只要对管理软件稍有了解，就能明白这些操作是用来干什么的，根本不需要进行任何需求描述。这种操作，在进行操作编号时可以将其忽略，不体现在原型说明书中。当然，有的时候，看似非常通用的操作，却包含特殊的逻辑规则，那么另当别论，例如，在关闭窗口时可能要求撤销掉一些操作结果。

案例：编号时忽略通用操作

前面介绍的某CRM系统的案例，针对功能点“客户拜访”的操作进行编号，如果不考虑忽略通用操作的优化，则第一层编号结构如下。

E 功能需求

E.1 页面加载

E.2 拜访录入

E.3 批量删除

E.4 导入

E.5 导出

E.6 查询 //这是通用操作

E.7 重置 //这是通用操作
E.8 首页 //这是通用操作
E.9 上一页 //这是通用操作
E.10 下一页 //这是通用操作
E.11 末页 //这是通用操作
E.12 详情
E.13 编辑
E.14 删除

如果忽略通用操作,则第一层编号结构如下。

E 功能需求
E.1 页面加载
E.2 拜访录入
E.3 批量删除
E.4 导入
E.5 导出
E.6 详情
E.7 编辑
E.8 删除

另外,如何界定哪些操作属于通用操作,哪些操作不属于通用操作,不同的人可能有不同的想法、不同的标准。为了编写的文档准确、无歧义,团队可以建立自己的规范,明确规定哪些操作属于通用操作,在没有特殊规则时不需要在原型说明书的操作编号结构中出现。

7.3.3 引入语法

在描述需求时,为了让需求描述得更精准,也为了不同的阅读者容易理解,可以引入用于进行需求描述的语法规定,撰写者根据一定的语法撰写,自然比按照自己的习惯随意描写要精准得多。这种语法,不同的团队可以结合自己团队的历史传统、项目特点、成员习惯等进行设计。当然,也需要注意,语法规定不可太泛滥,规定得太过仔细就很难得到真正执行,还可能会影响编写效率。相信读者从前面的案例中对一些语法规则已经有所领悟了。

**案例:用于需求描述的语法**

某团队针对需求描述的语法规定如下。

1 符号的使用

1.1 引号

引用数据库中会存在的数据,或者显示出来的消息,或者在原型上显示的某些信息等,使用引号。举例如下。

如果用户录入的客户代号已经存在,则报错:“客户代号已存在!”。

如果当前用户属于角色“管理员”,则显示所有员工记录。

1.2 下划线

实体、属性、数据表、字段,使用下划线标识。例如:

置当前客户的客户状态为“激活”。

如果配置表中不存在当前配置项，则报错。

1.3 方括号

在描述中，可以使用方括号将几个小项合并成一项，让用户在阅读时更方便，这个不是必需的，编写者可以在撰写时自行决定是否使用。例如：

如果【单价 * 数量】大于 10 000 元，则提交总经理审核。

如果考生的【姓名，电话】相同，则认为是同一考生。

1.4 间隔号

用间隔号表示一种从上到下或从整体到局部的结构，间隔号右边的小项从属于左边的大项。例如：

只显示客户·客户类别为“VIP”的客户。

计算规则参见【规则·请假天数计算规则】。

1.5 大括号与竖线分隔符

用大括号与竖线分隔符联合使用，表示枚举类型，指某一数据项中只能出现这几种数据。当出现这种表示方式时，往往意味着这些数据是不可以由用户维护的，可以在程序中写死这些数据。这种符号一般在数据字典描写中使用。例如：

客户状态={准备|激活|作废}

只加载学生状态为{在读|休学|参军}的学生。

1.6 箭头

用箭头表示某种具有强关联的先后步骤。例如：

按照【公告→新闻→通知→消息→公告】的顺序，循环显示 Tab 页，间隔时间 1s，直到用户单击任意 Tab 页。

1.7 替换符

用两个百分号表示需要动态替换百分号之间的内容，从而动态生成字符串。例如：

到了计划时间给用户发短信，短信内容为：“%员工姓名%您好！友情提醒：您需要拜访%客户名称%了，请做好计划安排！”。

2 伪代码的语法要求

2.1 关键字

……

本章所有关于原型说明书撰写的案例都是遵从本案例中的规范要求的。

7.3.4 提炼通用需求

很多团队，对许多常用的操作，在不同的项目中采用相同或高度相似的处理方式，这属于团队内部普遍性的需求。例如，某团队的所有项目中，一般列表每页显示的记录数都是 15 条，日期显示都使用“YYYY-MM-DD”这种格式。这种需求本书称之为“通用需求”。

用文字将软件需求逻辑描述完整，这个工作量是非常大的，遇到一些极端案例，恐怕在文档写完之前，开发者将软件都开发完了。为了降低编写文档的工作量，有必要引入一些团队规范，将一些通用的需求用另外的规范文档描述。这样，在项目的原型说明书中就不需要重复描述了。

案例：提炼通用需求

某团队所提炼的通用需求——

1 界面显示

1.1 列表中每页显示15条记录。

1.2 标题为“日期”的字段，不需要显示时分秒。

1.3 日期显示的格式为“YYYY-MM-DD”，如“2015-03-02”。

1.4 时间显示的格式为“YYYY-MM-DD HH:MM:SS”，例如“2015-03-02 15:09:01”。

1.5 图标类的按钮，鼠标放到上面需要显示提示信息，如编辑、删除等。

……

2 消息

2.1 必填项没有填写或选择时，出错提示为：“请填写XXXX!”或“请选择XXXX!”。

2.2 执行删除操作之前，需要用户确认。确认提示为：“确认删除吗?”。

……

3 数据处理

3.1 新增记录时，需要保存新增人、新增时间、IP。

3.2 修改记录时，需要保存修改人、修改时间、IP。

3.3 会被作为外键引用的表，在删除时为逻辑删除。

……

4 导入导出

4.1 导入时，只要有不正确信息，就不允许导入所有信息。

4.2 导入的所有字段，如果是外键，则需要做系统中是否存在的验证。

……

在编写原型说明书时，如果需求是通用需求中规定的，那么就无须描述，作为团队成员，应该知道在这种情况下应该怎么处理。

案例：多写了通用需求的功能需求说明

功能点“员工管理”的需求描述如下。

……

E 功能需求

E.1 页面加载

根据工号排序。

如果员工属于多个岗位，则将岗位名称串成字符串显示。

员工入职日期以“YYYY-MM-DD”的格式显示。//这是通用需求

E.2 新增员工

……

E.3 删除员工

需要提醒用户是否要删除。提醒消息:“确认删除吗?”//这是通用需求
逻辑删除。//这是通用需求

……

根据前一案例中的通用需求规定,本案例中,员工入职日期的显示格式、删除员工的提醒、员工的逻辑删除,都属于通用需求,不需要在原型说明书中加以描述。很显然,如果去掉通用需求,本案例的描述内容会大大减少。

通用需求的提炼是一个持续的过程,随着团队的发展,团队成员合作开发的项目越来越多,所提炼的通用需求也应该越来越多。通过通用需求的积累,可以大大提高原型说明书的编写效率,让编写者只需要关注本项目的特定规则,而不需要关注本团队已经有规定的那些通用需求。很多简单的功能点,有了通用需求规定后,几乎不需要任何原型说明——原型加上通用需求就足够将需求表达得清晰无误了。另外,提炼了通用需求之后,可以让团队各个项目之间有着越来越多的统一性,哪怕是不同的人开发出来的功能点,在风格、功能上都有很强的一致性,对于团队协作,对于提高功能的重用性,都有着极其重要的意义。

通用需求跟“总体要求与规则”中的“统一要求”貌似有些重复,其实它们之间的边界是很明显的,前者是团队通用的,后者是这个项目通用的。通用需求的优先级很低,不同的项目、不同的客户都可能在通用需求包含的某些方面有特殊要求,这些特殊要求可能出现在原型中、原型说明书中,或者别的项目需求文档中,这时候自然应该以这些文档为准。

思考题

1. 研究微信 App 的聊天窗口有哪些功能,写出原型说明书。

【提示】 注意微信 App 的聊天窗口有很多功能,如发文字、发表情、视频通话、发位置、发文件、投诉等。

2. 研究支付宝 App 的“生活缴费”功能,写出原型说明书。

【提示】 水、电、燃气、有线电视等都有不同的规则,都是不同的功能,都调用不同的接口(你觉得需要调用哪些接口,言之成理就行)。

3. 理解什么是“自明的需求”,根据你的理解举几个例子。

【提示】 一看文字、图标、布局摆放啥的就能明白,就是自明的需求。

4. 理解什么是“通用需求”,根据你的理解举几个例子。

【提示】 不同团队对通用需求的理解并不相同,需要有人统一规定。

5. 提炼一些书中没有提到的通用需求,对案例“提炼通用需求”进行补充。

【提示】 例如,某团队的通用需求:“对超级管理员(Administrator),没有权限约束(包括功能权限与数据权限)”。

案例分析

1. 以下是关于微信朋友圈打开(页面加载)时的需求描述,写得并不理想,请根据你对该功能的理解修改这段描述。注意让描述精确、无二义,符合书中介绍的语法规则。

加载博文以及博文下的点赞、评论。

如果博文过长，则折叠，并显示“更多”按钮。

新发的博文显示在上面。

如果博文中有图片，在文章下面加载图片，如果只有一张图片，则显示大图，如果有两张或以上的图，则显示小图，图片从左到右、从上到下加载。

当前用户发表的博文都会加载。

朋友发表的博文，根据该朋友在“隐私”设置项“允许朋友查看朋友圈的范围”中设置的时间范围决定是否加载：如果设置为“最近半年”，那么只加载半年来的博文；如果设置为“最近一个月”，那么只加载最近一个月的博文；如果设置为“最近三天”，那么只加载最近三天的博文；如果设置为“全部”，不做任何限制。

朋友发博文时，可以设置“谁可以看”，决定是不是允许其他人查看：如果设置为“公开”，所有人都可以查看；如果设置为“私密”，只有自己才能查看；如果设置为“部分可见”，只有符合条件的朋友才可查看；如果设置为“不给谁看”，那么符合条件的朋友看不到。

如果某朋友在朋友圈屏蔽了当前用户，则不显示他的博文。

点赞：显示当前用户的点赞，显示当前用户博文下的所有点赞，显示朋友对可见博文的点赞。

评论：显示当前用户的评论，显示当前用户博文下的所有评论，显示朋友对可见博文的评论，显示朋友对另一个朋友的评论。

2. 以下是某学校迎新系统学生端(服务于刚准备入学的新生)的功能需求，根据需求设计原型(PC 网页)，撰写原型说明书。

新生可以通过临时学号以及身份证号登录新生操作页面，如果新生是首次登录，通过准考证号以及身份证号登录到系统中得到自己的临时学号，然后通过临时学号和身份证号重新登录。

新生登录后可以登记自己的初始信息，包括姓名、性别、民族、身份证号、学号、高考号、院系等信息。

新生可以在报道之前登录本系统填写自己准备乘坐的车次信息，包括始发站、终点站、交通工具、乘车时间等，并可以查看学校根据本车次信息安排的接车责任人、接车方式和联系方式。

新生可以查询自己被学校分配到哪栋宿舍楼、宿舍号、床位号。

提供贫困资助绿色通道，新生可以在本系统申请资助，填写经济困难原因、家庭成员情况、缓交计划。

新生可以查询此批次新生入学的详细流程，需要处理的环节以及每个环节的详细信息，比如报到地址、需要携带的材料、各环节的联系人、联系电话，以及其他的一些详细信息。

新生可以查询自己的交费情况。

新生可以在本系统中发起入学相关的咨询，并查看咨询答复。

3. 某教育科技公司正在策划一款网络学习平台，用于发布教学视频让会员付费观看、学习，主要需求如下。请根据本需求进行数据建模，设计软件功能，绘制原型，编写原型说明书。

整个系统由会员端与管理后台构成，会员端用于会员登录学习，管理后台用于管理员进行系统管理。会员端支持 PC 端与手机 App，管理后台只支持 PC 端。

会员端包括课程栏目、课程更新、名师风采、名师课堂、热门课程、会员中心、互动答疑、试听等功能。

会员在会员中心可以充值、退款，查询自己的账户信息、充值信息、消费信息、账户余额等。

会员可以通过多种方式付款，如邮局汇款、银行转账、网上支付等，网上支付支持网银、支付宝、微信等主流网上支付方式。

会员可以通过名师课堂栏目观看讲课课件、视频，下载课件，根据要求可能需要支付一定的费用。

有试听区域，面向公众开放，不是会员的也可以观看。

会员可以查看自己的学习情况，包括当前课程、学习历史、下载历史等。

会员可以在线答卷，支持试卷生成(选择题与判断题)、系统打分等功能。

会员可以提出咨询，相关老师在管理后台答疑。

系统可以向会员推荐热门课程。

管理后台包括会员管理、课程管理、视频管理、课件管理、题库管理等功能(具体需求请根据会员端的需求自己补充)。

需求变更

本章重点

(1) 做软件离不开需求变更。(★)
(2) 需求变更产生的原因。(★★★★★)
(3) 处理改变数据库结构的需求变更的困难所在。(★★★★)
(4) 处理改变历史数据的需求变更的困难所在。(★★)
(5) 处理需求变更时,要从根本上解决问题。(★★★★★)
(6) 需求变更文档的编写。(★★★)
(7) 如何让需求变更推动软件功能的扩展。(★★★)
(8) 为什么说可以通过需求变更"炼"出软件产品。(★★)

本章内容思维导图

需求变更伴随着软件的整个生命周期。有些需求变更处理起来非常简单,影响小,工作量也小,而有些需求变更处理起来非常麻烦,伤筋动骨,工作量巨大。应付用户让人崩溃的变更要求——这种梦魇般的经历似乎是每个软件从业人员都体验过的。

在软件的各个阶段都有可能发生需求变更。需求变更发生得越早,解决起来代价就越小,每个软件人都明白这个道理。但在不同阶段,解决起来所花费代价的差别巨大,这一点却容易被很多人忽视——有的时候这个代价可能会相差几百倍、几千倍。调研阶段、设计阶段发生的需求变更,解决起来可能只是一两句话的事,而软件上线后发生的变更,可能会让一个团队奋战好多天,甚至需要推倒重来。请注意,本章所说的需求变更,大部分情况下都特指开发完成后的需求变更,结合上下文,相信读者一看就明白,就不做特别说明了。

作为设计人员,要尽力降低需求变更的可能性,但对需求变更也要有个清醒的认识,就是需求变更是无法回避的,犯不着怨天尤人,面对需求变更需要有个积极良好的心态,毕竟有时候需求变更也未必就是坏事。

8.1 认识需求变更

8.1.1 需求变更总会有的

做软件开发最惧怕的是什么？恐怕软件人十有八九会说——需求变更。如果需求调研或者需求分析做得很糟糕,或者用户的业务发生了巨大变化,一个需求变更的要求有可能给软件带来灾难性的影响,最惨烈的情况时有发生：软件需要推倒重来。

优秀的需求分析可以大大提高软件的适应能力,对许多可能的变更预埋了应对方案,大大降低了变更带来的风险,但是,所有的软件人都应该有个非常清醒的认知——需求变更总会有的。就算将需求分析、软件设计能力发挥到极致,也不可能完全避免需求变更。这个社会本来就是个不断变化的社会,客户的业务在变化,管理方式在变化,人员在变化,习惯在变化,领导的信息化思路在变化,软件技术也在变化……管理软件每天面对这么多变化,怎么可能没有需求变更呢？因此,需求变更固然讨厌,但也大可不必将之看成洪水猛兽,许多软件人员,只要有需求变更就觉得麻烦来了,唉声叹气,怨天尤人,这是非常可悲的——在探讨需求变更之前,让我们先端正下态度。

在软件的各个阶段都有可能发生需求变更。例如,在调研阶段,用户刚确定了某个问题的处理方式,过了几天可能又觉得换一种方式好；在设计阶段,设计者可能在设计过程中发现需求问题,从而向用户提出变更建议,或者,用户参与设计评审后,可能会提出来需要增加、修改功能；在开发阶段,开发者可能会发现设计问题,或者,用户也可能提出追加功能、改变业务规则,又或者,设计者也可能觉得有些设计不尽如人意,从而提出需求变更；在试用阶段,用户可能会发现开发出来的软件很多地方并不能真正满足信息化管理的要求,不能不提出需求变更；在正式使用阶段,用户的业务可能发生变化,用户的管理思想也可能发生变化,从而提出需求变更,等等。

8.1.2 需求变更产生的原因

对于整个软件来说,需求变更不可避免,但并不是说所有的需求变更都是不可避免的,不该发生的、可以避免的需求变更俯拾皆是。很多需求变更都是因为工作不到位产生的,根源在于相关人员的工作能力或责任心,作为需求人员,绝不能以“需求变更不可避免”之类的理由推卸工作责任。下面列举了一些可能导致需求变更的原因,深刻理解这些原因,可以大大增强对需求变更的控制能力。

这些需求变更产生的原因,对于需求人员来说,有些是可控的,也就是说,是需求人员通过努力可以避免的,或者至少是可以将可能性大大降低的,如调研不充分、设计有瑕疵、实现欠灵活等；也有些需求变更,确实不是需求人员所能控制的,做得再好恐怕都无法避免。例如,一个公司的业务范围发生了变化,一个公司的管理方式发生了变化,等等,类似的事情发生时,都可能导致重大需求变更,这种变化不是需求人员能预见的。就算客户董事长也未必。

1. 调研不充分

要想调研成功,需要甲乙双方的共同努力,哪一方工作不力都可能给后续工作带来无穷的隐患,由于本书是面向软件团队的,自然不去考虑甲方工作不力的情况。

对于调研者来说,没有充分的调研,很容易给软件的未来带来重大需求变更。这个应该很容易理解,调研阶段的每一句话都可能决定软件的走向,该说的没说,该听的没听,说错了,听错了,对项目走势都有不可估量的恶劣影响。如何做好充分的需求调研,在需求获取部分已经谈过了,作为调研者,要时刻警醒自己,不充分的调研会给软件埋下巨大的隐患,这种隐患往往都是软件的超级炸弹,保不齐就会在特定时刻爆炸,让整个团队焦头烂额,无所适从。

2. 沟通有歧义

在很多情况下,需求人员跟用户拥有非常不同的知识背景,双方理解起来并不容易。有某些知识背景的人,说了些自己认为是常识性的话,然而,对于一个具有完全不同知识背景的人,却可能觉得如听天书。因沟通不畅原因造成需求变更的情况时有发生。

案例:因理解错误而导致需求变更

需要给某制造公司开发成本核算系统,小王到甲车间做调研。当问及车间的照明电费应该如何归结时,车间成本会计说应该计入管理费用。小王对财务略有了解,知道管理费用是指公司的期间费用,这种费用不需要向产品中分配。于是,相关功能就按这个思路设计了。

然而,他弄错了一件事,车间的成本会计所说的管理费用是指车间的管理费用,不是公司的管理费用,从财务的角度,那应该是制造费用,最终是应该分摊到产品的生产成本中去的。显然,这是一项可能导致重大需求变更的隐患。

3. 异常没考虑

有些事情,用户在工作中很少遇到,然而,对某一岗位来说,虽然这些事情很少发生,但一定会发生,当发生时,如果不能处理好,工作就无法进行下去——这种业务,本书称之为异常业务。例如,原料仓库收取供应商送货,算正常业务,但因为种种原因将原材料退回给供应商,就可以算作异常业务,这种事情,可能一周甚至一个月都不会发生一次,但如果不能处理,整个仓库的出入库工作流程到了一定的时候就无法正常进行。

异常业务很容易被用户、需求人员疏忽,因为这种事情很少发生,调研时间有限,一时半刻想不起来一点儿也不奇怪。通过种种蛛丝马迹发现异常业务,从而提前做好预案,是需求分析人员的必备能力。如果将所有引起重大需求变更的原因做个排名,没有考虑异常业务应该当仁不让高居榜首。

案例:因疏忽处理异常业务而导致需求变更

需要给某原料仓库开发库存管理系统。小王到仓库做调研,得到如下结论:本仓库包括三大业务,一是入库业务,其中包括收取供应商送货,收取车间退货;二是出库业务,其中包括发货给车间,退货给供应商;三是仓库内部的管理业务,包括货物上架、货架整理、移位、盘点。调研前期,仓库管理员并没有提到两个退货业务(退货给供应商与收取车间退货),因为这两个业务属于异常业务,不常发生,但是小王根据自己做库存系统的经验,做了引导提示,仓库管理员才恍然大悟,仔细谈了这两项异常业务。

这个调研结果成了后面软件开发的基石。然而，软件开发完成后，到实施时，才发现有一项重要的业务根本没有考虑到：有一些特殊的原材料，仓库会根据要求发到某些加工厂做一些简单加工，如印字、喷漆，加工后再收回来，同时出具加工证明，加工方根据这些证明到财务结账。这种业务很少发生，一般一两个月才会有一起。调研时，仓库管理员根本没想到这件事，而小王在以前的项目中也从来没有遇到这种事情，更倒霉的是，将原料发给加工厂时，并没有填写正规的单据，只是在某个看上去像小学生作业本的台账上简单登记了一下，收集单据时偏偏漏掉了那个看上去像孩子涂鸦的台账。

小王眼前一黑，他知道，这将是一次令人崩溃的重大需求变更。

4. 规划不到位

系统规划的过程，是个规划企业信息化管理体系的过程。如果是给一个规模稍大点的企业开发综合性的信息系统，那么这个过程是相当复杂的，需要通盘考虑企业未来的信息化管理体系，相关岗位的工作方式，在信息系统中的工作过程，各岗位之间的信息交互途径，新的管理方式需要投入的成本，等等。面对一个如此庞大的信息工程，这个过程出点问题是相当正常的。因规划不到位产生的需求变更往往是灾难性的。

**案例：规划不到位产生的需求变更**

需要给某制造企业开发生产管理系统。关于如何将各工序生产进度信息录入系统，小王是这么规划的：生产任务下发时，由车间打印生产工序卡，工序卡跟着货物流转，当某工序完成后，由操作工打开系统，录入当前生产单在本工序的完成时间，系统记录该工序的完成时间、完成人。在跟公司相关人员讨论时，很多人觉得难以执行，因为，一者操作工文化程度不高，非常容易出现操作失误，二者，很多岗位的工作环境难以安放计算机，而如果让他们跑到很远的地方录入，会严重影响工作。为了将问题简化，经过讨论后决定，每个工序完成后，由操作工在工序卡上写明完成时间、完成人，每个车间安排专人定时到车间收集已完成的生产工序卡，再到车间办公室录入系统，这样，虽然数据采集没那么及时，但对于管理要求来说已经足够了。

小王根据这个规划设计了软件系统，开发完成要上线时，才发现了一个重要的问题：谁来收集工序卡并录入到系统呢？车间现在的人手很紧，根本不可能有人做这件事，而如果雇佣新人，一共有6个车间，每个车间3个班，要招聘18个人，总经理觉得难以接受。由于人员不能到位，系统迟迟不能上线。

这是规划阶段的一个严重错误，如果早考虑到岗位的人员安排问题，一定会有另外的处理思路。几乎要崩溃的小王琢磨出了另外一种方式：在工序卡上打印条形码，工序完工后由操作工使用无线扫描枪扫描，既可以解决录入错误的问题，又可以解决计算机安放的问题。显然，这将是一次重大的需求变更。

5. 设计有瑕疵

设计是一个对需求调研的结果进行总结、提炼、升华、落实的过程，设计者在这个过程中可能会犯各种各样的错误，如遗漏了某些需求，错误地处理了某些需求等。如果设计者能力高超、经验丰富，并且在设计的过程中积极与用户沟通，那么这种错误可能会减少很多，甚至完全杜绝；但对于初学者，就是另外一种完全不同的结果了，他们在设计过程中也许会犯各种错误，诸如弄拧了业务，弄差了用户，弄错了功能，弄丢了字段，写错了文档，等等，有些由于能力所限，有些纯粹是由于工作缺少责任心，粗心大意造成的。

案例：设计错误导致的需求变更

需要给某公司开发 OA 系统。关于“发布通知”与“发布公告”这两个功能，用户的需求是这样的：通知是发给指定人员的，而公告是发给所有员工的，除此之外，通知与公告需要管理的信息完全相同，包括主题、内容、正文、附件等。

小王经过分析，认为通知与公告其实是相同的，只不过接收人员不同，如果将通知发给所有员工，那么通知就等于公告。根据这个分析结果，小王将“发布通知”与“发布公告”合并成一个功能“发布通知公告”，如果用户想发布公告，就在“接收对象”中选择所有员工。

系统上线运行一段时间后，用户发现了一个问题。当用户发布公告时，需要所有员工都可以看到这些公告，也包括那些还没有入职的员工。用现在的方式发布，只能发布给当前系统中的所有员工，而以后入职的员工是看不到的，因为在发布时，他们在系统中并不存在。

很显然，小王的设计出了问题，对当前语境下的“所有员工”没有仔细分析，出现了思维盲点，需求变更不可避免。

6. 实现欠灵活

如果实现方式不够灵活，也容易导致需求变更。有些需求，在用户的眼中，那是板上钉钉的事情，然而，对于一个资深设计者，却深知其中的不确定因素很多，未来可能的变化也很多，通过灵活的实现方式，可以大大降低需求变更的可能性，避免只要业务上稍微有一点儿小变化就不得不进行需求变更。设计者不可能预见一切业务变化，但有一点儿风吹草动就让研发团队为了处理需求变更而疲于奔命，就太不应该了。如何增强软件的灵活性，在功能设计部分已有介绍，没有印象的读者建议翻到前面再浏览一下。

7. 实施不熟练

某些大型软件，有成千上万的功能点，有大量的配置开关，需要通过实施人员的艰巨努力才能将之用到客户的信息化管理中。有的时候，由于实施人员的能力有限，或者对于这种复杂的软件并没有真正掌握，或者因为缺少创造性解决问题的思路，而不能将这些功能、开关灵活运用——从而只想到通过定制开发解决某些问题，于是导致需求变更。这种需求变更，想起来还是蛮憋屈的，明明软件可以解决的问题，却由于实施者缺少某种能力，偏偏就弄出了需求变更，需要进行若干不必要的定制开发。

8. 业务会变化

每个企业都是在发展、变化的，有可能引入新的业务，有可能取消某些业务，有可能改变现有的业务处理方式，等等。只要业务发生了变化，就可能影响跟该业务有关的信息化管理系统，或者说，信息化管理系统也需要随之变化从而适应公司的管理要求。

案例：业务变化导致需求变更

某公司成品仓库，使用某库存管理系统进行信息化管理。最近，公司决定在该仓库引入智能货架管理体系，所有货物需要上架，使用机械手进行货物放置，对于仓库来说，就引入了很多新业务，如货物上架、下架、挪位之类的。

为了适应这种业务变化，需要对原来的库存管理系统进行变更，不但需要增加新功能，还需要对原来的入库、出库功能进行修改。

9. 管理在改善

企业在运营过程中会遇到各种各样的管理问题，管理者总是在不断尝试改善管理方式，解决管理难题，努力提高收入、降低成本、提高竞争力等。信息化系统，作为信息化管理体系的承载工具，也需要随着管理的改善而改善，否则不但不能充当好管理工具，而且会成为改善管理的绊脚石，最终被管理者扔进垃圾堆。

案例：管理改善导致需求变更

某公司销售部，使用某销售管理系统进行信息化管理，其中包括“计算业务员提成”功能，主要规则是根据业务员销售利润的15%提取奖金。

为了抢占市场份额，今年公司决定对A、B两种产品降价销售。然而，降价一段时间后，管理层发现，这两种产品的销售额不但没有提高，反而有逐渐下降的趋势。经过分析，原因是这两种产品降价后，利润很低，业务员并不情愿销售，而且这两种产品销售越多，客户对高利润产品C的需求量就越少，这样就会对业务员的提成产生不利影响。为了解决这个问题，公司决定改善销售政策，对于产品A、B的销售，给予额外的奖励，以此来激发业务员对这两种产品的销售热情。

为了应对这种改善管理的要求，需要对销售管理系统中的“计算业务员提成”功能进行需求变更，以符合新的销售政策。

10. 想法在改变

“想法”，这两个字是非常玄妙的，神乎其神，有些人的想法层出不穷，在你说不清道不明的时候就会没来由地砸过来。他本来说想这么干的，你处理完了，吃了顿饭，他又觉得还是那样干好，你处理完了，睡了一觉，他又觉得还是这样干得好；今天，他说这么干，你处理完了，过了一段时间，又说某个领导想那么干，你处理完了，过了一段时间，又说另外一个领导想这么干……这一切，都会带来大量的需求变更，让你感觉正在亲身经历一场无厘头的闹剧。在所有需求变更的原因中，这是最容易让开发者抓狂的，有时感觉这个改变毫无道理，有时甚至觉得是在无理取闹，但偏偏无可奈何。栽在这上面的项目很多很多，但也并不能完全责怪用户，在大部分情况下，至少需求分析人员应该负连带责任的——让玄妙的想法变得不玄妙是需求人员的职责之一。

案例：想法改变导致需求变更

给某单位开发OA系统。关于公文的“收文管理”功能，提出需求的是办公室主任，他提出来的收文流程是：由办公室文员录入收到的公文信息，上传公文扫描件，提交办公室主任审批，通过后再由总经理审批，审批完后由办公室通知各相关单位阅读，流程结束。开发团队根据这个需求，开发完成。

然而，在系统试用阶段，办公室主任说，阅读者在阅读公文后还需要写回复，因为总经理想知道他们对每个公文的想法。由于原来只需要推送消息给相关人员，团队的开发平台有这种推送消息的固有机制，而如果要写回复，需要一次较大的需求变更。一咬牙，根据这个需求，开发完成。

然而，上线没两天，办公室主任又提出来，说他们总经理觉得，相关人员收到公文后，每个人都需要制定各自针对本公文的办理计划，并根据计划汇报公文的办理情况。由于开发团队有个开发工作流的工具，前面的需求，用工作流工具都可以实现，自然都是使用这个工具开发的，可倒霉的是，如果需求变成这样，那个工具根本实现不了，要想满足这个变更需求，只能把以前开发的推倒，使用新的方式开发。负责需求的小王有种天旋地转的感觉。

11. 软件要发展

前面提到的需求变更产生的原因，对于软件开发团队来说，都是被动的，是由用户发起的——总觉得是被用户牵着鼻子走的。作为一个有追求的需求人员，或项目经理，或产品经理，或软件开发团队的所有相关人员，有时候也应该主动出击，推动软件的发展，让软件可以解决更多的问题，这时候，自然会产生需求变更。这种需求变更，对于项目型软件，相对来说发生得较少，而对于产品型软件，就相当频繁，因为产品型软件往往会面向一个大数量的用户群，需要引领用户，软件开发团队如果不能主动推动软件的发展，显然很难充当这种角色。

8.1.3 需求变更的控制

做软件的都知道，不同的项目，处理需求变更的难度可能差别巨大，有些人做的项目，很少有需求变更，即使有需求变更，也比较容易处理，不会伤筋动骨，而有些人做的项目，需求变更异常频繁，动不动就需要大修大改，让程序员忍无可忍。究其原因，往往都是因为不同人员对需求变更的控制能力有很大的差异。高手善于把握问题的核心，他们虽然不能保证没有需求变更，但能够将很多未来可能出现的重大变更扼杀在萌芽状态；菜鸟不容易看到问题的核心，对软件、业务的未来缺少把握，对潜在的需求变更风险一无所知或知之甚少，最终让自己的团队被连绵不绝的需求变更拖死。

软件团队常用的控制需求变更的手段包括技术手段、沟通说服、成本约束等。有些控制方式并不是仅靠需求人员就能做到的，需要发挥团队的力量(甲乙双方的团队)。

1. 技术手段

需求人员如果能通过自己的努力，充分调研，科学规划，正确设计，怀着强烈的工作责任感，对未来可能发生的重大需求变更做出合理的预判，等等，那么就可以控制很大一部分需求变更——这是通过技术手段可以做到的控制方式。

例如，“调研不充分”，这个原因产生的需求变更往往都是重大需求变更，作为需求人员，在进行需求调研时就需要采用大量的技术手段展开充分的调研，厘清业务，加强沟通，不忽视异常情况，做好信息化管理体系的规划；再比如，“设计有瑕疵”，这个原因产生的需求变更，一者跟需求人员的设计能力相关，二者跟需求人员的责任心相关，随着经验的积累、设计能力的提高，再加上发自内心的责任感，完全可以根除因这种原因产生的需求变更。

对于控制需求变更来说，调研、规划、设计阶段无疑是最为关键的阶段，因为这个阶段决定了未来信息化管理体系的骨架，决定了软件的结构，决定了软件未来可能的发展方向，而这些都是非常难以变更的，一旦变更，必将是一场恶战。这个阶段对需求变更的控制，多属于技术控制，这个阶段是需求人员发挥“扛鼎”作用的阶段。

对于需求分析人员说，做好需求变更的技术控制是义不容辞的责任，严格来说，因为没有做好技术控制所产生的需求变更其根源在于需求人员，源于客户的需求变更让开发团队只能逆来顺受，徒叹奈何，而源于需求分析人员的需求变更有时候让开发团队觉得忍无可忍。

2. 沟通说服

笔者以前遇到的一个喜欢沟通的老总，有一句口头禅，“中国香港是怎么从英国收回来的，不是打回来的，是谈回来的”，我们做软件也应该明白这个道理，有很多问题是可以靠商谈解决的。所谓沟通说服，就是跟需求变更发起者进行商谈，论证他的变更要求是不需要的，或者不合理的，说服他放弃所有或部分要求，从而达到控制需求变更的目的——这是项目实施人员控制需求变更的常用方式。

很多大型的管理软件产品，由于产品已经成型，又有大量的在用客户，很难对其进行结构上的改造，也就无法应对很多需要进行软件结构改造的需求变更。这也就注定了，实施过程不能以定制开发见长，因此，对于这种软件产品来说，能否通过沟通说服控制需求变更就成为系统能否成功实施的决定性因素。

不能不承认，通过沟通说服控制需求变更对需求分析者的要求是相当高的。要说服别人不是一件容易的事，不但需要对本软件产品、客户的信息化管理体系有深刻的理解，还需要对变更提出人的工作背景、性格、利害关系有清楚的认识，还需要有相当的沟通能力与说服能力。条条大路通罗马，解决同一个问题可以有不同的解决方案，很多时候，这些方案并没有高下之分（至少在短时间内很难分辨），纯粹是个人的好恶而已，最终采用哪种方案，就看各人的沟通能力、说服能力了。如果沟通不好，倒霉起来，你明知道按照对方的想法会走向深渊（特别是遇到有些比较刚愎的领导时），但你却无法说服他改变想法，只能眼睁睁地看着他带着你们一起头撞南墙，真是悲哉痛哉。

另外，要沟通顺利，需要逐渐积累起用户对自己的信任感，用户信任你了，觉得你总是在为他着想，就更容易接受你的观点，反之，用户不信任你，总觉得你是在敷衍、逃避、偷懒，就很难接受你的观点，哪怕你的观点很对，哪怕你是在全心全意为他着想。

案例：通过沟通说服控制需求变更

某制造型公司，主要产品是一些电子产品，使用一款 ERP 系统进行信息化管理。关于成品退货，现在是这样进行处理的：成品车间收到退货后，会根据退货原因进行不同的处理，如果退货是因为质量问题，就将产品拆散，将没有质量问题的半成品送入半成品仓库；如果退货不是因为质量问题，就更换包装，然后送入成品仓库，等待第二次销售。在 ERP 系统中的操作包括三个方面：录入退货单（关联原来的销售单），将更换包装后的成品入库（关联原来的退货单），将拆出的半成品入库（直接入库，不跟退货单关联）。

最近，成本核算部提出了需求变更，希望将拆出的半成品入库时，也关联到退货单，因为这样可以更精确地计算退货成本。

小王对这个需求变更要求进行了仔细的调查分析，觉得这是个不太现实的想法，于是他决定跟成本经理做下沟通，希望说服他放弃这个需求变更。他跟成本经理一起来到成品车间的退货处理组，向成本经理仔细描述了拆散退货的工作过程：负责拆散产品的工人有不同的分工（因为不同产品的分拆流程不一样，需要的工具也有差异），退货送到后，组长会根据不同的型号分给不同的工人进行分拆，退货在这个时候已经被打乱了，工人并不知道自己手头正在分拆的产品是属于哪个退货单的(也就是说在产品离开原始包装箱时,它属于哪个退货单的信息已经丢失),并且在分拆的过程中,损伤时有发生,有时候会把不同产品拆下来的某些元件合并成一个半成品。了解清楚了这种工作过程,就知道做这种软件变更没有意义,因为在实际工作时根本不可能做到将拆出的半成品关联到具体的退货单。如果要强行做到这一点,那么需要对退货处理组的工作流程进行重新安排,需要增加很多额外工作量,也会降低工作效率,显然这有些得不偿失。

成本经理同意放弃这个需求变更的要求。

3. 成本约束

有些项目,到了一定的阶段之后(如项目已经验收),就可以采用成本约束的方式进行需求变更控制。从开发方来说,这种方式应该是所有控制方式中最简单的,因为将控制需求变更的问题抛给了客户。用户提出需求变更,软件团队估算工作量,然后报价,客户根据这个报价决定是否要变更,对于软件团队来说,只要有人付款,没有什么变更是不能做的,对于客户来说,无论金额大小都是一种投资,自然就需要考虑这笔投资是否值得。有些客户,别看他有连绵不绝的需求变更要求,可一旦发现这些变更需要付款,需求量就会大幅度降低,甚至完全绝迹,对于软件成长来说,这未必是好事,但仅从避免需求变更来说,不能不说这是非常有效的。

当然,成本约束是有其局限性的,特别是在项目验收之前,这种方式几乎无法使用,很少有客户愿意在验收之前为需求变更买单,哪怕他曾经签字确认过;另外,有很多项目,验收之后,客户按期支付定额服务费,如果对服务范围的界定不是那么清楚的话,成本约束也未必好使。怎么将项目引导到可以通过成本约束需求变更的方向,是实施人员的重要课题之一。

也有的时候,成本约束未必一定要通过项目款的方式进行(有些项目根本没有项目款,例如甲方的IT部门所做的软件项目),可以考虑通过其他的有限资源来约束,如告诉变更提出者,人力有限,做了这个后就没有时间做那个了——这也算是成本约束的衍生手段。

案例:通过成本约束控制需求变更

给某公司开发了ERP系统,目前已经正式上线一段时间了,进入了系统维护期。经过这段时间的运行,用户觉得有些地方需要调整,该公司系统管理员从用户那边收集了大量的需求,列了一个长长的需求清单,有些是想增加功能,有些是想改变功能,还有的是要解决现在系统存在的问题。

小王拿到这个单子后,发现如果真的根据这些要求完成开发的话,工作量巨大,于是他进行了认真分析,列出了每个需求的实现工作量,有些需求看上去简单,但工作量很大,因为会牵涉很多其他有关联的功能点,需要随之修改,这种情况下,小王会特别写明为什么工作量会很大。他根据工作量给出了每个新增需求、需求变更的报价,当然,解决现存问题是免费的。

该公司经过内部讨论,放弃了很多当前并不紧迫的需求,最终决定落实的不到原始需求清单的三分之一。

8.2 处理需求变更

控制分为事前控制、事中控制与事后控制。前面所说的控制都属于事前或事中控制，技术控制主要偏向于事前控制，也就是说通过努力让需求变更不发生；而沟通说服、成本约束之类的偏向于事中控制，当需求变更要求已经出现时，通过努力，降低需要真正落实的比率。

本节所探讨的内容属于事后控制，也就是说，需求变更已经提出来了，必须要处理，这时候应该如何处理。这也是相当重要的，因为处理好了，会让项目越走越顺利，让客户越来越满意你们的工作，处理不好，会让项目越做越难，甚至走向深渊，最终被客户舍弃。要注意的是，本书是谈需求分析的，不是谈项目管理的，这里只从需求分析的角度讨论问题，至于需求变更的管理流程之类的事情，不在本书的讨论范围之内。

8.2.1 需求变更的难易

不同的需求变更差别巨大，有些需求变更处理起来非常容易，例如变更某标签的文字，调换下某些输入框的位置；有些需求变更处理起来相当麻烦，例如对功能结构、数据结构的大幅度变更，还有可能需要变更历史数据。我们大概将需求变更分成 4 种：改变界面的需求变更，改变功能逻辑的需求变更，改变数据库结构的需求变更，改变历史数据的需求变更。一般情况下，应对这 4 种需求变更的难度是逐渐增加的，当然，这里所说的难度只是平均起来看的，对于某个具体的需求变更，未必改变界面就容易，改变历史数据就难。另外，某个具体的需求变更也很少仅包括其中的一种需求变更，往往会涉及多种，如同时变更界面与功能。

1. 改变界面的需求变更

有些需求变更只是要求对界面做调整，如将某个标签的字体放大，挪动某个按钮的位置，改变某个组件的颜色之类，相对于其他变更，这种需求变更处理起来显得简单一些，关键是因为一般情况下界面变更不需要处理那么多的数据关联关系，可以进行独立工作，从而大大降低了处理难度。

当然，界面变更并不总是容易处理的，根据界面设计中的介绍，界面本身也是有结构的，改变界面结构自然要比调整组件的颜色、字体，或在某个界面区域增加显示字段之类的变更难，还有的时候，囿于某个平台或者框架的限制，一些界面变更可能会引发一个庞大工程。

案例：界面变更引发的工程

某 CRM 系统，很多功能点的主界面都使用一种“工具栏＋查询条件＋列表”的界面结构，如图 8-1 所示。

但是，功能点“合同审核”，由于首页加载的是未审核合同，记录条数一般都在几十条，为了方便用户浏览，并没有做分页显示，也就是说同时将所有的未审核合同都加载出来。这样，在很多情况下，显示器的一屏并不能显示完，需要使用滚动条向下滚动。如果用户要处理最下面的记录，需要拖动滚动条到最底部，然后选中该记录，然后拖动滚动条到最顶部，在顶部的工具栏中单击需要的按钮。

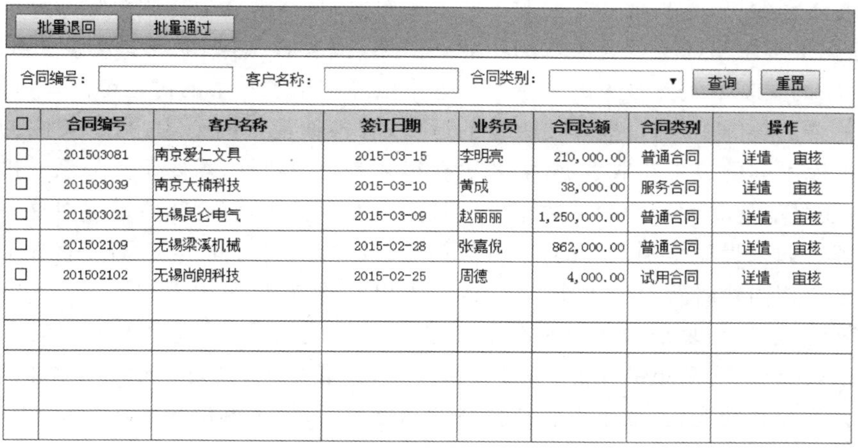

批量退回 批量通过

合同编号： 客户名称： 合同类别： 查询 重置

□	合同编号	客户名称	签订日期	业务员	合同总额	合同类别	操作
□	201503081	南京爱仁文具	2015-03-15	李明亮	210,000.00	普通合同	详情 审核
□	201503039	南京大楠科技	2015-03-10	黄成	38,000.00	服务合同	详情 审核
□	201503021	无锡昆仑电气	2015-03-09	赵丽丽	1,250,000.00	普通合同	详情 审核
□	201502109	无锡梁溪机械	2015-02-28	张嘉倪	862,000.00	普通合同	详情 审核
□	201502102	无锡尚朗科技	2015-02-25	周德	4,000.00	试用合同	详情 审核

图 8-1 合同审核界面

用户觉得非常不方便，于是提出需求变更的要求，希望在这个页面的底部也显示工具栏，工具栏中按钮跟顶部工具栏中的一样就行了，如图 8-2 所示。

批量退回 批量通过 （顶部工具栏）

合同编号： 客户名称： 合同类别： 查询 重置

□	合同编号	客户名称	签订日期	业务员	合同总额	合同类别	操作
□	201503081	南京爱仁文具	2015-03-15	李明亮	210,000.00	普通合同	详情 审核
□	201503039	南京大楠科技	2015-03-10	黄成	38,000.00	服务合同	详情 审核
□	201503021	无锡昆仑电气	2015-03-09	赵丽丽	1,250,000.00	普通合同	详情 审核
□	201502109	无锡梁溪机械	2015-02-28	张嘉倪	862,000.00	普通合同	详情 审核
□	201502102	无锡尚朗科技	2015-02-25	周德	4,000.00	试用合同	详情 审核

批量退回 批量通过 （底部工具栏）

图 8-2 双工具栏的合同审核界面

用户觉得这个要求非常简单，不就是在页面底部复制一个工具栏嘛，又不需要进行任何功能逻辑的修改。但小王知道，对于他们的软件来说，要做到这点并不容易，因为菜单、工具栏之类的显示方式是由他们团队所采用的平台框架的风格决定的，这个需求变更会牵涉整个框架的变更。

2. 改变功能逻辑的需求变更

改变功能逻辑的需求变更是最常见的，在实际工作中，大部分需求变更都包括功能逻辑的变更。功能逻辑变更的复杂程度相差巨大，简单的，可能只要增加一些验证逻辑，或者修改下某个公式的加减乘除等，复杂的，可能会牵涉成千上万行代码，很多功能点会因之产生关联变更。

复杂的逻辑变更，其复杂性主要源于两个方面，一是本来这个功能逻辑的算法就相当复杂，二是存在很多跟当前功能有关联的功能。当然，很多时候，功能逻辑的变更是简单还是复杂，跟程序的实现方式有很大的关系——这个已经超出了本书的讨论范围，不再多说。

算法复杂的功能逻辑，可能需要大量的运算，有各种复杂的公式、判断条件、循环嵌套，需要从数据库不同的表中获取数据，需要更新很多表中的数据，需要跟其他系统进行大量的数据交换，还可能建立大量的缓冲数据。一旦需求发生变化，就意味着需要对这一切重新进行一次梳理。如果程序是别人写的，或者虽然是自己写的但时间很久了，光将理解这一套逻辑无误就是个相当费时费力的工作，要想改得不出问题，难度可想而知。

一般软件系统中，复杂的功能并不多见，大部分功能逻辑的复杂性体现在功能与功能之间的关联上，无论多么简单的功能，一旦累积多了，关联多了，其复杂性会呈几何级数递增，一个看上去不起眼的变更，如果跟它有关联的功能多了，搞不好就会形成“牵一发而动全身”的效应，处理起来异常复杂。

案例：“牵一发而动全身”的需求变更

某ERP系统，功能点“采购入库”，主要操作场景是：用户选择需要的采购单，然后录入仓库、存放位置、入库数量之类的信息，确认入库。入库界面上有一个字段“价格”，为灰色，用户不可以修改，因为这个价格是从采购单来的，就是采购单的价格。

用户在使用过程中发现，很多情况下，采购单的价格只是刚开始的意向价格，并不是最终价格，不允许修改这个价格，就没办法处理最终成交价格跟意向价格不同的情况。于是，提出需求变更，要求放开这个字段，允许用户在入库时修改价格。

由于以前系统中并没有考虑手工录入价格的问题，这个看上去简单的需求变更，其实导致了很多复杂的问题，很多功能都因之而需要修改，如验收单生成、出库价格计算、存货价值评估、各种仓库报表、生产成本计算、产品报价等。

3. 改变数据库结构的需求变更

做软件的都知道，遇到需求变更，最怕改变数据库结构了。一般改变数据库结构有两种可能，一是在原来的表中变更字段，或者添加字段，或者删除字段，或者改变某个已经存在字段的业务属性；二是改变表与表之间的关联关系，或者改变关联字段，或者添加新表建立新表与旧表之间的关联关系等。

相对而言，只是改变表字段的变更要容易处理一些，由于没有结构变化，原来的功能逻辑体系不会发生太大的变化，不容易“伤筋动骨”，特别是有些只是用于记录、显示，不参与任何逻辑计算的字段，很多时候只要改改与之相关的录入、浏览界面就可以了，几乎不影响其他功能逻辑。当然，难易与否，也是从平均化的角度看，对某个具体的需求变更就不一定了，例如，有的时候因为增加了某个字段，会导致大量的界面都要修改以显示这个字段，很多与之相关的业务逻辑都要重新梳理。

如果要改变表与表之间的关联关系，就麻烦大了，由于跟这些表相关的功能都是根据这些关联关系开发出来的，关联关系直接与功能逻辑的结构相关，一旦关联关系发生了变更，那么意味着所有与之相关的功能都需要进行结构上的变更。做软件的都知道，这将是非常痛苦的变更。

案例：改变数据库结构的需求变更

给某公司开发生产管理系统。对于安排生产任务的功能，调度人员需要确定每个生产任务由哪个班组加工，计划什么时候完成。根据这个业务要求，在进行数据库设计时，班组表与生产任务之间设计为一对多的关系，也即一个班组可能参与多个生产任务，而一个生产任务只能有一个班组。

系统上线后，用户发现有些异常情况没法处理，如有的时候会发生两个班组联合处理同一生产任务的情况，还有的时候会发生一个生产任务跨班组生产的情况(一个班组到了下班时间没有完工，接班的另一个班组继续加工)。问题提到小王跟前，小王分析之后不禁倒吸一口凉气，这显然是在数据库设计时没有分析好关联关系，班组跟生产任务之间应该是多对多的关系，而不是一对多的关系，要做这种变更，会影响到生产任务安排、调度、生产记录汇报、进度跟踪、生产报表、CRP 运算等一系列功能，而且都是结构性的变更。

4. 改变历史数据的需求变更

虽然变更功能，变更数据库结构已经够麻烦了，但还有更麻烦的事，就是这些变更可能会牵涉一大堆的历史数据。以前的数据是在特定的功能逻辑下的产物，是根据特定的数据库结构来组织存放的，一旦发生了需求变更，新产生的数据就是以新的方式组织存放的，跟以前的历史数据可能并不一致，这时候，如何处理已经存在的数据就成为开发团队无法绕开的难题。

如果系统还没有正式上线，只是在试用阶段，那么这是个好消息，因为基本不需要处理历史数据，或者可以将历史数据清空，或者就扔在那里，当成垃圾无视它们。

如果系统已经正式使用过一段时间(甚至可能已经很久了)，相关的数据会逐渐积累，这时候就要考虑如何将老数据转换成符合新结构的数据。如果添加了新字段，那么要考虑历史数据中这个新字段是否可以为空值，如果不能为空，是不是可以插入默认值，麻烦的时候，可能需要人工补入数据；如果改变了数据表的关联，改变了一对一、一对多的关系，那么可能需要耗费大量的精力对历史数据进行转换，很多时候，处理历史数据的工作量会远远大于需求变更开发的工作量。

转换历史数据，对于某个特定的项目来说，常用的手段是通过编写一些小程序、SQL 脚本来处理，这相对还容易一些；可对于产品型的软件来说，由于使用的客户很多，不同客户累积的数据可能是个天文数字，很多数据软件团队也不能直接接触，为了转换历史数据，就不得不按照严格的要求开发软件功能，让实施人员或者用户在适当的时机使用这些功能执行转换。

案例：需要处理历史数据的需求变更

接前一案例，班组跟生产任务的关系为一对多的关系，数据模型如图 8-3 所示。

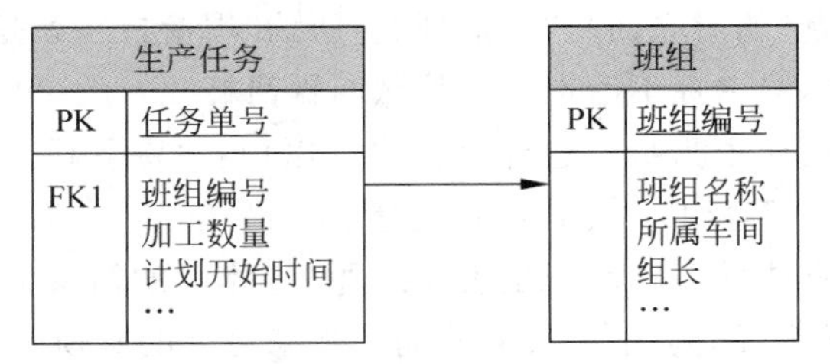

图 8-3　班组与生产任务的一对多关系

根据需求变更的要求，一个生产任务有可能由多个班组完成，因此，它们之间的关系需要变更为多对多的关系。数据模型如图 8-4 所示。

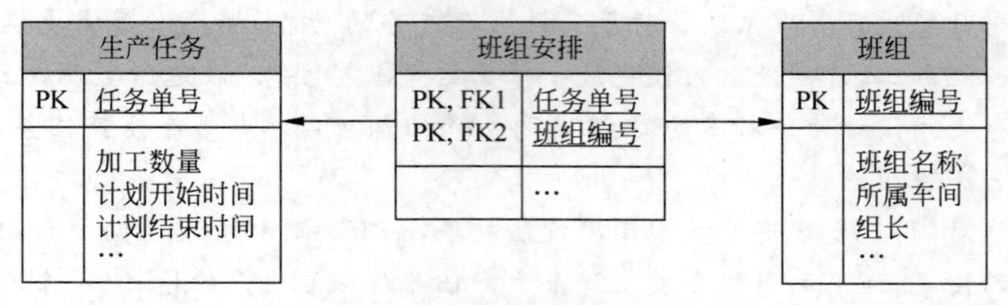

图 8-4 班组与生产任务的多对多关系

按照新的数据模型重新设计数据库，完成变更开发后，就面临已经存在的历史数据如何处理的问题。原来的生产任务及班组安排的信息存放在表“生产任务”中，变更后，这些信息应该是存放在两个表中的，“生产任务”及“班组安排”，为了让历史数据符合新的结构，就要将已经存在的生产任务分拆到这两个表中，当然对从历史数据转换过来的生产任务而言，每个生产任务在表“班组安排”中只对应一条记录，因为它们仅有一个班组。

8.2.2 从根本上解决问题

需求变更的解决方式并不是“自古华山一条道”，很可能会有多种方案，不同的方案都能解决当前问题，但对于未来可能遇到的其他问题，处理能力却可能天差地别。

采用什么方案处理需求变更对未来的影响巨大，而这往往就在需求分析者一念之间。有些解决方案可以从根本上解决问题，但成本很高，需要做大量的工作，还可能蕴含着很高的风险；有些解决方案处理简单，快速见效，成本低，工作量小，但仅可以解决当前遇到的这个具体问题，一旦遇到另外一个类似的问题，又可能面临再一次变更，而且变更会一次比一次艰难，最终再也没人敢动了，到了绷不住的那一天，为了解决问题不得不推翻重写。为了系统的良性发展，强烈建议，处理需求变更要尽力从根本上解决问题。

从根本上解决问题，核心思想是从整个系统的角度出发考虑问题，而不是仅从一次需求变更的角度考虑。假如现在还处在调研阶段，如何处理这个需求呢？会将其跟别的需求一起进行系统性规划，会考虑软件的灵活性、健壮性、易学性、易用性等。发挥一下想象力，如果一开始就有这个需求，软件会被开发成什么样子呢？现在，就要将软件变更成那个样子。而且，现在软件已经开发出来了，需求比以前更清楚了，很多以前不了解的事情都明晰了，也许可以做得更好。当然，要完全做到这一点并不容易，会受到成本、工期、人力资源、风险等各方面的约束，但“从根本上解决问题”应该是解决需求变更的终极努力目标。

“从根本上解决问题”的对立面是“锯箭杆”。所谓“锯箭杆”，就是只解决表面问题，不去考虑问题的实质与根源，只治标不治本。为什么叫锯箭杆呢？故事出自《笑林广记》。

一人往观武场，飞箭误中其身。迎外科治之。医曰：“易事耳。”遂用小锯锯外竿，即索谢辞去。问：“内截如何？”答曰：“此是内科的事。”

这个故事中，露在身体外面的箭杆是表面问题，身体内的箭头才是问题的实质，仅锯下箭杆，非但于事无补，反而可能会给解决实质问题带来更大的麻烦。

案例：需求变更有不同的解决方案

某功能点“客户管理”，管理客户的基本信息，包括客户代号、客户名称、联系方式、信用额度、电子邮箱等字段。使用一段时间后，客户提出一个需求变更：每到一些重要的节日，让系统自动发送问候邮件给客户，附送最新的产品介绍。但对于上海(公司所在地)的客户，因为他们会安排客户经理登门拜访，所以邮件的内容完全不一样。不幸的是，系统中并没有管理客户所在地，也就是说程序搞不清楚哪些客户是上海的，哪些不是。现在有以下三种解决方案。

方案一，根据客户名称判断。只要名称中包括“上海”两个字的客户，就是上海的。目前存在的所有客户都符合这个规则。

方案二，增加字段“是否上海客户”，专门用以确定是不是上海的客户。

方案三，仔细分析需求，发现这并不是上海不上海的问题，需求的核心是，需要发送不同的邮件，不同类别的客户接收的邮件不同。所以，解决思路是，客户中加字段“邮件类别”，由“邮件类别”决定发送什么邮件。

下面来分析下这三种解决方案的优缺点。

方案一，直接开发自动发邮件的功能，不需要对既有功能做任何修改，工作量最小。但这种方案没有从根本上解决问题，属于锯箭杆式的解决方案，一旦遇到其他变更，很可能就得推掉重写，遇到某些特殊情况还会导致崩溃效应。例如，如果哪一天签了个江苏的客户叫作“江苏高大上海产品有限公司”呢？再来想想，如果用户的这个需求是在需求调研阶段提出来的，需求人员能将软件设计成这样吗？当然不会！因为它将数据写在代码中，而将数据写在代码中会严重影响软件的灵活性——参见功能设计中关于软件灵活性的部分。

方案二，虽然也比较深刻地解决了当前问题，但是做得并不够。如果哪一天需要对闵行区的客户发送特别的邮件呢？是不是又得加个字段“是否闵行区客户”？

方案三，属于从根本上解决问题的方案，虽然工作量大，但处理灵活，对于未来可能的需求变更容易应对。例如，哪一天需要对江苏的 VIP 客户发送不同的邮件，这个方案也可以轻松处理，用户只要找出相关的客户，设置他们的“邮件类别”就行了。

实际工作中，很多情况比这个事例要复杂得多。应对需求变更时，要想从根本上解决问题，而不是采用锯箭杆的方式解决问题，有时是个相当痛苦的体验，可能会面临大量的既有功能的修改，还可能需要处理大量的历史数据，会让每一次需求变更都显得艰难无比，只有咬着牙才能坚持下来。但请相信，团队的所有付出都是会有收获的，这个收获是持久而深远的，甚至在你离职若干年后，维护人员可能还能够持续从你的这种艰辛努力中获益。

坚持从根本上解决问题，标本兼治，也许不能让你走得更快，但绝对可以让你走得更远。

8.2.3 需求变更文档

软件文档可以分成两种，一种是中间文档，这种文档只在软件生命周期的某个阶段有作用，过了这个阶段之后就失去了价值，随着软件的发展，不需要持续维护下去。这种文档在软件设计与开发过程中会大量出现。例如，为一次会谈编写的会谈纪要，为一次讨论编写的备忘录等。另外，很多团队将界面的原型设计稿也作为中间文档看待，因为软件根据原型开发完成后，继续维护原型就看不出有什么意义。

另一种文档是结果文档，这种文档是软件的一部分，在整个软件生命期内应该与软件共同发展，软件的任何变化，只要牵涉这种文档，都应该随之变化，例如数据字典、原型说明书、操作手册之类的文档。

一旦有了需求变更，从撰写文档的角度看，第一反应是先修改原型说明书之类的文档，然后将修改后的文档提交给开发人员处理。显然，这样做是有致命缺陷的，有时候一个需求变更的要求，说起来就一两句话，可是搞不好会牵涉很多功能点，直接修改结果文档并不明智。试想，在一个庞大的文档中东改西改，阅读者自然很难抓住重点，对这次需要修改的地方不容易理解清楚。为了写好需求变更相关的文档，应该至少经过两个过程，一是撰写中间文档，中间文档明确指明需要做哪些变更，这些变更对软件有什么影响，然后，在恰当的时机，将中间文档的内容整理到结果文档中。

这里介绍一种撰写需求变更的中间文档——需求变更说明书，用以描述具体的需求变更要求。

案例：需求变更说明书模板

某团队需求变更说明书模板如下。

1　概述
1.1　背景　　　　　　//需求变更是在什么情况下提出的
1.2　原始要求　　　　//用户对变更的原始描述(稍加整理)
1.3　处理思路　　　　//针对用户的原始要求，所策划的主要处理方式
……
2　变更分析
2.1　主要功能变更　　//主要有哪些功能变更，牵涉哪些功能点
2.2　数据库变更　　　//是不是需要对数据库进行变更，需要如何变更
2.3　历史数据处理　　//是不是要处理历史数据，需要如何处理
2.4　主要风险　　　　//有没有什么重大风险，如何防范
……
3　软件变更
3.1　模块一　　　　　//章节按模块划分，而不是功能点
3.1.1　变更1　　　　//变更标题
　A　日期　　　　　//编写本需求变更的日期
　B　提出人　　　　//一个开发者可以直接联系的人
　C　致开发者　　　//开发注意点
　D　验证　　　　　//由谁在什么时候验证的，发现了什么问题
　E　整理文档　　　//由谁在什么时候整理到原型说明书等结果文档的
　F　描述　　　　　//文档核心，图文并茂说明具体要求
3.1.2　变更2
……
3.2　模块二
……

本模板分成三个部分，第一部分“概述”，描述用户提出需求变更的背景，对需求变更的要求，以及为了应对这些要求的处理思路；第二部分“变更分析”，分析为了应对这些要求需要对软件功能、数据库、历史数据进行什么变更，有什么大的风险需要防范；第三部分“软件变更”，具体描述需要开发者处理的每一个变更点。

由于需求变更说明书的目的是描写清楚需要对软件做什么修改，因此，对规范性的要求比原型说明书要低得多，只要描写没有歧义，让阅读者看得清楚就好，当牵涉界面时，最好截图说明，让人容易理解，对于文字描述的结构化要求，语法的使用，可以参照原型说明书。

案例：需求变更说明书事例

某ERP项目的需求变更说明书如下。

1 概述

1.1 背景

客户正式使用系统已经超过一年，主要使用采购、库存、生产模块。他们积累了一些需求变更的要求，甲方项目经理王东浩先生整理了一个需求清单，详见项目文档库中的原始文档“需求变更申请表 20151122A”。

这次需要对软件进行较大的变更，已经签订了商务合同，限期两个月。

1.2 原始要求

采购合同中，需要添加一个字段，送货地点。现在公司有两个原材料仓库，不在同一办公区域，供应商经常送错地方。

仓库管理，不需要库位。现在强行使用一个默认库位，仓管员觉得非常麻烦。

仓库管理，需要增加物料批次。现在将化工材料仓库纳入了ERP系统，需要进行物料批次的管理。

……

1.3 处理思路

仓库物料的批次问题，软件本来就支持按批次管理物料的方式，需要实施人员在创建新仓库时配置。

库位管理的问题，默认库位还是需要的，这牵涉软件的仓库结构，可以在需要时自动填入默认库位，这样用户在操作时就不需要像现在这样麻烦。

采购合同需要添加一个数据库字段送货地点，同时增加一个“送货地点”的字典表，录入采购合同时，需要从这个字典表中选择。

……

2 变更分析

2.1 主要功能变更

采购合同录入、编辑、查询、打印，需要添加字段送货地点。

入库、出库，当仓库不需要管理库位时，自动填入默认库位。

……

2.2 数据库变更

采购合同表中，添加字段送货地点。

添加字典表送货地点,与采购合同表为一对多的关系。

……

2.3 历史数据处理

历史采购合同,送货地点都设为A仓库。

……

2.4 主要风险

需要更新采购合同的历史数据,更新时需要在下班之后,注意更新前先做好备份,更新之后要进行严格的抽查。

……

3 软件变更

3.1 库存管理

3.1.1 入库时自动填入默认库位

A 日期

2015-12-2。

B 提出人

李海华(客户仓库管理员),如有需求疑问,请直接跟王力联系。

C 致开发者

需要修改入库界面的页面加载过程。

D 验证

2015-12-3,赵之廉,验证通过。

E 整理文档

2015-12-5,王力,原型说明书整理完成。

2015-12-15,周存文,操作手册整理完成。

F 描述

打开入库界面时(页面加载),如果当前仓库的属性是否需要管理库位为Y,不做任何处理,否则:

(1) 界面上,库位标签前面不需要表示必填的星号。

(2) 将界面上的库位录入字段置灰。

(3) 在界面上库位字段中自动填入默认库位,默认库位的获取规则参见原型说明书。

入库界面如图8-5所示。

3.1.2 出库时自动填入默认库位

A 日期

2015-12-2。

B 提出人

……

……

一般来说,需求变更总是断断续续的,很可能是用户一小批一小批,甚至一个一个地提出来的,不大可能像初始开发时那样可以划分严格的阶段。面对零碎的需求变更,如果每一

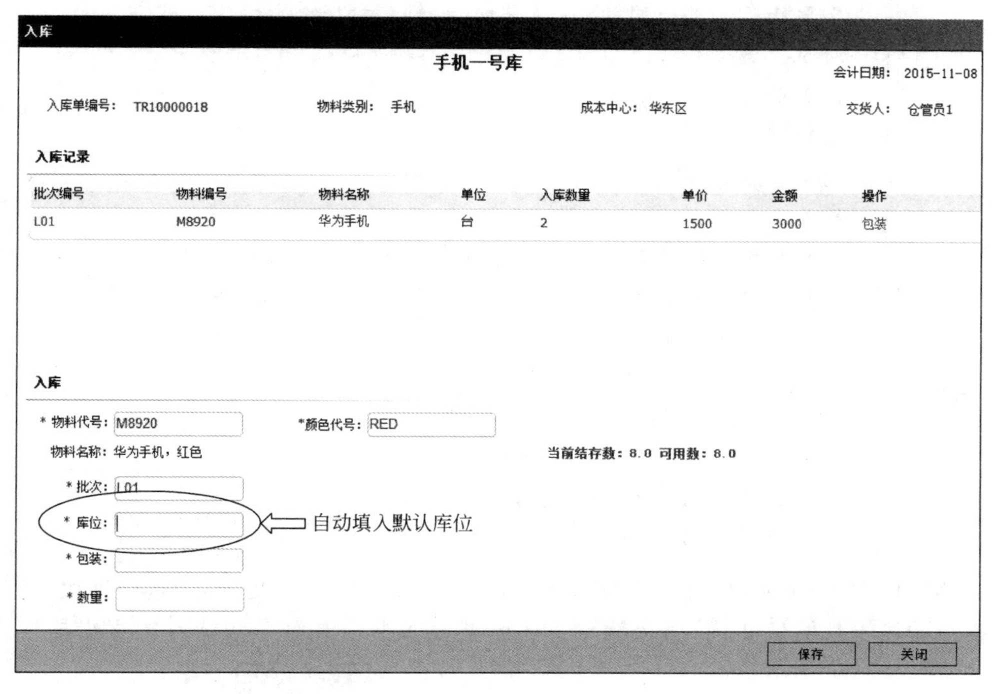

图 8-5 入库界面

次都要这么写一下，那可真是太麻烦了。因此，本书的建议是，只要项目允许，完全可以忽略前两部分，直接撰写第三部分"软件变更"，给开发者说清楚要改什么就行了。当然，如果遇到重大变更，或者项目对文档的规范性有非常严格的要求，或者这次变更就对应着某个商务合同等，则另当别论。

这些需求变更处理完之后，这个文档就完成了它的历史使命，而作为文档责任人（可能是需求分析者，可能是开发者，可能是专职的文档负责人），还有一项重要的工作要做，就是将这些变更整理到软件的结果文档中，如数据字典、原型说明书等。整理完成后，在变更的"整理文档"部分写明整理人、整理日期之类的信息。有的时候，说明书中的一个变更只牵涉一个功能点，有的时候，一个变更可能会牵涉很多功能点，整理文档时就需要修改所有的相关功能点的描述。

案例：牵涉若干功能点的需求变更

采购合同需要增加字段"送货地点"，需求变更描述如下。

……

3.2.1 采购合同增加字段送货地点

A 日期

2015-12-2。

B 提出人

张晨（客户采购部经理），如有需求疑问，请直接跟王力联系。

C 致开发者

需要修改采购合同的录入、查询、编辑、打印等功能。

D 验证

尚未验证。

E 整理文档

尚未整理。

F 描述

(1) 需要增加字典表“采购送货地点”,系统字典代号“DP01”。

(2) 采购合同需要增加字段送货地点,这些界面需要修改(图略):

① 采购合同录入;

② 采购合同编辑;

③ 采购合同详情浏览;

④ 采购合同打印;

⑤ 采购合同详细信息导出;

⑥ 采购合同导入。

上述案例中,一个变更牵涉很多功能点,如果因为增加了“送货地点”这个字段,导致每个功能点的逻辑都发生变化,那么就需要在原型说明书中对每个功能点的逻辑描述进行修改。

8.3 需求变更未必是坏事

这一节,我们从另外一个角度来看待需求变更。虽然大部分情况下,软件团队都不愿意看到需求变更,但不能不承认,“塞翁失马焉知非福”的古谚在处理需求变更的过程中同样有效。有些需求变更,可以提高客户的黏性;有些需求变更,可以给团队直接带来利润;还有些需求变更,虽然看上去是“坏事”,但只要处理好了就能推动软件的发展。

一句话,需求变更未必是坏事。

8.3.1 提高客户黏性

一个软件项目,如果没有需求变更要求,未必是好事,对于一个有市场敏感性的团队来说,应该提高警惕,而不是沾沾自喜,因为这往往预示着它的生命之路快要到头了,行将就木。不是客户已经不太使用你的软件了(他们在使用其他方式处理他们的业务),就是客户不满意你们的工作,嫌服务不好,嫌反应速度太慢,嫌要价太高……总之,懒得跟你们打交道。他们不是“享受”你们的软件,而是“忍受”你们的软件,他们会逐渐将一些业务移出你的软件,或者手工处理,或者用其他软件系统处理,等等,很快,会将你的软件弃之如敝屣。或者,客户本身的管理不再进步了,失去了管理创新能力,总有一天会支付不起软件服务费。

所以,当客户使用了软件却没有需求变更的要求时,请先不要自夸软件多灵活,设计多优秀,先问问自己以下几个问题吧。

(1) 我的软件成为客户工作不可或缺的一部分了吗?

(2) 我的软件真的帮客户解决问题了吗?

（3）我的软件真的给客户带来价值了吗？

（4）我的软件会持续给客户带来价值吗？

（5）我的软件会随着客户的成长而成长吗？

如果这些问题的答案都是“是”，那么我们相信，客户会有不断的需求变更要求。每解决一个需求变更，软件就更贴近客户。需求变更将“你”的软件变成了“客户”的软件，只有大量的需求变更的积累，你的软件才会黏住客户，成为客户的贴身内衣，否则永远只能是围巾头花这些配饰，被客户说扔掉就扔掉。

8.3.2 带来利润

前面说了很多关于需求变更控制的话题，在特定的语境中，我们将“控制”理解成“限制”，所谓“控制需求变更”，就是想办法限制需求变更的出现，让需求变更少发生或不发生。其实，在实际工作中，对需求变更的“控制”并非完全“限制”，它比“限制”有更多的含义，我们应该站得更高一点儿从项目大局来考虑这个问题。控制需求变更，并不一定是想让它不发生，而是要让它按照我们希望的方式发生。有些需求变更，我们愿意它发生，有些需求变更，我们不愿意它发生，我们要限制的是后者。

如果你的项目是根据商务合同开发的，每一次需求变更都会有人为之付款，你的团队会从每一次需求变更中获得利润，那么又何必在乎它是否发生呢？客户的业务变化、管理改善、想法变化之类的原因产生的需求变更，只要客户愿意为之付款，对于团队来说可能都是求之不得的，既能让自己的软件在客户那边发生更重要的作用，又能给团队带来收益，何乐而不为呢？从一笔生意的角度，如果收入是固定的，就希望它不发生，如果收入是随之而变化的，就希望它发生。

当然，也要知道，客户不傻，他们不会愿意为每一次需求变更买单，特别是在合同中并没有对需求进行严格规定时——这是一个双方博弈的过程。

说这些，并不是鼓励这种行为：故意不认真开发软件，专等客户的需求变更，从而从客户头上赚取利润。这种行为，即使偶尔侥幸得逞一两次，也不会长久，这种团队，迟早会被市场无情抛弃。那些因为需求分析人员的低级错误，或不作为，甚至有意卖破绽，导致的需求变更，于情于理，在任何情况下都不该让客户埋单。

8.3.3 推动功能扩展

有些需求变更，如果处理得好，可用以增加软件的功能，从而推动软件的发展。

面对需求变更，直接修改原来的代码未必是明智之举（请注意，这里说的是需求变更，不是解决软件 Bug），毕竟，原来的代码，先不管将问题处理得是否合理，但一定代表着某种解决问题的思路，这种思路或者是用户提出来的，或者是设计人员策划的，修改相关代码，就是放弃这种思路，但谁能说放弃这种思路一定是正确的呢？变更后的思路，虽然从理论上讲应该比以前的思路高明，但不能不承认，有的时候这只是解决同一问题的某种可选项罢了。需求变更后改过来，过一段时间又要改回去的例子并不少见。

如果在需求变更之后，不是将思路 A 换成思路 B，而是让思路 A 与思路 B 共存，上线后由用户自己决定用哪种思路处理问题，那么就可以说，这种处理方式将需求变更转变成了功能扩展。功能扩展，意味着软件增强了解决问题的能力，提供了更多解决问题的方法。对于一个项目来说，虽然可能在变更后暂时只需要思路 B，但很难说一段时间后不会回到思路 A；或者一部分用户要思路 A，另一部分用户要思路 B；更重要的是，如果是一个软件产品，因为功能扩展，可以给所有的客户提供更多的选择，随着功能扩展越来越多，软件能够解决的问题也越来越多，也越来越具有柔性，面对未来未知的用户需求也更有信心了。

这里介绍两种常见的将需求变更转变成功能扩展的方式。

1. 将需求变更直接做成新功能

有些需求变更，是可以直接做成一个新功能的，新功能跟原始功能并不冲突，可以共存，由用户自己决定使用哪个功能处理问题，对于需求变更提出者来说，问题获得了解决，对于软件来说，多了一项新功能。

案例：将需求变更做成新功能

某 OA 软件的“员工管理”功能点。功能主界面为左树右列表的结构，添加员工时需要先选择左边的部门，然后新增，如果要按部门查询员工，需要单击左边的部门，然后系统在右边加载该部门下的员工，如图 8-6 所示。

新增　导入　导出

▼ 所有部门
总经办
人事部
▼ 销售部
华东区
华南区
华北区
财务部
▼ 制造部
一车间
二车间
三车间

工号：　姓名：　查询　清空　更多

部门	工号	姓名	性别	状态	操作
总经办	SG0001	赵丹青	男	在职	编辑　删除
总经办	SG0002	钱希	男	在职	编辑　删除
总经办	SG0003	孙晓静	女	在职	编辑　删除
营销部	SG0004	李春丽	女	在职	编辑　删除
营销部	SG0005	周刘旭	男	在职	编辑　删除
人事部	SG0006	吴高申	男	在职	编辑　删除
财务部	SG0007	王郑义	男	离职	编辑　删除
制造部	SG0008	王小兰	女	在职	编辑　删除
制造部	SG0009	李永亮	男	在职	编辑　删除
财务部	SG0010	杨兆平	男	在职	编辑　删除

首页 上一页 下一页 末页

图 8-6　左树右列表结构的员工管理界面

用户在使用过程中觉得这个操作有些麻烦。公司规模小，总共也就几十个人，部门结构设计得倒挺复杂，可每个部门没几个人，按部门搜索员工时，每次都要点好几层，有些烦琐，还不如多翻几页快，于是提出需求变更，希望将左边的树去掉，然后在查询条件中加按部门查询员工。

小王研究了这个需求变更，决定给用户另外做一个用于员工管理的功能，采用完全不同的界面结构，如图 8-7 所示。

这两个功能的业务逻辑是相同的，对应的是相同的数据库表结构，可以兼容，用户可以自由选择使用哪个功能点进行员工管理。以后这个软件用到别的客户时，可以根据客户的实际情况决定部署哪个功能。

新增 导入 导出

部门： 工号： 姓名： 查询 清空 更多

部门	工号	姓名	性别	状态	操作
总经办	SG0001	赵丹青	男	在职	编辑 删除
总经办	SG0002	钱希	男	在职	编辑 删除
总经办	SG0003	孙晓静	女	在职	编辑 删除
营销部	SG0004	李春丽	女	在职	编辑 删除
营销部	SG0005	周刘旭	男	在职	编辑 删除
人事部	SG0006	吴高申	男	在职	编辑 删除
财务部	SG0007	王郑义	男	离职	编辑 删除
制造部	SG0008	王小兰	女	在职	编辑 删除
制造部	SG0009	李永亮	男	在职	编辑 删除
财务部	SG0010	杨兆平	男	在职	编辑 删除

首页 上一页 下一页 末页

图 8-7 列表结构的员工管理界面

2. 使用参数处理需求变更

使用增加参数的方法处理需求变更，是比较普遍使用的一种扩充软件功能的方法。参数，有人叫配置项，有人叫开关，说的都是同一个意思，无非就是让用户自己通过配置来决定代码的执行方式。

**案例：使用参数处理需求变更**

某库存管理系统，其中有个功能点“库存价值核算”，用于每月计算库存物料的出库成本与结存价值，生成成本报表给财务入账。根据客户的财务要求，系统采用移动加权平均法计算物料的出库成本。使用一段时间后，客户的财务管理方式发生了重大变更，财务上要求根据标准成本法计算出库价格。由于标准成本法与移动加权平均法的算法存在巨大差异，有一大堆关于计算公式、缓冲数据、差异分析的逻辑需要处理，对于软件团队来说，修改这个算法的工作量非常大。该怎么处理呢？有以下两种方案可以考虑。

方案一：对软件的算法进行大修改，直接修改原来用到的入库、出库、库存价值核算等功能点的代码，以支持标准成本法。

方案二：增加参数项“库存价值核算方式”，给用户提供两个选项：A-移动加权平均法，B-标准成本法。然后再修改相关功能点，增加支持标准成本法的算法，如果用户选择的是“A”，则执行原来的代码，如果用户选择的是“B”，则执行支持标准成本法的代码。

必须承认，如果仅从解决当前这个具体问题来说，方案一的工作量要小。但是，方案二使软件的功能得到了扩展，由原来只支持移动加权平均法，到现在既支持移动加权平均法，又支持标准成本法。说不定什么时候这个客户又变回去呢？或者遇到了另外一个客户，需要移动加权平均法呢？不要说“我把原来的代码注释掉，到需要的时候可以再恢复回来”之类的话，经过几次功能大修改后，谁还敢把原来的代码恢复呢？这种方式还为以后的继续扩展提供了路径，例如，有个客户说需要先进先出法，就可以按照这个思路继续扩展。

8.3.4 “炼”出软件产品

如果按给客户的定制程度来区分,可以将管理软件分成项目型软件与产品型软件。所谓项目型软件,就是根据客户的要求定制,软件有着具体客户的深深烙印,如果离开这个具体客户,这款软件就没有任何意义;而产品型软件与此相反,属于通用型软件,可以处理某些特定的业务,所有的客户使用同样一套代码。当然,随着软件业的发展,管理软件中纯粹的项目型软件或产品型软件已经非常少了,项目型软件中也会有许多通用功能,产品型软件使用到具体客户中时也回避不了定制需求。

对于很多做软件项目开发的人来说,梦寐以求的事情就是能把自己的软件由项目型软件做成产品型软件。理由非常简单,项目开发,大部分功能都要从头开始,需要付出很多人力物力,成本高,上线周期慢,而且开发出的代码是第一次投入使用,很难保证质量,不稳定;而产品型软件,代码都是现成的,除了可能需要一小部分定制,大部分代码都是复制的,自然开发成本大幅度降低,上线速度也快,并且这些代码可能已经在很多客户中使用过了,很多都是经过了千锤百炼的,出现质量问题的可能性大幅降低。当然,要注意的是,这里所说的成本仅指开发成本,并不是项目总成本,如果算上实施成本等其他项目成本,产品型软件的成本可能并不低。

要把管理软件做成软件产品并不容易,因为不同行业、不同单位的管理方式千差万别,两家企业,哪怕生产、服务流程一模一样,管理者的管理思路也可能完全不同,要让软件同时满足所有客户的要求,真的很难。

很多软件产品是这样“炼”出来的:先有一个软件开发项目,做得还算成功,后来又有了类似的项目,就把该项目的代码复制到另外一个项目,修修补补,做完第二个项目……这样,类似的项目越做越多,几个几十个后,产品经理根据这些项目的需求,进行产品策划,重新开发,然后产品的雏形才算形成了。为了可以应对未来客户的未知需求,产品的设计思路跟做项目开发有很大的区别,更强调灵活性与可扩展性。接下来,再有类似的项目时,就直接使用本产品,如果客户有不同的需求,就借助产品的灵活性、可扩展性变更产品,或者另外进行少量的定制。逐渐发展下去,产品不断壮大,从而走向成熟。

这个过程中有个决定性的因素不容忽视,就是产品的需求。产品经理不可能成为所有涉猎行业的专家,要做出好的管理软件产品,必须有来自用户的需求,需求越多,越稀奇古怪,对产品的设计越有利,产品成功的可能性也越大。如果从这个角度看问题,需求变更是不是就不那么讨厌了?正如前面说的,需求变更往往意味着一种解决问题的不同思路,而对不同思路的兼容性是一个好产品的必备条件。另外,需求变更多了,遇到类似的问题多了,必然会推动一个有想法的软件设计者寻找彻底解决问题的方案,而抽象出解决方案——大到一个全行业的解决方案,小到某个自定义流程节点——是一个成功的管理软件产品永远的追求。

案例:根据需求变更抽象出解决方案

小王做了很多人力资源管理项目,发现有很多功能,如组织、岗位、员工管理等,每个客户的需求都很相似,便开始思考是不是可以抽象出一些通用功能来,从而为做成一个人力资源管理软件产品做准备。

在策划员工档案管理功能时，小王分析了以前客户针对该功能所提出的所有的需求变更，发现最多的就是添加字段，如这个客户需要“个人主页”字段，那个客户需要“曾用名”字段，另一个客户需要“血型”字段，等等，这些字段只是用以保存、展现信息，没有任何特别的逻辑规则与之相关。为了设计一个兼容这些需求的功能，势必需要将所有客户需要的字段都包括进来，但这样，需要展现上百个字段，就显得太过臃肿了，对一般客户来说，大部分字段都是用不到的，显然，这样的用户体验太差。

小王经过思考，决定引入“用户自定义字段”功能，让用户可以自己定义一些用于保存、展现的字段。这样，在员工档案的原始表单上，软件本身只提供一些参与逻辑运算的，或者大部分客户都需要的字段，其他比较冷门的字段，可以让实施人员或者用户自己定义。这样处理，不同的客户最终看到的表单并不一样，因为有很多字段是他们自己决定的。

最后要说的是，任何事情都不要走极端，产品并不是软件开发的唯一目标。作为需求分析者，要深刻理解项目型软件与产品型软件各有优缺点，看看市场就明白，做项目的公司未必就不赚钱，做产品的公司未必就很赚钱。

项目型软件比起产品型软件来，最大的优点在于更贴近用户，由于是根据客户的需求定制的，无论是业务功能、操作流程、用户体验、界面编排，都是为特定的用户量身定制的，属于私人定制，用起来自然更顺手。产品型软件，需要兼顾各种客户的需求，往往对这个客户是好方案，对另外一个客户却是差方案，最终为了保证大家的需求都能得到满足，只能采用折中方案，这个方案一般既不是最差方案，也不是最优方案。

思考题

1. 假设需要给学校图书馆开发一款图书管理软件。就学生借书的业务过程，根据你的理解，说说有哪些正常业务，有哪些异常业务。

【提示】 一次正常的借书过程是正常业务，而图书丢失则是异常业务。

2. 假设上题的图书管理软件中，规定一个读者一次只能借阅一本书。后来，管理要求发生了变化，允许一次借阅不超过五本书。试分析一下这次变更。

【提示】 这次变更是不是牵涉数据库结构，是不是牵涉历史数据，应该如何处理。

3. 食堂一卡通系统中，学生用餐时需要刷 IC 卡。现在食堂管理方要求增加人脸识别功能，即学生既可以刷 IC 卡，也可以刷脸用餐。试分析一下这次变更。

【提示】 这是增加了一种验证身份的手段，与其他所有业务逻辑无关。

案例分析

1. 先阅读下面的短文。假设软件按照方案 A 开发并上线使用，没过多久，甲车间的孙主任过来反映了一个问题：他兼职两个岗位，一是甲车间主任（上级是制造总监），一是工会主席（上级是行政总监），车间组长小钱的上级是车间主任，所属分管高管是制造总监，而工会会计小赵的上级是工会主席，所属分管高管是行政总监。当小钱或小赵请假时，需要孙主任批假，根据规则，如果请假天数超过 7 天，还需要孙主任的上级审批，但系统不知道应该将审批任务推送给制造总监还是行政总监，现在只能由孙主任自己手工推送，孙主任要求系统能够做到自动推送。分析一下这个需求变更产生的原因，以及应该如何应对这个需求变更。

项目部正在给某个企业的人力资源部设计管理软件，其中要用到企业中人员的上下级关系。

上下级关系，直觉上只是个简单的树状结构，如果不深入思考，容易将之简单化，其实，这里面还是有很多麻烦事的。例如，有些企业，某些人的上级不止一个，属于多领导，虽然有些口头上的分工，但分工并没有非常明确；还有的时候，一个人可能会有兼职，如某车间主任兼职工会主席，他就属于两个不同的管理条线；还有些企业，对排名，特别是领导的排名很重视，可在兼职的情况下，在不同的岗位下，排名是不一样的；等等。

怎么表达企业里面员工上下级的关系，兄弟们的观点不能统一，主要分成了两大阵营，双方都说得有道理。

方案 A：直接用人表达上下级关系，至于这个人的岗位是什么，只当成一个不重要的辅助信息。这样做的优点，一是可以清楚地表达出谁是谁的领导，谁领导谁，一目了然；二是符合我们在工作中的认知，我知道我的领导是谁，至于他的岗位是什么，我并不太关心，有时候甚至说不清楚；三是如果用岗位表达上下级，对于那种事业部的组织架构，几乎需要对每个员工设置一个岗位，增加了实施工作量。

方案 B：用岗位来表达上下级的关系，甲岗位的上级是乙岗位，如果某个员工属于甲岗位，那么他的上级就是乙岗位的员工，谁在乙岗位，谁就是他的领导，如果乙岗位有多人，那么就意味着他的上级有多个人。这样做的优点，一是如果有多个员工属于同一岗位，在实施的时候就不需要为每个人设置上级；二是如果某员工离职，对组织架构没有任何影响，只要将这个员工状态置为"离职"，将新进员工设成这个岗位就行了。

争论了很久，最后决定采用 B 方案。因为方案 B 方又抛出了两项优势：一，用岗位表示上下级更符合 HR 的思维，在实施项目的时候，跟 HR 讨论更容易，工作更顺畅；二，透过现象看本质，现在社会并不是养家臣的年代，人跟人之间的上下级关系，并不是人的关系，而是岗位的关系，你是我的领导，因为你在这个岗位，软件要表达现实业务才能提高灵活性。

为了让软件具有更好的可扩展性、可维护性和灵活性，要尽量表达出业务的本质，因为业务本质变化的概率小，而表象变化的概率大，也更可能遭遇难以处理的异常情况。

岗位的上下级关系是本质，人跟人的上下级关系其实是表象。企业中上下级的岗位关系是相对固定的，只要没有组织架构的变更，一般不会变化，可人跟人的上下级关系变化的可能性大得多（如离职、升职、调动等）。如果软件表达的不是业务的本质，而是表象，那么很有可能在使用中会遇到某些你现在无法预见的、无法表达的特殊情况。

2. 某运营商需要开发一款障碍申报系统，用于障碍申报、任务处理、客户反馈等，下面是需求描述。请根据需求进行功能设计，并画出原型，编写原型说明书。

客服人员接到客户的障碍申报电话后，登录系统，进行障碍申报信息录入，包括客户信息、障碍类别、障碍描述、地点、要求处理时间、处理注意点等信息。

客服人员可以登录查看自己所申报障碍的处理情况，如果过期没有处理，可以发送催办通知。

有人申报障碍后，调度人员会接到短信提醒。

调度人员接到障碍申报后，在本系统进行任务安排，将任务派发给相关障碍处理工程师（每个工程师包括工号、姓名、电话、可以处理的障碍类别等信息），生成任务单，并发短信通知报障人员和处理工程师。

调度人员初步分析报障内容，如果发现明显不合理的，可以直接退回，并通知报障人员。

调度人员在安排任务的时候可以查看工程师当前任务负荷。

对于没有按时完成的任务，调度人员可以在本系统中催办，生成催办记录、发出催办短信。

工程师可以通过本系统查看自己的任务。优先显示未处理任务，也可以查看所有历史任务、客户反馈结果。

工程师处理障碍完成，可以录入障碍处理结果。

工程师可以给自己设置特定任务的提醒，提醒可以有几种方式，如短信提醒、系统内部消息提醒、邮件提醒等。

工程师处理完毕后，申报障碍的客服人员可以登录本系统对本次服务进行评价、提出建议等。

3. 上例中，如果软件使用一段时间后，用户提出来允许客户自己登录系统申报障碍(而不是打电话给客服，让客服人员录入)，那么，软件会发生什么变更？画出变更后的原型，并编写需求变更说明书。

第9章 从入门到优秀

本章重点

（1）不考虑使用者的规划失误。（★）
（2）不考虑使用场景的规划失误。（★）
（3）常见的设计失误。（★★）
（4）优化功能时的权衡。（★★★★★）
（5）文档的重要性。（★★★）
（6）规范：需求分析管理规定。（★★★★）
（7）规范：原型设计要求。（★★★）
（8）规范：通用需求。（★★★★★）
（9）软件集成。（★★）

本章内容思维导图

很多从事需求分析工作的朋友，做了很多项目，可总觉得不能登堂入室，一直徘徊在入门级的水平，分析下来，思维方式恐怕是最重要的原因。本章讲述如何才能成为优秀的需求分析师，讲述优秀的需求分析师是如何工作与思考的，既是需求分析相关知识的大融合，也是全书思想的升华，希望能让更多读者对需求分析工作的认识有质的提升。

要成为一个优秀的需求分析师，首先要做的是，避免犯不必要的错误。需求分析者所犯的错误主要包括调研失误、规划失误、设计失误三个方面。由于这三方面的错误都是在软件生命周期的前端，如果不控制，会带来巨大的损失。人无完人，谁都会犯错误，但优秀的需求分析师会将犯错的可能性降到最低，他知道哪些错误是绝不能犯的，从而小心处理，不留后患。

要成为一个优秀的需求分析师，需要具有理性的思考习惯，不走极端，不会片面追求一方面而忽视了另一方面。在成本、资源一定的条件下，会根据特定场景权衡软件的易学性、易用性、灵活性、健壮性、高效性与数据一致性。当面临利益取舍与资源争夺时，他会努力做到用户利益与软件团队利益的平衡，研发成本与实施成本的平衡，短期利益与长期利益的平衡。

要成为一个优秀的需求分析师，需要关注团队，他知道自己是团队的一分子，离开团队什么都不是。他进入一个新团队后会积极了解团队的方方面面，包括团队的分工、技术、规范、可重用功能等。他重视文档的编写，深刻理解文档对于一个团队的重要作用。他勇于建立需求工作规范，但不会死搬教条，他知道适合自己团队的规范才是好规范。

要成为一个优秀的需求分析师，需要具有高瞻远瞩的眼光，他知道自己设计软件的目的是为了建立管理体系，软件只是这个管理体系的一部分。并且，这个管理体系中很可能不止这一个软件，要想让软件发挥更重要的作用，需要跟其他软件协作，通过软件整合使自己的软件变得更强大更有价值。他不仅看到软件的当前阶段，还看到软件的未来，他知道，软件是有生命的，有一个怀胎、诞生、成长、成熟、衰老、死亡的过程。

当然，要想成为一个优秀的需求分析师，仅知道思维方式是远远不够的，他需要大量的经验积累，需要在项目中摸爬滚打，需要从一个又一个的项目中总结经验教训，理论联系实际，不断提升自己。

9.1 减少失误

高手对决，就看谁没有失误，谁少犯错误谁就会赢得胜利。要想成为优秀的需求分析师，首先要做的是控制失误。

常在河边走，怎能不湿鞋，事情做多了总有可能会犯点儿错误，但错误是不同的，有些错误比较容易纠正，而有些错误会让人遗恨终生。有些低级错误，对于一个专业的需求分析师来说，犯了是不可原谅的，有些错误，貌似是个人偶尔都会犯的，但对于一个优秀的需求分析师来说，却是不能接受的。

本节列举了作者在工作中遇到过的一些比较常见的错误，有些是自己曾经犯过的，有的是别的同事犯过的，希望能给读者带来一点儿警示作用，以便在工作过程中注意避免。当然，这些错误都是已经有一定工作经验的需求分析师犯下的，另外，还有很多特别低级的错误，如没有收集好单据，遗漏了功能，弄错了标题，弄错了数据库表关系，随随便便就设计死一个本应该写活的功能，等等，纯粹由于责任心缺失或者粗心大意，那是不及格的需求分析师犯的错误，就不值得说了。

9.1.1 调研失误

根据需求变更处理的代价，调研期间的失误是最危险的失误，因为可能会导致某功能甚至整个软件系统走偏方向，给后面的工作带来不可估量的损失。常见的调研失误主要包括忽视用户需求、忽视异常业务、片面地控制需求与缺少引导等。

1. 忽视用户需求

需求分析人员有了一定的工作经验之后，会逐渐积累自信心，到了一定的程度，有些自负的人容易犯这种错误——忽视用户需求。自己干这行有年头了，用户说到哪里都觉得早就遇到过类似的事情了,于是,在用户面前就有点儿"先知"的感觉,然后,就将认真获取用户需求的心淡了,缺少了对用户需求的尊重。

优秀的需求分析师,尊重用户提出的每一个需求,哪怕看上去非常不合理,甚至有点儿滑稽,因为他们知道,看上去再不合理的需求,背后都有它被抛出来的深层原因,有其根源所在,这个根源或许是需要解决某个没有被正确表达出来的棘手问题,或许是用户怀着对软件不切实际的厚望,或许是用户对信息化缺少理解,等等。在没有弄清楚根源之前,任何需求都不应该轻易放过。

2. 忽视异常业务

异常业务,就是用户工作过程中很少发生的业务。忽视异常业务,在导致重大需求变更的原因中高居榜首,很多工作多年的需求分析师都会犯这种错误。需求分析师进行需求调研,如果不是在某个行业积累了多年经验,那么只能依赖用户介绍业务,然而,调研过程时间有限,参与调研的用户素养参差不齐,很容易漏掉某些异常业务。

一个优秀的需求分析师,调研时对异常业务应该有某种敏感性,他们会采用各种调研手段,从各种蛛丝马迹中发现异常业务,从而提前做好预案。

3. 片面地控制需求

控制需求是需求分析师工作的基本职责,但控制需求并不是说工作做得越少越好,好像少做一份工作、少出一份力就占了一份便宜似的。不能错误地认为开发团队是在跟用户抢夺什么。

优秀的需求分析师不会片面地控制需求,他知道自己的团队跟用户之间是合作关系,大家来自五湖四海,为了一个共同的目标走到一起,为了建立某个领域的信息化体系而共同努力。他们为了达成某个目标而控制需求,不利于这个目标的需求应该控制,有利于这个目标的需求应该鼓励,有时候甚至会主动扩大需求——如果这些需求能够推动目标实现。

片面地控制需求只会将自己推到用户的对立面,让需求分析师陷入与用户讨价还价、钩心斗角的泥淖,最终因为失去用户的尊重而将项目越做越艰难。

4. 缺少引导

用户不是做软件的,更不是需求分析师,一般不可能按照软件开发者的期望提出需求,他们对业务、对需求的描述是根据自己的想法展开的,他们对未来的信息化管理体系一知半解,甚至一无所知,当需要展望未来使用软件的工作方式时,他们有时豪情万丈,有时无所适从,有时跟着你亦步亦趋,有时小心试探,有时刚愎自用,有时唯唯诺诺……在如此复杂的心理背景下,如果没有引导,怎么能提出对实现目标真正有效的需求呢?缺少引导的需求调研风险巨大。

一个优秀的需求分析师善于引导用户提出需求,善于向用户展望未来的工作蓝图,善于让用户理解软件上线后工作方式会发生什么变化,善于让用户理解哪些需求是重要的哪些需求是不重要的,善于让用户挖掘可能弄丢的不可缺少的需求,等等。总之,他们在调研中会发挥引领作用,努力让用户提出完整且正确的需求。

9.1.2 规划失误

相对于调研阶段,规划阶段的失误对软件未来的影响要轻一些,但如果控制不好,也可能会带来方向性的重大问题。规划阶段的常见失误包括只做需求的搬运工、不考虑使用者、不考虑使用场景、不考虑实施与服务等。

1. 只做需求的搬运工

用户不是需求分析师,他们所提出的需求很可能是不合理的、错误的、超出项目范围的、技术上不能实现的,等等,如果将用户的所有需求都机械地接受下来,不加取舍地扔给开发团队,这不是需求分析,这是需求的搬运工。要知道,提出需求是用户的责任,分析需求是需求分析师的责任。

一个优秀的需求分析师,不会机械地接受用户的需求,他会对用户的每一项需求进行分析,分析是不是应该响应这项需求,分析如何将其变成未来信息化管理系统的一部分,绝不会将用户的需求原封不动地搬运给开发者。

2. 不考虑使用者

规划信息化管理体系时,要知道,每个具体的软件功能都有其特定的使用者,使用者的文化程度、IT 素养、对软件的依赖程度,以及软件会对其经济利益、职场前途的影响等,都应该成为每个功能规划的考虑因素。很多需求分析师容易犯只考虑软件功能不考虑使用者的错误,倾向于将软件使用者理想化,考虑的用户都是跟自己的文化程度、IT 素养类似的人,导致很多功能最终无法推行。

一个优秀的需求分析师,会研究每个功能所针对的用户群的特殊性,规划功能时,不是仅作为一个个软件功能点考虑,而是考虑这是提供给某个用户群的工作工具,考虑这个用户群如何使用这个工具。

**案例:不考虑使用者的规划**

给某纺织企业做生产管理系统。经过调研后,小王给验布车间的验布工做了如下的系统规划:将本系统跟验布机的计长仪通过接口集成,验布机上的布匹在运行的过程中,系统可以通过计长仪获得当前的检验位置,如果发现了疵点,验布工将验布机暂停,在系统中录入疵点类别,如断纬、油污等,系统保存疵点信息(包括检验位置及疵点类别);录入完成后,验布工重新启动验布机,布匹继续向前移动,发现了疵点后进行下一次操作。在系统规划的过程中,小王发现了风险,就是如果验布工在工作过程中发现了疵点,再在系统中通过鼠标选择疵点类别,会严重影响工作效率。跟车间主任讨论后,主任说可以将所有的疵点用数字编号,给验布工配小键盘,发现疵点后,通过小键盘录入数字编号,可以大大提高录入速度。

系统开发完成准备上线,小王发现,这些验布工年龄都不小了,文化程度也不高,而疵点编号有几百个,要想让他们记住这几百个疵点编号很不容易。为了系统上线,车间里强制要求验布工记忆疵点编号,等大家都记住了再上线。然而,上线后,验布工在工作过程中经常将疵点输入错误,招来了很多次客户投诉。小王知道,根据学习曲线,这种问题会越来越少,但由于操作工的年龄跟文化程度的原因,可能还需要很长的一段时间,他不知道管理层是否能容忍到那一天。

3. 不考虑使用场景

既然是规划信息化管理系统,就不仅仅是规划软件提供什么功能,而且需要规划每个软件功能的使用场景,考虑终端如何安置,什么事件触发用户使用系统,用户在什么物理位置使用系统，等等。很多需求分析师在进行系统规划时，不认真考虑系统的使用场景，想当然地认为每个用户都坐在办公室中，都有一张办公桌，都有一台计算机，都能通过网线连上公司局域网与互联网，每天像程序员一样对着计算机工作。然而，在很多情况下，这种条件根本不可能具备，有人需要来回巡查，有人在露天工作，有人整天操纵机器，有人根本无法连上互联网，等等。

一个优秀的需求分析师，会考虑每个用户的工作场所、工作方式，以及所具备的服务器、终端、网络资源等，进行综合性的系统规划。

**案例：不考虑使用场景的规划**

给某职业学校做上课考勤系统。学校要求，学生在每节课上课前要打卡，迟打卡的算迟到，下课后要打卡，早打卡的算早退。经过调研，小王做了如下规划：每个教室门前设考勤机，学生在上课前 15 分钟到上课后 15 分钟的打卡为上课打卡，下课前的 15 分钟到下课后的 15 分钟打卡为下课打卡，其他时段的打卡为无效打卡。每节课结束 30 分钟后，系统根据这些打卡记录计算这节课每个学生的考勤状态，包括迟到、早退、旷课、正常。

软件开发完成上线后，用户发现考勤结果总是不准确。小王经过分析，发现了问题。根据学校的上课安排，每天四节课，一节课 1.5 小时，上午两节课，下午两节课，上午两节课之间的时间间隔只有 15 分钟（下午的两节课也是），这样就导致系统搞不清楚在这两节课之间的打卡是第一节课的下课打卡还是第二节课的上课打卡，因为根据规则，这些打卡既属于第一节课下课后 15 分钟之内的打卡，也属于第二节课上课前 15 分钟之内的打卡。

怎么处理呢？

让学校将课间时间延长到 30 分钟？这不太现实。

要求学生在下课后 5 分钟之内打卡完毕？也不太现实，有些老师拖堂都不止 5 分钟。

取消下课打卡？这好像是个可行的方案，毕竟学生上课期间跑掉的可能不大。但学校会同意吗？如果提前考虑到了这个使用场景，也许小王早就提出这个建议了。

小王感到了问题的严峻性。由于在系统规划时没有仔细考虑这种在两节课之间打卡的使用场景，导致这个致命的问题。

4. 不考虑实施与服务

越是大型的信息化管理系统，实施工作越艰难，因为会牵涉很多岗位，需要进行大量的流程重组，需要重新安排很多人的工作，等等。很多需求分析师在进行系统规划时，不去考虑如何实施，系统如何上线，如何提供持续服务，只把眼光聚集在如何将软件开发出来。殊不知，对于一个大型信息化管理系统，将开发完成的软件系统实施上线，真正成为客户工作的一部分，是非常困难的。

一个优秀的需求分析师，有前瞻性思维，将实施、服务作为软件系统不可或缺的阶段综合考虑，对规划的每个功能都会考虑如何实施、如何提供后续服务，绝不会认为规划系统只需要考虑软件如何开发出来，工作场景应该是什么样，而不去考虑怎么才能让用户的工作场景变成那样。

9.1.3 设计失误

设计阶段包括数据库设计、功能设计、界面设计，工作量很大，各种易犯的小错误也很多，这里仅列举一些常见的、有代表性的、不算低级的设计错误，包括原型跟数据流脱节、不尊重“原则”、不考虑用户级别、不考虑数据积累、过度设计等。

1. 原型跟数据流脱节

本不想谈这个特别低级的错误，但由于笔者在实际工作过程中，经常见到这种错误，甚至有些工作多年的需求分析师都不能完全杜绝，所以还是写出来起个警示作用，相信这是大部分需求分析师都曾经犯过的错误。

所谓原型跟数据流脱节，就是设计的原型跟数据模型在某些方面不一致，在原型上出现的某些数据元素，根本就没有数据来源，或者不符合数据模型的实体属性关系。也有可能，数据模型中的某些实体属性，在原型上根本没有入口来源，等等。

需求分析师在设计原型的过程中，应该考虑到原型中任何一个元素的数据来源及数据生成方式，不要把原型设计看成是美工绘图，要知道，研发人员是要根据这个原型编写代码的，提供没有数据来源的原型是对研发不负责任的表现。

2. 不尊重“原则”

这里所谓的“原则”，指在软件设计过程中应该遵守的一些基本准则，这些准则或者来自于老师传授，或者来自于某些理论书籍，或者来自于前辈的经验教训，或者来自于同事的知识分享，等等。

随着需求分析的经验积累，需求分析者所知道的原则自然也就越来越多，但知道是一回事，理解是另外一回事，尊重又是另外一回事。不是所有的原则都是那么容易理解的，很多原则只有在系统经过长期运行使用后，或者在很多项目中使用后，才能逐渐体现出价值来，对于一个经验不太丰富的需求分析师来说，可能从来就没有机会去感受它，自然就很难理解其核心意义。例如，需求变更中提到的处理需求变更的原则之一，“处理需求变更要从根本上解决问题”，没有大量的让人焦头烂额的血的教训，很难真正理解这个原则的重要性。如果不能真正理解原则，显然不可能真正尊重它。

有些需求分析师，在设计软件的过程中，对很多原则不以为然，肆意违反，究其原因，往往就是因为对这些原则缺少深层次的理解，缺少某种感同身受的切肤之痛。要知道，这些原则，都是大师、前辈、高手经过多年的研究与实践总结出来的，它们有其存在的不可违反的科学性，如果不尊重它们，或早或迟会受到惩罚。

优秀的需求分析师尊重每个原则，他们也有可能违背某些原则，但前提是，他们知道自己已经充分理解了这些原则，违背的原因是因为有更好的选择。他们给自己的忠告是：尊重那些原则，哪怕自己还不能理解其中的深远意义，宁可信其有不可信其无。

3. 不考虑用户级别

不同功能面对不同用户，考虑的用户级别并不相同。用户级别一般可以分为普通用户级、关键用户级、客户管理员级、系统管理员级，针对不同级别的用户，功能设计中关于易用性、易学性、灵活性、健壮性等方面的考虑侧重点也应该是不同的。

设计时不考虑用户级别，也是许多需求分析师易犯的错误之一。要不就将用户都看成普通用户，将功能设计得过于健壮却不够灵活；要不将用户都看成管理员，将功能设计得过于灵活却不够健壮，等等。

4. 不考虑数据积累

系统投入使用后，随着使用的时间越来越久，处理的业务越来越多，积累的数据自然也会越来越多，特别是对于大型的信息化管理系统而言，数据增长速度是相当惊人的，几个月、几年下来，积累的数据是海量的。当数据积累到一定程度之后，对存储资源、网络资源、运算资源的要求大幅度提高，从而会对相关功能的运行性能产生巨大的影响。

很多需求分析师在进行功能设计时，只考虑功能的实现，不考虑性能要求，不考虑数据会逐渐积累，不考虑所设计的功能在数据逐渐积累的情况下，能顺利运行多久。

优秀的需求分析师会根据当前的业务规模合理展望未来的数据量(根据项目的特点，这个"未来"可能是几周、几个月、几年)，知道哪些数据是增长最快的数据，或者未来最有可能影响运行性能的数据，从而提前做好应对措施。当然，不能不承认，这种展望未必都是正确的，每个企业都在变化发展中，根据当前的业务展望未来自然做不到非常准确，但这不重要，只要对数据量的估算在合理的数量级范围内就足够了，要做到这一点并不难。

5. 过度设计

有些需求分析者，掌握了一些软件优化技巧后，有时候会不顾交期、成本、技术、资源等方面的约束，将软件功能设计得过于灵活、健壮、易用、易学、高效等，这种失误本书称之为"过度设计"。显然，过度设计，或者增加了不必要的成本投入，或者延长了项目交期，或者增加了不必要的风险，总之，它让团队付出了本不该付出的劳动。

优秀的需求分析师会考虑项目成本、项目交期、团队资源等，会努力在合理的限制范围内设计功能，考虑各方面的平衡，有所取舍，有所权衡。

9.2 有所权衡

一个优秀的需求分析师，是一个具有理性思维的人，考虑问题的时候不会走极端，他知道对软件的提升要求是无限的，然而不幸的是，成本是有限的，资源是有限的，他也知道，在软件设计与开发过程中过于强调任何一方面的优化提升而忽略其他方面，或者过于强调一方的利益而牺牲另一方的利益，都是不应该的。他有所取舍，有所权衡，追求一种平衡，一种让成本与资源能够得到合理配置的平衡。

9.2.1 优化的权衡

在进行功能设计时，一个优秀的需求分析师，不但知道需要在灵活性、健壮性、易学性、易用性、高效性等方面进行优化，而且知道，在成本、资源一定的条件下，很多时候，这些方面是不能兼顾的，必须有所取舍，以达到某种平衡状态。

1. 灵活性与健壮性

在成本、资源一定的条件下，有时候，是不能兼顾灵活性与健壮性的，要灵活性就要牺牲健壮性，要健壮性，就要牺牲灵活性，可以说这是一对"冤家"。一个优秀的需求分析师，会根据项目特点、功能所面向的用户、使用场景等综合考虑，让这两者达到某种平衡，不走极端，既不会过度考虑灵活性而无视操作的健壮性，也不会过度考虑健壮性而无视软件的灵活性。

一般情况下，对于普通用户级的功能，优先考虑健壮性；对于管理员级的功能，优先考虑灵活性。

案例：灵活性与健壮性的权衡

某库存管理系统。仓库属性中有一个参数"是否允许负库存"，用以控制是否允许物料出库数量超过该物料的仓库结存数量，如果参数"是否允许负库存"的值被设置为"是"，则允许超过，否则不允许。有一种情况，假设这个参数的值被设置成"是"，并且已经有部分物料的结存数量小于0了，后来，用户再把这个参数的值由"是"改成"否"，对用户而言，这个系统的数据就发生了矛盾，明明参数"是否允许负库存"的值是"否"，也就是说不允许系统中存在结存数量为负数的物料，却偏偏出现了负结存。系统应该如何处理用户修改参数"是否允许负库存"这个操作过程呢？

方案一：用户可以直接修改这个参数，系统不做任何判断，反正结存数量是负是正对系统内部的数据逻辑没有任何影响。

方案二：在用户修改这个参数时，系统对该仓库的所有物料进行扫描，只要有一个物料的结存数量为负，就不允许把这个参数的值由"是"改成"否"。

方案一由用户决定是否可以修改本参数，用户在修改前应该自己判断本操作会对系统中已经存在的数据产生什么影响，会对未来的业务产生什么影响，从程序的角度，只是将这个参数的值做了修改，由"是"改成"否"，或者由"否"改成"是"，跟别的功能没有任何关联关系，灵活性强，但显然不够健壮。

方案二比方案一增加了扫描当前仓库结存的逻辑，这个逻辑有可能相当复杂，增加了与其他功能的关联，降低了灵活性，但是由于可以进行严格的控制，增加了健壮性。

本案例中，如果这个参数设置的功能只给系统管理员使用，那么优先考虑方案一，强调灵活性；如果这个参数设置功能打算给最终用户使用，那么为了避免出现数据的矛盾，优先考虑方案二，强调健壮性。

2. 易学性与易用性

在成本、资源一定的条件下，有的时候，易学性与易用性也是不能兼顾的，强调易学性就要牺牲易用性，强调易用性就要牺牲易学性。最简单的例子，Word中的快捷方式（如Ctrl＋C，Ctrl＋V），非常易用——因为操作迅捷，但绝对不如菜单易学——因为需要记忆，假如因为成本所限只能支持其中一种，那么对于Microsoft Office Word的需求分析师来说恐怕就得好好思考如何权衡取舍了。一个优秀的需求分析师，当发现易学性与易用性不能兼顾时，会根据功能面向的用户群、使用频率等，决定优先考虑易学性还是易用性。

一般情况下，不常用的操作，因为用得少，多花点儿时间操作对工作影响不大，对易用性不敏感，学会了由于不经常使用又容易忘记，优先考虑易学性；常用的操作，因为用得多，为了提高工作效率花点儿功夫学习也值得，且学会了由于经常使用不容易忘记，优先考虑易用性。

案例：易学性与易用性的权衡

某生产管理系统的生产汇报功能，界面如图9-1所示。

车间数据录入员使用本界面录入生产数据。工作过程为：先选择工单，系统加载该工单相关信息，再选择加工机器，选择加工人员，然后录入加工时间、数量等生产数据，最后

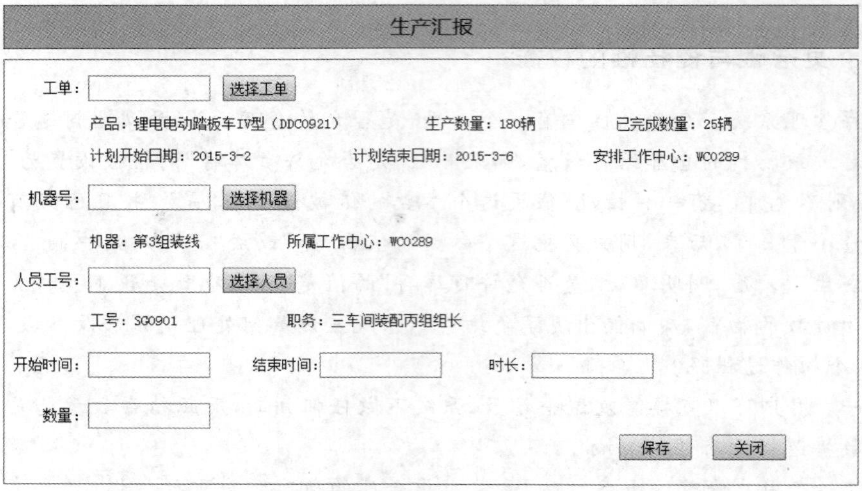

生产汇报

工单：[ ] 选择工单

产品：锂电电动踏板车IV型（DDC0921） 生产数量：180辆 已完成数量：25辆

计划开始日期：2015-3-2 计划结束日期：2015-3-6 安排工作中心：WC0289

机器号：[ ] 选择机器

机器：第3组装线 所属工作中心：WC0289

人员工号：[ ] 选择人员

工号：SG0901 职务：三车间装配丙组组长

开始时间：[ ] 结束时间：[ ] 时长：[ ]

数量：[ ]

保存 关闭

图 9-1 生产汇报界面

保存。

分析一下图 9-1 中的三个选择按钮。显然还有一种不同的处理方案，就是由录入员直接通过键盘输入工单号、机器号、人员工号，而不是用鼠标单击按钮进行选择。如果录入员对工单号、机器号、人员工号知道得很清楚的话，那么直接录入的速度要比图中的方案快得多，因为不需要在键盘与鼠标之间、不同窗口之间来回切换。

录入员拿到的生产记录单上的工单号是由调度人员打印的，录入员可以直接从收到的单据上找到工单号，然而，机器号、人员工号却是由生产工人填写的，书写比较随意，例如，某机器，有的写"3#"，有的写"三号机"，有的写"日本机"等，另外，填写汇报单的操作工也记不住自己的工号，只会在汇报单上直接填写自己的名字。要想让操作工严格按照某种规范填写生产汇报单，短期内并不现实。

如果采用这个方案，那么需要录入人员记住每台机器的编号，并且只要看到机器的别称，就知道其对应的机器编号是什么，另外还要记住当前车间几十个操作工的工号，看到名字就知道其对应的工号是什么。显然，这增加了学习成本，降低了易学性。

本案例中，最理想的方式，当然是既支持直接录入，又支持鼠标选择，录入人员能记住机器编号、人员工号，就直接录入，记不住就通过鼠标选择，但这样增加了开发成本。假设因为某种原因只能支持一种方式，那么这个场景下首先想到的应该是直接录入这种方式，虽然降低了易学性，但由于这个界面在录入员工作的过程中使用得相当频繁，应该优先考虑易用性，付出一定的学习成本后会大幅度提高工作效率。

3. 高效性与数据一致性

对于一些大型查询、报表，以及某些对性能要求很高的操作，很多时候，为了提高效率，可以引入中转数据，但有了中转数据后，就会增大数据不一致的风险。直接使用原始数据，没有数据不一致的风险，历史数据可以随便修改，不影响查询、报表的结果，但效率不高，随着数据量的增长，性能开销越来越大。使用中转数据，可以提高执行效率，数据量的增长对执行效率影响不大，但容易产生数据不一致的问题，需要增加若干保证数据一致的控制逻辑。在成本、资源一定的条件下，有些时候，为了提高效率，只能放弃对数据一致性的过高追求，越是大型的系统，由于数据量巨大，不得不通过种种中转数据提高效率，出现数据不一致的情况也就越多。

一个优秀的需求分析师，知道权衡引入中转数据以提高效率的利弊，知道导致数据不一致的风险所在，知道在什么情况下需要保证数据的绝对一致性（例如财务上的结账记录与记账凭证的钩稽关系，不容许有丝毫差错），知道在什么情况下对数据的一致性并没有太高的要求（例如很多计算趋势指标的中转数据与原始记录，数据略有不一致并不会影响大局）。

一般情况下，如果数据增长很快，预计在某个时间段内会严重影响到某些操作的效率，那么可以考虑使用中转数据，否则还是直接使用原始数据计算、统计的好，毕竟不需要处理数据一致性的问题。不要轻易引入中转数据，中转数据带来的额外控制成本以及数据不一致的风险是很大的。

案例：高效性与数据一致性的权衡

某库存管理系统，物料出入库时会在表“库存交易”中生成出入库记录，简化后形如表9-1所示。

表 9-1　库存交易出入库记录

物料	交易日期	数量
MAT01	2014-7-1	20
MAT01	2014-7-2	39
MAT01	2014-7-3	－10
MAT01	2014-7-4	38
MAT01	2014-7-5	－49
MAT01	2014-7-6	80

现在仓库需要一个报表“仓库结存表”，根据出入库记录统计每种物料的上月结存数量、本月入库数量、本月出库数量、本月结存数量。可以考虑以下两种方案。

方案一：根据仓库的出入库记录直接计算生成本报表。

方案二：引入中转数据。每个月做一次结账，计算每种物料的当月结存数量，并将月结记录保存下来（这是中转数据）。生成报表时，上月的结存数量从中转数据中获得，本月的入库、出库数量从出入库记录中汇总计算，本月结存数量根据上月结存数量与本月出入库数量，通过简单的加减就能计算得到。

方案一直接使用库存出入库的原始记录计算生成报表，不会产生数据不一致的问题。但是报表生成的性能开销很大，随着仓库出入库记录数的增长，生成报表的速度会逐渐变慢。

方案二使用月结记录作为中转数据，主要性能开销是根据本月的交易数据计算出入数量合计，由于每个月的出入库记录相对平衡，所以随着仓库出入库记录的日积月累，对报表的性能开销影响并不大。但由于有了中转数据，会有数据不一致的问题，例如，结账后，如果原始库存出入库记录被修改了怎么办呢，这时候就需要增加一些控制逻辑以处理这种情况。

本案例中，可以根据业务规模决定采用哪种方案，如果本公司的出入库频率很低(例如仅用来管理办公用品，可能平均下来一天也就那么几笔)，那么可以考虑方案一，否则，考虑方案二。

9.2.2 成本与利益的权衡

虽然我们强调，在项目的整个生命周期中，各方面的干系人应该是利益一致的，项目成功则大家得益，项目失败则大家受损，所谓一损俱损一荣俱荣，但不能不承认，在各干系人之间也有利益得失、成本分担的问题。优秀的需求分析师，在设计软件时知道兼顾各方面的利益，知道将成本、资源进行合理分配，既不会一味为了降低软件团队的成本而不顾用户，也不会不计成本地为用户不断投入，既考虑研发成本也考虑实施成本，既考虑短期利益也考虑长期利益。

1. 用户与软件团队

前面提到的所有关于软件优化方面的权衡，都有个讨论前提，就是假设成本、资源是一定的，但在实际工作中，不大可能为某个具体的功能规定死应该投入多少成本、资源。究竟是优先考虑用户利益降低用户使用成本，还是优先考虑软件团队利益降低开发成本，这需要需求分析师权衡。例如，为了用户更好地处理某问题增加一些功能，对用户来说，做事情更方便了，降低了工作成本；对于软件团队来说，做这个功能并不会增加收入，却增加了研发成本。

大部分需求分析师都有追求完美产品的梦想，希望自己设计的软件既易学又易用，既灵活又健壮，既高效又能保证数据一致性，但要知道，想实现这种目标，必然会增加团队的开发成本，这时候，需要问一问自己：值吗？一个优秀的需求分析师会平衡软件团队与用户的利益，不会片面地为满足用户而牺牲软件团队的利益，也不会片面地为了节省软件团队成本而牺牲用户利益。

案例：用户工作成本与软件团队成本的权衡

某库存管理系统。成品仓库需要进行存储物料的库位管理，对于入库，小王初始的设计是，用户录入入库物料、批次、数量后，手工选择这些物料需要存放的库位，然后确认入库。但考虑到，每次入库需要手工选择库位比较麻烦，如果能提供自动分配库位的功能，即系统根据一些配置好的规则推荐库位——当然用户可以决定是否使用系统推荐的库位，那么将会极大地提高用户的工作效率。要知道，录入库位看似容易，但需要人为判断这批物料应该存放到什么位置，用户需要根据仓库的当前存储情况做出决定，搞不好还需要到仓库货架前巡视一番才能决定，这显然会严重影响工作效率。

然而，这个功能牵涉很多规则与运算，并不好做，会大大增加这个功能的研发成本。做还是不做呢？小王陷入了沉思。

2. 研发与实施

前面提到过，软件开发出来远远不能说信息化管理体系就建立起来了，软件开发完成后的系统实施过程也是一项非常复杂的工作，需要投入大量的实施成本。如何平衡研发成本与实施成本也是需求分析者需要考虑的。

不同的软件团队有不同的组织方式，有些团队规模很小，相同的一拨人负责了从需求到开发到实施的所有工作(这种情况下，一般都是程序员兼职需求分析、实施)；而有些团队有非常明确的分工，研发工作与实施工作是由不同的成员负责的，甚至有可能研发与实施是不同的部门，有些软件产品，研发与实施分属不同的公司都有可能，在这种情况下，对于研发成本与实施成本开销的权衡其实就是一种利益分配。例如，如果研发方加大投入提高了软件的易学性，那么实施时就会降低培训的难度，节省了实施成本，实施方就属于受益方；反之，如果降低了软件的易学性，那么实施时的培训难度就会增加，耗费了实施成本，实施方就属于受损方。

一个优秀的需求分析师在设计功能时，会考虑这些功能在未来如何实施，知道怎么做可以降低实施成本，知道什么时候可以通过实施期间的工作降低研发成本，他会将研发与实施作为一个有机组合来考虑，不会片面地强调一方面而忽视另一方面。

案例：研发成本与实施成本的权衡

某库存管理系统。小王在做需求分析的时候，考虑在实施阶段如何进行系统数据的初始化。系统上线时，实际仓库里一定已经存在了大量的物料，为了将系统正式投入使用，需要把这些物料的结存信息录入系统。最简单的方式，就是直接利用入库功能，将这些物料结存信息以入库的方式录入系统，完成物料结存的系统初始化工作。这个工作量是相当大的，遇到有些客户，可能还需要将前一段时期的所有交易记录从某个简单的系统中，或者Excel之类的电子文档中转录到本系统中，工作量就更大了。为了降低实施工作量，可以考虑开发导入功能，将物料的结存、历史交易通过一定的方式导入系统，但这个导入功能很难开发，因为会牵涉物料属性、库存交易、包装、库位、物料批次、个体编号等一系列有关联的信息，导入前的数据准备方式相当难弄。

究竟应该优先考虑节约实施成本开发这个导入功能，还是优先考虑节约研发成本放弃这个功能的开发呢？

本案例中的问题究竟应该如何处理，就看这个项目的特点了，如果这是个纯项目型的软件，那还不如让实施人员受点儿累，上线的时候动员一批人一起录入；如果这是个产品型的软件，以后一定还会有源源不断类似的工作，那么就可以考虑开发这种导入功能，虽然困难，但想到以后可以大大节约实施成本，还是值得的。

另外，软件系统正式使用后，一般来说，需要团队提供持续的维护、服务工作。有的时候，研发工作与维护、服务工作，也有成本、资源与利益权衡的问题，节省了某种研发成本，就会增加维护成本、服务成本，而为了维护、服务更方便，可能需要开发或优化某些软件功能，就会增加研发成本。例如，相信很多读者都遇到过这种情况，有些项目为了节省研发成本，在维护期间不得不通过各种SQL语句直接处理数据以解决用户问题——这大大增加了维护成本与运营风险。

3. 短期与长期

软件是在不断发展的，在开发阶段，很多情况下，不同的处理方式会导致软件未来不同的发展方向，这时候，就需要需求分析者去权衡，是为了长期利益而增加开发阶段的成本，还是为了节省开发阶段的成本而放弃长期利益。

案例：短期利益与长期利益的权衡

某OA系统。用户需要文档管理功能，需求很简单，大概就是根据现有的组织架构存放不同部门的文档，然后所有用户都可以下载、阅读这些文档。如果不考虑未来的发展，仅根据这个需求开发，工作量很小。但小王认为，这个文档管理的功能将来可能会发展为一个文档知识库系统，为了保证软件将来可以向这方面发展，需要在基础功能、数据库结构等方面做好设计，提前做好诸如支持目录权限控制、签入、签出、收藏、共享之类的功能的准备，哪怕现在开发的功能只需要支持当前的需求，但未来一旦需要扩充功能时可以直接累积，不需要进行伤筋动骨式的大修大改。基于这方面的考虑，软件的设计思路会有很大的不同，开发难度也会大幅度提升，这大大增加了开发阶段的成本，但为了软件未来的发展，为了长期利益，小王认为这是值得的。

一个优秀的需求分析师，在进行软件设计时，会时刻提醒自己，再简单的系统，将来都有可能成长为一个大系统，成长为一个让你引以为傲的产品。为了软件的可持续发展性，为了潜在的长期收益，一开始就要有一个良好的架构基础，然而，这样可能会大大增加开发阶段的成本。

9.3 关注团队

软件开发需要团队作战，需要不同的人取长补短、相互协调，需要所有成员相互了解，遵守统一规范，为了一个共同的目标而奋斗。不关注团队，不愿意适应团队，不愿意为了团队的发展做贡献，不懂得成就团队就是成就自己的人，是注定不会成为优秀的需求分析师的。

9.3.1 了解团队

一个优秀的需求分析师，对自己的团队总是相当了解的，当他进入一个新团队后，也绝不会自以为是，认为自己是权威的化身，掌握着宇宙真理，他会尽力了解当前团队，了解团队的分工、技术边界、各种规范、可重用功能等，以便使自己快速融入团队，从而少走弯路，提高工作效率与工作质量。

1. 团队分工

不同的团队，成员是不同的，组织方式、岗位分工也是不同的，要了解一个团队，先从了解它的成员分工开始。一般情况下，一个软件团队包括项目经理、需求分析师、系统架构师、软件工程师、硬件工程师、测试、实施、客服这些岗位，如果熟悉软件开发过程，那么对这些岗位的工作应该都有个基本了解。但要注意的是，对于一个在团队中工作的需求分析师来说，基本了解是远远不够的，他应该对软件在整个生命周期中所发生的每一件事都清楚地知道应该由谁处理。不同的团队，这种分工可能差别巨大，有些小团队，程序员包揽一切，几乎什么都干，有些大团队，分工相当精细，可能会搞出几十种不同的岗位来，要把每个人所负责的工作都理清楚得花点儿时间。大部分团队都不会走这两种极端，他们会根据自己的业务特点、技术特点、项目特点设置岗位，对岗位的工作范围也有自己的定义。例如，可能项目经理也负责需求分析工作，需求分析师也负责测试工作，测试人员也负责客服工作，等等。总之，不要看到一个岗位名称就望文生义地认为这个岗位应该负责什么，不同团队有不同的规定。

案例：某软件团队的岗位分工

某公司，当有软件开发项目的时候，会组建项目组，项目组包括项目经理、需求分析师、软件工程师、测试工程师、客服专员这些岗位，有些工作，如硬件部署、系统架构之类的，公司会提供公共资源。部分岗位职责如下。

项目经理：项目计划的制定、跟踪、执行；项目前期需求调研，撰写需求概要说明书；主导项目需求评审，确保需求设计不但符合客户要求，而且具有远期的可维护性、可扩展性；在公司项目管理系统中发布项目任务，汇报项目进度；项目实施，推动软件上线；项目验收，获得客户验收报告，通知市场部或客户经理催款；协助客户经理做好项目回款工作；督查项目交付后的跟踪服务工作，尽力获得客户的后续订单；在公司项目管理系统中检查与项目相关的文档，保证项目文档齐全，符合公司规范。

需求分析师：进行客户需求调研，撰写需求调研报告；根据客户需求、项目经理要求进行系统策划，设计软件原型，撰写原型说明书；设计应用层数据模型，编制数据字典；组织需求评审，根据评审结果修改设计文档；就需求问题指导研发人员进行代码开发，开发过程中如有问题及时更改设计文档；配合项目经理做好软件实施，撰写需求变更报告；在项目进入运维阶段后，将需求变更报告的内容整理到原型说明书、数据字典等结果文档中，保证结果文档与软件是一致的；在公司项目管理系统中汇报工作进度；在公司项目管理系统中管理与需求相关的文档。

客服专员：参与项目需求规格评审，提出与客户体验相关的改进建议；协助测试工程师准备测试环境、建立测试基础数据；上线前试用系统所有功能，撰写试用报告；掌握系统的所有操作、规则、配置参数，编写用户操作手册；客户系统初始化，包括站点菜单配置、组织架构配置、用户建立、权限配置，以及客户启用系统需要的其他基础信息；制作用户培训教材，提供现场或远程培训；配合项目经理做好项目实施、验收、回款；整理归纳用户问题，不断丰富用户操作手册；在公司项目管理系统中汇报工作进度；在公司项目管理系统中管理与客服相关的文档。

……

2. 团队的技术边界

一个优秀的需求分析师，对自己团队的技术能力应该有非常深刻的了解，他不一定会编码开发(当然，如果有过编码经验，对成为一个优秀的需求分析师会有很大的帮助)，但一定知道自己的团队能做什么，不能做什么，擅长做什么，不擅长做什么，希望做什么，不希望做什么，什么能做到一流水平，什么只能做到差强人意，什么技术已经用得很成熟，什么技术还在探索期……当然，要知道，从需求的角度看技术与从研发的角度看技术，是有很大的不同的。例如，有的时候，研发人员认为自己很擅长的技术，可能只是因为他做这个的时间太久从而形成了思维定式，其实做出的东西并没有市场竞争力，那么，从需求的角度，并不认为团队擅长这个技术。

一个优秀的需求分析师，不会设计自己的团队在技术上实现不了的功能，当没有把握时，他会积极与研发人员沟通讨论。他会尽力将项目需求引导到自己团队在技术上擅长的方向，避免让用户需求跨过技术边界，从而给后续开发设置无法逾越的障碍，导致项目突然死亡。大部分情况下，跨过技术边界的问题都是硬伤，在短时间内很难解决。

案例：考虑团队的技术边界

给某公司开发一款CRM系统，包括网页端与手机端。客户对手机端的功能需求是：业务员可以在手机上查看公司销售政策，获得公司发布的最新通知，录入客户拜访记录，录入每天的工作日志，获得工作任务，汇报工作任务的进展情况，获得客户欠费记录，录入收款计划。需要提供Android与iOS版的手机App。

小王考虑到自己团队在iOS上开发App的能力很弱，就建议客户使用微信开发平台，因为团队做这方面的开发很有经验，而这些功能需求通过微信开发平台都可以很好地实现。开发后，无论Android手机还是iOS手机，都可以通过微信平台使用，而且现在绝大部分用户手机中都装了微信，不需要额外安装App。

3. 团队规范

每个团队都有自己的工作规范——无论这个团队多小，当然，不同的是，有些团队的工作规范有明文规定，有些团队的工作规范并不明确，只是从每个人的工作习惯中表现出来。根据团队的规范工作，是融入团队的基本要求。

根据规范的明确性，团队规范可以分成两种：一种是有明确规章制度要求的，如某管理规定、某规范要求，要了解这种规范比较容易，看文档就行，当然，需要引起警惕的是，并不是所有的规章制度都真的得到了执行，那种落在纸上却没有落在行动上的规章制度太多了；还有一种不成文的规范，是存在于每个成员的心中的——或者是某些领导口头做了要求但没有落到文档上，或者是大家在协同工作的过程中逐渐积累、约定俗成的习惯，等等。要了解一个团队的规范，最麻烦的就是了解那种不成文的规范，以及那种成了文却没有得到执行的规范。

案例：团队规范

某软件公司对需求分析的工作过程、软件设计、文档编写等提出了明确的规范要求，大概包括以下这些方面。

需求分析管理规定：规定了需求分析的工作流程，对设计工作的原则性要求，使用的工具，各个阶段需要出具的文档等。

原型设计要求：规定了原型设计使用的工具，常用的布局，组件的使用，原型中的默认需求，原型中使用的一些特殊的表达需求的符号等。

通用需求：列出了公司级别的通用需求点，如果在设计文档中没有特殊说明，就以此为准。

需求调研报告的编写：提供了需求调研报告的编写模板，规定了编写要求。

原型说明书的编写：提供了原型说明书的编写模板，规定了编写要求。

需求变更说明书的编写：提供了需求变更说明书的编写模板，规定了编写要求。

工作流的绘制要求：规定了工作流图的绘制工具，以及绘制规范。

数据模型的绘制要求：规定了数据模型的绘制工具，以及绘制规范。

数据字典的编写：提供了数据字典的编写模板，规定了编写要求。

一个优秀的需求分析师，总是积极了解自己团队的工作规范，他发自内心地尊重团队规范，他知道不按照规范工作所带来的微小收益远不能弥补所带来的损失，他有自己的想法，他会不断思索规范是否合理，如果需要改善，他会毫不犹豫地提出修改建议(如果他有足够的权力，会及时主导修改)，但他在工作过程中绝不会随意违反团队规范，因为他知道，规范是一个团队得以产生合力，得以持续发展的基石。

4. 团队的可重用功能

一个团队，经过一段时间的积累，总会沉淀一些可以重用的功能，这些功能往往在某些领域具有一定程度的通用性，常见的功能，如用户管理、菜单管理、权限管理、员工信息、组织结构、岗位管理、操作日志，几乎每个成熟的团队都可以见到。

作为一个优秀的需求分析师，对团队的这种可重用的功能应该了如指掌，如果不能做到这一点，搞不好会带来额外的海量工作。并且，在进行软件设计的过程中，需要考虑如何将某些具有通用性的功能设计得更容易重用，不断为团队的可重用功能添砖加瓦。

9.3.2 重视文档

很多团队、个人对软件文档抱着可有可无的想法，认为代码就是一切，文档只是给领导看的，是应付检查的，是应付客户验收的，等等。如果抱有这种想法写文档，就容易陷入某种泥潭：编写者写了大量的文档，但这些文档只重形式不重内容，一眼看上去规范、清晰、完整，什么都有，什么格式都具备了，但是当阅读者真正需要它时，有用的信息却有限得很。当然，我们也不能不承认这个现实，很多时候，应付领导、应付检查、应付验收的文档还是少不了的，例如，你的团队是这种开发模型，可客户需要你提供验收的文档却是另外一种完全不同的开发模型下的文档，没办法，只能在验收时现写了——为了生存，这都可以理解。

但是，一个优秀的需求分析师，他知道，一个团队一定要有自己的文档体系，这个体系下的文档，是实用主义的，不是形式主义的，不管有没有人检查，不管验收是不是需要，这些文档都是要认真写的，因为它们对工作真正有用，写好它们对团队具有非常重要的意义。

1. 文档可以提高效率

很多人觉得写文档会导致工作效率降低。是的，从短期效应来看，有些案例确实是这样的，但从长期效应来看，文档其实大大提高了工作效率。那种只顾眼前利益，不做长远打算的工作方式要不得。

假设有新人进入团队，他需要了解团队以前的工作内容。如果有规范文档，他只要接受少量的培训，就可以自己看文档学习了；然而，如果没有文档，他会怎么做呢？当然只能找人询问了。相信读者都曾经是或者现在就是新人，其中的艰辛就不要多描述了吧？根据他需要了解的内容，这个时间有可能持续很久，而且给他讲的人也纯凭记忆，讲错的可能性很大。

团队成员经常会为了一个共同的目标进行协作，在软件团队中，这种事情非常常见，而规范的文档会大大提高沟通效率，因为有规范的文档体系，表达者知道如何通过文档描述自己的思想，而接受者知道从什么文档中、文档的哪些章节中获得自己需要的信息，虽然口头沟通必不可少，但如果口头沟通的内容主要是对文档的解释，则沟通效率会有惊人的提高。

纯粹靠口头沟通，不但难以说清楚复杂逻辑，还会在一段时间后因为遗忘、思想变化等原因导致前后矛盾。

2. 文档是知识得以积累的载体

知识可以分为显性知识与隐性知识。所谓显性知识，是指用文字、图片、声音、视频等记录下来的知识；而隐性知识，是指那种无法或没有记录，存储在人脑中的知识，主要由经验、直觉、习惯等构成。一个团队，为了让知识得以积累，需要让隐性知识显性化（当然，并不是所有的隐性知识都可以显性化的），显性知识容易学习、容易传承。显性知识必须有个载体，团队的文档体系是显性知识的重要载体之一。

**案例：显性知识容易传承**

说一个笔者生活中的小故事吧。以前，笔者妻子在家用电饭煲煮饭，她只要看到锅里有多少米，就知道往里面放多少水，直接将锅拿到水龙头接水就行，不管米多米少，每次煮出来的饭都软硬适宜。拥有这种能力，自然是因为煮得多，总结了经验，练出来了。

而我自己煮饭的次数少，没有这种经验，轮到我煮饭时，不是嫌硬就是嫌软。为了解决这个问题，我做了几次尝试，很容易就得到了一个比例：用家里那个塑料杯盛米，一杯米需要一碗半水。从此，我每次煮饭就根据米的杯数，老老实实拿碗接水数着碗数倾在锅中，煮出来的饭倒也软硬适宜。妻子说她是豪放派，我是“碗”约派。

后来，女儿大了，开始学做家务活儿，按照她妈妈教的方式煮饭，总是煮不好。那一天，我就向她传授了这个“一杯米需要一碗半水”的诀窍，她眼睛一亮，兴奋地说：“原来这么简单啊！从此煮饭再也不愁了。”

显然，妻子的豪放派是隐性知识，一种纯粹的经验积累，要学会比较困难，需要经过很多次的实践，在犯了很多次错误后才能驾轻就熟，而我的“碗”约派，属于显性知识，一句话就能让人瞬间成为高手，易于学习、易于传承。

3. 没有文档的组织是没有前途的

每一个团队都会面临人员流动的问题，每个人离开团队都是团队的损失，因为有很多应该属于团队的知识被他带离了团队。如果没有文档，当团队发生人员流动时，知识只能靠口耳相传得以保存，这种方式会导致大量的知识流失，对团队会造成很大的伤害。想想人类没有文字的几百万年，一代又一代，知识只能靠父子相传，文明发展得何等缓慢，一旦有了文字，知识才得以积累，积累到一定程度才有了如今的现代文明。没有文档的团队，就像生活在丛林中的原始部落，刀耕火种，逐兽捕鸟，虽然可能因为出现了几个英雄人物而风光一时，但绝对走不远，走不久。

**案例：没有文档的组织是没有前途的**

给某公司开发了一款生产管理系统，进入了维护阶段。随着时间的推移，公司业务、管理方式自然在不断变化，软件自然也应该随之不断变化。需求变更每个月都有几次，对于软件团队来说，这并不是什么难事，毕竟自己开发的软件，无论是软件的逻辑规则，还是每个功能对业务的影响都了解得很清楚，修改起来自然驾轻就熟。

然而，过了一段时间后，项目经理、需求分析师都离职了，维护期间跟客户沟通的事情移交给了服务经理 A,A 没有接到任何正规文档,只是在交接期间听移交人讲解了一下软件的功能、在客户那边的使用情况等。

客户又提出了一些需求变更,A 由于对这个复杂的系统并不精通,又没有文档可供参考,只能去请教负责开发的研发经理 B,幸好 B 对这个系统还算熟悉,他给 A 详细讲解了这些变更应该怎么处理,有什么风险,大概需要多少工作量。还算幸运,事情得到了比较顺利的解决。以后一旦客户有需求变更,A 就会找 B 帮忙判断,这个处理方式就持续下去了。

然而,又过了一段时间,B 也离职了,他将自己的工作移交给了程序员 C,自然也没有什么正规的开发文档,面对这么多的复杂代码,交接完后 C 只是概略性地知道了其中的一些基本结构而已。

这天,客户提出了一项重大需求变更,需要变更某核心功能,A 只好找 C,问 C 能不能修改,可 C 一点儿把握都没有,只好去阅读代码,然而,面对经过了若干次需求变更后显得非常怪异的代码,C 有点天旋地转的感觉,叹了口气:你看这一大堆烂代码,没有文档不说,连注释都没有,我可不敢动它,你要我修改,还不如推倒重写一遍呢!

9.3.3 建立规范

一个优秀的需求分析师,如果在一个规范缺失的团队中,他会思考建立需求分析的工作规范,将规范明晰化、文档化。下面根据需求分析的工作流程,提出一些关于建立规范的建议,供读者在工作中参考。读者可以根据团队的业务特点、人员构成、使用的技术、领导好恶等方面综合权衡,可以做得更多,也可以做得更少,还是那句话,不图好看,不为迎合任何人、任何体系,适合自己的才是最好的。

1. 需求分析管理规定

需求分析管理规定是对需求分析工作的总纲性要求,规定团队需求分析工作的流程,使用的工具,在每个阶段需要出具的交付物,对软件设计的基本要求,对从事需求分析岗位的工作要求等。

**案例:需求分析管理规定**

某团队的需求分析管理规定如下。

1. 概述

本规定对本部门的需求分析工作提出了总纲性的要求,包括需求分析的工作流程、需求变更的工作流程、使用的工具、需要出具的交付物、工作要求等。本部门所有与需求分析相关的工作需要根据本规范处理。

2. 需求分析工作流程

本部门的需求分析工作包括需求调研、系统规划、数据建模、软件设计几个步骤,工作流程如图 9-2 所示。

3. 需求变更工作流程

本部门的需求变更工作包括提出变更、变更分析、变更设计、研发、变更交付、文档整理几个步骤,工作流程如图 9-3 所示。

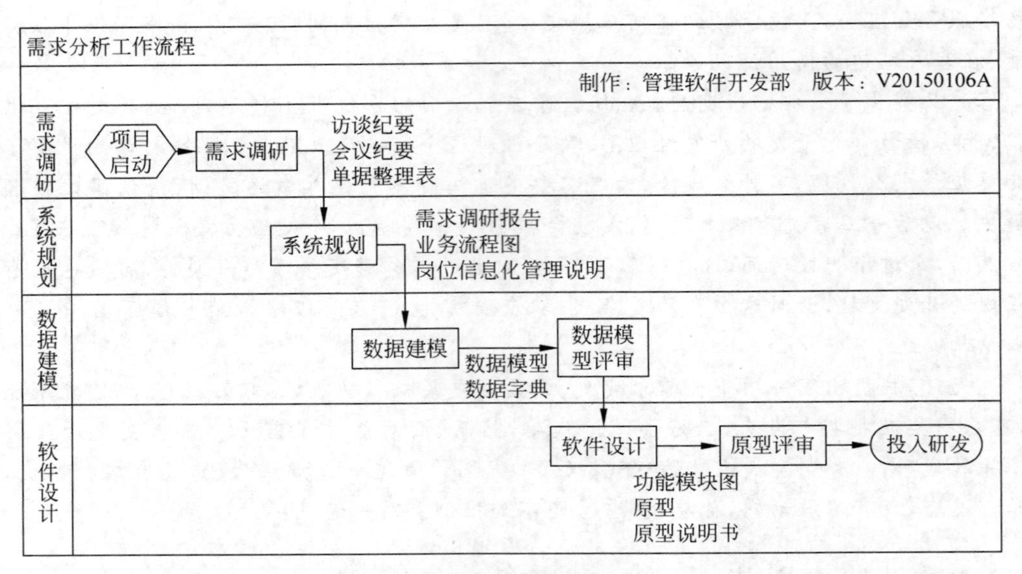

图 9-2 需求分析工作流程

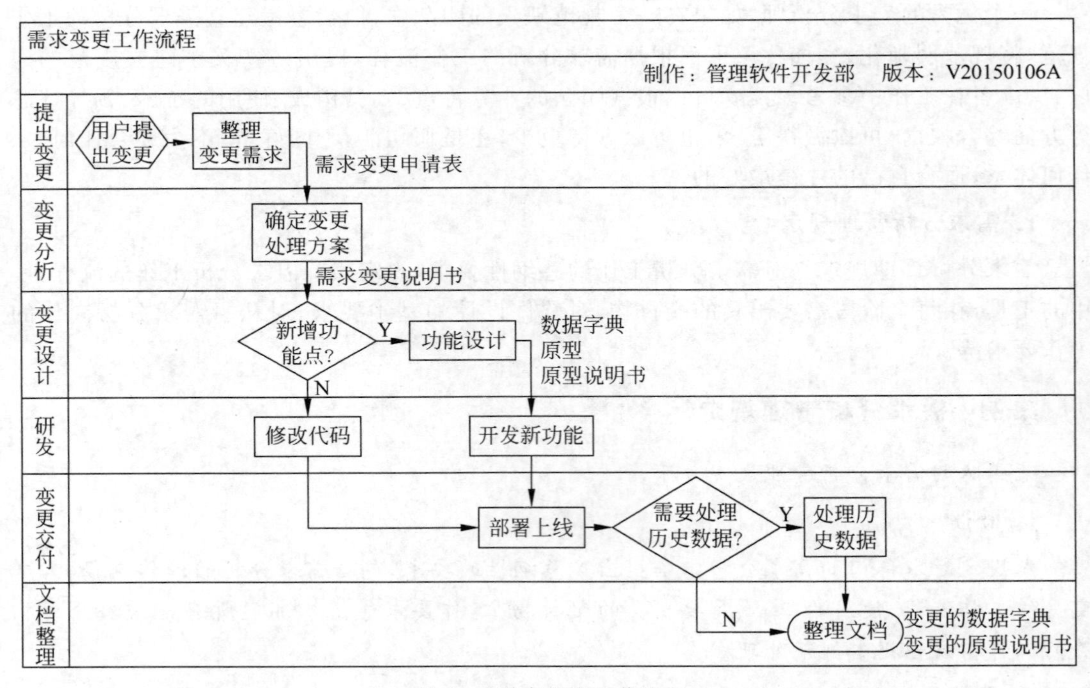

图 9-3 需求变更工作流程

4. 工具

本部门需求分析相关工作需要使用的工具如下。

（1）Microsoft Visio：用于绘制业务流程图、工作流图。

（2）Power Designer：用于数据建模。

（3）Microsoft Office Access：用于编写数据字典。

(4) Mind Manager：用于绘制功能模块图。

(5) AxureRP：用于设计 B/S 架构软件的界面原型，手机 App 原型。

(6) GUI Design Studio：用于设计 C/S 架构软件的界面原型。

(7) Microsoft Office Excel：用于设计打印格式要求不高或不需要打印的报表原型。

(8) Microsoft Office Word：用于各种文档的编写，设计打印格式要求高的报表原型。

5. 交付物

本部门需求分析工作需要出具以下交付物，这些交付物需要符合部门的文档命名要求，文档编写需要使用相应的文档模板，根据模板要求编写(参见部门文档模板及编写案例)，文档一旦创建，需要保存到部门 SVN 文档库的相应目录中。

(1) 访谈纪要：进行需求访谈后，需要撰写访谈纪要，访谈纪要保存在“需求调研”目录。

(2) 会议纪要：召开需求调研会后，需要撰写会议纪要，会议纪要保存在“需求调研”目录。

(3) 单据整理表：收集单据后，需要登记单据整理表，单据整理表保存在“需求调研”目录。

(4) 需求调研报告：需求调研完成，需要撰写需求调研报告，需求调研报告保存在“需求调研”目录。

(5) 业务流程图：需求调研完成后，需要使用 Visio 绘制业务流程图，业务流程图保存在“需求调研”目录。

(6) 功能模块图：功能划分完成后，需要使用 MindManager 绘制功能模块图，功能模块图保存在“软件设计”目录。

(7) 工作流图：如果有工作流的开发要求，需要使用 Visio 绘制工作流图，工作流图保存在“软件设计”目录。

(8) 数据模型：针对业务数据，需要使用 PowerDesigner 设计数据模型，数据模型保存在“软件设计”目录。

(9) 数据字典：针对业务数据，需要编写数据字典，数据字典保存在“软件设计”目录。

(10) 原型：B/S 架构软件的界面，使用 AxureRP 设计原型，C/S 架构软件的界面，使用 GUI Design Studio 设计原型，报表，可以使用 Excel 或者 Word 设计，原型保存在“软件设计\界面”目录。

(11) 原型说明书：针对原型撰写原型说明书，原型说明书保存在“软件设计”目录。

(12) 需求变更说明书：有需求变更时，需要撰写需求变更说明书，需求变更说明书保存在“需求变更”目录。

……

2. 需求调研要求

规定在什么情况下采用什么调研方式，需要参与的人员，需要的组织方式，规定各种调研方式产生的交付物，如访谈法下的备忘录要求，单据分析法下的单据整理要求，需求调研会法下的会议纪要要求等。

3. 需求调研报告的撰写

规定什么情况下需要出具调研报告，什么情况下需要用户确认调研报告，提供几种调研报告模板，规定每种调研报告模板的使用范围，编写要求，规定模板中每个小项的编写注意点，文字描述中用到的基本语法规范，规定对原始资料的整理要求等。

4. 业务流程图的绘制

规定在什么情况下需要绘制业务流程图，使用什么工具绘制，业务流程图的粒度(详细程度)，业务流程图的绘制规范，每个符号的意义，提供业务流程图案例，提醒容易犯的错误等。

5. 数据模型的绘制

规定在什么情况下需要绘制数据模型，使用什么工具绘制，数据模型的绘制规范，哪些数据实体需要在数据模型上表达，哪些数据实体不需要在数据模型上表达(如“用户”“员工”之类的通用实体)，哪些实体属性不需要在数据模型上表达(如“新增时间”“修改时间”之类的管理性字段)，数据库设计者应该如何根据数据模型设计数据库等。

6. 数据字典的编写

规定数据字典的编写要求，在什么情况下需要独立的数据字典文档，在什么情况下可以合并到原型说明书中，提供数据字典的编写模板，规定每个小项的编写要求，提供数据字典编写示例等。

7. 需求用例的编写

规定在什么情况下需要编写需求用例，什么情况下可以对需求用例做精简，提供需求用例的编写模板，规定每个小项的编写要求，提供编写示例等。

8. 工作流图的绘制

规定在什么情况下需要绘制工作流图，使用什么工具，工作流图的绘制规范，提供工作流图的绘制案例，绘制工作流图易犯的错误，工作流图中的符号所表达的开发要求，开发者如何根据工作流图进行工作流的开发等。

9. 原型设计要求

规定在什么情况下使用什么原型工具(如网页、Form、报表、手机端可以采用不同的原型工具设计)，对原型界面的基本要求，对界面结构、布局的要求，对组件的使用要求，规定原型工具无法表达的界面要求的处理方式，一些特殊表达方式，团队关于界面的默认需求等。

**案例：原型设计要求**

某团队的原型设计管理规定如下。

1. 概述

本规定对部门的原型设计做了规范，规定使用的原型工具，原型文件的管理，特殊符号的使用，并对界面布局、组件使用等方面做出要求，规定了某些常用需求的表达方式等。所有项目组在进行原型设计时都需要遵守本规范。

2. 原型设计工具

本部门使用的原型设计工具包括AxureRP、GUI Design Studio、Microsoft Office Excel、Microsoft Office Word。

AxureRP用于设计网页与手机界面，GUI Design Studio用于设计Form界面，Excel用于设计报表，如果报表对打印格式有比较严格的要求，可以使用Word设计。

3. 原型文件管理

所有原型文件的命名需要遵守部门文档命名规范，文件建立后，需要立即上传到SVN(最迟不得超过第二个工作日)，保存到所属项目的目录"软件设计\界面"中(子目录的建立由需求分析师根据项目特点自由决定)。对文档所做的更新需要在当天下班前提交到SVN。

用AxureRP或者GUI Design Studio设计原型时，每个项目建立一个工程(如果本项目包含手机界面，也不需要另外建立新工程)，如果有些功能点与其他项目的某功能点界面完全相同，可以在原型中注明参见某项目的某功能点，不需要重复绘制。

如果使用Excel设计报表，那么，一个项目建立一个Excel文件，每个报表占用一个Sheet。

如果使用Word设计报表，那么，一个项目建立一个Word文件，每个报表占用一页或几页，需要建立好大纲与目录。

4. 原型设计用到的特殊符号

(1) 标签前的星号(*)表示本字段为必填项，在提交时需要验证必填项是否为空，如果为空需要报错。在用于导入数据的Excel模板中，也在标题行中的字段名称前加星号表示该字段必填。

(2) 可以在原型中的文本框后用字母M表示需要支持模糊检索(如录入"春"会把所有名字中包含"春"的员工检索出来)。真正的软件界面上不需要显示这个M。模糊检索只显示符合条件的前10条记录。

(3) 可以在原型中的下拉框后用字母S表示从系统的数据字典中选择，具体从哪个数据字典中选择，需要在原型说明书中表达。真正的软件界面上不需要显示这个S。

(4) 可以在原型中的下拉框后用字母L表示该字段与前一字段有级联关系。真正的软件界面上不需要显示这个L。这时候，只有用户选择了前一字段，系统才加载这个字段的数据。例如，原型上有两个下拉框紧挨着，一个是"省"，一个是"市"，如果"市"的下拉框后有字母L，那么表示这两个字段有级联关系，用户在前一字段"省"中选择了"江苏"，系统才会加载"南京""无锡""南通"之类的属于江苏的城市到这一字段"市"。

(5) 可以在查询条件中的文本框后用字母Z表示准确查找，也就是SQL查询语句中Where后针对该字段用=而不是Like。真正的软件界面上不需要显示这个Z。如果查询条件中的文本框没有字母Z，表示模糊查找。例如，某查询界面用以查询符合条件的员工，查询条件中有"工号"，如果"工号"文本框后有Z，那么表示，用户需要将工号输入完整才能查询到相关员工，用户输入"LK0292"，系统查询出来的应该是工号为"LK0292"的员工，而不是工号中包括"LK0292"的员工，工号为"LK02921""LK02922"之类的员工都不符合条件；如果"工号"文本框后没有Z，则查询出工号包括"LK0292"的员工，工号为"LK02921"

"LK02922"之类的员工都符合条件。

5. 对网页界面的设计要求

5.1　布局

(1) 命令按钮一般放置在页面最上部。

(2) 查询类的界面,一般上面为查询条件区域,下面为查询结果列表。

(3) 查询条件区域需要由矩形框分隔。

(4)"查询""清空"按钮放置在查询条件区域的右下角。

(5) 查询条件中,如果查询条件为范围(如从某日至某日),前后输入框之间用"—"隔开,占用两列。

(6) 表单页面,一般分为三列,某些特别的字段(如备注、文章正文等)可以占用两列或三列。

(7) 一般在表单同一列的元素中,输入框左对齐,标签右对齐。

(8) 同一表单中,如果数据元素较多,需要将同类字段分组,在同一区域未经分组的字段不能超过10个。

(9) 避免弹出页面出现滚动条的现象,如果弹出页面元素太多,考虑使用转页面或者Tab页处理。

……

5.2　组件的使用

(1) 下拉框

下拉框中的数据,正式使用后,不能超过30条,除非加载的数据有一目了然的排序方式(如按数字、字母排列)。

级联下拉框,如无特殊说明,初始化时只加载第一级的下拉框内容,每一级下拉框都要考虑上一条规则。

下拉框如果没有选择内容,如果在表单中,显示"请选择",如果在查询条件区域中,显示"全部"。

(2) 复选框

复选框用以支持多选,或者作为参数开关。

不要把复选框用作单选组件,特殊情况下,不得已使用时,在界面上应该有说明文字。

一般情况下,复选框的标签应该在小方框的右边。

如果用复选框作为参数开关,并且属于必填项时,建议使用两个单选框代替。

……

10. 原型说明书的编写

规定原型说明书的编写方式,提供原型说明书模板,详细阐述模板中每个小项的编写要求,规定编写原型说明书使用到的语法规范,列举编写过程中的常见错误,开发者如何根据原型说明书进行功能开发等。

11. 通用需求

列举团队的通用需求点(包括界面、数据、功能逻辑、接口方面的),规定通用需求的优先级、使用范围等。

案例：通用需求

某团队关于通用需求的规定如下。

1. 概述

本规定描述了本部门的通用需求。通用需求的优先级很低，如果相关需求点在其他需求文档中没有说明，则以本规定的通用需求为准，否则以其他需求文档为准。通用需求也是软件需求的一部分，如果没有满足通用需求，也认为是软件Bug。本规定同时提供了通用需求测试用例。

2. 界面显示

(1) 字段标签后的冒号使用中文冒号。

(2) 列表每页显示15条记录。

(3) 标题为日期的字段，不需要显示时、分、秒；标题为时间的字段，需要显示时、分、秒。

(4) 月份的显示格式为“yyyy-mm”，如“2013-11”。

(5) 日期的显示格式为“yyyy-mm-dd”，如“2013-09-01”。

(6) 时间的显示格式为“yyyy-mm-dd HH:MM:SS”，如“2013-06-01 18:01:06”。

(7) 列表中，如果某字段中的内容显示不全(如某“备注”字段，字数很多，在列表中不可能显示全)，需要做截取处理，鼠标移上去出现漂浮气泡，在气泡中显示全部内容。

(8) 表示必填项的星号，需要使用红色字体。

(9) 必填项验证，提示不能为空时，在组件上用漂浮气泡提示，不要弹出框提示。

(10) 必填项验证，验证顺序为从左到右、从上到下依次提示。

(11) 每个表单，按Tab键，光标需要按从左到右、从上到下的顺序移动。

(12) 模糊检索的下拉框，支持上下键定位待选项和Enter键选择。

(13) 模糊检索，最多只加载10条符合条件的记录，双击也加载10条，下拉列表中需要显示全10条。

(14) 图标类的按钮，鼠标放到上面需要显示提示信息，如编辑、删除、导入、导出、上移、下移等。

(15) 不可编辑的字段，如果有文本框，将文本框置灰。

3. 消息

(1) 给用户的提示消息，中文消息的标点符号需要使用中文标点。

(2) 给用户的提示消息，如果需要感叹号或问号，只要一个感叹号或问号，不需要多个。

(3) 必填项没有填写或选择时，出错提示为“请填写××××!”或“请选择××××!”。

(4) 审核时，如果结果为“不同意”，则审核意见不能为空。提示信息为“审核结果为不同意时，审核意见不能为空!”。

(5) 所有删除都需要提示。逻辑删除的提示为“确认删除当前记录吗?”；物理删除的提示为“删除后不可恢复！确认删除当前记录吗?”。

4. 规则

(1) 上传图片，需要控制只能上传这些文件：gif、jpg、jpeg、png、bmp。

(2) 新增记录时(Insert)，需要保存相应记录的创建人、创建时间。

(3) 更新记录时(Update),需要保存相应记录的最近更新人、最近更新时间。

(4) 加载信息时,对于有关联的信息,使用以下规则处理逻辑删除信息:如果关联信息中的主信息被逻辑删除,则不显示,不考虑关联的辅助信息是否被逻辑删除。例如,某功能点"员工查询",主信息自然是员工,加载员工信息时,如果某员工被逻辑删除,则不显示该员工,如果该员工没有被逻辑删除,但该员工所属的部门被逻辑删除,则需要显示该员工,因为在这里,"所属部门"为员工的辅助信息。

(5) 保存时,有日期或时间范围的,需要验证截止时间不能小于开始时间。

(6) 审核时,如果审核结果为"同意",则不能退回提交人。

(7) 从 Excel 导入数据时,只要有不正确数据,就不允许导入所有数据。

(8) 从 Excel 导入数据时,必填项验证顺序为从左到右,需要依次提示。

(9) 从 Excel 导入数据时,逐行验证数据的正确性,每行只要发现一个错误就停止验证该行,继续下一行的验证。

……

12. 需求变更说明书的编写

规定需求变更说明书的编写方式,提供需求变更说明书编写模板,详细阐述模板中每个小项的编写要求等。

最后要强调的是,在任何领域,规范制定都是容易的,难就难在执行,一个优秀的需求分析师不仅满足于制定一个又一个规范,还要考虑其可行性,还要努力促成每个规范得到真正的执行。有规范而得不到执行还不如没有规范,可是在实际工作中,没有得到执行的规范太多了,可能比想象的要多得多。

9.4 高远的眼光

一个优秀的需求分析师,应深刻理解自己所做的一切都是为了建设信息化管理体系,这个体系可大可小,有可能是全公司级别的,也有可能只是某个部门级别的,甚至只是针对某个岗位的某项工作。他认识到自己所做的远不是根据用户的需求设计软件。对于一个优秀的需求分析师来说,从事需求分析工作的目的,毋宁说是设计软件,不如说是设计管理体系,只不过这个体系是以软件作为载体的,并且,这个体系中的软件很可能并不仅仅包括本团队开发的软件,正常情况下,应该有来自各方面的软件并存,相互协作,取长补短。

人在变化,业务在变化,技术在变化,思想在变化,自然,管理系统也是在不断发展变化的,因此,优秀的需求分析师会以发展的眼光看待软件,知道每一个产品、每一个项目都不是静止的,都是在不断发展的,并且最终都是要死亡的——它们具有某种生命体的特征。优秀的需求分析师具有长远的目光,力求让软件更强大、更长寿、更能适应新的管理要求、更能适应新形势。

9.4.1 软件是管理体系的一部分

一个优秀的需求分析师,在工作时不会只看到自己开发的软件,他会从更高的角度看待自己的软件以及与之相关的整个管理体系,他知道自己的软件只是这个管理体系的一部分,有的时候，甚至可能是非常不重要的一部分。鉴于此，他在设计软件时首先会确定本软件在这个体系中的地位，以及能发挥的作用，会思考软件上线后对所有相关人员的工作会产生什么影响，在新的体系下他们该如何工作，会思考用户使用每个功能的触发条件，会思考信息如何从外部流入系统，又如何从系统中流出，如图 9-4 所示。

这些内容在前面的章节中已有阐述，在这里就不详细讨论了，简要总结如下。

1. 软件在管理体系中的地位

有些软件是某个管理体系的脊梁，发挥着举足轻重的作用，如很多公司的 ERP 系统，离开它整个公司的运作简直寸步难行；而有些软件，只能算是装饰物，可有可无。对于那种注定应该成为管理体系脊梁的软件，就需要对管理体系进行深入的分析，对未来的管理方式进行严谨的规划，在这种情况下，一个优秀的需求分析师，在这方面花费的时间与精力可能会远远超过花费在软件设计上的。

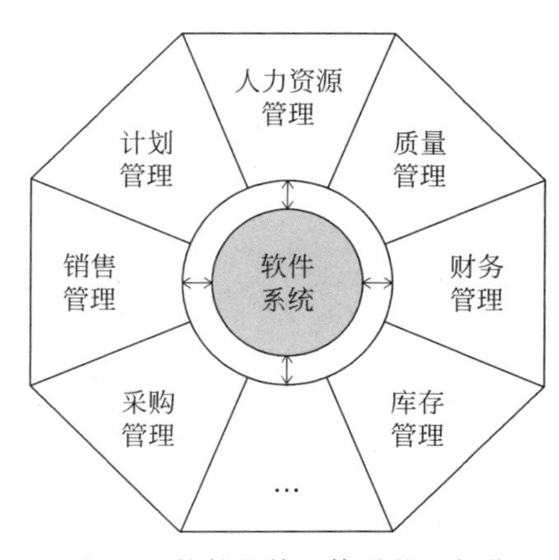

图 9-4 软件是管理体系的一部分

2. 软件对相关人员工作的影响

软件一旦上线，会对相关用户的工作方式产生或多或少的影响。不同的软件，影响的严重程度差别巨大，有些软件，牵涉企业管理体系的大幅变更，需要进行大量的流程重组，自然会对用户的工作产生深远的影响；而有些软件，只是对某些特定工作的简单电子化，只是工作工具的变化，对工作流程影响不大。

3. 用户使用软件功能的触发条件

软件功能上线后，用户在什么时候使用它，这是需求分析师需要考虑的重要课题。所谓使用软件功能的触发条件，指用户在实际工作中发生了什么才会用到软件的某功能，正是这些触发条件将本软件与管理体系连接起来。分析这些触发条件，就是分析现实世界跟软件的关系，不处理好这种关系，是不可能建设好信息化管理体系的。

4. 信息如何流入系统

信息系统的核心是信息，需求分析师需要考虑信息如何流入系统。要考虑的不仅是用户如何通过界面录入，或者通过什么方式导入，还要对每项信息的产生、传递过程进行分析，只有将这个过程分析清楚，才能设计好信息进入系统的时机与方式，才能保证信息收集过程的科学性、合理性。

5. 信息如何流出系统

分析信息如何流出系统，就是分析系统中的信息对于管理体系的运转起了什么作用，信息是如何被使用的。信息的使用，如各岗位使用前道工序的信息，领导使用报表信息，第三方系统通过接口获得我方的信息等，意味着各相关方对信息的基本要求，也决定了整个信息化管理体系的规模与大概的需求范围。

9.4.2 软件之外还有软件

在大部分情况下，一个完整的信息化管理体系并不仅仅包括一个软件，它很可能构筑在很多软件之上。一个优秀的需求分析师,有着开阔的视野,他知道自己软件的强项、弱项,知道自己团队的优势、劣势,知道自己的软件系统不可避免地需要跟其他软件系统合作,各展其长,为了建设同一个信息化管理体系而共同努力,如图 9-5 所示。

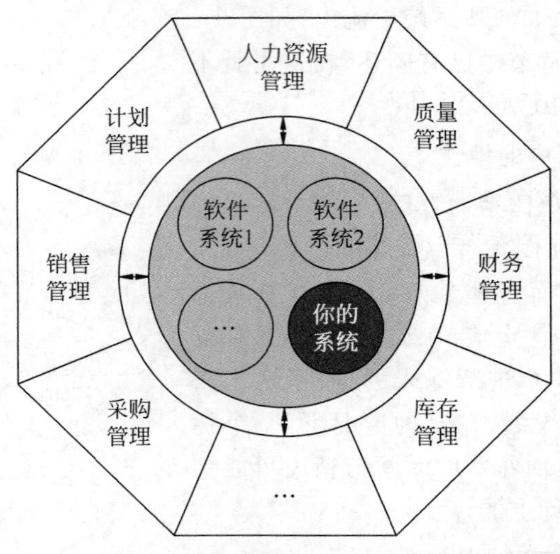

图 9-5　管理体系中会有多个软件

1. 软件因集成而获得新生

处于同一管理体系下的软件系统,如果各自为战,互不往来,那么就会形成各种信息孤岛,为了避免信息孤岛的形成,也为了各软件能够发挥各自所长,就需要处理软件系统集成的问题。对于信息化管理体系而言,因为软件系统的集成而避免了信息孤岛;对于某个特定的软件系统而言,因为集成而获得了成长,获得了新生。软件的成长有各种方式,与其他软件集成获得新生是非常常见的一种。

每个软件系统都有它的强项与弱项,通过集成可以扬长避短。有的软件系统长于信息收集,虽然功能并不强大,却可以提供其他软件系统无法获得的信息;有些软件系统长于信息加工智能运算,但不容易得到充分的数据来源;有些软件系统长于展现,可以生成炫酷的显示界面,却没有很突出的软件功能……通过集成,所谓强强联合,软件可以得到跳跃性的提升,成为一个更牛的解决方案的一部分,从而获得新生。

**案例:系统集成**

A 公司给某学校开发了一款软件——学生考勤管理系统,主要功能是根据学生的课表、打卡记录经过计算后生成考勤结果,得到每个学生每节课的考勤状态,如迟到、正常、旷课等,如果没有课表还可以根据整个班级的打卡情况进行智能判断。上课后,会根据考勤结果给旷课的学生发短信提醒,一学期累计旷课达到一定的次数后还会给学生发处分提醒短信。本软件的长处就在于能够进行智能运算,短处就是一些必需的信息不容易获得,例如学生的考勤打卡记录、课表。

另一家公司 B 承接了该学校的一卡通系统,负责提供并安装部署所有的考勤机、消费 POS 机;还有公司 C 承接了学校的教务系统,负责教务处的排课、成绩管理。一卡通系统可以提供学生的考勤打卡记录，而教务系统可以提供学生的课表。三方通过沟通，制定了接口标准，A公司的学生考勤管理系统可以通过接口从一卡通系统、教务系统中分别获得打卡记录与课表，从而可以通过计算生成考勤记录。

后来，又有一家公司D，开发了一款手机端App软件，面向学校的学生用户，界面非常漂亮，对学生来说很有吸引力，然而，许多数据无从获得——没有内容只有软件系统自然是没有意义的。在学校的主持下，D公司与A公司、C公司分别达成了协议，A公司提供了获取考勤记录的数据接口，C公司提供了获取课表的数据接口，这样D公司的手机端可以通过接口获得考勤管理系统中的考勤数据，以及教务系统中的课表数据，学生可以通过这个手机端随时查看到自己的考勤记录、课表。

这是一个系统集成的典型案例，可以看出，通过软件系统的整合集成，实现了一个关于考勤的完美解决方案，这个方案中的功能，不是这4家公司中任何一家可以独立完成的，而如果缺了任何一家，结果都不那么理想。这4个系统，都因为这次整合获得了新生，变得更有效、更强大了。

在一个信息化管理体系中，当遇到这些情况时就需要考虑是不是要做软件整合：用户需要在各个软件系统之间非常麻烦地切换；有在不同系统中的重复录入工作；系统缺少需要的信息，而另一个系统可以提供；需要一个综合解决方案等。

2. 软件集成不容易

软件集成相当不容易，做软件的人都知道，一个项目，一旦需要跟别的软件做集成，这个第三方往往会成为项目中最不可控的因素，因为需要太多的额外沟通了，需要讨论如何进行数据交换，需要制定接口规范，需要进行各种联调，这些事情都不好做。倒霉的是，在很多情况下，对方并不积极，因为你是个新项目，也许因为没有这个集成，你的项目就是死路一条，而对于对方来说，这个集成做好做不好他们一点儿都不关心。例如，前面案例中的A公司的学生考勤管理系统，如果没有B公司提供打卡记录，这个系统没有任何意义，可对于B公司的一卡通系统来说，它早就在那儿运转多年了，集成也好、不集成也好，他才不关心呢，也许他们跟A公司集成，只是因为人情的因素，不得不做这项工作，但他们从中不但得不到任何收入，搞不好还需要花费许多额外成本。

大部分客户很难理解软件集成的难度，当你做一个项目时，他会给你看另外一个他们在使用或将使用的系统，然后要求你们将信息整合在一起，感觉就像在Excel文件中复制粘贴一批数据那么简单。

如果双方的数据完全不同，整合起来还比较容易，可能只是通过什么方式将数据从一方传到另外一方。可如果遇到那种存在相同数据的情况，就有些麻烦了，例如，双方都有"员工"，有些员工信息存在于这个系统中，有些员工信息存在于那个系统中，有些员工信息在两个系统中都存在，这就不好处理了，在这种情况下，如果双方的数据库结构类似还好，如果数据库结构相差很大，就更不容易处理了。

大家坐下来慢慢沟通，确定方案，可以解决数据传递、格式识别、结构转换等一系列问题，可是还有更麻烦的事情：数据是会变化的，这才是最致命的地方。遇到一些极端案例，有几十甚至上百个操作会触发某数据的变化，要捕捉这些触发时机真的不容易。极端情况下，为了某个看似简单的数据变化，需要几十个接口才能应对。对于客户来说，只要让两方数据一致就行了，很难理解达到这种一致的过程的艰巨性。更倒霉的时候，客户甚至可能需要两个业务系统中的所有相关数据保持双向同步，也就是说任何一方的操作导致的数据变化需要同时反映到另外一个系统中，这就更难了。

3. 软件集成的常用方法

这里简单介绍几种进行软件集成的常用方法。

1）单点登录

所谓单点登录，一般以某个综合性的门户型系统为中心，如办公 OA、某统一平台等，将其他系统的入口地址在这里统一管理。如今 B/S 架构的管理软件越来越多了，通过管理链接地址的方式显得简单无比。当然，仅做个统一的链接管理还是远远不够的，至少要做到用户名、密码统一管理。要实现这个功能，一般来说要有第三方系统配合，提供登录鉴权认证的接口(如果第三方系统的登录鉴权机制简单，也可以直接模拟登录过程，而无须这种接口)。单点登录只能勉强算是整合的初级阶段，只是提供了方便进入各个系统的手段而已，并不能解决一些重要的问题，如信息重复录入、信息孤岛、不能进行来自多系统的信息综合展示等，要解决这些问题，需要进行真正的系统集成。

2）通过接口集成

通过接口集成软件系统是最常用的方式。为了进行软件系统之间的整合集成，双方讨论制定接口标准，根据这种标准双方编写接口，通过接口进行数据交换。接口一般分为两种，一种是提供数据，一种是接收数据，一个系统可以调用另外一个系统的接口，从中获得数据或者向其推送数据。

3）直连数据库

有的时候，会采用直连数据库的方式进行软件系统集成。这是风险相当大的一种方式，除非处理的人员对两个系统的数据结构与功能逻辑都非常精通，否则尽量不要尝试这种方式。软件是个有机体，数据进入系统前有很多验证、控制逻辑，然后还要有不可缺少的数据处理，才能存到数据库中。这个过程，类似于人体的消化系统、免疫系统的联合作业，如果将数据直接从其他软件系统写入这个数据库，不经过任何验证、控制，相当于直接往人体血管中输液，缺少了免疫系统的保护，风险可想而知。

4）网页抓取

从网页上直接抓取数据，也是进行系统整合的一种方式。有的时候，需要跟其他软件进行数据对接，但因为种种原因对方不可能提供接口，也不可能开放数据库供直接连接，这时候可以考虑采用网页抓取的方式。这种方式可以直接从对方系统的网页上抓取需要的数据，经过分析、转换后，保存为符合本系统的结构化数据，或者通过调用对方的网页将数据直接推送过去。然而，毕竟是信息管理系统，跟一般的网页抓取还是不同的，这种方式很可能会面临这两种麻烦，一是对方的系统中可能有些鉴权机制无法绕开，二是由于没有对方的合作，一旦对方的网页结构发生了变化，会导致集成后的系统不太稳定。

9.4.3 软件是有生命的

一个优秀的需求分析师具有长远的目光，发展的目光，他知道软件是有生命的，知道每个软件都存在一个怀胎、诞生、成长、成熟、衰老、死亡的过程。他在设计软件时，从来不会将眼光仅局限在某一个阶段，他会通盘考虑软件的所有阶段，通过自己的努力让软件更健康、更强壮、更长寿。

一个优秀的需求分析师在着手启动一个项目时，或准备策划一种软件产品时，有一种神圣的使命感，因为这时候他是女娲，是上帝，他决定了一种生命的诞生，决定了这个生命拥有的基因，一旦基因确定下来，后面的发展、成长只能沿着他设计的基因图谱走下去了。

让我们来看看这个生命体的发展阶段吧。

需求调研与软件策划，这是基因的形成阶段，设计方案就是软件的基因，这个基因是完美还是残缺，是高级还是低级，是美丽还是丑陋，是由需求分析师——这个生命设计者决定的。

软件开发，这是怀胎的阶段，通过各开发者的努力，让软件逐渐生长、成型，一旦开发完成并通过测试，就意味着软件诞生了。

软件交付，这是软件的诞生过程。拿到可以使用的软件时，每个需求分析者都要想到，这是你的孩子，属于你的生命。如果这个生命不符合你的要求，你甚至可以要求回炉重新来过。

上线后，软件进入成长期，它有可能像个总是名列前茅的优等生，让人引以为豪，顺利长大成人，也有可能像个充满逆反心理的问题儿童，让人操碎了心，甚至可能因为种种原因被迫下线，中道夭折。这个阶段，会有不断的软件新需求，软件团队会不断完善，软件功能会不断强大，软件会面临各种问题，出各种毛病，软件团队会努力给它治病，努力让它保持健康，努力让它顺利成长从而符合管理的要求。

基因良好的软件，会将大部分的新需求或需求变更变为使自己成长的机会，从而可以大大拉长软件的成长期，使软件不断成长。能够不断成长是基因优良的标志，小动物的成长期只有几个月，人类的成长期却需要十几年，这就是基因的区别。如果基因不善，为了应对客户的需求，只能拼命应付，这时候，软件不但没有成长，还得成天待在医院里动手术搞得虚弱不堪。

上线大概几个月后(不同的项目不一样，有的大项目可能需要更长的时间，有的小项目需要的时间很短)，新需求逐渐变少，问题偶尔才会出现，于是，软件走到了他的成熟期。成熟期，是给客户提供稳定价值的时期，是开发团队与客户之间合作最愉快的时期。成熟期也会有新需求，也会有需求变更，这是避免不了的。不同的是，基因良好的软件，因为处理了需求变更而使自己更强大；基因不好的软件，因为处理了需求变更而变得更虚弱，导致衰老期提前来临。

后来，也许是因为客户业务的变化，也许是因为技术的变化，也许是因为管理思路的变化，等等，导致这个软件存在价值越来越低，它也许还能解决一些问题，但已经很艰难了，让用户有“食之无味，弃之可惜”的感觉，这也就意味着软件走到了衰老期。

最终，这个软件也许因为无法满足客户更多的需求，被抛弃了；也许因为成本太高客户无法承受，被抛弃了；也许因为软件团队技术落后，被抛弃了……总之，终于到了被宣布死亡的时候。不要太过伤心，所有的软件都是有生命的，自然，所有的软件都是要死亡的，再优秀的软件也不会长生不老青春永驻，关键是，它实现了它应该实现的价值了吗？很多软件产品通过不断改版增强自己的价值，获得新生，但那只是一个新生命的诞生(不管跟以前的生命有多么相似)。

当然，基因再好，也不能保证健康、长寿，人不能，软件也不能。开发过程中，因为技术不行，可能无法交付，胎死腹中；上线实施，不能满足用户的要求，可能会被客户一脚踢死，夭折；正式使用阶段，成熟了，如果对需求追加与变更处理不善，会过早地进入衰老期，英年早逝；在所有的生命周期中，都有可能被竞争对手狙击，死于非命。

软件是有生命的，需要开发团队与用户一起用心呵护。

思考题

1. 你在从事需求分析工作的过程中有没有犯过错误？举一两个例子。

【提示】 常在河边走，怎能不湿鞋，犯错误不可怕，可怕的是没有反思，重复同样的错误。

2. 举一两个学习或生活中的事例，体现将隐性知识显性化的困难。

【提示】 很多事情都是这样的，觉得某某做起来容易得很，可要让他教会你，却非常不容易，例如驾驶、捏糖人、吹泡泡糖、书法、绘画、雕刻等。

3. 仔细研读案例“需求分析管理规定”，试着补充一些内容。

【提示】 既然是管理规定，就强调“管理”，团队分工、工作要求、汇报机制等都可以出现在本规定中。

4. 仔细研读案例“原型设计要求”，试着补充一些内容。

【提示】 例如，对手机App原型设计的要求、对微信公众号原型设计的要求、各种组件的使用、原型上如何写注释，等等。

5. 仔细研读案例“通用需求”，试着补充一些内容。

【提示】 例如，Logo的放置、快捷方式的设置、弹出框的大小等。

案例分析

1. 阅读下面这段分析企业ERP项目价值的短文，你是否赞同作者的观点？理由是什么？

ERP上线之后，对ERP项目组而言这实在是个令人头痛的问题：怎么衡量ERP的价值？真是说不清楚啊。

你能告诉老总，利润率提高了多少？库存周转率提高了多少？库存下降了多少？

一者，好多企业很难得到这方面的数据。即使你能弄出现在的数据来，你也很难拿出使用ERP之前的数据。二者，就算你真的能拿出这种数据，你也证明不了这就是你ERP的功劳，这段时间公司说不定进行了其他的改变和革新，老总凭什么相信就是因为使用了ERP而获得的？

另一方面，就算利润率降低了，库存周转率降低了，库存增加了。这也不能说明就是ERP没搞好，决定这些指标的因素多了去了，凭什么一定要让ERP背锅？

所以到最后，往往还是和稀泥的多，谁都说不清这个东西是好还是不好。ERP是弄上去了，只要老总感觉这个东西好，那什么功劳都是你的，从此你就可以在公司趾高气扬了，开会时话都可以比别人多说两句；只要老总感觉这个东西不好，那么什么不顺心的事都联想到你，大会批小会斗的，从此就灰头灰脸做人吧。

ERP的最终价值在什么地方呢？这些指标固然重要，但这些指标只是衡量某些事情的手段，显然不是目的，当然也不会是ERP的目的。

还有一些人认为，ERP的目的就是能用信息系统管理企业。这当然也是远不足够的。说白了，如果仅仅是把企业的业务流程电子化，对企业来讲，ERP没有任何意义。没有ERP，用Excel，用手工单据，企业不一样管得好？而且，从信息管理的角度来看，也未必就会比用ERP系统多用多少人。

说来说去，ERP的核心价值应该在决策支持。不能支持各级管理者的决策行为的ERP系统没有任何价值，不会给企业带来任何收益。

要衡量一个企业的ERP系统的价值，要看的不是这些指标，这些指标是不能服人的。首先要看的，应该是ERP系统对企业决策支持的程度。

如果企业真想分析一下ERP系统究竟带来了什么，就应该先去分析一下各级管理者的决策过程，看看他们究竟有多少决策是基于ERP做出的。

一个主管要淘汰一个员工，是因为一次拌嘴还是从ERP系统中获得的数据支持？总经理年底想考核部门经理，是根据自己平时的印象，还是以ERP数据为准？营销部门接单，应答客户的需求，是用计算器噼噼啪啪一通按，还是从ERP中获得各种综合数据进行分析？等等。

2. 阅读下面这篇关于原型上的数据的短文，如果你是某团队负责人，你会如何处理这这个问题？

一般来说，在绘制软件原型时，都要在原型上写一些示例数据，如表格中的、Label上的。新手很容易犯这种错误：不注意原型数据的展示。例如：

明明某个字段有唯一性控制，在原型上却出现相同的数据（如出现了两个“LK0292”工号，姓名却不同）。

明明某个字段应该是其他字段运算的结果，在原型上却不是这样（数量为2，单价为3，金额却不是6）。

明明某个字段需要排序，但在原型上出现的数据却是杂乱的。

一个叫“张三”的，明明在第一行的职务是“总经理”，到第三行又变成了“操作工”。

……

随便敲点字母、数字、文字，看上去像节省了时间，其实未必。

要知道，原型上的数据是用来表达需求的，符合软件逻辑的数据可以把你的设计思想表达得更清楚明了，不符合软件逻辑的数据会把别人引入歧途。

例如，一个表格包括三个字段，单价、数量、金额。你分别输入2、3、6，别人一眼就知道怎么回事了，金额＝单价 * 数量；你要是输入2、3、6.00，别人一眼就知道金额后面要保留两位小数；如果你输入2、3、4，恐怕会让看这个原型的人多揉几次眼睛了，因为不放心可能还需要多查几次数据字典。

后　记

有一次女儿看我在键盘上敲得噼里啪啦，就问我在做什么。

我说："推动人类进步！"

女儿听后一脸崇拜："是吗，老爸你这么牛？"

我说："写本技术书而已，书籍是人类进步的阶梯嘛。"

女儿听后就一脸不屑："没劲！"

嘿嘿，说说笑话而已，何必当真。人类进步不是我等凡夫俗子可以操心的，但我可以操心的是，这本书可以推动读者进步吗？是的，在写作过程中，我不得不随时问自己：这段文字可以推动读者进步吗？如果能，那么就写下去；如果不能，那么就无情地删去。一本不能推动读者进步的技术书有什么存在的意义呢？

希望最终留下来的文字（也就是读者现在可以读到的），能够——

让您有所启发；

对您的工作有所帮助；

让您从事需求分析相关工作的习惯有所变化；

对您的需求分析思维有所影响。

总之，能让你有所进步，那么，我就算心中一块石头落地了，因为没有浪费读者花在这本书上的宝贵时间。

作者在软件行业拼搏了十几年，本书是作者从事需求分析相关工作的经验总结，来自工作实践，辅以大量案例，努力接地气。在写作过程中尽量做到深入浅出、容易理解，但如果读者在阅读本书或者将本书知识用到工作中的时候，还是有疑问，可以随时与本书作者联系。

个人空间：http://www.yangcc.net

新浪微博：@无锡杨长春

微信公众号：yang_changchun

邮箱：haycc@qq.com

读者可访问本书专属主页，获得更多学习资料（如 PPT 课件、案件、技术文章等）：http://ra.yangcc.net

读者也可加入 QQ 群：276117760，交流、讨论或咨询与需求分析有关的疑难问题。

让我们一起成长！